建筑装修装饰概论

INTRODUCTION TO ARCHITECTURAL DECORATION

（第四版）

王本明　编著

中国建筑工业出版社

图书在版编目（CIP）数据

建筑装修装饰概论 = INTRODUCTION TO ARCHITECTURAL DECORATION / 王本明编著 .—4 版 .—北京：中国建筑工业出版社，2023.1
ISBN 978-7-112-28356-9

Ⅰ. ①建… Ⅱ. ①王… Ⅲ. ①建筑装饰—工程装修—概论 Ⅳ. ①TU767

中国版本图书馆 CIP 数据核字（2023）第 024133 号

本书配套课件下载方法：
中国建筑工业出版社 https://www.cabp.com.cn→输入书名查询或高级搜索输入书号查询→点选图书→点击配套资源即可下载。

责任编辑：费海玲　焦　阳
责任校对：李辰馨

建筑装修装饰概论（第四版）
INTRODUCTION TO ARCHITECTURAL DECORATION
王本明　编著
*
中国建筑工业出版社出版、发行（北京海淀三里河路 9 号）
各地新华书店、建筑书店经销
华之逸品书装设计制版
天津翔远印刷有限公司印刷
*
开本：787 毫米 × 1092 毫米　1/16　印张：24¼　字数：516 千字
2023 年 3 月第四版　2023 年 3 月第一次印刷
定价：**75.00** 元
ISBN 978-7-112-28356-9
（40291）

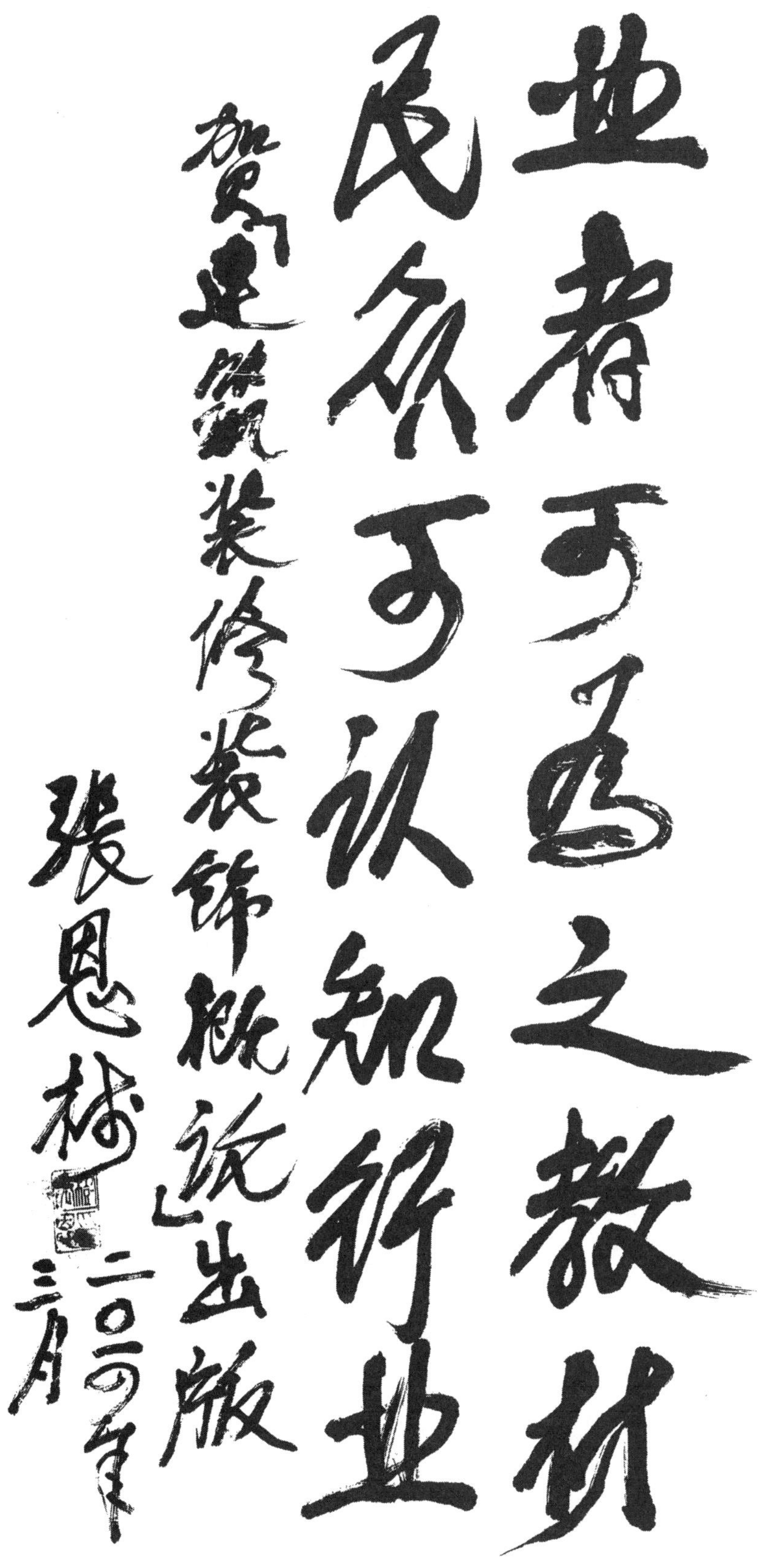

原中国建筑工程总公司董事长，中国建筑装饰协会第一、二、三、四届理事会会长张恩树为本书题词

賀建築裝修裝飾概论出版發行
汇聚裝飾精英智慧
首部基础理论专著

馬挺貴
二〇一四年三月

原中国建筑工程总公司总经理，中国建筑装饰协会第五、六届理事会会长马挺贵为本书题词祝建筑装饰行业：

资源永续

生态常青

刘晓一

二〇二二年九月二十三日

中国建筑装饰协会第七届理事会常务副会长兼秘书长、第八届理事会会长刘晓一为本书题词

编　委　会

序

由资深协会工作者王本明同志编著的《建筑装修装饰概论》第四版即将出版发行。自2014年第一版发行以来，已于2016年、2018年分别发行了第二版、第三版，现在又进行了第四版的修编，可见市场对此书还是十分重视，也在社会上具有一定的影响。

建筑装饰行业是一个古老的传统行业，在国家发展和人民福祉中占有极为重要的地位，但对这个行业的基础理论研究长期处于空白状态。在中国建筑装饰协会和行业内骨干企业的共同努力下，2014年1月，一部专业的建筑装饰行业基础理论研究书籍正式由中国建筑工业出版社出版发行，并在之后的8年时间内，不断进行修编，使得本书在理论体系上更加完整。

本书就建筑装修装饰行业从建筑业中分离出来，形成一个相对独立的行业的社会背景、法理基础、发展历程等进行了较为完整的阐述，并就行业结构、管理模式、市场运作、发展规律等进行了较为系统的研究、分析；比较全面地概括和论述了建筑装修装饰工程活动的社会、经济、技术、文化、艺术价值和企业商业模式，管理、技术创新的原则和基本方法，是一部专业理论研究与行业发展客观实际相结合的著作。

本书出版以来，不仅得到业内企业家、行业从业人员和相关管理机构工作者的青睐，包括即将进入行业的大专院校广大学生，也通过本书了解行业，增长专业知识，为进入行业后的职业发展奠定了良好的专业基础。

在我国由富起来向强起来的伟大复兴中，建筑装修装饰行业面临的国际国内形势发生了巨大变化。在新的历史时期如何发展好行业是一个新课题。希望在本书的基础上，广大读者能够提出更多、更好的新见解、新建议，共同把行业发展成为中华民族伟大复兴做出新贡献的新领域。

再次感谢对本书做出贡献的所有同志，希望更多读者能从本书中受益。

中国建筑装饰协会会长

2022年9月20日

第四版前言

2022年7月底，中国建筑工业出版社告知我《建筑装修装饰概论》第三版已经售罄，是否加印。我想自2018年至今已有4年时间，国际国内形势已经发生了巨大变化，建筑装修装饰行业发展态势也发生了深刻变化，所以提出了对全书进行第四次修订的请求，并得到了出版社的同意，开启了第四版的修编工作。本次修编，重点对以下部分进行了补充、调整。

第一是补充了中国特色社会主义进入新时代以后，建筑装修装饰行业面临的外部环境及行业发展的现状、主要任务及目标并做分析讲解，以供业内参考。

第二是结合新时期国家宏观经济政策的调整，对企业经营风险的管控做了研究和总结，提出了风险管控建议供行业内在市场具体运作中参考、借鉴。

第三是针对当前建筑装修装饰市场的实际状况，对建筑装修装饰工程项目的风险管控进行了研究和总结，提出了相应的管控措施，供企业在具体的工程项目运作中参考、借鉴。

以上三个部分都是新增加的内容，目的是使本书更贴近市场，贴近企业的实际运作，以增加本书对企业、工程项目运作的指导性，使本书更接地气。

第四是对第三版之后行业发展中出现的新变化进行了补充、调整和修改，特别是关于资质管理、注册制度的有关标准进行了删改，以客观地反映出行业发展的现状，供读者对行业进行准确的分析与判断。

第五是有幸请第九届理事会王中奇会长为本书作序，第七、八届理事会刘晓一会长为本书题词，使本书的历史延承更加完整。

由于我国改革开放还在持续进行中，行业内的一些改革还没有最终结果，所以在本次修编中未进行修改。

根据行业发展客观状态的变化，不断丰富和完善本书的理论框架、运作经验、案例分析等，是我们应担负的社会责任。希望广大业内人士不断提供新知识、新见解，为本书的持续完善做出新贡献。再次对各位副主编、协会秘书处相关人员及中国建筑工业出版社的大力支持表示深深的感谢！

2022年9月20日

第三版前言

《建筑装修装饰概论》第一版写作是在2012年，至今已经过去了7年。在这7年中，我国进入中国特色社会主义现代化强国建设新时代，经济和建筑装饰行业发生了深刻变化。2016年修编时，仅就施工企业资质标准变化结果及加强对有关理论理解增加了两个案例分析，其他未做修改。进入新的历史时期后，有必要对其进行较大范围的修编，以便读者更清晰地了解行业的发展变化。本次修编主要包括以下几个方面。

第一是增补了行业2013—2018年的相关统计资料，以形成更完整的行业统计资料数据链，更准确地反映行业发展的轨迹。

第二是增加了行业2013—2018年发展变化的分析研究，即我国经济进入中高速增长阶段，建筑装修装饰市场发展的基本特征，以加深对行业当前状态的了解和掌握。

第三是增加了行业技术标准体系中，新增设的行业协会标准的介绍和论述，以提高读者对当前行业市场规范化水平的认知程度。

第四是增加了部分插图，并将原来的速写插图调换为白描图，以便读者对文字部分的论述能有更好的理解。

第五是对部分文字进行了调整和修改，以符合当前行业发展的客观情况，也有利于读者对建筑装修装饰行业进行准确的分析与判断。

由于改革开放还在持续进行中，行业的一些重大变革还没有最终结果，如设计资质标准体系的调整等，所以在本次修编中未进行修改。

依据行业发展的客观状态，不断丰富和完善本书的构架体系，是作为行业第一部基础理论专业书籍的社会责任。随着行业的发展，我们还将不定期地进行修编，使读者能够更为准确地了解这一在国内市场中占有重要比例的专业市场的发展状况。

感谢各位副主编及出版社的大力支持。

2019年3月8日

第二版前言

《建筑装修装饰概论》一书2014年6月出版发行后，得到了市场的认可和读者的青睐，2016年5月中国建筑工业出版社通知我，此书的库存只有60本了，为了不影响市场销售，征求我的意见，是继续印刷还是需要进行修改，我选择了后者。这就开始了本书的修编工作。

之所以选择修编是因为在第一版中，由于种种原因，存在不少疏漏，影响了图书的品质；同时，近一年多随着我国深化改革的推进，行业管理出现了比较大的变化，造成原书中的很多内容过时。此外，原书中的有些论述不够深入，可读性也存在很大的提升空间。修订出版是对社会、读者负责。

本次修订的主要内容有以下几个方面。

第一是由于工程承包资历标准进行了修订，故工程承包资质标准部分全部更换为最新版（2015年）的内容。

第二是增加、调整了部分插图，以便读者对文字部分的论述能更好地理解。

第三是增加了企业管理和工程管理两个案例，以便读者对建筑装饰行业有更深入的了解。

第四是加深了对行业管理中资质管理的论述，以便读者对行业管理未来发展有所了解。

由于时间较短，又加上很多变化还没有最终结果，本书的修编工作还存在着诸多不足，在此请广大读者谅解。

作为建筑装饰行业的一部基础理论专业书籍，能够与时俱进，更贴近行业的发展现状，帮助广大读者了解行业、进入行业、从事行业，实现理想的正能量，是本书的唯一目标。衷心希望广大读者能够从本书中受益。

感谢各位新任副主编对本书的支持，同时对中国建筑工业出版礼及编辑人员表示衷心地感谢！

2016年7月10日

第一版前言

2001年3月，张恩树会长提出要搞建筑装修装饰行业的理论建设并主持召开了一次专家座谈会，王玮珏、张世礼、郑曙旸、李引擎等近20位专家参加了会议。会上提出要写一本建筑装修装饰的专著，并就其名称应定为《建筑装饰学》还是《建筑装修装饰概论》进行了研讨，最后比较一致地认为叫《建筑装修装饰概论》比较合适。就这样，《建筑装修装饰概论》成为行业发展中的一个课题。

会后，张恩树会长多次向我提起要动手开始编写《建筑装修装饰概论》，并提出由我先拟定一个写作提纲，当时由于对自己的信心不足而一拖再拖。在张恩树老会长的多次鼓励和支持下，2004年我拟定了一个写作提纲，搭起了一个架子。原计划将提纲分配下去组织专家分章编写，但大家都很忙，很难组织起来，所以就一直搁置在书桌上。

2007年筹备北京奥运会期间，张恩树老会长又提起此事，并鼓励我先写出一个初稿后再让大家修改、补充、完善，这样可能会快一些。此方案得到马挺贵会长的支持，我也就试着开始了写作。由于主要是利用工作之余的时间，所以写的速度很慢，一直到2013年7月才完成了文字稿的初稿。初稿发给各位副主编后，大家进行了认真的修改，提出了很多建议，并提供了很多作品，使本书最后形成现在的规模和水平。

由于是第一次编写整个行业的概论，本书虽然涉及建筑装修装饰的方方面面，也是一个比较庞大的体系，但都是只指出了皮毛，深度远远不够。又由于学识所限，书中肯定有很多有待商榷之处。即使有协会领导的一再鼓励和各位副主编的修改、提升，依旧很难避免出错。因此，本书只是一块璞玉，目的是要通过探索引出更多新的、科学的理论之玉。

再一次感谢编辑部所有同志的辛勤劳动；感谢各位副主编为本书修改、配图；也感谢李秉仁会长为本书作序；感谢刘晓一秘书长的大力协调。同时希望社会及建筑装修装饰行业人士能够喜欢本书。

目　录

第一章　绪论

第二章　建筑装修装饰的起源与发展

第三章　建筑装修装饰与相关学科的联系与区别

第四章　建筑装修装饰行业的作用与地位

第五章　建筑装修装饰法规标准体系

第六章 建筑装修装饰行业管理

第七章　建筑装修装饰工程企业管理

第八章　建筑装修装饰工程管理

第九章 建筑装修装饰行业发展

第一章　绪论

第一节　建筑装修装饰的概念及属性

建筑装修装饰是人类的一项重要社会实践活动。随着经济的发展、社会的进步、人民生活水平的提高，建筑装修装饰的范围和品质会不断提高，已经成为一个国家、城市、社区、企业甚至家庭经济发展状况及现代化发展水平的重要标志，越来越受到社会的高度关注。

一、建筑装修装饰的定义

对建筑装修装饰进行研究，首先要厘清什么是建筑装修装饰，它的作用、构成、基本属性及特征是什么，以及现代语言中同建筑装修装饰行业相关的概念之间的联系与区别。

（一）建筑装修装饰的定义及相关概念

1. 建筑装修装饰的定义

建筑装修装饰是利用建筑装修装饰材料，对建筑物、构筑物的内外表面进行修饰，以完善建筑物、构筑物的使用功能，提高美学功能的工程活动。建筑物是指供人们居住、工作、学习、生产、经营、娱乐、储藏物品及进行其他社会活动的工程建筑，如住宅楼、写字楼、商场、学校、医院、殿堂、宾馆、博物馆、体育馆等。构筑物是指房屋以外属于固定资产，供人们使用的工程建筑和交通建筑，如烟囱、塔、墙、堤、飞机、火车、轮船、汽车等。建筑装修装饰定义中，包括了以下几个方面的界定。

（1）建筑装修装饰的对象是建筑物、构筑物

建筑装修装饰是在建筑物、构筑物的新建、改建、扩建过程中进行的一种工程活动。一般是指在建筑主体结构和设备安装已经竣工验收之后，由专业工程施工企业（又称承包商）针对建筑物、构筑物主体实施的内、外表面修饰的专项工程，其工作的对象是建筑物、构筑物。在新建工程项目中属于专项配套工程；在建筑物的改、扩建工程项目中属于独立工程。飞机、轮船、火车、汽车等大型机动交通工具，虽然不是建筑物，但属于构筑物的范畴，其装修装饰工程也属于固定资产的投资，因此也属于建筑装修装饰工程范畴。

（2）建筑装修装饰的基本手段是材料与设备

建筑装修装饰是专业工程承包商利用装修装饰材料的质地、形状、色彩等元素以及相应的部品、部件、构件及机具、设备、设施对建筑物、构筑物的内、外表面进行修饰

及空间环境的营造。基本方法就是将装修装饰材料按照预先的设计方案进行加工，利用粘贴、镶嵌、挂接、涂刷、裱糊、制作、陈设、安装等技术，将加工后的材料、部品及设施等安全、稳妥、牢固地附着在建筑物、构筑物结构的表面。

（3）建筑装修装饰的首要目的是完善建筑物、构筑物的使用功能

建筑结构竣工后提供的是一个建筑空间，为了确立并完善其使用功能，需要对其表面进行技术处理并安装相应的设施后才能供人们使用。如卫生间为了便于使用、维护、清洗、消毒，需要对顶、墙、地面附着利于清洗的材料，还需要配套相应的水、电路管线，配置相应的洁具才能实现其使用功能。建筑装修装饰就是要给人们提供一个布局合理、使用便捷、流程科学、起居方便、安全舒适的，便于生活、工作、经营的建筑空间。

（4）建筑装修装饰的一个重要目的是提高人们视觉美观效果，满足人们的心理需求

人们对建筑物不仅要求能够使用，同时要符合时代及建筑物所有者的文化、艺术价值观念及审美情趣。对建筑装修装饰的美学需求，根据人们的家庭出身、社会经历、经济收入、从属行业、职业地位，甚至性别、年龄等不同而存在着极大的差异。在安全、舒适的前提下追求个性化的美学效果，体现个人的文化、艺术价值取向，满足人们精神与心理需求是建筑装修装饰的重要目的之一。图1-1是一个前厅设计效果图（王睿提供）。

2. 建筑装修装饰的基本特征

（1）建筑装修装饰的经济特征

建筑装修装饰在市场经济条件下是一种经营活动。建筑装修装饰就是用最合理的投入，为人们提供更安全、舒适、美观的建筑环境。建筑装修装饰工程活动在创造新价值

图1–1　前厅装修装饰设计

的同时，还要使提供服务的一方（即承包商）获取相应的利润。因此，建筑装修装饰在为社会创造财富的同时，也在为经营者积聚资产。建筑装修装饰的经济意义在于通过建筑装修装饰工程，可以用最经济的成本支出，更好地满足建筑物的使用者、经营者的需求，并能为其带来更大的经济利益。因此，建筑装修装饰是各方市场主体都能获取经济利益的工程活动。

（2）建筑装修装饰的技术特征

建筑装修装饰基本技术特征是集成与整合社会中现有的产品，通过设计、施工为社会提供装修装饰作品。传统的建筑装修装饰技术是依靠手工工具对材料进行加工、整理，手工进行粘贴、镶嵌、安装，属于传统手工技术。随着科技进步，大量的材料通过工厂加工实现半成品化、成品化，再成为工程中使用的部品、部件、饰件；施工操作也逐步以电动工具取代手工工具，建筑装修装饰技术逐步呈现半机械化的技术特征。随着社会经济、技术、文化的发展，人们对装修装饰工程精度要求的提高，建筑装修装饰逐步由工厂化加工生产向标准化、工业化生产，以及现场装配式施工转化，建筑装修装饰技术正在由传统技术向现代工业化技术方向发展。

由于建筑结构的复杂性、社会需求的多样性，建筑装修装饰技术必然呈现多元化的特征，是多种类型技术并存的行业。即使是在实现现代工业化技术目标后，现场测量、现场制作的手工技术，以及大量部件、饰品、饰件生产的半机械化技术也仍然存在。很多传统的手工技术，还将作为人类的非物质文化遗产得到社会的高度认可并被长久传承。图1-2是大堂设计效果图（姜峰提供）。

图1-2　大堂设计

(3)建筑装修装饰的文化特征

建筑装修装饰既是社会生产力发展的结果，又是社会文化与文明发展的一种重要表现。任何一个建筑物的装修装饰，都能反映出人们的文化内涵，表达出对文化品位的诉求，其中最为突出的是民族文化、地域文化、时代文化的特征。这种反映及展现人们价值观、艺术观、人生观和传统文化印迹的特征，就是建筑装修装饰的文化属性。随着社会的发展，人们对居住、工作环境的文化品质要求越来越高，因此，建筑装修装饰的文化特征会表现得越来越强烈。以特定文化、风俗等为主题的建筑装修装饰作品也会越来越多。这些作品的文化内涵丰富，对人们陶冶情操、调整心态，培养科学、文明的生活、工作方式具有重要的影响。图1-3是一处休闲空间的设计效果图(罗劲提供)。

图1-3 休闲空间的设计

(4)建筑装修装饰的艺术特征

任何一个建筑物的装修装饰都反映着人们的审美情趣和艺术价值观。建筑是凝固的艺术，主要指的就是建筑的装修装饰所表现出来的艺术魅力。人们用情感、志趣、爱好对建筑内外环境进行营造后，形成了有艺术气息及氛围的空间环境，这就是装修装饰的艺术属性。随着人类文明的发展，人们对居住、工作环境的艺术品位要求越来越高，成为建筑装修装饰行业不断发展的重要推动力。而建筑装修装饰工程作品艺术含量的增加和品位的提升，对提高人们的艺术鉴赏能力，振奋精神，培养积极、生动、活泼的生活态度也具有非常强烈的影响与引导作用。图1-4是客厅的设计效果图(冯烈提供)。

图1-4　客厅的设计

（二）相关概念的分析与解释

建筑装修装饰工程活动，是在一定历史条件下人们对建筑物内外环境进行修饰工程的一种形式。由于活动范围、技术手段及地域的不同，对这种活动的称谓也就有所不同，形成了很多相关的概念。准确地理解不同概念的含义，对系统完整地掌握建筑装修装饰的概念具有非常重要的意义。

1. 装修

（1）装修的概念及属性

装修是指对建筑物的内外进行改造、修理、整复等工程活动，是建筑学的重要组成部分。人类自开始建设建筑物时就有了改造、修缮、维护等工程活动。图1-5是将工业厂房改造成写字楼的设计效果图（罗劲提供）。

（2）装修的主要技术手段

装修不仅是对建筑物内外进行表面的装点、修饰，同时也包括对建筑物结构的加固、维护，以及改变建筑物原使用功能所进行的结构的变动，其主要技术手段就是加、拆、改、换等。

加，就是增加楼层、裙楼、附属建筑等建筑构造物；增设建筑物内部电梯、空调、消防、报警等设施；增加建筑物的外围护结构如各种建筑幕墙；增加建筑物内部中水处理系统等。

拆，就是将妨碍建筑物新使用功能的结构及构件拆除，包括墙体、楼面、门窗、设备、设施等。

改，就是对建筑物外部进行改造，如楼房顶部节能的平改坡；建筑内部布局、功能空间进行调整；改变隔断墙的位置；更换门窗的材质及规格；上下水路及暖通空调、消防设施的移动与改造；改变建筑物能源、资源消耗的来源及结构等。

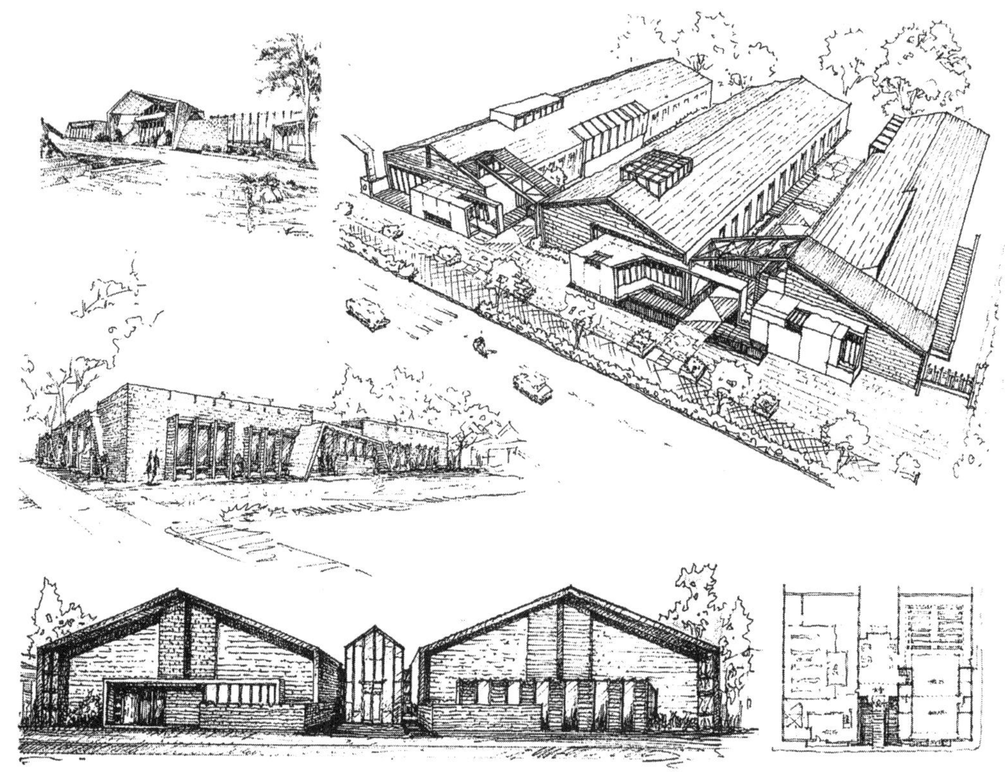

图1-5　改造性装修设计

换，就是以提高装饰功能和节能减排为目标，对原有的表面材料及门窗、设备、设施进行更新、升级、置换。

（3）装修工程的管理

由于装修工程涉及结构的改造，会影响到结构安全和公共安全，因此要严格管理。在拆、改结构时，相应方案必须要经过原建筑设计单位的审核、同意、批准；增加建筑面积要经过建设规划机构的审核批准；项目的立项、开工要经过建设行政主管机构的审核、批准；工程质量必须符合相应规范、标准并经建设质量检验监督部门验收合格；竣工后的相关资料要报送建设档案管理机构备案。

2. 装饰

（1）装饰的概念及属性

装饰原指人的着装、打扮、粉饰，现用于工程，指的是对建筑物，构筑物内外进行整体空间环境的处理、包装、营造，属于建筑环境艺术学。人类自产生之时起就有对环境进行修饰、装扮的活动。图1-6是客厅的装饰设计效果图（刘俊雄提供）。

（2）装饰的主要技术手段

装饰是工艺技术与艺术的结合，不仅包括对建筑物顶、墙、地面的修饰，同时也包括对空间光、热、风等环境的营造，其主要技术手段是制作、安装、粘贴、粉刷、悬挂、

图1–6　客厅的装饰设计

裱糊等。

制作就是要设计、制作照明灯具、暖通空调及消防设施界面出口，永久性景观、景点、造型，顶部各类吊顶等。

安装就是要将各种功能性器件、部品、部件及加工后的成品、半成品等装饰性单元固定在建筑物基础之上。

粘贴就是使用专业胶粘剂，将各类材质的块材及预制装饰单元黏附在建筑物顶墙、地表面。

粉刷就是使用专业涂料，在对空间表层进行处理后，进行保护性、装饰性涂刷。

摆挂就是将家具、饰件、工艺品、花卉、字画等在空间的既定位置进行摆设、悬挂、陈列。

裱糊就是利用装饰性壁布、壁纸、箔材及其他柔性材料，通过裱糊、粘接，对空间表面进行细化处理，提高局部的观感质量。

(3) 装饰工程的管理

由于装饰工程使用了大量的材料，其物理、化学、燃烧性能不同，对人们生命、财产造成的影响不同，因此需要进行管理。另外，建筑内部消防报警与灭火设施出口的位置、数量，直接关系到建筑物及使用者的安全，也需要进行管理。因此，装饰工程的相关方案，涉及消防报警及装饰材料要经消防部门的审核批准；使用的材料及消防产品要经过检测合格，并经消防部门审核批准；对于涉及建筑基层的分项工程，质量必须符合相应规范、标准，并经建设质量检验监督部门验收合格。

3.“装璜”

（1）“装璜”的概念及属性

“装璜”原指的是表明身份的礼器、祭物等的摆放和表明身份等级饰物的佩带等，后用于建筑工程，指的是对建筑物及使用者身份、地位的展示与表现，如古建筑门旁的石雕、门楣上的匾牌等。“装璜”属于宣传广告学中的概念，是人类进入阶级社会后产生的一种建筑制度与模式的表现形式。图1-7是中国传统商业建筑的牌匾。

图1-7 表明身份的牌匾

（2）“装璜”的主要技术手段

“装璜”作为建筑装修装饰工程中的一个局部，个性化要求强，其主要技术手段是设计、制作、安装、展示。

设计、制作就是对需要表明身份、地位、个性的建筑物外招牌、霓虹灯、广告、摆件的设计、制作；对建筑物内部迎宾墙、接待台的设计、制作；对家庭中祭奠、供奉、展示设施、设备的设计、制作等。

安装就是将各种表明身份特征、社会地位的器物固定在建筑物的基层表面，并能够有效地开启使用。

展示就是将表现身份、地位、有个性特色的器物摆放在既定的位置，如建筑物外部的雕塑、室内艺术品、家庭中表明身份特征的照片、证书、字画、艺术品的布置等。

（3）“装璜”工程的管理

由于“装璜”工程涉及社会公共利益，其内容的合法性、真实性会对社会造成较大影响，因此，也必须进行管理。霓虹灯、广告的内容、规格、位置等要经城市市容管理机构的审核批准；建筑物外部雕塑的体量、位置等要经过建设规划机构的审核批准；涉及公共安全的安装工程，必须符合相应规范、标准并经有关部门验收合格。

4. 装潢

（1）装潢的概念及属性

“潢”字在古汉语中指的是染纸工艺，装潢原指书籍的装帧，后扩展为装帧书籍、装裱字画、渲染包装等，属于包装印刷学中的概念。现用于建筑，指的是对建筑物表面的色彩渲染。

（2）装潢的主要技术手段

装潢作为建筑装修装饰工程的一个局部工程，主要的技术手段就是涂刷和描绘。

涂刷就是利用各种涂料、颜料、漆料等对建筑物的内外表面进行涂刷、粉饰，保护建筑基层、提高观感质量。

描绘就是在建筑物顶、墙及功能构件等表面，利用各种材料、颜料进行彩绘作画，主要题材为历史经典、宗教事件、山水、花鸟、图形等，以达到预先设计的空间环境效果，这在古建筑、宗教建筑的装修装饰工程中使用极为普遍。

（3）装潢工程的管理

装潢工程由于不涉及公共安全，所以一般不需要进行管理。但建筑物外表面色彩的改变，内部描绘的图案、内容等将对社会造成一定的影响。对大型公共建筑的外部装潢，需要在有关部门进行备案。具体到某一特定的建筑物，其装潢的效果主要是依靠社会舆论的监督和公众的评判。

以人的行为作为参照，装修就是整容，必须到正规的医院由专业的大夫通过手术实现；装饰就是戴帽、穿衣、穿鞋，不同的人有不同的喜好，只要个人安全无损社会风貌就无人干涉；“装璜”就是带领章、帽徽、胸卡、袖标、戒指等，表明的是特定的身份，不宜随意佩戴；装潢就是抹粉底、涂口红、搽胭脂，不同的人有不同的需求，以此来理解建筑装修装饰中的相似概念会更为深刻。

二、建筑装修装饰行业的属性及归类

建筑装修装饰行业作为与人民生活福祉紧密相连的行业，其构成的特点、属性反映出在社会经济、政治、文化、社会、生态文明建设中的地位与社会发展中的作用。

（一）建筑装修装饰行业的概念及形成

1. 建筑装修装饰行业的概念及特征

（1）建筑装修装饰行业的概念

行业是具有一定规模的国民经济种类部门的别称。建筑装修装饰行业是由在社会中从事建筑装修装饰工程活动的企业、个人与建筑装修装饰工程投资者、管理者及社会中介机构组成的，具有相对独立的经济、技术、市场特点，在整个国民经济体系中具有特定的功能与作用，形成一定经济规模的社会相关利益群体组织构成的社会经济组合。

（2）建筑装修装饰行业的形成

建筑装修装饰行业是人类社会生产力发展水平达到一定程度后，为了提高生活品质而不断发展起来的行业，是追求经济、政治、文化、艺术利益群体的集合并不断扩大的结果。此行业的形成和发展是人类经济发展和社会进步引发建筑装修装饰工程活动数量增长、社会需求增加的必然结果，反映出经济、社会文化发展的客观要求，是城镇化、工业化、市场化、现代化的产物。因此，建筑装修装饰行业能够综合反映出特定社会形态的政治、经济、人文和技术特征。

2. 建筑装修装饰行业的特征

（1）建筑装修装饰行业的政治特征

建筑装修装饰行业的政治特征主要是指在人类形成阶级后，建筑装修装饰要遵循相关的政治制度，体现国家的治国方略、政治特点，反映出行政级别、社会地位、阶层特征等社会政治需求。建筑装修装饰行业具有广泛的社会性，社会民众的参与及民意的表达等展现了民主与开明，也属于政治范畴。装修装饰工程活动是被社会舆论高度关注的行业，体现了一定的社会政治制度。

（2）建筑装修装饰行业的经济特征

建筑装修装饰行业的经济特征主要是指在市场化条件下，建筑装修装饰行业是实现对社会固定资产进行投资、再投资的行业；是一个以经济利益关系为纽带，联系社会各界、各部门的行业；是一个能够产生新的社会财富，提升社会及所有者固定资产价值总量的经济部门。人们参与建筑装修装饰工程活动都是经济利益的交换，具有明确的经济目的和经济收益的预期。

（3）建筑装修装饰行业的人文特征

建筑装修装饰行业的人文特征是指建筑装修装饰行业是一个与人类思想意识、文化修养、艺术诉求紧密联系的行业。建筑装修装饰工程不仅是一个作品，也是特定文化的载体，是对人类文化资产的应用。人文特征是人的品德、志趣、作风等通过建筑装修装饰工程表现出对某种文化的积淀，在建筑装修装饰工程设计、选材、施工中发挥作用。

（4）建筑装修装饰行业的技术特征

建筑装修装饰行业的技术特征是指建筑装修装饰行业是一个反映社会生产力发展水平的行业。建筑装修装饰工程活动不仅要应用某一特定时代科学技术发展的成果，反映时代的技术特点和技术要求，是特定技术条件下的产物。同时，建筑装修装饰工程活动的结果，也会推动社会科学技术的发展。

（5）建筑装修装饰行业的地域特征

建筑装修装饰行业的地域特征主要是指建筑物在任何时代都属于不动产，要植根于特定的地域，直接影响着地域特色的形成，其装修装饰也不可能脱离地方的民风、习俗、文化特色。各地方的建筑装修装饰行业发展水平不同，工程设计、施工表现的经济、技术、文化等特征具有很大的差异性，必然会反映出地域特点，符合地域发展水平的要求。

3. 建筑装修装饰行业形成的基础

任何一个行业都是由社会零星活动汇集成为一定规模之后形成的，这个过程需要有社会思想、经济、技术基础的支持。建筑装修装饰行业的形成，是由人类零散的建筑装修装饰活动，发展成为一项具有全社会意义的公众性活动，成为社会为不动产增值进行运作的一种普遍方式，才形成一个具有规模的行业。建筑装修装饰行业的形成，同样具有相应的各种社会基础。

（1）建筑装修装饰行业形成的社会思想基础

建筑装修装饰行业形成的社会思想基础就是人们对美好生活的不懈追求，对居住环境与大自然的沟通、融合的理念和实践，对尺度、比例、色彩、造型等美学元素的判断和应用；是运用掌握的资源改变现存环境状态的有意识行为；是人类与其他动物区别的重要标志；也是人类社会判断基本生存、发展需求满足程度的重要标准。在我国城镇化快速发展、全面建成小康社会的历史条件下，相当长的一个阶段内，建筑装修装饰行业的发展水平还是人们评价生活品质最为重要的考核指标之一。

（2）建筑装修装饰行业形成的社会基础

建筑装修装饰行业的形成，需要大量的工程市场资源，这是行业形成的社会基础。建筑装修装饰行业所需的社会市场资源有两个主要来源。一个是既有建筑的改造性装修装饰；另一个是新建建筑的装修装饰。自改革开放后，我国建筑业高速发展，主导施工技术也发生了重大变化，从砖混技术为主转化为钢筋混凝土技术为主，后又发展到以钢结构技术为主，现在仍然是钢筋混凝土和钢结构技术体系融合为主。建筑主导技术的发展，将建设工程分为结构施工、外围护结构施工、设备安装、室内装修装饰4个相对独立的阶段，使建筑装修装饰工程成为新建建筑施工中的一个重要组成部分。建筑主导技术的变化，为建筑装修装饰市场提供了源源不断的新建筑装修装饰工程资源，加上巨大的既有建筑改造性装修装饰工程，构成了建筑装修装饰行业形成的社会基础。

（3）建筑装修装饰行业形成的经济基础

建筑装修装饰行业形成的经济基础是社会生产力的发展、社会财富的增长和聚集。在工业化进程加快、科学技术不断发展的基础上，社会生产效率不断提高、拥有的社会资源不断增长，使人们有更多的经济实力去投资改变自身的生活、生产的存在与发展方式。社会形成有支付能力的现实需求不断增长，投入装修装饰的生产要素数量增加及质量的提高，是建筑装修装饰行业形成与发展的重要经济基础。国家综合实力的不断提高，提升了社会对建筑装修装饰的投资规模与水平，也直接决定了建筑装修装饰行业形成过程及发展速度。

（4）建筑装修装饰行业形成的物质基础

建筑装修装饰行业形成的物质基础是制造业的发展，特别是社会装修装饰材料、部品、饰品生产规模的不断扩大和产品升级换代。建筑装修装饰行业是一个以物质消耗为基础的服务性行业，材料、部品、饰品等物质资料的产品形态、生产规模、质量水平等直接决定了工程质量水平和科学技术含量。在大规模的城市建设中，材料、部品、饰品等的社会产能及营销方式，是建筑装修装饰行业发展的物质保障。

（5）建筑装修装饰行业形成的技术基础

建筑装修装饰行业形成的技术基础是人类科学的进步，特别是生产工具的更新，带来生产过程主导技术的发展。人类生产、生活的主导技术经历了传统手工工具为主导的人工化、蒸汽机为主导的机械化、电气设备应用为主导的电气化、电子计算机为主导的网络信息化的变迁。生产技术的发展与新技术的应用带动了生产率的提高、社会财富的积累，推动了人们对居住、工作环境变化的新需求。同时，建筑装修装饰设计技术的不断提高、施工主导技术的升级换代、现代智能技术的应用、节能环保技术的推广、互联网信息技术的融合等，扩大了行业对社会的服务能力，形成了建筑装修装饰行业存在与发展的技术基础。

（二）建筑装修装饰行业的属性

1. 建筑业行业的属性

根据国家经济部门分类，建筑装修装饰、房屋与土木工程建筑业、建筑设备安装业和其他建筑业共同列入建筑业的四个种类，所以建筑装修装饰是建筑业的一个重要组成部分，归口在建设行政主管部门管理。建筑装修装饰作为一个相对独立的行业，与建筑业中其他行业的明显区别，主要表现在以下几个方面。

（1）更新周期短

建筑装修装饰工程的周期，是根据社会物质财富及人们审美情趣的变化、生活及生产经营使用的需要、材料与部品的更新换代与技术的升级等原因不定期地进行更新。对比建筑结构工程、设备安装工程，建筑结构的更新周期是70年，设备更新的周期一般为30年，而室内装修装饰工程的更新周期在10年左右。

（2）使用的材料广泛

建筑装修装饰工程涉及的材料品种异常繁杂，几乎同国民经济中各生产部门都有产品间的联系，甚至农、副产品经过特殊的加工处理后，也可以用作装修装饰材料，都可以达到装饰空间、美化环境和表达情感的目的。结构建设中的主要材料就是钢筋、混凝土，设备安装就是专用的设备，比装修装饰的材料要专业、简单得多。

（3）技术门类繁杂

建筑装修装饰材料的复杂性，决定了建筑装修装饰工程中使用的施工技术门类繁多，每种技术之间的共性较少，一般是一种技术只适用于一类材料和部品的施工操作。所以，建筑装修装饰业内的操作工人的专业技术要求高，工种多而且分化细密，工程的组织实施和质量的保障难度比结构施工和设备安装要大得多。

（4）服务对象多元化

建筑装修装饰的业主群体异常复杂，既有投资机构、政府部门、房地产开发商，同时包括各种各样的企、事业单位，各种经营者、物业管理者，甚至是家庭、个人。而且每项装修装饰工程往往不是一个业主，例如在写字楼工程中，就包括负责写字楼管理的大业主与各空间使用者中投资装修装饰的小业主；面对家庭时就会有多个平等地位的业主，而建筑结构、设备安装面对的业主就是投资建设者，服务对象单一。

2. 劳动密集型行业的属性

从行业性质的归属上分析，建筑装修装饰业在向社会提供工程服务的过程中吸纳了大量的劳动力；在工程活动形成的价值中，除转移的原材料、部品的价值外，主要构成是劳动力的价值。由于建筑装修装饰工程中，施工企业在实施过程中自有资金占用极少，机具等固定资产转移的价值也极低，因此，是比较典型的劳动密集型行业。但对比其他劳动密集型行业，建筑装修装饰行业劳动力资源具有特殊性，主要有以下几个特点。

（1）劳动力资源需求差异大

建筑装修装饰劳动力由企业与项目管理者、工程设计人员、科技工作者、生产制造与现场操作人员4部分构成，对文化知识、专业理论的要求差异极大。其中占绝大多数的是施工现场操作人员，特别是杂工类的操作人员，对文化、技术的要求极低，但工程中的使用量却非常庞大。因此，建筑装修装饰行业是吸纳农业剩余人口就业人数最多的行业。但建筑装修装饰行业对工程设计的人员要求很高，不仅要有很强的专业理论和技能、天分，还要勤劳，是精英类人才。

（2）劳动力中男性占绝大的比重

由于建筑装修装饰工程施工连续性强、劳动强度大、生活环境简陋、施工现场环境差，所以从业人口中男性占绝大多数。特别在施工作业现场，女性比例就更小。由于绝大多数是成年男性劳动力，家庭的责任、负担都比较沉重，薪酬的诉求较高，工作的稳定性差。特别是农村转化的劳动力，季节性返乡参加农业劳动的现象比较普遍。

（3）地域性较强

我国现代建筑装修装饰业起步较晚，发展速度却很快，劳动力的募集主要是以宗法关系，通过亲属、师生、邻里、同乡等关系介绍进入行业，成建制的建筑施工队伍转入行业的很少，因此，劳动力的地域性很强。经过近30年来的发展，现在地区特色表现已经非常明显，往往某一城市、某一乡，甚至某一村，都集中在同一工种就业，形成了鲜明的地方劳动力特色。劳动力资源的宗法性、地域性决定了非正式组织大量存在，管理难度大。

3. 贸易服务类行业的属性

在国际上把建筑装修装饰业归纳到贸易服务类行业，对比其他贸易服务类行业，建筑装修装饰行业具有以下特点。

（1）属于物质消耗类的贸易服务类行业

建筑装修装饰工程的形成过程需要使用大量的物质资源，包括矿产、林业、冶金、化工等多种部门生产的产品。在建筑装修装饰工程造价中，转移的物质资源的价值是主体，占到工程总造价的55%左右。物质资料的质量、价格水平直接决定了建筑装修装饰工程作品的质量、价格水平，国家、社会的工业化水平制约着建筑装修装饰行业的发展。

（2）以脑力和体力提供服务

建筑装修装饰行业向社会提供的服务是设计和施工后的工程作品，是脑力与体力劳动的结晶。其中设计创作是设计人员脑力劳动的成果，是设计师智力创作出的作品，具有社会、经济价值，其价值的高低取决于社会、建设方的认可程度。施工过程中管理者、施工操作人员也要付出脑力和体力才能形成工程作品。建筑装修装饰行业脑力、体力的付出是针对一个特定的目标，一定时间内持续性的支出。

（3）具有特定的运作规则

建筑装修装饰市场运作具有特定的法律、规范、标准，对市场各方主体具有强制性约束作用。随着我国加入世界贸易组织，市场开放后建筑装修装饰行业的运行，越来越多地借鉴了国际工程市场的运作惯例和规则，对建筑装修装饰工程市场规范化发挥了重要作用。当前，工程量清单计价、工程监理制、工程索赔制等都是引用了国际工程市场的成熟规则。随着我国建筑装修装饰市场的不断开放和国际工程市场份额的稳步提高，我国建筑装修装饰工程市场的运作规则将会越来越同国际接轨。

（三）建筑装修装饰行业是一个跨部门的行业

建筑装修装饰工程活动是社会性活动，是为整个国民经济发展提供高质量建筑环境的行业，与社会有广泛的联系，工程涉及的业主群体及利益群体复杂、使用的产品种类繁多是基本格局。行业技术的发展方向是专业化、标准化、工业化，工程的实施过程就必然有大量的专业制造厂商参与，有些生产厂商甚至分包子项专业工程的施工。因此，建筑装修装饰业是一个包括工程设计、施工、材料生产制造等环节，并同多个部门有密切联系的行业。

1. 房地产业与建筑装修装饰行业的联系

（1）房地产业与建筑装修装饰业的产业关系

建筑装修装饰业与房地产业、建筑业、建材业处于同一产业集群，与房地产业是上、下游的产业关系。房地产开发的规模、结构、建设模式、质量水平，直接决定了建筑装修装饰工程在新建项目中的数量及档次。特别是自20世纪90年代开始的住房制度改革，以及房地产业形成并快速发展之后，土地开发与房屋建设都以房地产开发的形式进入市场，房地产业对建筑装修装饰业的决定作用日益强化，两个行业的关联度不断提高。目前，建筑装修装饰业已经成为对房地产业依存度极高的行业。

（2）房地产业的变化对建筑装修装饰行业的影响

房地产业作为国民经济发展中的支柱型产业，又直接关系到民生质量，必然受到政府、社会的高度重视，也是受到国家调控政策影响最为频繁、影响力度最大的行业。房地产开发商是建筑装修装饰工程企业可持续的业主，房地产受政策影响产生的变化都会最快、最直接地传导到装修装饰行业，形成建筑装修装饰工程市场上量的起伏和运转质量的变化。因此，建筑装修装饰行业也是一个受国家房地产调控政策影响较为强烈的行业。

在当前的城市建设模式中，房地产业是城市建设的主导。不仅城镇居民住房由房地产商开发建设，大量的商业设施、办公设施、旅游与服务设施等建设，也是由房地产商开发建设。房地产市场中量、价的变化，直接决定着建筑装修装饰市场，特别是住宅装修装饰市场规模的变化。在房地产市场中量、价同时上涨时，建筑装修装饰市场也会随之增长；当房地产市场总量增加，价格保持稳定时，建筑装修装饰市场也会快速增长；在房地产量保持稳定，价格上涨时，装修装饰市场会保持基本稳定，并保持小幅增长的状态；在房地产量、价同时下降时，装修装饰市场的规模就会大幅下降。

（3）房地产开发、销售结构变化对建筑装修装饰业的影响

房地产开发模式对建筑装修装饰市场也会形成强烈的影响。在开发商以建设半成品“毛坯房”为主导时，住宅装修装饰市场总量随开发面积的增长而增加；在自住性购房比例增高时，整个装修装饰市场总量也会随房地产市场销售面积的增加而增长；当房地产开发模式转为精装修成品房时，由于装修标准的统一，对个性化装修装饰有抑制作用，在房地产市场总量不变时，装修装饰市场总量就会出现小幅度的下浮；当投资性、投机性购房比重增加时，房地产市场销售面积的增长，不会增加装修装饰市场的总量。

2. 建筑业中其他行业与建筑装修装饰业的联系

（1）建筑业内其他行业与建筑装修装饰业的关系

建筑业中的结构施工、设备安装同建筑装修装饰具有非常紧密的经济、技术联系，是完成建设工程的不同阶段。建筑装修装饰作为建筑业中生产施工环节的终端，是建筑物最终交付使用前的最关键环节。建筑装修装饰工程需要对结构、设备工程中的一切缺陷进行弥补、改进、调整、完善，再造建筑物内部的水、电、风及内外环境，更好地满足建筑物的使用要求。因此，结构施工、设备安装的施工质量水平直接决定了建筑装修装饰工程的施工范围、工程难度、造价水平和施工技术的类型。

（2）总承包商对建筑装修装饰工程负有管理职责

在我国现行的建设工程总承包机制下，在新建工程项目中装修装饰作为专业工程，要受工程总承包商的管理与制约。装修装饰工程由总承包商组织招标工作；装修装饰工程分包商要向总承包商交纳管理费；由总承包商组织工程质量验收。在总承包机制下，国家规定总承包商必须具有结构施工资质并独立完成结构施工。因此，在新建项目中总承包商与装修装饰专项工程分包商具有管理与被管理的关系。

在工程的施工过程中，结构与设备安装与建筑装修装饰是相互配合的关系。在结构施工中要依据设计图纸，对建筑装修装饰及建筑幕墙工程预制预埋件；要根据建筑装修装饰设计进行非承重结构的更改和设备管线的调整；要配合装修装饰工程施工要求，确定好出口的位置等。工程施工中各专业间的配合能力和水平，对建筑装修装饰工程质量水平和整体工程的工期、造价、质量具有极为重要的作用。

3. 生产制造业与建筑装修装饰业的联系

生产制造业是为建筑装修装饰工程提供常规性材料、部品、部件的行业，包括建材、轻工、森工、纺织、化工、冶金、机械、电子等物质资料的生产部门。建筑装修装饰行业工程总产值的50%～60%是转移这些经济部门产品的价值，建筑装修装饰行业的市场规模直接决定了这些部门产品的市场规模。常规性装修装饰材料、部品的质量与节能、

环保水平直接影响着建筑装修装饰工程的质量。生产制造建筑装修装饰工程中所用相关材料、产品的企业，成为建筑装修装饰行业的重要组成部分。

在工业化进程快速发展过程中，生产制造业在为建筑装修装饰业提供物质条件的同时，建筑装修装饰业也为生产制造业的发展提供物质基础。对生产环境要求较高的精密仪器、电子、生物制药、食品饮料、精细化工等行业生产场所的装修装饰是建筑装修装饰工程的重要组成部分，也是专业性较强、标准要求较为严格的专业领域。

随着建筑装修装饰工程施工专业化的发展以及管理型企业模式的不断成熟，建筑装修装饰工程企业与装饰材料生产经营企业的联系更加紧密。在建筑装修装饰工程施工的实际操作中，很多装饰材料销售企业同时承担售出装饰材料的施工，并对子项工程承担全部的质量责任。有些工程对装饰材料有特殊要求，建筑装修装饰工程企业还需要同材料生产、经营企业共同攻关，研发符合设计要求的新型产品，材料生产企业也同时负责该种材料特殊工艺的施工。建筑装修装饰材料生产经营企业向施工领域的延伸，推动了建筑装修装饰工程企业集成与整合能力的提高，加快了行业的产业化进程。

4. 建筑装修装饰业与其他行业的联系

（1）与文化、艺术业的联系

文化、艺术业是为建筑装修装饰工程提供特殊部件、饰品的行业，包括各种材质的雕刻、书法作品、美术作品、饰件、摆件等。建筑装修装饰工程的文化、艺术含量，主要依靠文化、艺术业内优秀人才的参与，其创意能力和创作水平，以及将原创予以实现的制造质量，决定着建筑装修装饰工程文化、艺术含量的高低和装修装饰的效果。

建筑装修装饰业也为文化、艺术业的发展提供了物质条件。博物馆、文化馆等文化、艺术设施的建设，主要依靠装修装饰工程为其实现文化、艺术目标，是建筑装修装饰工程的重要组成部分，也是文化、艺术品位要求最高的装修装饰工程项目。在创意产业的大格局中，建筑装修装饰与文化、艺术业已经相互交融、相互渗透、互为重要的组成部分。

从我国教育体系和从业者队伍构成上看，建筑装修装饰同相关的文化、艺术行业也是密不可分的。与装修装饰相关的院、系和专业，被划归为艺术类；在建筑装修装饰工程设计的从业者中，有相当大的一部分人是由文化、艺术类行业转化进入装修装饰行业，与文化、艺术具有极强的裙带关系，这也可以说明装修装饰与文化、艺术行业之间的内在联系。

（2）与商业流通业的联系

商业、流通业是为建筑装修装饰工程提供物资保障的行业。为了适应建筑装修装饰业的快速发展，近些年我国建设了一大批建筑装修装饰材料市场，形成了一些新的商业类别、商业模式和商业规则。目前，不仅大城市中有大型建筑装修装饰综合类市场，在中、小城市中也有较大规模的综合市场。建筑装修装饰材料市场已经成为国内发展速度最快、建设规模最大、运营最兴旺的专业市场。

建筑装修装饰市场不断地发展，其商业业态也在不断地进化，形成摊位式、自营式、自助超市式等多种业态并存的格局，不仅为业主、施工单位选材、用材提供了不断优化的购物条件，也为建筑装修装饰行业的快速发展提供了物资保障。装修装饰专业的商业、流通业已经成为展示产品与技术和沟通材料、部品生产与工程应用的重要渠道，也是构成建筑装修装饰行业的重要组成部分。

（3）与其他行业的联系

建筑装修装饰行业是同旅游、饭店业紧密相关的行业。高星级宾馆、饭店等旅游设施的装修装饰工程，是投资最大、最能体现装修装饰行业设计、施工水平的工程项目，是推动建筑装修装饰业发展的重要工程领域。同时，建筑装修装饰也同包括农业在内的其他国民经济中的行业，有着密切的经济、技术联系，存在着相互支持、共同发展的关系。

第二节　建筑装修装饰行业业态

建筑装修装饰行业和企业现在的生存与发展方式决定了行业今后的发展方向、特点及需要调整、提高的具体内容。分析、研究行业和企业的业态，对于认识、掌握、驾驭行业和企业都具有重要的现实意义。

一、建筑装修装饰行业业态

一个行业的业态表明了行业发展的空间、能力、状态。建筑装修装饰行业的业态是每个建筑装修装饰工程企业面临的生存与发展环境，是企业必须清醒认识的重要问题，也是企业开展各项工作的基础。

（一）行业业态的概念及其内容

1. 行业业态的概念及实质

（1）行业业态的概念

行业业态是指一个行业当前各种生产要素运行的基本状态，包括资源分配现状、生产技术现状、市场销售现状和利益分配现状，这些社会规则、现象等构成的集合体系。行业业态表明了行业整体的运行水平及行业社会成果的实现水平。一个行业的业态是由制约行业的体制与机制决定的，体现了国家、社会对行业运行的掌控方式、能力和目标。

（2）行业业态的实质

行业业态的实质就是由结构性因素决定的行业、企业生存与发展的空间、能力和方式，社会上也称为商业业态。行业业态的基础是本行业内企业的生存与发展方式，即企业的生态。企业生存与发展的环境良好，那么企业发展空间就大，企业发展的目标就高，持续的扩大再生产能力就强，发展方式就能及时得到调整与优化；企业生存与发展方式得到普遍优化，行业发展的能力就充足，行业业态表现的就平稳、有序、和谐。

2. 行业业态的主要内容

在市场经济条件下，任何一个行业的业态，都主要反映在专业市场、企业结构与存在状态、主导技术水平三个相互联系、相互制约的结构性因素上。

（1）专业市场

专业市场是进行生产要素分配的主要渠道，也是行业业态的最基本内容。专业市场资源的配置能力、生产要素的配置水平、行业成果的社会分配能力等直接影响和制约业内企业的运作方式，反映的是行业业态中的生态建设水平与质量。专业市场建设的完备程度和运作能力体现出行业发展过程中体制的制约与机制的运转水平，不仅是各种资源分配公正、科学的基础，也是分析、研究一个行业业态的重要基础内容。

（2）企业结构与存在状态

行业内企业的总量、品质、专业构成结构是专业市场能力与水平的直接反映，是决定行业业态的组织基础。行业内的企业结构、组织化程度、企业间的竞争状态，不仅影响和制约着专业市场结构的调整与发展，也对技术结构的调整与优化产生影响和制约。企业都是在一定的市场环境中生存与发展，所以必然要适应外部的市场环境。从一般企业的组织架构、运转机制、创利能力就能反映出行业业态的基本状况。因此，研究一个行业业态，主要是从企业的生存状态入手进行分析研究。

（3）主导技术

科学技术是第一生产力。任何行业、企业的生存与发展都需要科学技术的支撑，一个行业当前生产、服务普遍应用的主导技术是决定行业业态的重要因素。由于市场经济条件下行业的主导技术主要掌握在业内企业之中，企业的技术创新、主导技术的变革与发展必然会带动企业结构的调整和企业生存与发展状态的改变，引发行业资源的重新配置，推动专业市场结构的优化。企业通过主导技术升级换代推动企业经营、人才、资本结构调整和行业发展方式的转变，从而提高专业市场的建设与运作水平，是优化行业业态的基本途径。

（二）建筑装修装饰行业业态

1. 建筑装修装饰行业业态的基本状况

建筑装修装饰行业不仅是一个完全竞争性行业，还是一个民营经济成分占绝对主导作用的行业，同时也是一个近几十年来重新焕发活力的传统行业，属于相对稚嫩的发展中行业。建筑装修装饰行业当前的业态基本状况，从不利的方面分析，主要反映在以下几个方面。

（1）企业的离散度高

企业结构不合理、离散度高是建筑装修装饰行业业态不稳定、不协调、不和谐的基础性因素。建筑装修装饰行业到2012年拥有企业14.5万家，65%以上是规模极小的微型企业，纳入行业管理取得相应工程资质的企业只有5万家左右。全行业排名前100位的企业，全部工程产值的总和仅占行业年工程总产值的5%左右，所占比例明显过低。我国地域广阔，建筑装修装饰工程项目分布极广，前100位的企业都是面向全国市场承接工程项目，所以在区域市场内各企业所占的比重就更低。企业离散度高，工程资源的分配就零散，严重制约了行业内大型企业的生成和发展。

（2）市场竞争激烈

专业市场不健全和市场对资源分配的制约力不足是建筑装修装饰行业业态环境不好的重要因素。由于企业规模普遍偏小、经营实力不强、技术创新能力不足，在市场竞争中企业间主要是依靠价格竞争的形式进行工程资源的争夺，结果往往是两败俱伤。工程业主更是利用行业市场中工程企业价格竞争激烈的局面占据着市场的主动位置，不断提出压价、垫资等不合理的要求，逼迫工程企业就范。市场中激烈的价格竞争严重降低了行业的自我积累、自我发展的能力。

（3）技术状态仍然较低

建筑装修装饰行业的技术状况虽然在持续改进，但总体水平仍然偏低，传统手工作业仍然占有很大的比重。建筑装修装饰技术水平低，特别是施工主导工艺的机械化、标准化水平低，导致资源利用水平低、污染与浪费较为严重。劳动生产率低、劳动力需求量大，推动劳动力资源价格不断上涨。主要技术的等级低，企业运作工程项目时，施工现场环境差、劳动强度高、行业社会形象差，也在很大程度上阻碍了新劳动力资源进入行业，造成行业的劳动力供需的严重不平衡。

（4）创利能力不足

市场规则中存在不平等、不公正的因素，也是建筑装修装饰行业业态对建筑装修装饰工程企业不利的重要因素。由于工程企业在市场中处于劣势、被动的地位，市场的话语权极弱，工程造价被压得过低，建筑装修装饰工程的项目创利能力在不断下降，有些项目已经是微利，甚至是亏损。为了确保工程项目盈利，工程企业都在不断提高材料、产品、设备等方面的市场整合能力。但一部分材料、产品、设备往往被业主从工程造价中分离出去由业主采购，就更降低了工程企业的创利能力，直接制约了企业的技术创新与发展。

（5）行业管理相对薄弱

建筑装修装饰行业存在着大量游离在行业管理之外的从业者，以及市场运作中的潜规则，也是建筑装修装饰行业业态不好的重要因素。工程设计领域的“枪手”，无证、照的独立设计者和有照无证的微型设计机构的大量存在，对设计市场的管理形成极大的难度。工程施工领域大量的个体施工队伍、有照无证的微小企业等都是形成市场存在“潜规则”的条件，对行业业态形成了不协调、不稳定因素。由于存在未纳入行业管理的从业者，市场竞争的起跑线就不平等，不仅影响到纳入行业管理企业的生存与发展环境，也反映出行业门槛较低。管理难度大的劳动密集型行业需要国家、社会层面的管理创新，行业业态才能得到改善。

2. 建筑装修装饰行业业态的发展状况

由于具有不断扩大的工程资源的有力支撑，建筑装修装饰行业业态虽然质量不高，但行业仍处于上行快速发展阶段。通过行业内部各种关系的调整与完善，促进行业业态的改善，为企业创造良好的生存环境，是一项长期的工作内容。建筑装修装饰行业在发展过程中，行业的业态在不断调整、优化之中，具体表现在以下几个方面。

（1）专业市场正在发育

建筑装修装饰行业是一个有牢固社会思想基础、强劲社会需求的行业，也是一个规模迅速扩大的行业。但行业专业市场建设相对滞后，形成对行业发展的制约。当前行业主要的专业市场状况是专业材料市场兴旺繁荣、专业资本市场正在发展、专业技术市场正在培育、专业工程市场已经形成、专业劳动力市场仍不完善，所以是一种很不平稳、很不完善的状况。

随着行业发展对专业市场建设的需要，市场建设始终没有停止，并在不断发育。在国家市场化发展中，随着建筑装修装饰行业专业市场的建设和完善，行业市场秩序有了一定程度的好转，特别是工程资源的分配机制，正在向有利于形成大企业的方向转变。资本市场已经向建筑装修装饰行业敞开，不断有建筑装修装饰工程企业通过上市融资成为社会性企业，以超常规的发展速度迅速壮大，也为行业起到了很好的示范作用。在国家经济体制改革和产业政策调整中，建筑装修装饰的地位还会进一步巩固，行业专业市场建设的水平还会不断提高，市场分配资源机制的作用也会越来越强。

（2）企业结构正在调整

我国建筑装修装饰工程企业自20世纪80年代中期开始出现，20世纪90年代进入快速发展期。到1996年在工商行政管理部门注册登记的装修装饰企业达到30万家左右，行业企业处于高离散状态。自1997年开始企业数量逐年下降。截至2018年，全国共有建筑装修装饰企业12万家左右，比高峰时期减少了60%左右。

自1989年建设行政主管部门开始对建筑装修装饰工程企业实施资质管理以来，一级资质企业1991年全国仅有4家，1992年全国仅有11家。自1993年开始，取得资质的企业数量逐年增加，现在取得资质的专业建筑装修装饰工程企业达到8万家左右，其中一级资质的企业超过3000家。拥有资质企业的数量大幅增长，表明纳入行业管理的规模以上企业数量在不断增加，企业的稳定性正在不断加强。建筑装修装饰工程企业最高年产值，在1993年为3000万元左右，以后逐年上升，到2018年公共建筑装修装饰工程企业最高年产值已超过250亿元；建筑幕墙工程企业最高年产值也超过190亿元；住宅装修装饰企业超过80亿元，表明行业内大型企业正在形成并发育。

（3）主导技术正在发展

传统建筑装修装饰的主导技术是在施工现场测量、现场制作、安装，是以手工操作为主导的技术。随着计算机应用技术、网络技术、远程控制、通信技术等的推广普及，现场测量、工厂化加工，现场安装技术不断发展，机械化的比重不断提高，现在已经成为建筑装修装饰工程施工的主导技术。现在大型公共建筑装修装饰工程的成品化率已经达到70%左右；建筑幕墙工程已经达到85%左右；住宅装修装饰工程达到60%左右。当前，标准化产品、工业化生产、现场拼装技术的难点不断被突破，建筑装修装饰主导技术还在向标准化、机械化、工业化方向发展。特别是在行业拥有上市企业之后，资本市场对建筑装修装饰工程企业发展的杠杆作用对推动行业节能、环保等新技术的研发与应用、主导工艺的升级换代产生了重要的支持，建筑装修装饰行业技术发展的速度将不断加快，技术发展的质量还将持续提高。

(4) 工程企业间的合作机制已经开始形成

在行业协会组织的推动下，建筑装修装饰工程企业在加大自身整合材料、产品、技术能力的同时，也进行了工程企业之间合作的尝试，取得了一定的经验。特别是大型骨干工程企业在大型工程项目中的合作，使合作各方都切实获取了经济利益，提高了项目的创利水平，成为推动企业间加强合作的重要基础。工程企业间以项目为纽带，在工程信息交流、施工技术、加工手段、材料采购中的合作运作等已经形成了初步的合作机制。除个别大企业在某些工程项目上仍然存在激烈的价格竞争外，一般企业都已经认识到单纯价格竞争的结果是两败俱伤，给双方企业都会造成极大损害必须予以规避，并开始注意通过企业间的沟通、交流，提高主动权、话语权，避免严重的恶性竞争，行业内企业间关系有向稳定、协调、和谐方向发展的趋势。

3. 建筑装修装饰行业业态的特点

建筑装修装饰行业是一个处于高增长期的行业，其业态具有变化幅度大、变化频率高、企业主导性强的基本特点。

(1) 变化幅度大

通过行业业态的基本状况可以看出，建筑装修装饰行业在专业市场、企业结构、主导技术等方面都处于不断创新、快速发展的阶段，存在着广阔的发展空间。有些专业市场领域至今仍存在大量空白需要尽快予以填补，企业可以通过参与相关市场建设获得可持续发展的能力。从行业发展的需求上看，业态调整的空间大、调整的紧迫性强，因此，建筑装修装饰行业的业态在当前调整、变化幅度很大，发展机遇很多。

(2) 变化频率高

由于市场竞争的要求，建筑装修装饰工程企业的商业模式不断调整与优化，使行业业态始终处于创新、发展的过程之中，行业业态从整体上看稳定性差。一种新型业态产生并形成运转之后，很快就会有其他企业在此基础上进一步创新，并在企业运作中应用，原有的主流业态就被新的业态取代，所以行业业态的变化速度非常快。至今整个行业都在积极探索最适合行业发展要求的业态，并处于进行积极主动的实践历程之中。

（3）企业主导性强

建筑装修装饰行业业态的创新都是由企业内部通过调整经营战略、创新企业发展方式改革带动的，特别是建筑装修装饰工程企业技术升级、创新管理、项目运作方式带动的。企业通过主动调整商业模式，使企业经营运作更适应社会市场环境的需求，提高生产要素的吸收、掌控能力，从而获得超常规发展。业内的大企业主要也是依靠技术创新、管理创新的手段，提高资源整合能力与利用效率。

（4）发展方向已经明确

建筑装修装饰行业业态的发展方向，经过业内的探索已经基本明确。以工业化、标准化推动主导技术升级换代为基础，以提高行业的产业化服务能力为目标，通过加强产业链建设等促进企业结构调整与优化，以创新驱动转变行业发展方式。在加强专业市场建设的基础上，形成提高资源配置水平和利用效能的市场体制与机制，构建协调、稳定、和谐的行业业态，实现建筑装修装饰行业的可持续发展，就是行业业态调整、优化的方向。

二、建筑装修装饰工程企业业态

建筑装修装饰工程企业是构成建筑装修装饰行业最基层的组织，是行业运行的基本单位。企业的发展空间、发展能力和方式不仅是形成行业业态的基础，也是每个从业者面临的最关键的环境。研究建筑装修装饰工程企业的业态，对提高企业从业者的生存与发展能力具有重要的作用。

（一）建筑装修装饰工程企业业态

1. 建筑装修装饰工程企业业态的概念

（1）建筑装修装饰工程企业业态的概念

建筑装修装饰工程企业的业态是指以一定的商业模式制约，在市场运作中确定并实施的经营战略、营销策略、组织架构、管理体系、激励机制、业主网络建设等政策、策略、措施现状的总和。企业业态的选择是企业决策层工作的核心内容，决定了企业的发展空间、发展能力与发展方式。

（2）建筑装修装饰工程企业业态的本质

建筑装修装饰工程企业业态的本质就是企业的商业模式与市场环境对接。企业要在深入分析、研究市场的基础上对企业所处的客观环境质量做出判断，并根据企业的核心价值观和掌控的资源，通过不断地创新优化结构顺应市场环境，对企业发展战略方针、战役安排和战术动作进行决策。目标是要提高企业的经营实力和竞争地位，最大限度地提高效率、规避市场风险，提高企业、项目的创利能力，使企业做大、做强。

2. 建筑装修装饰工程企业业态的具体表现形式

（1）经营战略

经营战略是企业业态的核心，是企业把核心价值观转化成为企业行动的纲领，是指导企业全部经营生产活动的总方针、总政策。经营战略具体表现为企业发展目标、发展战略、经营结构、经营布局等决定企业长远发展的决策。经营战略不仅决定企业生存的现状，也是调整与优化企业内部结构，提高与市场需求匹配程度所做的组织调整的依据。

（2）营销策略

营销策略是企业市场拓展的核心，是企业与市场对接的总方针，是企业商业模式的重要组成，也是实现经营目标的最主要的市场行动纲领。建筑装修装饰工程企业的营销策略是营销模式的具体化，具体表现为宣传策划、广告宣传、营销推广、渠道建设、危机处置、客户服务等展示企业经营实力和与社会利益分配的相关政策、策略的现状。营销策略是在深入研究市场需求变化的特点后，对企业营销行为适应市场变化所进行的调整的基本依据。

（3）组织架构

组织架构是企业运行的核心，是体现企业核心价值观体系和所实施商业模式，不断提高企业执行力的组织保障。建筑装修装饰工程企业的组织架构具体表现为决策层与执行层的划分、授权与分权、部门的设立、职责与权利的确定等维持企业正常经营活动的组织体系，以及适应市场变化、企业发展、经营需要的组织架构调整。

（4）管理制度体系

管理制度体系是维系企业正常运转的基础性建设工作，是企业核心价值观体系的具体体现和商业模式运行的制度保障，也是实现企业经营战略的重要保障。建筑装修装饰工程企业的管理制度体系具体表现为人、财、物、项目、技术、信息等管理制度的建设健全程度，是企业内部权、责、利分配的制度化。管理制度体系对客观事物，特别是人的尊重及正义、科学、严密程度，不仅决定了制度的执行力度，也决定了企业、从业者的发展能力。

（5）激励机制

激励机制是企业核心价值观体系的具体体现，也是企业商业模式运行的人才保障，是调动企业内部积极性、主动性、创造性，增强企业经营活动能力的核心。建筑装修装饰工程企业的激励机制具体表现为企业内部工资、福利等制度以及在工程项目运作过程中的激励办法、利益分配、资金管理程序等分配制度的完善与执行，对企业发展的杠杆撬动作用最为突出。

（6）业主网络建设

业主网络建设是建筑装修装饰工程企业核心价值体系的重要表现，是企业工程业务活动持续发展的基础，也是实现企业经营战略的关键性工作。业主网络建设具体表现为客户的维护、服务的延伸和联动业主网络关系的发展等。业主网络建设为不断扩大企业社会服务范围、增加业务活动、改善生存现状提供保障，要从企业发展的全局要求对业主网络建设的措施、方法等做出调整。

3. 建筑装修装饰工程企业业态的基本状况

（1）以满足业主需求为核心

建筑装修装饰工程企业属于服务性企业。业主投资建筑装修装饰的需求是企业的重要资源，也是企业的服务对象，满足业主需求是工程企业的基本社会责任。当前，由于行业业态不佳，致使建筑装修装饰工程企业在市场地位中处于弱势，引领社会、业主需求的能力不足，在市场中的话语权和控制权小。因此，企业必须紧密围绕满足业主需求的目标制定企业发展战略、政策、策略，配置企业掌控的资源。

（2）以提高资源整合能力为基础

建筑装修装饰工程企业对材料、部品供应商具有优势地位，利用掌握销售终端的优势，通过集团购买、批量采购或产品总经销、区域代理等形式低价位采购材料、部品，弥补施工过程中创利能力的不足，提高企业的社会地位、市场竞争力和可持续发展能力。提高对既有产品、技术的整合能力，实现企业掌控资源数量的增长和品质的提升是建筑装修装饰工程企业创利的主要着力点，是企业制定经营策略的主要内容，也是企业业态改善的主要动因。

（3）以联动的业主网络建设为重点

业主是建筑装修装饰工程企业最重要的资源。对大客户、专业业主群体、相关联业主的维护、发展，是建筑装修装饰工程企业低成本提高市场占有率的有效方法，也是保证工程资源持续供应的主要渠道，因此，受到建筑装修装饰工程企业的高度重视。不同专业、不同市场定位、不同规模的企业都在确定目标市场之后，以联动的业主关系网络建设为重点，制定企业经营战略和营销策略，最大限度地发展、强化对企业高信任度业主群体网络，也是建筑装修装饰工程企业优化业态的最重要手段。

（4）注重企业形象宣传

建筑装修装饰工程在企业介绍资料、工作场地环境、企业宣传广告等方面的讲究程度和投入力度是其他行业无法比拟的。在建筑装修装饰工程企业业态中，品牌建设、社会认知度是影响企业经营战略和营销策略的主要因素，也是企业业态优劣的重要表现。在业主、社会中树立良好形象，将企业的利润追求与社会责任相统一是企业生存与发展的重要保障，反映出建筑装修装饰工程企业的业态是积极的、创新的、奋斗的。

（二）建筑装修装饰工程企业的经营战略

1. 建筑装修装饰工程企业经营战略的概念及内容

（1）建筑装修装饰工程企业经营战略的概念

建筑装修装饰工程企业的经营战略是指企业根据对市场考察、技术发展、企业资源等的判断，以企业的商业哲学、模式、理念等对企业未来长期发展进行决策、部署。经营战略首先要确定企业发展的长远目标，在此基础上进行生产要素的布局，调整与优化企业的经营结构，决定企业的发展方式；也是指导建筑装修装饰工程企业增强市场竞争综合实力、提高市场占有率、强化工程项目创利能力为目标的具体发展方针、政策的制定与组织实施。

（2）制定企业经营战略的意义

经营战略是建筑装修装饰工程企业根据对未来工程市场发展、社会需求变化趋势等做出判断，结合企业的核心价值观及自身条件，对今后一段时间内发展的总体设想、部署的决策，是企业最重要的战略性思维的结果。经营战略一般是以企业中、长期发展规划表现出来，对企业当前的生存及未来的创新与发展行为都具有重要、长期的指导、约束作用。经营战略的调整与确定是确立企业业态的核心，决定了企业业态在市场中具体的表现形式。

（3）制定企业经营战略的核心内容

制定建筑装修装饰工程企业经营战略的核心内容是根据企业的经营理念和掌控资源状况进行准确的市场定位。建筑装修装饰工程市场规模巨大，但各细分市场的专业要求差异极大，企业不可能在任何细分的工程市场中都能提供让业主满意的服务，只有在特定的目标细分市场中才能把业主服务好，把工程做专、做精，进而把企业做大、做强。建筑装修装饰工程企业经营战略的核心是确定目标市场，根据目标市场的需求规模、档次、特点，制定企业的发展目标、发展方式、经营结构、经营布局等。

2. 企业经营战略的表现形式

建筑装修装饰工程企业经营战略的表现形式就是企业的发展目标、发展战略、经营结构、经营布局。

（1）发展目标

建筑装修装饰工程企业的发展目标是确定企业未来业务经营要达到的规模和水平，主要包括对工程产值、利润、行业排位等具体指标数据的确定。发展目标是企业以自己的商业模式对未来的经营发展预期的确定，是企业进行其他决策的基本依据，也决定了企业生产要素的投入规模和增长速度。科学、准确地确定企业的长远发展目标是影响和制约企业发展方式和发展品质的重要因素之一，也是企业经营决策者的首要职责。

（2）发展方式

发展方式是以企业商业模式实现企业发展目标的长期性、纲领性、综合性的行动设计、规划、决策。主要包括对市场环境的判断、实现发展目标的步骤、原则、措施等的设计、决策及安排，一般在企业的中、长期发展规划中表述出来。发展方式的确定，决定了企业投入生产要素的规模、质量和方式，是落实企业发展目标的具体行动准则及实施纲领，决定了企业长期的经营策略和市场操作的具体措施。

（3）经营结构

经营结构是落实企业发展战略的重要工作内容之一，体现了企业商业模式的要求。

经营结构表现为企业专业目标市场的确定，在目标市场中投入资源和生产要素的数量、质量和方式，在不同专业、不同地域市场集成和整合资源与技术的具体领域、措施、方法，确定不同专业、不同地域市场在企业经营整体中的比重等。确立建筑装修装饰工程的经营结构应按照既定的发展方式去合理分配企业掌控的资源，不断完善经营条件，是实现发展目标的重要保障，也是企业业态调整与优化的重要表现形式。

（4）经营布局

经营布局也是发展方式的重要内容，是在实现企业经营战略中生产要素在空间上的分布决策，经营布局主要包括地域布局与专业布局。我国地域辽阔，经济发展的差异性大，经营布局表现了企业对区域目标市场的确定以及相关生产要素的投入方案。专业布局表现的是企业对细分专业市场发展差异的判断，对专业目标市场投入相应的生产要素。经营布局决定了企业专业发展方向与专业发展能力，也是企业业态的重要表现形式。

（三）建筑装修装饰工程企业的工程项目运作

建筑装修装饰工程企业的工程项目运作是行业、企业业态的最直接的表现形式，是对行业、企业发展起到决定作用的基础，也是集中体现企业营销策略、管理制度、激励机制等的主要业务活动。

1. 公共建筑装修装饰工程企业的工程项目运作

（1）公共建筑装修装饰工程企业项目运作的基本形式

公共建筑装修装饰工程企业的工程运作有自营工程与合作工程两种基本工程运作形式。

自营工程形式是指由建筑装修装饰工程企业内部经营机构承接的工程项目，并由企业在内部组建项目管理团队，直接指挥和调度工程整个施工过程，工程价款完全由企业支配、全部利润归企业所有的工程运作形式。自营工程项目由于企业的掌控能力强，所以风险小、创利能力高、对企业品牌形成影响大、质量保障程度高，是建筑装修装饰工程企业主要的工程项目运作形式。建筑装修装饰工程企业自营工程在工程总产值中的比重高低，表明了企业业务经营与可持续发展能力。

合作工程形式是指因为市场中工程信息不对称、资源分配机制不完善引起的由与企业有关联的外部人士或企业，以建筑装修装饰工程企业的名义承接的工程项目。在合作工程中企业参与组建项目管理团队并进行监督、控制，工程价款由合作方在企业监督下支配、使用，形成的利润由企业与合作方进行分成。由于合作的工程运作形式企业对工程项目的掌控能力差，所以风险大，企业的重点工作是对合作者的资信水平和专业能力的考察、判断，并制定相应的规避风险的制度、措施。

由于合作工程形式存在较大风险和不确定性，所以，合作工程形式经历2～3个项目的成功合作之后，企业一般就将合作的外部人士、企业收编为本企业的独立项目部，合作人员纳入企业内部的人事、劳动管理系统，利润按协商的比例进行分成，其性质就转化成为企业内部的经营承包责任制，工程运作转化为自营工程形式。通过合作工程项目运作形式扩大企业的员工队伍，也是公共建筑装修装饰工程企业招募人才的重要途径。

（2）工程项目的选择

公共建筑装修装饰工程的体量大、社会关注程度高，功能与文化、艺术诉求差异明显，工程要求的施工技术专业化、复杂性强，企业必须对工程项目进行选择。自营工程一般选择在企业已经确定的专业细分市场中有一定社会人脉资源基础的工程项目进行运作。合作项目也主要控制在同一专业细分市场或近似的专业细分市场中运作。

（3）工程项目的承接

公共建筑装修装饰工程项目，包括建筑幕墙工程项目，一般是由企业主要领导人、经营部门负责人或分公司、工程项目部经理等高端管理人员直接同业主进行跟踪、联络、操作，经过招标投标程序，中标后承接工程项目。合作工程主要由掌握工程信息资源的外部人士及企业相关人员通过对业主直接跟踪、联络，建筑装修装饰工程企业主要是做好辅助性的支持工作，经过招标投标程序，中标后承接工程项目。

2. 住宅装修装饰工程企业的工程运作

（1）住宅装修装饰工程企业运作的基本形式

住宅装修装饰工程企业进行项目运作的基本形式，一般是通过广告、宣传等手段将投资者、消费者引入企业的门店，采用驻店接客、店内洽谈、委托施工、过程监管的形式承接家庭住宅装修装饰工程。也有采用入住居住小区、新建社区等形式直接等待投资者、消费者上门洽商承接工程。

（2）住宅装修装饰工程档次的划分及营销策略

住宅装修装饰工程按单平方米造价可以划分为高档、中档、低档三个层次，洽商工程的店面也有极大的区别。一般地讲，高档住宅装修装饰单平方米造价在1500元以上，工程的承接主要依靠个性化设计；中档住宅装修装饰单平方米造价在800～1500元之间，工程的承接主要依靠对装修装饰效果的体验；低档住宅装修装饰单平方米造价在800元以下，工程的承接主要依靠总价包死的经营策略承接工程。

一些大型专业住宅装修装饰工程企业近年来以开设品牌专营店的形式提升了企业业态，取得了较好的经营成果和后续发展能力。品牌专营店就是将企业推介、有经验的设计师、主要风格装修装饰效果、家庭装修中的主要材料与部品、企业施工工艺展示等放在一个较大规模的店内进行集中展示、推介、销售，使消费者既能够一站式满足装修中的全部基本需求，又能有个性化设计和效果体验，集中体现了满足高、中档住宅装修装饰消费需求所有特点，是住宅装修装饰营销模式的一种创新，也优化了企业的商业模式。

（3）住宅装修装饰工程项目的承接

住宅装修装饰工程项目，一般是由驻店的设计师对客户直接进行接待、跟踪、联络、操作，签订工程设计、施工合同。驻店设计师是住宅装修装饰专业工程企业在整个项目运作中从开始接洽到工程竣工、工程价款回收全过程的企业代表。住宅装修装饰专业工程企业的设计师，既是工程的设计者，又是企业的业务人员、宣传人员、推销人员。住宅装修装饰专业工程企业的项目施工，除个别企业拥有自己的施工队伍，一般是由同企业合作的劳务人员施工完成。

（4）住宅装修装饰工程的评价

住宅装修装饰工程的质量、环保评价，对企业持续承接工程具有极为重要的作用，是企业品牌的主要支撑，企业要高度重视。住宅装修装饰工程评价主要有业主评价、社会评价两类。

业主评价是业主（即家庭成员）对企业工程服务过程和工程质量进行的评价，实质上是对其投资装修装饰的性价比水平进行的评价。性价比越高，业主的满意度就越高，对其他业主宣传企业的力度就越大，对企业联动的业主群体发展就越有利。

社会评价主要是邻里、亲戚、朋友等对企业工程质量进行的评价，实质上是对住宅装修装饰工程企业认知度的判断。认知度越高，社会上的传播面就越广、力度就越大，对企业的宣传效果也就越好，这也是企业联动业主群体扩张和业务能力发展的重要渠道。

第二章　建筑装修装饰的起源与发展

第一节　建筑装修装饰的起源与发展

建筑装修装饰活动是人类社会一项重要的社会实践，了解其何时起源、为何起源、如何起源及如何发展变化，是全面认识建筑装修装饰行业的重要内容。人类文明的发展一定是在传承中发展、在总结中提高、在扬弃中进步。

一、建筑装修装饰的起源

（一）人类建筑装修装饰起源探索

1. 史前时期建筑装修装饰活动的探索

由于黑夜与睡眠是人类无法改变的客观现象，所以，住是一切生命存在的基本需求。在史前时期还没有建筑，人类的祖先为了躲避风寒、防范其他动物的侵袭，常常选择自然的山洞为住地。在人类祖先居住的山洞里，考古学家发现了岩画，这是人类祖先刻画在洞内岩石上的图案，主要是常见动物的形象。无论人类祖先的动机如何，在居住空间里刻画，对环境都是一种改变或营造，也是人们心理的一种表达，反映出人类祖先对环境的一种诉求。

在关于史前人类的考古探索中，虽然对居住的环境已经无法详细考证，但考古学家发现了大量用于人体装饰的骨质、石质的器物。这些考古发现反映出人类的祖先在极其恶劣的自然条件和低下的生产技术下也有装饰打扮的需求。可以看出，人类在史前时期就已经有了对美的追求和探索，开始了最原始的装饰活动。

2. 人类社会早期建筑装修装饰活动的探索

（1）人类社会的形成过程是把以狩猎为生转变为种植、畜养为生的过程。这个过程使土地成为人类生存与发展最重要的生产资料。为了守护土地和劳动成果，人类就必须从狩猎时的居住地——山洞走向辽阔的平原居住在土地之上。为守护自己的土地及劳动成果，就必然产生出建筑的社会需求。在广阔的平原中为了解决生存的基本需求，人类就必须自己动手修建居住、储物、生产、娱乐的场所，人类就开始了有意识的建筑活动。

关于人类早期的居住问题有很多争论。有人说人类早期是居住在树上，也有人说人类早期是住在自己挖的洞穴之中，现在都已无实物考证。我国考古学家在西北人类早期遗址的发掘中，发现了距今6000多年的人类早期居住遗址的痕迹。它是在黄土地上挖掘的一个方槽，里边的四周及底部已经瓷化，结成一层坚硬的烧结物。据考古学家考证，这是人类在黄土地上挖槽之后，用烈火将周边烧结而成，为的是防止潮湿和其他动物的侵害。这可以看成是人类最早期的建筑工程活动，是以居住地的安全、舒适为目标的有意识的行为。

（2）从宗祠建筑上探索

人类社会生产方式的改变，促使母系社会向父系社会转换，族群逐渐被家族、家庭取代。这一方面促生了大量的单体建筑和建筑群的产生，扩大了对建筑活动的社会需求。另一方面，在把维系家族血脉、血统视为重要社会关系的大背景下，人民需要有祭奠共同祖先的场所，所以宗祠就成为维系家族、体现血缘、凝聚人心的必要建筑。由于宗祠是公共场所，又是祭祖的神圣之地，无论是建筑形式还是内部环境的营造都需要与一般家庭有所区别。这就产生了装修装饰的需求以产生出尊严、神圣的效果。

考古学家在三星堆遗址发掘中，发现在这个距今5500多年的人类社会遗址中出现了大量的祭器、神器、饰物、摆件。这些文物的发掘，表明在那个年代人们已经开始祭奠神灵、祖先，有了强烈的奠神、祭祖意识和行为。但这种活动的气氛一定是庄严、神圣的，这就需要有相应的建筑物和设施，也包括用于祭奠的装潢、气氛的烘托等。

（3）从祭神建筑上探索

为了祈求平安、幸福，人们要求拜诸神的保佑、驱鬼诛妖，这就要建设神庙、殿等供奉神灵以示尊崇。在建设祭神建筑中，为了营造神秘、神圣、庄重的气氛就必须进行装修装潢，还要进行神灵的塑造等工程活动，从而形成了较大规模的建筑装修装饰活动。

3. 人类社会前期的建筑装修装饰活动的探索

人类社会的形成，是以产生阶级为重要标志的。阶级的产生使人类分为统治者和被统治者、劳动者与管理者。为了维护正常的统治秩序，就产生了国家，也就产生了供统治者居住的城市。在人类早期的城市建设中，建筑工程活动就是一项最基本的手段。随着城市规模的扩大、功能的日益健全，特别是通过战争掠夺的大量奴隶为城市建设提供了充足的劳动力，使人类的建筑活动得到了迅速的发展。

为了显示社会地位、功能的差别，人类不同阶级居住的场所有所区别，建筑工程所表现的形式、材质等也就会有极大的不同。在人类前期社会中，表现建筑物的不同除体量大小的差别外，就是结构形式的繁简和装修装饰的不同。在对夏、商人类居住遗址的发掘中，考古学家发现在不同建筑物的遗址中地面材料的材质、结构的构成等就有很大差别，表明当时建筑工程已经有了一定的制度约束，产生出了极大的差异。

（1）从战争因素上探索

战争是伴随人类发展的一个重要主题。人类早期的城市建设和建筑活动不仅要防范野兽的袭扰，更重要的是要抵抗外族的侵略。为了保护土地、财产和妇女儿童作好战争的准备，城市的功能就必须包括安全功能。所以，高大的城墙就是城市的重要建筑。只有生活在城墙之内的人，才有条件进行较大规模的建设活动，由此产生了城乡差别。居住在城中的统治者，对建筑物的建设标准提出了更高的要求，推动了建筑与装修装饰技术的发展，形成了很多传世的工程作品。为了对战争做好准备，城市的功能就要增加储备、生产、贸易等，也需要大量有较高专业水准的建筑物，这也能推动建筑装修装饰活动的发展。图2-1是中国传统的客家土楼，展现了中国人的建筑智慧。

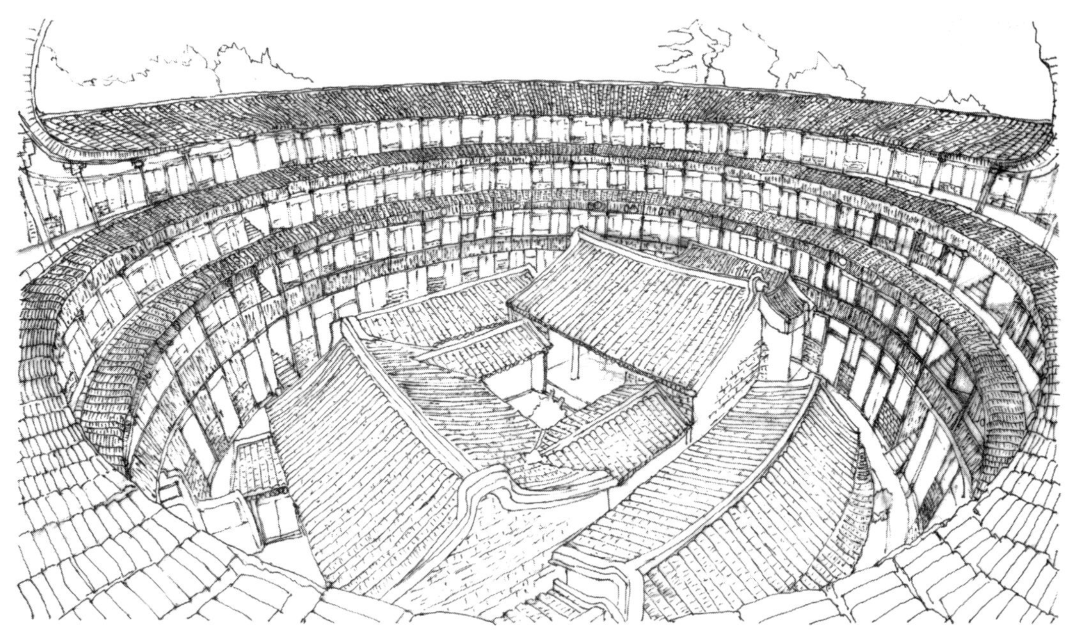

图2-1 客家土楼

（2）从精神统治上探索

宗教需要传经布道，这就需要有相应的建筑。所以，在宗教的影响和支配下大量的寺庙、教堂等宗教建筑在人类的居住地建设起来。为了营造神秘、权威、庄重的氛围以影响、震撼朝拜者和信徒、听众的心理，内部要经过精心、细致的装修装饰以显示神圣、威严的效果。这就为高水平建筑装修装饰理论与技术发展提供了市场。

奴隶制社会的建筑，在我国仅有文字记载，已经没有实物用于考证了。但据考古文献表明，在商、周时期就已经有了金属的斧、凿等用于装修装饰的工具。世界其他地方还有大量实物可以考证。现存的古罗马的斗兽场、古希腊的殿堂等遗址，向人们揭示了人类社会前期的建筑及建筑装修装饰的水平。由于人类生产、施工技术的发展和拥有大批廉价劳动力，在漫长的奴隶制社会为奴隶主建设的建筑物，已经装修装饰到功能构件的细部，表现出极高的技术、文化、艺术水平。

（二）探索后的结论

通过对现在我们可以掌握的考古成果的分析，对人类早期建筑装修装饰活动可以得出以下的结论。

1. 人类对美的追求是一种本能

考古成果清晰地表明追求美是人类与生俱来的本能，也是人类社会形成与发展的重要基础，对美的鉴赏和创造，也是人与其他动物区别的重要标志。由此可以推断出以下几点对装饰起源的结论。

（1）人类装饰环境是人类最早开始的一项有意识的活动

中国古语说“食、色，性也”，指的是延续生命和延续种族是人类最基本的本能需求。要实现或完成以上两项本能，就必须有一个安全的场所。特别是当人类先祖能够控制和使用火之后，要有一个保留火种的地方，所以，选择在山洞中是最理想的地方。火在带给人类熟食美味、温暖的环境，帮助人类驱赶野兽的同时，也会熏黑山洞的岩壁，这就给古人改变居住环境提供了要求。人类先祖就是在这时产生了通过刻画、擦划等手段，有意识地改变环境的原始装饰性活动。

（2）人类装饰环境是人类最早开始的建筑活动

在人类漫长的进化史中，从居住在山洞，主要以狩猎为业转化成为以种植、畜养为业，并形成家庭，走过了相当长的时间。在相当长一段时间内，人类主要居住在山洞之中，没有开始建筑物的活动，但已经有了生活空间装饰的需求。因此，可以推断追求环境美是人类最早进行的一种有意识、有目的的建筑活动，要早于人类对建筑物的建造活动。

（3）装修装饰随社会生活方式转变而发展

在拥有剩余物质资料和剩余劳动力后，人类就会把资源投入建筑及建筑装修装饰方面。随着人类社会生活方式的转变，特别是进入阶级社会之后，统治者和剥削阶级在建筑装修装饰方面的投入巨大。大量的工程实践使劳动工具发生了质的变化，手工工具在人类发展前期就已经达到了很高的水平，装修装饰技术水平提高得很快。

2. 有建筑就有建筑装修装饰

在人类结束洞居生活、开始动手营建居住环境之后，对美的追求始终没有改变。因此，人类自开始建筑活动时起，就有对建筑物的装修装饰活动。从现在掌握的考古资料中，可以做出以下三点与建筑装修装饰的有关结论。

（1）建筑与建筑装修装饰同时产生

人类从开始建筑活动时，就要对建筑物进行装修装饰，以更好地完善建筑物的使用功能。建筑物除去居住、睡眠、进食、繁衍后代之外，还需要有守护、瞭望、抵御的功能，由一个功能体系组成。同时，社会生产、生活还需要有其他功能的建筑物，如管理、生产、交换等。因此，在建筑材料、结构形式上就要实现这些功能。在实现这些功能时，就需要通过装修装饰的手段来完成功能要求。

（2）建筑物的装修装饰水平有差别

由于对建筑物的功能要求不同，不同的建筑物在装修装饰的材质、构造、繁简程度上就有很大的不同，是体现建筑物不同功能的基本表现形式。随着人类社会的文明程度不断提高，这种不同主要体现在建筑物拥有者的社会身份、地位、财富水平的不同。建筑装修装饰在需求上表现是多层次的，在体量、构造、材质、工艺水平上表现出极大的差异。

（3）人类对建筑物装修装饰是有相应制度的

在人类社会早期进行的建筑活动中就有了管理、指导等社会性工作，这种工作由语言到文字，逐渐形成了一套管理制度体系，并用统治者的权力加以维护。这种制度的设立是以实现统治阶级的意志、维护统治阶级的利益为目标，区分不同阶级而设置的。这种管理制度的实施最终形成了民居、祠堂、店铺、寺庙、衙门、王府、皇宫等不同装修装饰档次的建筑类别。

3. 建筑装修装饰在不断发展

人类对建筑进行的装修装饰绝不会停留在一个固定水平，而是随着社会生产力的发展和物质资料的丰富而不断发展、提高。建筑装修装饰的发展，为人类社会的进步提供了重要的物质条件。建筑装修装饰行业发展体现在以下几个方面。

（1）劳动力水平的提高

在奴隶社会，统治者通过战争掠夺了大量奴隶，不仅有士兵，更有大量的工匠、艺人等专业人才，劳动技能非常强，承载了当时生产力的先进水平。在失去人身自由后，严酷的制度迫使其生产、加工的产品质量、艺术水平都很高，这在欧洲的古建筑中表现得非常突出。统治者正是利用这种高素质的劳动力大幅度地提高了装修装饰工程的质量、文化、艺术水平。

（2）劳动工具的改进

劳动工具的升级是生产力发展的重要标志。人类社会从打造新石器工具发展到冶炼金属工具后，生产质量及效率大幅度提高，人们获取自然资源的能力得到了增强，剩余劳动力和剩余产品大量增加。建筑及装修装饰作为人类生存与发展的基本需求，在劳动工具改进和社会财富增加后，建筑的体量越来越大、材质更丰富、构造更复杂的技术支持和物质保证就更强，人们对建筑装修装饰上的需求水平大幅度提高，从而推动了建筑及装修装饰不断发展。

（3）生产能力的提高

人类在利用火的基础上，通过原始的冶炼、化工等生产方式获取了更多的物质资料，提升了人类的生活品质。建筑及装修装饰直接关系到人的福祉，在社会中的地位越来越重要，在生产能力大幅度提高的条件下社会对装修装饰的物质投入也越来越强。随着社会生产力的提高，金属、陶瓷、染料、织物等越来越多地应用到建筑及装修装饰领域，提高了建筑装修装饰工程质量及观感水平，更好地体现出建筑装修装饰的功能。

二、中国建筑装修装饰的发展

中国是有5000多年文明史的大国，是全世界最早进入封建社会的大国，也是全世界唯一一个由原种族传承至今的人类文明。中华民族创造的建筑文明在人类文明中占有极为重要的地位。中国的建筑业和建筑装修装饰业，在五千多年的中华文明发展中取得了巨大的成就。

（一）中国古代建筑装修装饰取得的成就

1. 中国古代建筑业发展取得的成就

（1）中国古代取得的经济、技术、文化成就

我国从秦朝创立统一国家到清朝中叶一直是全球第一大经济体，国内生产总值占全球总值的60%以上，唐朝鼎盛时期曾经达到85%以上。经济的强盛使汉、唐时代的长安、洛阳，宋代的汴梁，元、明、清的北京等都城，成为当时全球最大的城市。中华民族古代的指南针、火药、造纸、活字印刷术四大科技发明通过陆上、水上的丝绸之路传播到全球，对人类文明发展产生了重要的推动作用。中国文字、艺术、文化的发达程度长期居于全球的主导位置，影响到全世界，对人类社会发展具有突出的贡献。

（2）中国古代建筑业发展取得的成就

中国自形成文字记载以来，在宋代以前的古代建筑取得成就的实物证明，除现存的万里长城，保存在中、西部的零星建筑物外，已经基本消失了。秦代的阿房宫、汉代的未央宫、唐代的大明宫、宋代汴梁的宫城等大型建筑群都只有相应的文字记载。宋代的晋祠是我国保存较为完好的宋代最大祭祠建筑群。但我国明、清存留的建筑物较多，从中也可以看出我国古代建筑技术的卓越水平和取得的辉煌成就，特别是皇宫、官府、宗教建筑。以明、清两代皇宫——紫禁城为代表，其建筑体量、布局、形式和技术代表了封建社会历史条件下世界最高水平。图2-2布达拉宫的雄姿代表了数百年前中国的建筑水平。

（3）中国古代建筑制度建设

根据出土文物考证，我国在先秦（夏、商、周）时期（属于新石器时代晚期），就在甲骨文中记录了城市规划、宫殿建筑的约束性条文，与实际考古现场的发掘基本相同。说明在新石器时代的晚期我国就已经有了关于建筑的相应管理制度。随着国家政治、经济、文化的发展，建筑制度也从唐代的《黄帝宅经》发展到宋代的《营造法式》。《营造法式》，共36卷，357篇，3555条，分释名、各作制度、功限、料例与图样五个主要部分，对建筑工程的各分项工程、子项工程的名称、式样、用料及劳动生产率都做出了明确的规定。

（4）中国古代建筑的国际影响力

中国古代建筑技术与建筑制度，长期处于世界领先水平。从汉、唐时代开始就通过丝绸之路和朝贡制度影响到周边国家，对周边国家建筑业的发展起到了极大的推动作用。到元代时中国建筑技术与建筑制度，通过西方传教士，已经影响到整个欧亚大陆，特别是陶瓷生产技术。明朝初期随着郑和七下西洋，中国建筑技术与建筑制度已经影响到非洲大陆。中国古代建筑业发展，对人类建筑文明的发展起到了重要的推动作用，成为在封建社会中最具有国际影响力的建筑业大国。

图2-2　布达拉宫

2. 中国古代建筑装修装饰取得的成就

中国古代建筑装修装饰伴随着建筑业的发展而发展并取得巨大的成就，主要表现在以下几个方面。

(1) 装修装饰融入了深厚的文化内涵

由于建筑装修装饰是建筑中最能表达人们思想境界、文化品位、艺术追求的部分。在建筑装修装饰的发展过程中，越来越多的文化内涵融入了建筑装修装饰，使建筑装修装饰成为传承中华文明的重要载体。中国古代以建筑装修装饰追求人与自然的交融、和谐，表达人们志向、情趣、文化、艺术等思想内容和展现权力、权威、权势的水平，已经达到了精细、深刻、完美的程度，不仅是建筑装修装饰业的宝贵历史遗产，也是构成中华民族建筑文明的重要组成部分。图2-3是故宫太和殿内部的装修装饰，体现了中国古代建筑装修装饰的最高水平（李怒涛提供）。

图2-3 故宫太和殿内部的装修装饰

（2）装修装饰材料具有独特性

中国古代建筑装修装饰材料生产历史悠久，三千年前的秦砖汉瓦已达到很高的质量、艺术水准；我国建筑装修装饰材料生产取材广泛，生产技术细腻，也为中国建筑装修装饰业的发展奠定了很好的基础；中国建筑中的木雕、琉璃瓦、砖雕等建筑装修装饰材料，不仅表达了人们的文化内涵，也是建筑装修装饰的重要材料；我国发明的陶瓷，不仅是人们日常生活用品的重要材料，同时也是装修装饰材料。装修装饰材料的独特性，反映了我国古代建筑装修装饰材料生产、制作的领先水平。中国古代在营造室内外环境中，取材广泛、自然、独特、多样的鲜明特点和应用技巧，也成为现代建筑装修装饰业发展的长久典范和鲜活的榜样。图2-4是我国建筑文化中的传统装修装饰构件，其中a是中国特有的砖雕；b和c是中国特有的琉璃构件；d和e是石雕构件，其中d为石础，也称柱托，是防止柱体腐蚀的功能性构件，e是用于户外装饰的门礅；f和g是木雕构件，f为牛腿，用于柱顶装修，g为人物木雕，用于营造室内环境；h是金属门扣，用于大门的装饰和关闭。

（3）装修装饰已经细化到建筑功能构件

中国古代建筑装修装饰广泛利用石雕、木雕、砖雕及彩画等技术对建筑的细微部分进行装修装饰也是世界领先水平。“贴金镶玉”“明窗彩户”“雕梁画栋”是对中国古代建筑装

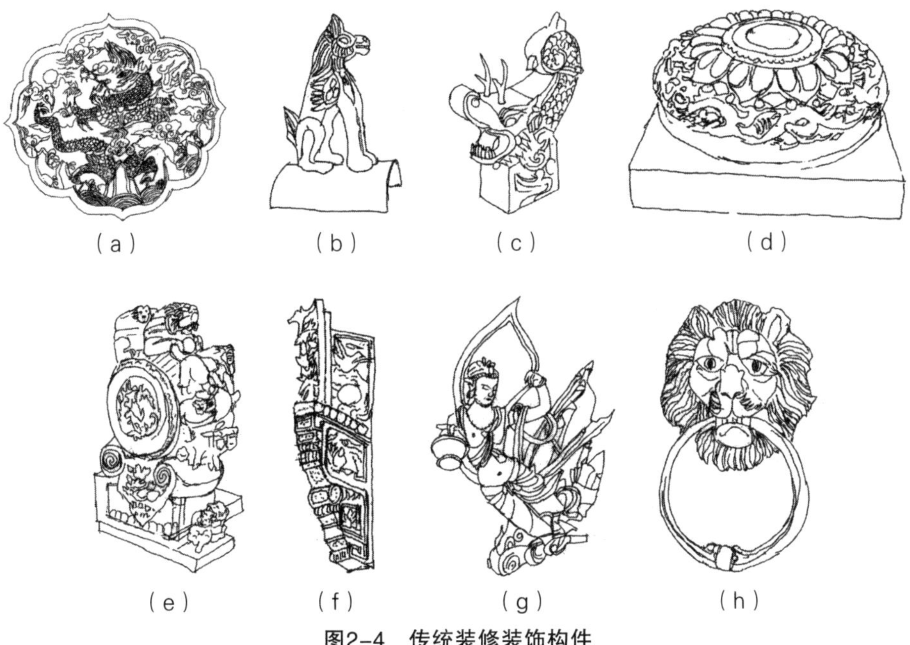

图2-4　传统装修装饰构件

修装饰的总结，“精雕细刻”则是对装修装饰技术的描述。在古代营建师、工匠、艺人的劳动中为人类留下了宝贵的建筑装修装饰文化遗产，成为现代人类建筑装修装饰的重要教材和参照物。图2-5是中国传统建筑顶部的局部，精美的建筑装修构件非常漂亮。

图2-5　中国传统建筑顶部的局部

3. 中国建筑装修装饰的特点

在长期的社会实践和生活检验中，中华民族的装饰文化不断发展完善，已经形成了以注重生态环境、讲求布局，整体文化风格、艺术格调统一，装饰元素、色彩运用搭配协调，局部、细部设计考究，加工制作与安装精良的装饰文化规范，对人类社会发展做出了突出的贡献，形成了一批包括宫殿、庙宇、商用建筑及普通民居在内的文化遗产。中华文化与文明，在建筑装修装饰文化之中突出地表现在以下几点。

（1）装修装饰萌芽时间早

生活在中华大地的最早人类，在人类文明产生前就有了强烈的美学意识，就注重环境的营造。我们现在可掌握的资料表明早在六千多年前，我们的祖先居于洞穴之中时就有意识地通过壁画、雕刻等艺术方式，营造生活空间的氛围。这种利用大自然的产物对环境美的不懈追求就长期成为文明的重要组成并发展成为中华文化的重要组成元素。“无石不居”“无竹不居”等传统装修装饰空间的理念反映出古代中国人的思想品格，这种取材广泛、寓意深远的装修装饰文化一直影响人们的生活至今。

（2）更注重与自然的和谐

建筑物的选址与规划要综合考虑地形、地貌、水文、气象、植被等多种因素，建造宜于人们居住、有利于身心健康的建筑。装修装饰作为建筑工程中的重要组成部分，也要在这一总要求下去实现其美学功能，因此在造型、结构、构造、材质等方面都体现出科学、合理、充分地利用自然资源创造舒适、安全、高雅生活环境的要求。图2-6是中国典型的徽派建筑群，高度重视建筑与自然的关系（钱俊雄提供）。

图2–6　徽派小村镇

（3）更注重可持续发展

有人把东、西方建筑文化归结为“木”文化与“石”文化是有其道理的。在中华文化中，建筑、建筑装修装饰材料的主要原材料来自于泥土和树木，除重要基础和个别部位的点缀外很少使用石材。在中华文明发祥地黄土高原，黄土是极为丰富的资源，而木材又是一种可再生的建筑材料，因此，中华文明中的建筑、建筑装修装饰始终处于一种可持续的状态。而西方的建筑依赖的经过数亿年地球变化产生的石材，是不可再生的物质材料。

（4）更注重同大自然的亲密接触

中华建筑文明讲究天人合一、人地相通，所以人要接地气，表达的是一种大地文化。这一方面受建筑材料的影响和制约，中国历史上就不追求高楼，繁体的楼字是由木、串、女组成的，表明在中国传统文化中楼是用木材连接而成，一般只适宜于女眷的居住。另一方面，中国传统文化认为人只有接触大地，感受并适应大自然的变化才能更有利于身心健康和发展，奇石、怪木等反映大自然变化的产物在很久以前就成为人们装修装饰的重要材料，在室内环境营造中广泛使用，这种理念至今影响中国人的装修装饰。图2-7是中国传统的院落与大自然的融合（罗劲提供）。

（5）主要依靠文献资料传承

由于中国建筑及装修装饰的主要材料是木材，极易被战乱、自然灾害毁坏，所以实物留存得很少。到目前发现的最早的建筑物是唐代的，距今也就是千年左右的时间，同西方建筑保存几千年相比时间是少了很多。但在中华民族文化体系中对建筑、装修装饰工程实践的文字资料比较健全，并经过不断地充实、完善已经形成了系统的、传承不断的文献资料宝库，比较全面地反映出发展、变化的轨迹。因此，中华文明中建筑装修装

图2–7　中国传统院落

饰文化是一个不断发展、不断充实、不断完善的文化体系。

（6）产生很多流派

中国地域广博，地形、地貌复杂，气候条件相差极大，这就决定了不同地区间经济结构、民俗风俗等的差异性极大。在普遍应用因地制宜、就地取材、安全舒适的建筑理念的状况下，营造的建筑物无论是外观形式、主要材质、环境要求等都存在差别，这就是中华建筑文化中的各个流派，如徽派建筑、客家土楼、老北京四合院等。其装修装饰风格、特点等由于地区间气候、物产、民风、习俗等的不同而存在着较大的差异。图2-8是江南民居客厅装修装饰格局，体现了当地装修装饰的特点。

图2-8 江南民居客厅

（二）中国近代建筑装修装饰的特点

1. 中国近代建筑装修装饰的变化

鸦片战争的炮火轰开了中国的国门，也揭开了中国近代史的序幕，清王朝统治力量不断削弱，民主、民生、民权思想逐渐进入中国，使中国建筑装修装饰在近代发生了极为重要的变化，也形成了这一时期一些新的特点。

（1）皇家工程大幅度减少

中国近代的皇室工程，由于封建社会晚期国力渐衰有了大幅度减少，较大规模的只有颐和园修建一项。但因其成为削弱国力的典型工程，受到当时朝野的一致抨击，就建设规模、时间与装修装饰的档次上比较，比清代前期的西苑工程（紫禁城西侧的北、中、南海工程)、圆明园工程、避暑山庄工程等皇家工程都相差很远。

(2) 民居建筑有较大发展

由于皇权的削弱、民族工商业的兴起，在中国的京津地区，长江中、下游及珠江三角洲等地民间成就了一批新兴的富豪，同时大批在国外经营工商业的华侨回家乡置业，其住宅建设打破了封建建筑制度的桎梏，在占地面积、建筑体量、建筑形式、装修装饰标准上都有了较大的突破和提高，成为近代中国传统建筑技术传承的主要载体。

(3) 西方建筑风格开始进入中国

由于处于半封建、半殖民地社会时期，大量的外国建筑设计师伴随投资者、冒险家来到中国，在首先开放的东南沿海城市中建成了一大批西式建筑，如上海的外滩、天津的五马路，甚至包括北京的东交民巷等。由于国门大开，在国外通过经商致富的华侨，也在家乡建设了一批国外风格或中外结合的住宅民居，如广东的碉楼、厦门的鼓浪屿民居等。随着中国与国际交往的不断增加，西方的建筑思想、建筑技术等对中国建筑及装修装饰的影响越来越强。图2-9是上海外滩上的欧式建筑，体现了西方建筑文化的影响，现在已经被列为保护建筑。

2. 中国近代建筑装修装饰的特点

通过对中国近代建筑装修装饰的变化分析，可以看出中国近代建筑装修装饰具有以下特点。

(1) 反映了中国由强盛到贫穷落后的阶段特征

中国近代经历了由封建王朝被削弱、推翻，到连年的军阀混战，以及一系列国内战争和抗击外国侵略的战争。不停息的战火给我国造成了极大的破坏和严重的倒退，使我国变成了一个贫穷落后的弱国。社会动荡、经济倒退、城市建设停滞、人民流离失所，建筑装修装饰也就必然不断走向衰落。

(2) 强化了人们对家的意识

中国文化历来对家的认识比较重，特别是在近代连年的动乱，家庭在人们心目中的作用就更为重要。因此，中国人对家庭、族群的认识不断加深，家庭意识得到强化，特别是对家庭安全的认识快速提升。这一时期的民居建设都把保证家庭财产、生命

图2–9 上海外滩的欧式建筑

安全作为最重要的目标，在建筑及装修装饰中加以体现。这种日渐封闭的家庭意识、注重安全的意识与传统的社会风俗一直影响到今天的建筑装修装饰。

（3）标志着中国古典建筑装修装饰的终结和现代建筑装修装饰的兴起

随着外国资本、技术进入中国，我国保持了数千年的建筑及装修装饰文化、技术、风格等的统治地位被打破。钢筋混凝土、玻璃、金属型材等新型工业化生产的建筑及装修装饰材料开始在中国生产、应用；中国古典式传统的家具被西方的沙发、席梦思床等现代家具所代替；建筑及装修装饰风格、文化呈现出多元化、多样化；民主、民生、民权的思想在社会中不断加强等都为中国现代建筑装修装饰的兴起做好了思想、物质上的准备。

（三）世界建筑装修装饰的发展

1. 世界建筑装修装饰的时代划分及特点

（1）文艺复兴前的建筑装修装饰

欧洲文艺复兴前的建筑及装修装饰发展，大致经历了古希腊与古罗马两个时代，分为托斯卡纳→古希腊→古罗马→哥特四个阶段。古希腊在哲学、美学、科学、艺术上取得了伟大成就，形成的古代民主思想基础，反映在建筑与建筑装修装饰上，就是继承和发扬了托斯卡纳风格，以科学的比例、简单的几何形式，完美的装饰设计与精细的技法，体现出建筑的艺术特征，并把建筑的艺术特性和建筑功能要求有机地结合起来。图2-10是梵蒂冈大教堂的塔顶，由石材雕刻而成，非常精美。

古罗马取代古希腊后，在古希腊建筑与装修装饰风格基础上，把反映奴隶主贵族意志的奢华与浪漫，表现应用于建筑与装修装饰。欧洲建筑装修装饰进入了烦琐的古罗马建筑与装修装饰时代，建造了大量专为奴隶主贵族使用的大型建筑。这种建筑装修装饰风格被不断发展、演进后，出现了以弘扬天国神权为主题的哥特风格，之后又出现了以讲究装修装饰豪华、精细、烦琐的巴洛克风格。古希腊、古罗马的建筑及装修装饰经典规范构成了欧洲建筑与装修装饰的古典主义，被人类社会作为文明的载体传承至今。图2-11是意大利罗马万神庙，是欧洲文艺复兴时期的代表作品。

图2-10　梵蒂冈大教堂塔顶

（2）文艺复兴后到第一次世界大战前的建筑装修装饰

从14世纪开始，欧洲历经了近300年的“文艺复兴”运动，是欧洲中古与近代中的基本分界线。从文艺复兴到第一次世界大战前，资本主义的快速发展和在全球范围内的扩张，在世界掠夺了大量殖民地，取得了大量财富。加上自然科学的发展，资本主义工商业势力的不断增长使欧洲资产阶级成为统治阶段，并将欧洲发展成为全世界的主导。在这一时期欧洲修建了一大批大体量、高标准的建筑物，如银行、国会大厦等，不论是建筑外部装修装饰，还是内部装修装饰、装潢都达到了极度的奢侈、精细、豪华。图2-12是典型的巴洛克风格的欧式建筑，体现了财富、艺术与技术的结合。

图2-11　意大利罗马万神庙

（3）现代建筑及装修装饰

随着资本主义工业生产的发展，无产阶级的队伍不断扩大，社会矛盾必然不断激化。在这一大背景下以马克思主义为指导的社会主义思潮，必然在欧洲兴起并迅速发展。由资本主义国家争夺势力范围引起的第一次世界大战后，产生了第一个全新的无产阶级专政的国家，人类社会开始了新的发展探索。资产阶级和无产阶级思想上的对立，必然会反映在建筑及建筑装修装饰方面，使现代建筑及装修装饰从指导思想、建筑形式和实施方法上都产生了极大的差异。

图2-12　典型的文艺复兴后的建筑

20世纪初期，由于民主思想、机械美学等因素的影响产生了现代主义建筑。其思想内容是民主的、社会的、大众的，其建筑方式是批量生产的、低造价的、简单装饰的，其应用的是现代工业材料，以现代构造理论为基础。在这一思想指导下建成的一批现代建筑物成为时代的标志。但随着第二次世界大战结束，中产阶级的发展、扩大，现代主义建筑分化发展出“国际主义”建筑思想。其思想内容是非民主、商业化的，为中产阶级服务的，其建筑方式是批量生产的、中等或高造价的、使用工业材料和现代构造的。这一指导思想成为20世纪中、后期世界建筑与装修装饰的重要思想基础。

2. 现代建筑装修装饰的起源与发展

（1）现代建筑装修装饰的起源

现代建筑装修装饰是在现代建筑思想下形成的，受现代建筑形式影响的装修装饰活动。随着工业化的发展，城市化进程不断加快，城市人口数量快速增长，对建筑的需求日益强劲。而城市土地资源是有限的，城市规模的过度扩张产生的社会矛盾日益增加。在欧美现代城市中的建筑，只能是高度越来越高、体量越来越大，人们必须接受这一社会发展的客观要求。而人类生活中要求体现的个性化、舒适化、美观化的要求始终没有变化，因此适应现代超高层、大体量建筑形式，符合现代城市快节奏、多元化的生活方式，反映人舒适、安全、健康的诉求，满足经济支付能力的现代建筑装修装饰就必然产生。

（2）现代建筑装修装饰的特点

现代建筑装修装饰是在大体量的建筑物内进行装修装饰活动，具有综合性、局域性、专属性的特点。综合性是指现代建筑的功能具有综合性特点，在一座建筑物内往往集中了金融、商业、服务业、餐饮业等多种功能，装修装饰要具有综合协调的能力；局域性是指建筑物内要分割出各种功能区域，建筑装修装饰活动必须满足区域的功能要求；专属性是指各功能区域内装修装饰的风格体现的文化诉求不同，专业化要求具有极大的差异。现代建筑装修装饰的特点，对建筑装修装饰活动提出了更新的、更高的技术、管理要求。图2-13是在高档环境中的旅游、观光、购物地，充分体现现代建筑装修装饰的特点（罗劲提供）。

（3）现代建筑装修装饰的物质基础

现代建筑装修装饰除需要建筑空间外，还需要大量的材料、部品生产与流通。现代工业化建筑装修装饰材料生产不仅规模大、品类齐全，而且技术发展快、产品升级换代周期短、满足市场程度高，为现代建筑装修装饰提供了重要的物质保障。欧美国家在20世纪初期，金属型材、水泥、玻璃等现代建筑与装修装饰材料生产已经形成了巨大规模，需要快速开拓应用市场。现代商业由于火车、汽车、飞机、轮船等交通工具的发明和不断更新升级，营销能力不断提高，不仅为现代装修装饰材料的市场应用提供了保障，也为现代建筑装修装饰的快速发展奠定了物质基础。

（4）现代建筑装修装饰的发展阶段

伴随着现代人类社会经济、技术与政治发展，现代建筑装修装饰在全球的发展大致可以分为三个阶段。

第一阶段是现代建筑装修装饰的起源与发展阶段，主要是以适应现代社会经济、政

图2-13　酒店内的旅游观光

治生活需要，以简约为手段，应用现代建筑装修装饰材料为主导的阶段。这一阶段的建筑装修装饰作品，更多地表现建筑的肌理和设备的管线，采用的是骷髅式、暴露式、机械式的装修装饰风格。

第二阶段是现代建筑装修装饰的演变阶段，主要是以现代社会经济、政治发展的需要，以复古为手段，倡导建筑装修装饰多样化的阶段。这一阶段装修装饰作品，更多的是以主题式的形式进行设计、选材，主题的确定是以传统的建筑及建筑装修装饰风格为主。

第三阶段是后现代建筑装修装饰阶段，主要以适应人们崇尚自然、向往田园生活的需要，以返璞归真、融入自然为手段，倡导绿色、低碳生活方式的田园风格、郊区特点、山川文化阶段。这一阶段的建筑装修装饰作品，更多地把观赏性植物引入室内设计。传统的农业工具、农业产品等更多地作为装修装饰元素得到应用。图2-14是将绿色植物与干枯树枝引入室内装修，以求增强自然的表现（吴晞提供）。

（5）现代建筑装修装饰的表现

现代建筑装修装饰的表现就是建筑装修装饰风格的多样性，建筑装修装饰材料生产制造的多元化，以适应现代社会需求的多样化。在现代建筑装修装饰理论指导下，建筑装修装饰工程设计、施工为满足社会各行业、各阶层、各等级需求方面具有更强的适应性。在现代科学技术不断发展的保障条件下，现代人类的思想更加解放，对建筑的装修装饰更加大胆，呈现出缤纷多彩并体现国家、民族、地域、行业特点的建筑装修装饰文化。

图2-14 将绿色植物与干枯树枝引入室内装修

3. 世界建筑装修装饰对中国的影响

（1）对中国建筑形式的影响

中华民族文化是一种有强劲自信心、极大包容性的文化。世界建筑文化的发展必然影响到中国的建筑文化，首先表现的就是对建筑形式的影响。早在欧洲文艺复兴时期，通过欧洲传教士到中国传教、生活、工作，欧洲古典建筑形式开始传入中国，并对包括皇室工程在内的建筑工程产生重大影响，才有了中西合璧的大型皇室工程——圆明园。随着中国国门被欧洲列强用大炮打开，欧洲建筑形式在中国得到了大力的推崇，产生出大量西洋化或中西结合的各类建筑，广东的碉楼、福建厦门鼓浪屿民居等都是吸收西式建筑风格的产物。改革开放后，中国建筑市场逐步向世界开放，现代建筑形式已经成为中国的主导形式，中国建筑及建筑装修装饰在国际建筑思想的强烈影响下获得进一步发展。

（2）对社会建筑及建筑装修装饰观念的影响

建筑及建筑装修装饰作为社会存在的一种表现形式，必然对人们的社会观念产生出强烈的影响。经过数百年的影响和演进，特别是改革开放之后40多年的影响，我国社会观念在包容性、赶超意识、学习心态等方面都表现出一个具有强大生命力种族的特质。中国社会已经接纳了国际上各种建筑及建筑装修装饰理论与实践，并在接受中消化、吸收、发展，逐步形成了具有中国特色的风格、特点。

（3）对建筑装修装饰材料的影响

历史上我国是最早应用现代建筑及建筑装修装饰材料的国家之一。中国应用水泥的历史已经近百年，应用玻璃的历史就更久远。新中国成立后，我国建材工业得到了快速发展，并在短时期内形成了较完整的体系。改革开放之后，我国现代建筑及建筑装修装饰材料生产制造行业快速发展，现已成为全球最大的生产制造和应用国。在玻璃、卫浴、陶瓷、金属型材等众多领域，都已达到国际先进水平。

（4）对中国建筑装修装饰技术的影响

随着现代建筑形式的变化和装修装饰材料的发展，中国建筑装修装饰技术得到了不断发展。在保留传统技艺的同时，建筑装修装饰的主导技术通过创新与发展，日益同国际接轨。特别是近30多年大规模的城市建设，建筑装修装饰市场不断扩大。受巨大市场的拉动，中国建筑装修装饰技术发展中不断接受国际上最新的材料、产品与技术，特别是在节能、环保、循环再生等技术以及技术引进、吸纳、创新方面的速度还会加快。

第二节　新中国建筑装修装饰的发展历程

1949年10月1日中华人民共和国宣告成立，从而拉开了中华民族伟大复兴的序幕。经过70多年的艰苦奋斗，中国人民战胜了无数艰难险阻取得了辉煌成就，国家以崭新的面貌自立于世界民族之林。建筑装修装饰行业在这一大背景下不断发展、成熟，已经成为国民经济和社会发展中的一个重要行业。

一、新中国成立初期建筑装修装饰业的发展

中华人民共和国成立初期，人民的劳动热情空前高涨，各项事业都在得到了迅速的恢复后，形成快速发展的态势。建筑装修装饰也不例外，在中华人民共和国成立初期，得到了迅速的恢复和较快的发展，主要表现在以下几个方面。

（1）苏联及东欧社会主义国家援华项目

第一个“五年计划”期间，国外援助我国的建设项目，是按照东欧国家相关标准建设的，建设标准与应用技术水平高于当时的国内水平。特别是文化、教育、科技等设施的建设，很多属于填补我国在该领域空白的工程，大量设备、设施也是我国第一次应用。因此建设标准较高，有很多建筑物设计的装修装饰水平高、工程量大，技术也要求更专业、更先进，对现代建筑装修装饰业在中国的建立与发展起到了重要的推动作用。

（2）大量被战争损毁建筑的修复工程

经过长期战乱，很多名胜古迹遭到严重损坏。中华人民共和国成立初期，国家对大量被损毁的古建筑进行了修复，并把经过修复的名胜古迹，转变成向社会开放的公园，形成了大量的装修装饰工程。这些古建筑修复工程，使我国传统的建筑及建筑装修装饰

技术得到了传承。通过这些工程的实施，使建筑装修装饰队伍得到了很好的保留和发展。

（3）国家行政需求

中华人民共和国成立初期，大量的党、政机关和新的社会管理机构需要办公条件，也在城市行政中心区新建或改造了一批建筑。这些建筑物的建设标准在当时也属于较高水平，也产生了部分现代建筑装修装饰工程需求，为建筑装修装饰的发展提供了一定的空间。

（4）城市改造的成果

中华人民共和国成立之后，为“破旧立新”发展经济，对城市发展做了规划，开始进行大城市的城市改造，如北京的天安门广场工程，为庆祝新中国成立10周年在北京建设的十大建筑建设工程等，都形成了大量的建筑装修装饰工程，也为建筑装修装饰材料、技术的发展提供了一定的新空间。图2-15人民大会堂会议大厅的装修装饰，成为当时的典范。

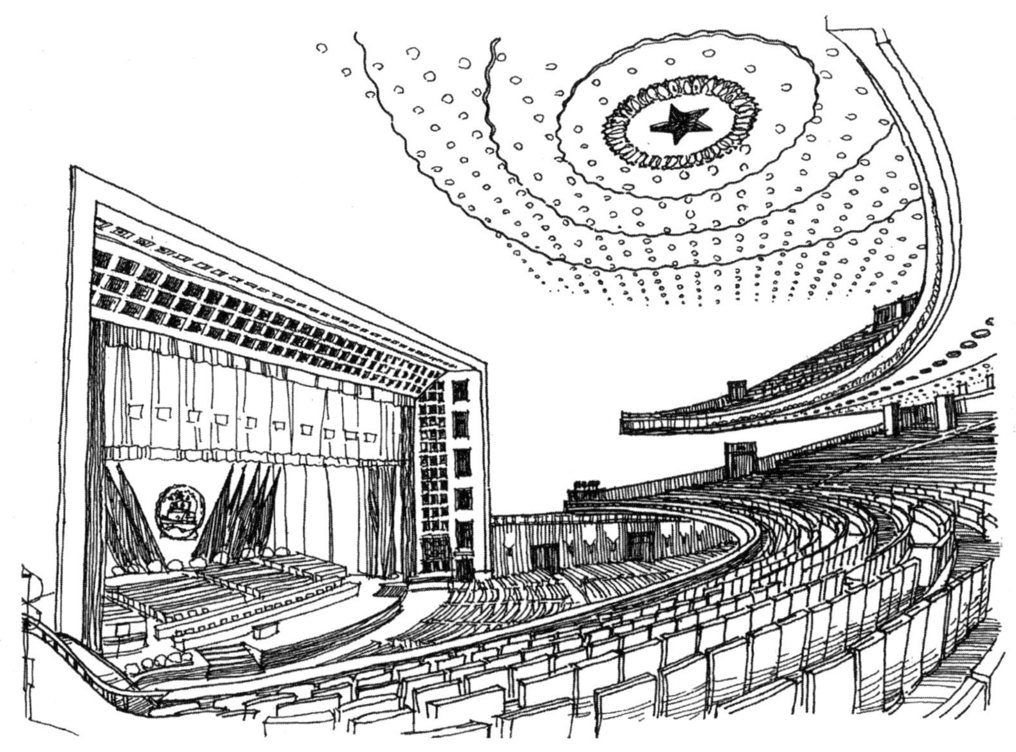

图2-15　人民大会堂装修装饰代表了20世纪50年代的设计水平

二、困难时期建筑装修装饰业状况

这一时期基本建设的指导思想是“先生产、后生活”，所以在大型工业项目的周边，形成了一批棚户区。民用建筑的建设指导思想是“经济、实用”，建设标准普遍极低，城市中盖了大量低质量的简易楼。在这种大背景下，建筑装修装饰基本处于停滞状态，除个别建筑物有少量装修装饰外，其他建筑基本没有装修装饰。这一时期建筑装修装饰具体表现为以下几个方面。

（1）建设标准低

这一时期国家的主要任务是解决人民群众的温饱问题，所以建筑的造价极低，一般民用建筑造价在40～50元/平方米，根本谈不上任何装修装饰。在一般民用建筑中，就不存在装修装饰的任何内容。

（2）装修装饰量小

这一时期，由于国内政治运动频繁，与国际上的交往，特别是与主要发达国家交往很少。国家虽然组织了“亚非拉乒乓球邀请赛”“新兴力量运动会”等国际体育活动，以后发展到“乒乓外交”，成为民间外交活动的重要内容，与此相配套的有一些住宿设施的建设，但装修装饰的工程量仍是极小。

（3）工程分布零星

在这一时期，一些特殊工程，如接待外宾元首的宾馆、部分国家的驻华使馆、召开国家级会议场所等的建设、维护、维修工程中，装修装饰的工作量比较大，但只是极少的零星项目，并且要求的水平也普遍较低，很难形成规模。

这一时期给建筑装修装饰行业留下的启迪：

（1）行业需要市场条件

孤立、小型、零星的建筑装修装饰工程项目，形成不了规模，就无法凝聚从业人员，就形不成从业者队伍，也就没有建筑装修装饰行业。在这一时期，经过长期积累起来的建筑装修装饰工程的从业者，很多改行进入其他行业，使我国建筑装修装饰人才大量流失。

（2）行业的形成需要经济条件

建筑装修装饰是有较高建设标准要求的建筑物，进行配套与提升品质的工程内容。在温饱问题作为社会`基本问题的大背景下，建设标准普遍低水平，就没有建筑装修装饰发展的社会环境与经济条件。只有国家经济发展，推动建设标准普遍提高，社会才会有建筑装修装饰的需求。

（3）行业的形成需要社会思想条件

建筑装修装饰是一个有文化、艺术含量的工程内容，需要有社会的文化思想基础。在把美的事物都批判为“封、资、修”的社会思想指导下，人们的思想意识混乱。社会美丑混淆，压抑了人们对美的追求，建筑装修装饰就失去了存在的社会思想基础。人民只能用政治标准来进行室内环境的营造，天安门模式就成为最重要的参照物，领袖画像、政治口号就成为主要元素，红色也成为少数的大量使用的色彩。

三、改革开放以来建筑装修装饰业的发展

根据我国社会、经济及建筑装修装饰发展状况，把1978年党的十一届三中全会之后

中国进入改革开放新时期划为一个新的历史阶段，对这一时期的建筑装修装饰行业进行深入分析、研究，对了解行业发展具有重要作用。

改革开放以来，我国建筑装修装饰业发展迅猛，1984年9月11日中国建筑装饰协会成立，标志着我国建筑装修装饰行业的形成。建筑装修装饰行业自形成之后始终保持着每年度两位数以上的增长速度，已经发展成为在国民经济中占有重要地位，在社会发展中起到突出作用的行业。行业在这一时期的发展，突出表现在以下几个方面。

（1）形成了巨大的行业规模

随着国家综合实力不断增强、人民生活日益提高、国际地位不断提升等因素的拉动，社会对建筑装修装饰的需求持续强劲增长，使建筑装修装饰工程规模不断扩大，全行业完成的年工程总产值年年攀升。行业年工程总产值2021年已经达到4.71万亿元，占全国国内生产总值的4%左右，并长期稳定地保持这一较高的比重，成为在国民经济所占比重较大的行业之一。

（2）造就了一支庞大的从业者队伍

经过改革开放后40多年的发展，建筑装修装饰行业已经形成了2500多万从业者的庞大队伍。其中工程设计、管理、科技人员的数量就达到了近380万人；队伍的结构不断优化，现在有近300所院校开设建筑装修装饰或类似专业，在校生超过50万人。行业造就了一批在国际、国内具有一定知名度的企业家、项目经理、设计师。

（3）培育了一批优秀的企业

伴随建筑装修装饰行业的发展企业的数量不断增加，到1996年行业内企业数量达到近30万家，之后逐年下降，到2021年全行业共有企业9万家左右。企业数量减少，企业结构优化，1996年最高年产值的企业，年完成工程量在5000万～6000万元；2021年最高年产值的企业，在幕墙工程市场，最大企业年完成工程产值190亿元；在公共建筑装修装饰市场，最大企业年完成工程产值260亿元；在住宅建筑装修装饰市场，最大企业年完成工程产值56亿元。

（4）建设了一批在国际上有影响力的工程

随着建筑装修装饰技术的发展、施工经验的积累、材料的升级换代，我国建筑装修装饰工程作品的质量越来越高，在国际上的影响力越来越大，得到国际认可的项目越来越多。文化类的国家大剧院、体育类的国家体育场（“鸟巢”）与国家游泳馆（“水立方”）、住宅类的“万国城”、宗教类的“梵宫”等都在国际上获得极高的荣誉。一批主题式五星级酒店，成为大城市的重要标志性建筑；一批文化、体育设施、办公写字楼、银行金融机构、政府办公设施等建筑装修装饰工程，也在国际社会获得了好评。

改革开放后建筑装修装饰行业发展的特点：

（1）增长速度快

建筑装修装饰行业近40年持续高速增长，年增长率始终保持在两位数以上，其中个别年份，如1995—1996年、1996—1997年度行业增长速度都达到了三位数以上。行业的快速发展，使市场规模不断扩大。到2018年我国建筑装修装饰工程总产值就已经超过4万亿元。

（2）起点高

随着改革开放，国际工程信息的沟通与交流加强，我国建筑装修装饰业始终捕捉、追踪国际上最新工程技术信息，快速应用于工程实践，在施工技术的发展上起点较高。如建筑幕墙技术是建筑技术中的新技术，我国现已成为在国际工程市场中占有重要地位的幕墙生产、使用大国。图2-16为上海黄浦江畔新崛起的大批现代化建筑，体现了我国建筑装修装饰业的高起点。

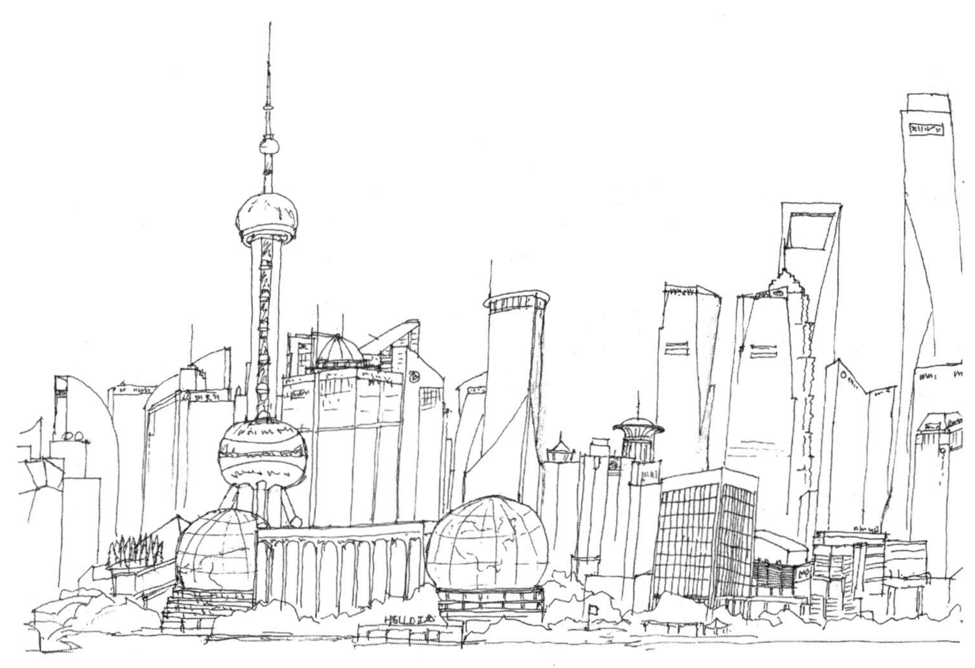

图2-16　黄浦江畔新景

（3）整体协调

改革开放以来建筑装修装饰行业的发展，不是某一环节、某一局部的发展，而是整个系统的整体协调发展。在建筑装修装饰设计方面，我国建筑装修装饰设计的理念、手段、效果都发生了本质的变化。在施工组织管理方面，中国企业已经能够运作超大规模、超技术难度的特殊工程项目。在材料生产方面，我国于2002年就已经是常规建筑装修装饰材料的第一生产大国，在新、特、优材料、部品生产方面掌握着全球领先的核心技术。1978年党的十一届三中全会，是新中国发展史上的重要分水岭。十一届三中全会之后，中国进入了改革开放的新时代，建筑装修装饰行业也成为重新焕发青春和活力的一个传统行业。整个发展过程大致可以划分为以下几个阶段。

1.萌芽期

（1）时间段划分及发展总状况

①时间段划分

1978—1983年是我国改革开放的初期，也是中国现代建筑装修装饰行业的萌芽期。图2-17是这一时期建筑的镜泊湖宾馆设计图，体现了这一时期装修装饰的水平。

②行业总发展状况

随着思想上的拨乱反正，人们思想开始转变。发展国民经济，提高生活质量开始成为社会主导思想。改革开放使我国经济开始快速增长、综合国力日益提高、社会支付能力普遍增强。建筑装修装饰工程也在不断提高的建设标准和日益增长的社会需求中大量出现并不断得以发展、巩固，成为一个具有一定市场规模的新行业。

（2）行业表现的基本特征

建筑装修装饰行业在这一时期，表现出以下基本特征。

①建筑装修装饰工程由零星转为持续

在经济开始持续增长，计划经济体制开始有转变迹象，人们对环境的要求标准有所提高的条件下，建设中的装修装饰工程的量不断增加。特别是在国家确定的四个经济特区（深圳、珠海、汕头、厦门），由于投资主体的多元化和建设标准已经突破国家制度的限制，建筑物的装修装饰已经成为一种新的投资内容，建筑装修装饰工程量增长很迅猛、持续。

②工程全部由境外承接

在这一时期我国还没有专业建筑装修装饰工程企业，专业建筑装修装饰工程全部是由境外的承包商承建，主要是港澳地区的专业建筑装修装饰企业、机构。境外承包商派出少量管理、技术人员，就地招募工人经过短期培训或技术交底后施工完成。在完成境外企业承接的工程中，诞生了我国第一代建筑装修装饰从业者队伍。由于受当时劳动用工制度、工资管理制度等的制约，第一代从业者队伍主要由经济特区周边地区的进城务工人员构成，也是我国改革开放后的第一代进城务工人员。

③装修装饰材料、部品主要依靠进口

由于没有市场需求，所以长期以来我国就没有建筑装修装饰材料的生产制造企业。在这一时期，装修装饰工程使用的现代装修装饰材料、部品全部都是由承建商从港、澳进口，价格非常昂贵。但建筑装修装饰材料、部品的科技含量并不很高，高需求、高利润刺激了国内对建筑装修装饰材料、部品生产制造业的投资。在经济特区及周边地区，诞生了一批以民营投资为主的建筑装修装饰材料、部品生产制造企业，但规模、质量和知名度较低，主要集中在辅、配材料的生产领域。

④市场处于供不应求的状况

由于我国长期处于封闭状态，对国际建筑装修装饰市场、技术等相关知识掌握很少，

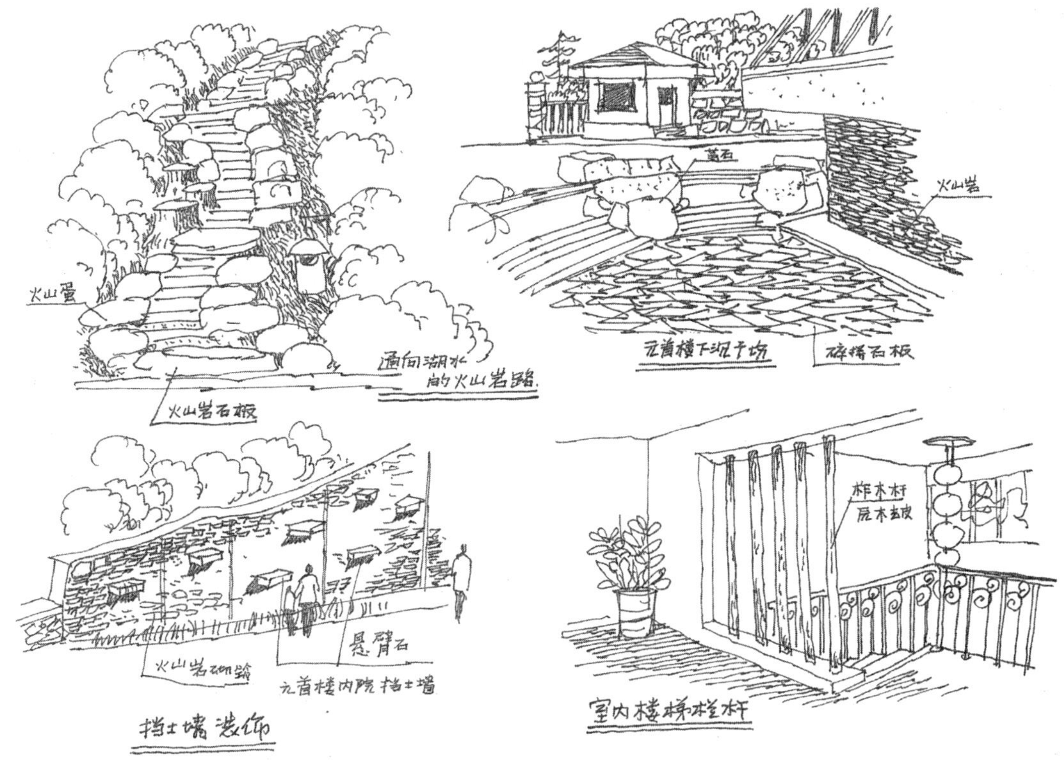

图2-17　黑龙江镜泊湖元首楼室内外环境设计方案手稿

建筑装修装饰工程还有一层神秘面纱。这时建筑装修装饰工程的定价权完全掌握在境外承包商手中，而且由于工程需求增长强劲，施工能力明显不足，建筑装修装饰市场呈现供不应求的卖方市场格局。由于当时的工程交易非常简单，几张照片或效果图就能承接工程，是业主求境外建筑装修装饰承包商，在造价、质量、工期等方面受承包商控制。

2.初创期

（1）时间段划分及发展状况

①时间段划分

根据建筑装修装饰行业发展状况，把1984—1988年确定为我国建筑装修装饰行业的初创期。

②行业总发展状况

受不断扩大的市场需求和高额利润的引导，1981年初，深圳经济特区诞生了第一家国内的专业建筑装修装饰工程企业，随后建筑装修装饰工程企业在经济特区及其周边大城市中不断产生并已形成了一定的规模。1984年9月11日，在中国建筑工程总公司董事长张恩树先生的倡导和组织下，中国建筑装饰协会在北京成立，标志着中国现代建筑装修装饰行业产生，从此中国建筑装修装饰行业进入新的历史时期。

（2）行业发展的基本特点

在这一时期，建筑装修装饰行业表现出以下的基本特征。

①市场规模不断扩大

1982年党的十二大之后我国进入改革开放后的快速发展期，改革开放激发了中国人民的建设激情，经济发展很快就转化为社会的财富积累。国家提高了相关的建设标准，放宽了建设投资管理的权限，使公共建筑装修装饰工程由于社会的相互学习、相互攀比迅速在各行、各业扩张，公共建筑装修装饰市场规模持续扩大。这一时期，城市居民由于收入的增加，对家庭居住环境的要求标准提高，住宅内部的简单装修装饰已经开始，而且越来越普遍。如居室内铺地板革、做墙裙等也形成了一定的市场规模。

②国内建筑装修装饰工程企业逐步成为主要施工力量

国内建筑装修装饰工程企业自成立就表现出旺盛的生命力，并得到迅速的壮大。先期成立的建筑装修装饰工程企业发挥的示范作用，又吸引了一批建筑工程公司组建了下属的专业装修装饰公司，使国内专业建筑装修装饰企业的数量不断增加。随着国内企业市场竞争实力的不断提升，本土优势得到发挥，从而挤压了境外承包商的市场。境外建筑装修装饰工程承包商或通过合资、独资的形式成立国内的注册公司，继续留在中国市场发展，或退出了中国市场，使国内建筑装修装饰工程企业成为国内工程的主要施工力量。

③建筑装修装饰材料、部品生产已呈现规模

随着工程应用量的增加，我国现代建筑装修装饰材料生产也取得了极快的发展。国家组建了新型建筑材料生产制造大型企业；各地通过引进、消化、吸收先进技术，改造了一批老建材生产企业；经济特区周边地区的现代装修装饰材料生产完善了产业配套，提高了产能和质量等，使我国现代新型建筑装修装饰材料生产已经形成一定规模，配套性大幅提高，装修装饰工程中应用国产材料、部品的比重在不断上升。

④管理制度体系初步形成

由于施工队伍的快速增加，工程质量出现了严重倒退的局面。1984年我国在建楼房倒塌124幢，1985年达到125幢。质量安全事故频发引起了国家建设行政主管部门的高度重视，开始了对全国建筑工程市场的清理、整顿。在借鉴国外基本建设管理经验的基础上，工程资源分配的招标投标制、施工过程的工程监理制、施工企业的动态资质管理制等，就是在这一时期完成编制并开始实施，为包括建筑装修装饰行业在内的整个建筑业管理构建了框架。

3.高速发展期

（1）时间段划分及发展状况

①时间段划分

根据建筑装修装饰行业发展状况，把1989—1999年这一时期，确定为我国建筑装修装饰行业的高速发展期。

②行业总发展状况

以筹备1990年亚运会引发大量高标准建筑物装修装饰为契机，我国建筑装修装饰行业得到了高速发展。特别是自1995年开始的大规模住房分配制度改革，使住宅装修装饰市场以爆炸式的速度发展，我国建筑装修装饰行业快速形成了巨大的规模，在国民经济与社会发展的地位与作用日益突出。1999年，建设部重新修订了建筑装修装饰专项施工企业资质标准，并要求全国建筑装修装饰工程企业按新标准重新就位；同年建设部等七部委下发了关于提高住宅建设质量的通知，将住宅开发的主导形式转变为一次精装修成品房，成为阶段性的重要标志。

（2）行业发展的基本特点

建筑装修装饰行业在这一时期的发展表现出以下的基本特征。

①住宅装修装饰异军突起

我国住房制度改革和居民住宅商品化，使城市居民迅速成为住宅的所有者，原来处于萌芽状态的住宅装修装饰需求急剧膨胀，在极短的时间内成为一巨大市场。据相关统计资料显示，1995—1996年、1996—1997年受住宅建设以半成品“毛坯房”为主导，拉动住宅装修装饰工程市场影响，住宅装修装饰工程市场的增长率都超过了200%。从1994—1998年，仅用了五年时间，我国住宅装修装饰工程年总产值，已经从几乎为零达到2000亿元以上的市场规模。

经过认真、细致的调研和筹备，1997年5月由中国建筑装饰协会指导，在北京市城乡建设委员会的大力支持下，北京市成立了第一家住宅装修装饰有形工程交易市场——北京市家装市场。北京市家装市场运作的成功经验得到了当时国家建设部的高度重视。在当年7月成立了全国住宅装修装饰领导小组，并在北京组织召开了研讨会，确定了住宅装修装饰市场管理的主要形式，在全国14个主要城市进行有形住宅装修装饰市场建设的试点，使住宅装修装饰成为建筑装修装饰行业中一个细分的专业化市场。

②装修装饰设计开始受到重视

我国建筑装修装饰设计是由初期境外承包商提供效果图开始的。当时对建筑装修装饰设计的意识淡薄，境外承包商的几张效果图就可以成为签订合同与施工的依据。随着建筑装修装饰工程活动的普及、市场供求关系的变化、装修装饰投资日趋理性化，建筑装修装饰工程设计越来越被重视。特别是1995年建设部专门设置了“建筑装饰装修工程专项设计资质”之后，建筑装修装饰设计纳入了行业管理的范畴，建筑装修装饰工程企业日益重视，设计活动不断走向规范化，建筑装修装饰工程设计的水平也在不断提高。

③行业的地区分布更为均衡

我国建筑装修装饰行业自20世纪80年代末期开始，沿着从南往北、从东到西的轨迹迅速展开，建筑装修装饰工程遍地开花。这个时期，随着综合国力增强和国际地位的不断提高，我国宾馆、饭店建设进入高峰期，星级以上宾馆酒店几乎遍布所有的县级以上城市；城市居民住宅装修装饰渗透到全国几乎每个家庭；建筑幕墙工程也是在这一时期飞速发展，而且工程项目在地域上分布极广。行业市场地区间的均衡分布为全国各省、市、自治区的建筑装修装饰行业的发展，提供了坚实的物质基础。即使是在1997年亚洲金融风暴期间，由于我国地域广博，建筑装修装饰工程市场资源雄厚，行业发展也没有受到较大影响。

④市场供求关系发生了本质变化

20世纪90年代开始，我国进行了大规模的城市经济结构调整。为了缓解城市中的就业压力，国家工商行政管理机关放宽了对服务业企业的注册登记，建筑装修装饰工程企业原执行的“先办证、后办照”的程序被取消，使建筑装修装饰工程企业急速增加。到1996年，我国建筑装修装饰工程企业已达30万家以上，仅北京就有3.5万家，造成市场上严重的供大于求。建筑装修装饰工程企业品质良莠不齐、市场竞争与营销手段原始、野蛮，使建筑装修装饰工程企业的地位开始转化为市场中的弱势。

⑤项目管理水平有了很大提高

自20世纪80年代末期，全国建筑业推广鲁布革经验，境外承包商在项目管理中精细的核算、准确的计划、完善的制度、科学的措施、有效的管理，为我国建筑装修装饰工程项目管理提供了极好的学习、借鉴经验。随着建筑装修装饰工程市场竞争激化，工程承建运行普遍实行项目经理责任制，理顺了项目管理中的责、权、利关系，调动了项目管理团队的积极性，有力地推动了项目管理水平和项目创利能力的提高。对于建筑工程企业，自1993年开始的在行业内推行建筑工程企业ISO 9000系列质量管理体系认证后，不断受到建筑装修装饰工程企业的重视，已经有一大批装修装饰工程企业获得认证并在企业、项目管理运作中得到贯彻、执行。

4.快速发展期

（1）时间段划分及行业状况

①时间段划分

根据建筑装修装饰行业发展状况，把2000—2012年确定为我国建筑装修装饰行业的快速发展期。

②行业总发展状况

进入21世纪后，我国越来越重视经济的发展品质。2001年建设部出台了关于注册建造师的考核、注册制度，将项目经理转换成注册建造师并颁布了考核、注册的细则；2003年中国正式加入了世界贸易组织，使中国经济进一步融入国际经济的循环体系；同年暴发了“非典”，给中国经济造成了一定的影响，也对建筑装修装饰行业产生了一定冲击；2001年国际奥委会将第二十九届奥运会选在北京，我国开始了长达7年的奥运场馆建设；2003年，上海又取得了世界博览会的举办权；2004年广州取得了亚运会举办权；2007年深圳取得了世界大学生运动会举办权；2009年南京取得了世界青年奥林匹克运动会举办权；这些特大国际活动对推动建筑装修装饰行业都起到了极大的作用。这一时期行业发展速度虽然回落，但发展品质在不断提升。

（2）行业发展的基本特点

这一时期建筑装修装饰行业发展呈现以下特点。

①规模大、大型项目多

进入21世纪后，由于综合国力的不断增强、国家财政收入的快速增长，国家的投资力度越来越大，投资建设的单项规模也越来越大。特别是城市规模迅速扩大，地方政府办公设施建设；医疗、文化、体育、教育等教育设施建设；铁路、航空规模扩大和升级等都产生了一批特大型的工程，形成了各专业细分市场的发展。2007年仅北京市的建筑业开发面积就达到1亿平方米以上，是欧共体25个国家当年开发面积总和的4倍，其中北京首都机场3号航站楼、国家体育场等建设项目是当年国际工程市场中最大的项目。

②完成的技术难度大

进入21世纪，特别是中国加入世界贸易组织后，我国大型工程都是按照国际惯例进行国际招标，一批在国际上有名望的建筑设计师也看中中国的巨大市场，开始来中国寻求发展。由于国际上有名望的建筑设计师在理论、经验、方法上具有的优势，往往在工程竞争中占得先机，特别是建筑设计方面大型工程国际设计中标的比例极高。这些设计结构新颖、材料独特、施工技术高度复杂，很多都是在国际上首次应用的材料、技术，为中国建筑装修装饰行业的科技创新提供了重大机遇。

③市场的国际性竞争激烈

中国巨大的建设市场吸引了全球的著名设计师来中国参与工程设计；大量国际上知名的建筑装修装饰材料、产品生产制造商来中国拓展市场；国际上知名的建筑业咨询、服务机构也开始在中国寻求市场机会，使中国建筑装修装饰市场的竞争国际化。随着国外企业在中国的本土化发展，市场国际化竞争的范围不断扩大、激烈程度不断升级。

④国内企业开拓国际市场能力不断提高

随着综合国力的提高、建筑装修装饰先进技术的掌握、大型项目管理经验的积累等新竞争优势的不断提升，加上我国传统的劳动力成本低、吃苦耐劳的优势，使我国建筑装修装饰工程企业在国际工程市场中的拓展能力不断提高，特色越来越突出，市场份额也越来越大。截至2008年我国仅建筑幕墙工程企业国际工程合同造价总额就达到200多亿元，当年完成工程产值近200亿元，工程项目分布在欧美发达国家及新兴市场国家、中东等地区。

⑤设计的本土化水平不断提高

在经济持续快速增长的条件下，中华民族文化的软实力也日益增长，推动建筑装饰工程设计的本土化水平不断提高。中国文化越来越受到国际上的重视，即使是国际顶级设计师在中国的设计作品也都借鉴和利用中国传统文化中的建筑理念、元素、符号等，体现出中国文化独特的风格。国内广大设计师也越来越清醒地认识到“越是民族的，才越是国际的”这句话的真谛，并把弘扬中华民族文化作为自己的重要职责。民族文化在建筑装修装饰工程作品中得到越来越多的展现。特别是在国家把弘扬中华文化软实力作为发展战略重点之后，国家文化理念越来越强烈，建筑装饰工程设计的本土化水平还会不断提高。图2-18是无锡灵山梵宫的内部装修效果图，体现了我国现阶段建筑装修装饰的较高水平。

⑥企业正处于老青交接的高峰期

经过30多年的发展历程，第一代的建筑装修装饰工程企业一般都有20多年的历史，企业家的年龄大多已经进入了老年期，企业正处于新、老交接班的过程中。建筑装修装饰工程企业作为服务企业，又属于精英型企业，企业家在发展中的作用无法替代，决定着企业的发展前途。由于体力、思想等原因，第一代企业家、科技工作者正在逐步退出行业，特别是民营建筑装修装饰工程企业当前正处于老企业家对下一代扶上座、送上路、帮一程的阶段。大量受过系统高等专业教育，很多还是留学归来的年青企业家掌管企业，为行业注入了新鲜的血液。

图2-18　梵宫内装修效果图

⑦行业不断成熟

2006年中国建筑装饰协会编制了《中国建筑装修装饰行业“十一五”发展规划纲要》，是行业发展历程中的重要标志。2011年中国建筑装饰协会又编制了《中国建筑装修装饰行业“十二五”发展规划纲要》，表明中国建筑装修装饰行业已经达到了一定的成熟度。行业已逐步形成了一批在社会中有影响力的大企业，在资本市场开始形成建筑装修装饰板块；形成一支有战略思维、能够熟练驾驭企业发展的企业家队伍；从业者队伍的素质不断提高；产业化发展的进程加快等都表明行业不断成熟、规范。特别是在应对2008年开始的全球经济危机中，建筑装修装饰行业逆势发展，取得较快的发展业绩，表明行业已经具备一定的抗击危险、稳健发展的能力。

5. 中高速发展期

（1）时间段划分及行业状况

①时间段划分

根据国家宏观经济发展及建筑装修装饰行业发展状况，把2013年确定为我国建筑装修装饰行业，中高速度发展期的开端。

②行业总发展状况

党的十八大之后，我国进入经济发展“新常态”，处于经济增速换挡期、结构调整阵痛期和前期刺激政策消化期三期叠加的特殊时期。我国已经发展成为全球第二大经济体、第一贸易大国，也积累了大量的深层次矛盾。在这一社会前提下，建筑装修装饰行业增长速度持续回落，由快速增长进入中高速发展期，年增长速度由两位数逐年下降，最终保持在7%左右的水平，略高于整个国民经济的增长速度。在创新、协调、绿色、开放、共享的新发展理念指导下，建筑装修装饰行业作为向社会提供基础物质条件的经济部门，进入由高速增长向高质量发展转变的新阶段。

在国家全面建成小康社会、全面深化改革、全面依法治国、全面从严治党的战略布局中，新的系统性、整体性、协调性、重构性制度体系下，建筑装修装饰行业的市场环境、市场结构、市场规则等正在发生深刻变化并不断优化。“放、管、服”行政体制改革、乡村振兴战略、区域协调发展、发展新型战略产业、税制改革、“打虎、拍蝇、猎狐”等战略实施，社会及行业的政治生态、营商环境、制度性交易成本水平、企业发展空间等都得到极大的优化。一系列战略创新都深刻影响建筑装修装饰行业的发展，为行业发展提供新的市场空间并推动行业的高质量发展。

在国家着力解决发展不平衡、不充分矛盾，统筹推进经济建设、政治建设、文化建设、社会建设、生态建设和供给侧结构性改革去库存、去产能、去杠杆、降成本、补短板的大政方针指导下，建筑装修装饰行业发生了深刻变化。在制度创新和市场的作用下，行业内的企业数量总量持续减少、大中型企业数量不断增加，行业的企业结构日益优化。由于大型骨干企业科技投入力度增大，企业获得的知识产权数量大幅增长，行业商业模式、经营模式、创利模式发生了重大变革和创新，内生的发展动力增强，行业发展动力正在进行转换。

在互联网、物联网等网络信息技术与智能化工业技术融合的社会科技发展的大环境中，新知识、新技术、新装备快速导入行业，以工业化改造传统行业的步伐加快。在装配式建筑发展方向上，建筑装修装饰行业的企业管理、项目管理发生了深刻变化。信息化建设、BIM技术应用、3D打印、远程控制系统、手机终端技术等的应用，提高了管理的科学化、精细化水平及各种资源的利用效率和工程品质，增加了工程项目的科技含量和经济效益。新产品、新材料、新技术、新工艺的应用，改变了建筑装修装饰工程运作模式，优化了企业的人才、资金、技术结构，推动行业转型升级、提质增效。

（2）行业发展的基本特点

这一时期是我国经济由高速增长向高质量发展转化的历史阶段，建筑装修装饰行业发展呈现以下的特点。

①工程项目总承包稳步发展

2013年，在深化经济体制改革的大背景下，建筑工程企业资质标准进行了大幅修订，消除了专业工程施工企业不能取得建筑工程总承包资质的障碍，为建筑装修装饰工程企业获取工程总承包资质提供了可能。具备总承包资质条件的建筑装修装饰工程企业都及时申报了总承包资质，并取得相应等级的资质。在全国统一市场的形成过程中，企业承接工程的范围进一步扩大，生存与发展的能力得到提高。

随着国家推进建设项目总承包制的力度不断加强，建筑装修装饰工程项目总承包稳步推进。既有建筑的改造性装修装饰工程实施设计、施工一体化的工程项目数量不断增加，更好地发挥了专业企业的优势，有效控制了工程造价，提升了工程品质。在大型新建工程中，装修装饰工程转化为总承包体系内的专业工程，专业分包转化成为项目内部专业分工，进一步明确了主体责任，简化了工程运作中的环节，降低了建设成本。

②绿色发展理念日益深入行业

党的十八大之后，“绿水青山就是金山银山”的理念在社会思潮中的地位不断强化，环境保护的意识不断提升，发展观发生深刻转变。建设美丽中国的部署对建筑装修装饰产生强烈的冲击，极大地影响着行业发展方向。在新发展观指导下，节能减排、保护生态环境、安全健康等理念在建筑装修装饰行业中日益深入、强化，有关绿色发展的论坛、研讨持续进行，直接影响到建筑装修装饰工程的设计、选材、设备选型和施工组织方式、项目运作模式等。垃圾减量、防止有毒有害物质进入工程，减少工程应用的水、电、气等能源、资源消耗等，成为工程项目评价考核的重要指标。

在对绿色装修装饰的关注度日益提升这一趋势下，中国建筑装饰协会组织业内骨干企业，参照国际、国内相关标准，编制了《绿色建筑室内装饰装修评价标准》行业协会标准，为守护蓝天、碧水、净土提供基础保障。新标准供绿色建筑装修装饰工程在项目实施中参考使用，以适应行业市场运作中的要求。同时，开展了绿色建筑室内装饰装修工程的认定、评级工作，推动绿色建筑室内装饰装修的可持续发展。经过行业内的努力，建筑装修装饰工程的节能、环保、安全水平得到很大的提升。

③工业化改造行业步伐加快

随着我国劳动力红利逐渐消失，建筑装修装饰行业募集新劳动力日益困难，再加上社会对工程品质要求提高，工程质量、工期、成本、安全标准不断提高，推动行业的工业化改造，得到了业内积极响应。在21世纪初期，中国建筑装饰协会在“十一五”发展规划纲要中，就提出了以工厂化加工、现场装配式施工为基本内容的工业化改造。有条件的建筑装修装饰工程企业开始建设以木饰品、石材、金属饰件等为主要产品的生产加工基地、产业园、工业园、科技园等。大量在施工现场外加工制作的部件、饰件、构件等的应用，提高了装修装饰工程实施过程中的成品化比例，转变了工程项目的实施方式。当前又提出工业化程度更高的装配式建筑，工业化改造装修装饰行业将进一步提升水平。

在供给侧结构性改革过程中，经济结构正在深度调整，大量制造业产能需要重组。有实力的建筑装修装饰工程企业利用有利时机，进一步进行社会资源的整合，提高自身的工程配套生产能力。工业化生产制作、安装技术的发展与完善，大幅度减少了施工现场的作业量，转变了建筑装修装饰工程的传统实施模式，增加了建筑装修装饰工程技术装备的科技含量。工程实施模式的改革与再造，提高了工程精度与美观感，降低了人工成本、缩短了工期，推动行业提高了对社会高端需求的服务能力。

④专业化发展趋势日益突出

由于建筑装修装饰工程企业面向社会的多领域，市场的总量很大，但门类却很多。在国家建设标准不断提高，社会对建筑装修装饰工程专业要求越来越严格的市场条件下，市场的细分化和施工能力的专业化就成为发展的必然趋势。特别是在供给侧结构改革过程中，经营无特色、技术能力不专业、市场运作不专一的企业，往往被视为是落后的过剩产能，更容易被市场优先清出。社会专业化需求和市场发展趋势，加强了建筑装修装饰工程企业转变经营策略，坚持专业化发展的自觉性和决心。

建筑装修装饰工程企业根据自身掌控资源的质量与类别，在深入研究各细分市场的基础上，选择并确定企业开拓的目标市场。企业在确定的目标市场中深耕细作，不断提升专业服务能力，形成相对稳定的业主群体和市场占有率，强化了自身的生存能力。在专业技术、业绩、品牌建设中，不断提升自身的竞争优势，特别是在行业制高点——行业相关标准编制上，加大参与的力度，不断在行业发展中增强企业的话语权。经过市场的洗礼，当前各细分市场中，都已形成了比较稳定的领军企业集团。

⑤“互联网+”行业力度不断加强

人类已经进入信息化时代，技术装备的科技含量越来越高，社会信息交流的形式、容量、速度等都发生了巨大变化，深刻影响到建筑装修装饰这一具有社会广泛联系的行业。在国家“互联网+”传统行业，推动转型升级的过程中，互联网、物联网等网络信息技术的应用，创新了建筑装修装饰工程企业传统的市场开拓、企业管理等环节的运作模式，极大地改变了行业的社会形象。行业社会思维方式的改变和技术装备的升级，实现了商业模式、经营模式、管理模式等的创新，提升了行业的营商环境水平。

互联网、物联网等网络信息技术与智能化工业技术相融合，特别是BIM技术、3D打印技术、远程控制技术、手机终端技术等最新科技成果在行业内的推广应用，改变了工程项目的整体运作模式。智能化、信息化、网络化技术应用，对建筑装修装饰工程实施产生了前瞻性、原创性、颠覆性变革，大幅度提高了工程运作的准确性、科学性和精细化水平，推动了工程项目运作的转型升级。网络化同工业化、专业化相融合，提高了各类资源的利用效率和工程品质，推动行业全面顺应国家宏观发展要求。

⑥资本市场对行业发展的影响与推动作用越来越大

2006年12月，建筑装修装饰行业产生了第一家上市公司，从而拉开建筑装修装饰工程企业登陆资本市场的大幕。随后一批具备上市条件的行业内大企业陆续登陆资本市场，壮大了行业在资本市场的存在，在资本市场已经形成了装饰板块。登陆资本市场的建筑装修装饰工程企业，迅速获得了来自社会的巨大支持，在行业中脱颖而出，构成了建筑装修装饰行业的第一集团，成为行业发展的骨干力量。登陆资本市场后，企业发展的优异表现，不仅得到资本市场的热烈追捧，也为行业树立了表率和榜样。

我国中产阶层的规模越来越大，个人的投资能力在不断增强。在现有银行利率水平下，人们的储蓄意愿在不断降低，各类多元化的社会投资机构在不断发展，形成较强的社会投资能力。建筑装修装饰行业作为一个资源永续的行业，是投资者高度关注的重要领域，特别是在具有巨大发展空间的既有住宅改造性装修装饰市场中，社会资本的投入意愿就更为强烈。近几年来，随着大量社会资本的投入，“定制整体装修”及其他家庭住宅装修装饰工程新模式快速发展，强力推动了家装市场升级换代。

⑦行业标准体系进一步完善

十八届三中全会之后，我国技术标准法规体系进行了改革和调整。为了形成政府主导制定标准与市场自主制定标准协同发展、协同配套的标准体系，在国家标准、行业标准、地方标准和企业标准外，增加了行业协会标准这一新标准层级。根据国际惯例，行业协会标准是数量规模最为庞大的技术标准体系，是市场经济条件下行业运行的重要依据。虽然是指导性标准，没有强制性约束力，但却是行业内普遍遵守并执行的重要技术标准，是市场在资源配置中发挥决定性作用的重要基础。

中国建筑装饰协会作为建筑装饰行业的社团组织，是行业协会标准的管理机构。几年来，协会组织业内骨干企业，积极投入行业协会标准的编制工作中，认真进行了行业协会标准的立项、编制、审核、发布工作。到2018年底，已经发布实施了26项行业协会技术标准，主要集中在专业建筑的装修装饰工程如航站楼、城市轨道交通、医院、幼儿园等的设计、施工技术规程及特定产品、材料、技术，如BIM、硅藻泥等应用方面，形成了新的技术标准体系。此项工作还在持续进行，编制、发布的新标准数量还在持续增加，最终将形成一个完整的技术标准体系，为行业市场规范化运作提供坚实的基础。

⑧农村装修装饰工程市场异军突起

随着国家乡村振兴、城乡协调发展和精准扶贫等战略的实施，我国农村发展加速，建筑装修装饰工程市场在迅速成长，已经发育成为一个具有巨大发展空间的专业细分市场。在东部沿海经济较为发达的地区，有特色自然景观的村庄，农产品和民俗旅游资源相对丰富的乡镇，通过整体的装修装饰促进发展的意愿日益强烈。近几年改变村镇环境、推动产业兴旺、建设生态宜居乡村的装修装饰工程项目数量迅猛增加。在国家宏观发展战略指导下，在充分挖掘乡村的多元价值和多种功能中，农村发展将成为国家发展的新支点，也将成为建筑装饰行业的一个新的巨大市场。

农村装修装饰工程具有投资多样化、综合性强、专业技术要求高、乡土文化浓郁、地域特色突出、基层政府主导的特点。经过业内企业，特别是地区性大企业的工程实践，已经积累了较为丰富的策划、设计、施工组织、特色材料生产等方面的经验，形成了工程运作的有效机制。在充分发挥农村传承和弘扬中华民族优秀文化、建设美丽和谐中国两大背景下，农村建筑装修装饰工程创意、设计、选材、施工等环节的要求还会不断提高。在未来发展中，对于乡村振兴发展战略，国家财政、地方财政、社会资本、地产产业等投资、支持力度还会持续加大，将形成较大规模的新专业市场。

⑨开拓国际工程市场的步伐坚定有力

随着我国构建人类命运共同体和“一带一路”倡议越来越得到国际社会的认同，中国建筑装修装饰工程企业“走出去”参与国际工程市场竞争，积极进行产能合作的力度不断增强，收获也越来越大。经过国际工程市场的洗礼，建筑装饰行业工程企业中，已经产生年境外工程产值超过50亿美元的大型企业，业内企业的工程业绩遍布全球70多个国家和地区。他们优良的作风、精湛的技术、优秀的作品，获得国际工程市场的一致好评，成为国家“走出去”发展战略的一支重要力量。

“走出去”的建筑装修装饰工程企业普遍调整了企业的经营策略，在以装修装饰专业工程走出去后，根据国际工程市场的实际状况，及时转化为中小建设工程项目的总承包商，积极利用自身资金、施工经验和优良的技术，稳妥开拓国际工程市场。现在部分“走出去”的建筑装修装饰工程企业进一步转化为工程建设的总服务商，为投资建设者提供项目策划、论证、融资、设计、施工管理等配套服务，进一步提升了在国际工程市场的生存能力。

⑩大国风范日益彰显

随着我国综合国力的日益增强和国际地位的不断提高，中国声音、中国主张、中国方案越来越受到国际社会的重视，中国的主场外交活动越来越多，规格越来越高。近几年，APEC峰会、G20峰会、金砖国家元首峰会、上合组织峰会、博鳌亚洲论坛、“一带一路”国际合作高峰论坛、中非北京高峰论坛等高层次的国际活动，得到国际社会的积极赞赏和踊跃参与，为彰显中国文化软实力和建筑装修装饰工程设计、施工水平提供了重要的舞台。在筹备、举办高级别国际活动中，大量配套的建筑装修装饰工程，以具有鲜明中国文化、艺术特色的设计和优秀的质量，展现了中华民族优秀的文化传统和大国风范。图2-19是APEC北京峰会主会场装修效果图，体现中华文明古国大国风范。

图2-19 APEC北京峰会主会场装修效果图

在国际治理体系大变革的时代，中国作为国际经济秩序的维护者、建设者和引领者，在国际舞台上扮演着越来越重要的角色。在大量的国际交往中，建筑装修装饰工程的设计理念、风格、元素越来越受到社会的关注，地位也越来越得到提升。在全球经济一体化的大背景下，在增强民族文化自信的基础上，弘扬中华文化成为装修装饰行业设计的主潮流，突出民族文明的传承，将中华民族文化传播到全球，成为建筑装饰行业从业者的新责任。加强中华文明的学习研究、提纯升华、继承传播力度，成为行业从业者的新任务。

6.建设社会主义现代化强国时期

根据我国社会经济发展的实际状况进行历史划分，党的十九大之后，我国进入建设具有中国特色社会主义现代化强国建设的新时期。

在我国由“富起来”向“强起来”的伟大复兴历程中，国际格局、国内形势发生了重大、深刻的变化，建筑装修装饰行业面临的外部环境和历史赋予行业的任务、目标也随之产生了巨大变化。从新时期几年来发展的状态分析，行业发展的主要特点和任务有以下新变化。

（1）建筑装修装饰行业发展外部环境产生了深刻变化

①国际局势发生了重大变化

在中国开始由富变强的进程中，世界格局产生了深刻变化，国际局势更加错综复杂，不确定性、不稳定性因素陡然增加，使我国和平发展的外部环境变得略有艰险，主要表现在以下几个方面。

a.中美关系产生了严重倒退。中美建交40多年来，保持相互尊重、相互合作的良好关系一直是主流，不仅使两国及两国人民受益，也推动了世界经济的发展。但自特朗普当选美国总统后，为了美国“再次伟大”，极力遏制、打压中国的发展，主动挑起了贸易战，进而发展到科技战、外交战，现在又在台海挑起事端，意图拉小圈子对抗中国。目前，美国国会两党对华强硬态度相当一致，中美关系在相当长一段时间无法恢复。美国的倒行逆施，不仅损害两国人民的利益，也搅动全球局势的动荡不安，严重影响了全球经济的复苏和产业链的安全，给我国发展的外部环境制造了麻烦和障碍。

b.民粹主义抬头，全球化受到抑制。由于美国及西方发达国家国内结构性矛盾突出，再加上新冠病毒的全球泛滥，导致美国及西方国家政府滥发、超发货币引发债台高筑、物价上涨、通货膨胀，经济发展缓慢,人民怨声载道。为了转移国内的深刻内部矛盾，各国政客纷纷把矛头指向全球化，鼓吹“孤立主义”，使得美国及西方发达国家民族主义情绪高涨，民粹主义盛行，对全球经济结构产生了重大冲击。对于全球第一大外贸出口国的中国，逆全球化的趋势对外环境上产生了长远的负面影响。民粹主义盛行进一步延缓了全球经济的复苏，全球经济运行逐步陷入恶性循环。

c.俄乌冲突影响巨大。在美国的挑唆和北约东扩的作用下，2022年2月俄乌冲突爆发，成为当今世界引发国际局势激烈动荡的一件大事。美国及西方发达国家不断加强对俄罗斯的制裁和对乌克兰的军事援助，使战火持续发展很难和平解决。由于俄乌冲突导致国际关系分裂、紧张，世界格局正在发生深刻变化，全球已经出现能源、粮食危机，全球供应链、产业链受到重大破坏。加上新冠疫情以来美国及西方发达国家滥发货币，使得物资紧缺、物价上涨，造成了大范围的政治动荡，美西制裁反噬欧洲，造成了欧洲的经济衰退，也对全球经济的复苏与发展形成了持续性的强烈冲击。

②国内形势发生了重大变化

在建设中国特色社会主义现代化强国的新时期，对比全面建设小康社会历史阶段，我国国内经济、社会、科技形势发生了以下深刻变化，影响着建筑装修装饰行业的发展。

a.国家宏观经济政策进行了调整。进入新时期后，针对我国经济门类齐全，但低端产能严重过剩，高端产能严重不足的实际国情，我国宏观经济发展政策已经由追求增长速度向注重质量、效益的内涵式发展模式转化，国家发展的重点是推动产业升级、大力发展新兴战略性产业、向高端制造业和高端服务业倾斜资源，逐步由工业大国向工业强国转化，提高我国产品在国际市场的竞争力，实现国内、国际两个大循环，争取在21世纪中叶迈入中等发达国家行列。

面对国际格局的演变，要致力实现国民经济持续发展和重点行业、“卡脖子”的高尖端领域科技创新的基本任务、目标，仍然需要继续奋斗。对比全面建设小康社会，我国经济与社会发展目标有了新的定位，已经进行了宏观经济政策的战略性调整。这一战略调整创新了经济社会发展理念、优化了宏观经济战略、理顺了产业发展政策、制定了新的发展战略、绘制了新的发展蓝图。国家宏观经济发展战略的调整，对以传统技术为主，经济社会提供基本物质基础的建筑装修装饰行业影响巨大。

b.新冠疫情的影响。自2019年底至今，新冠病毒席卷全球，在多次变异之后，至今仍然在全球肆虐，对人类社会与经济发展造成了很大的损失。疫情之下我国举全国之力，在“外防输入、内防反弹、动态清零”的总原则指导下，取得了抗疫防疫的积极成果，感染率、死亡率都处于全球的最低水平。但防疫中对人员流动限制的具体措施，极大地影响和改变了人们的生活习惯、社交习惯，再加上防疫、抗疫的强制性措施，使得国民经济中多个行业发展受到影响，造成社会整体经济运行的异常艰难。

在当前及未来的后疫情时代，社会的改变将会持续。特别是由于安全观念、审美情趣、生存意识等的巨大转变和提升，会改变人们的消费心理、消费支出结构、消费行为方式等，从而影响到包括建筑装修装饰行业在内的所有服务性行业的发展。

c.国家产业政策调整影响巨大。整个产业集群的龙头行业是房地产业，由于是小康社会的刚性指标，在整个全面建成小康社会中始终处于支柱性产业地位，得到高速扩张和发展。进入新时期后，面对城市建设已经基本饱和、住宅空置率居高不下、人口老龄化和新增人口下降、房地产业的金融属性日益加强等多种因素的影响，房地产市场供大于求的状态持续发展，国家以多种越来越严厉的措施对房地产业进行了调控。在国家“房住不炒”、抑制房价快速上涨、防止房地产泡沫破裂等一系列政策的作用下，房地产业在面临大洗牌的背景下，暴露出我国房地产业内企业的诸多问题。

经过20多年的野蛮式、粗放型发展，房地产业内企业，特别是奉行高杠杆、高周转的民营大型房地产企业激进式的疯狂扩张，使我国房地产企业成为增长最快，但负债巨大的畸形企业。在国家收紧信贷资金进入房地产领域后，房地产企业的资金链迅速破裂，留下的一片片“烂尾楼”、违法违规楼，成为国家健康发展中的伤痛和疮疤。在国家的强力干预下，通过房地产业调整，问题正在得以逐步解决，但对整个产业集群在社会层面上产生了重大的负面影响。在新时期，房地产业必将回归理性，引起房地产业内部的剧烈分化、瓦解、调整、重构，对整个产业集群，特别是处于集群末端的装修装饰业产生了重大影响。

（2）建筑装修装饰行业在新时期的基本任务和发展目标

新中国经过70多年的发展，已经彻底改变了一穷二白的面貌，发展成为全球第二大经济体，并向第一大经济体快速迈进。我国具有全球最完整的工业体系，但当前处于低端工业产品全面产能过剩的现状。面对这一基本国情，随着国家发展战略的全面调整、升级，建筑装修装饰行业在未来的发展中必将呈现前所未有的新变化。

①建筑装修装饰行业在新时期的基本任务

作为向社会经济发展提供基本物质条件的服务性行业，随着国家的发展，建筑装修装饰行业直接关系到国家发展和人民福祉。我国城市既有建筑面积超过650亿平方米，每年平均新增超过10多亿平方米，装修装饰行业“资源永续，业态常青”的基本面始终不会改变。但作为进入行业资金、技术门槛极低、低端产能严重过剩、与国家发展战略顺应度较低的行业，在新的历史时期，面对城市建设已经超前，各种设施基本饱和，旅游、办公等设施已经出现过剩，装修装饰市场结构、社会需求、技术发展等将会产生深刻的转变。在未来发展中，建筑装修装饰行业的发展重点是完成以下的基本任务。

a.全面迎合国家的发展战略。新时期我国发展战略已经对全面建成小康社会时期进行了调整。具体分析就是以行业及企业转型升级、提质增效为基本方向的转变。其中与建筑装修装饰行业发展前景相关的主要方面为振兴农村中的巨大市场转变、向高端制造业和服务业提供基础物质条件新需求的转移、城市建设的重点向生态修复和功能完善转化、绿色发展理念与人民生活环境需求的融合等。在全面迎合国家发展战略中，需要建筑装修装饰工程企业摒弃旧思想、树立正确的生存和发展观，全面顺应社会的新格局、新需求，专业化的新技术，更高的社会新标准的要求。

b.跟上科学技术发展的步伐。我国由富变强的历程中，科学技术的突破与发展是最主要的动力和支撑。在信息社会、智能化技术等先进科技推动下，建筑装修装饰行业只有跟上国家、社会科学技术的发展速度和要求，才能获得社会的认同而存在。建筑装修装饰行业当前的主导技术的科技水平与国家、社会科技水平有相当大的差距。要以高新科技产品在工程中的应用为突破口，以进行工程设计施工工艺、工序等技术创新研发为基础，通过生产方式标准化、工业化、系列化的产业化途径，全面提升装修装饰工程的科技水平，才能跟上社会科学技术发展的步伐。

c.契合好新时代城市发展的要求。“城市的美容师”作为建筑装修装饰行业的基本职责，在新的历史时期依然没有变化。但随着城市建设发展战略的变化，大拆大建已经成为历史，作为城市美容师的地域分布、业务范围、技术手段、关注重点等已经发生了明显变化。在城市生态修复、功能完善、旧建筑物改造、智能化、数字化城市建设等新目标的指引下，建筑装修装饰工程企业必须全面配合国家城市发展战略的新要求，特别是加强对重点地区、重点城市市场的研究，针对新的社会需求做好相应的技术创新储备。

d.进一步深化绿色发展理念。建筑装修装饰行业是高资源、能源消耗型服务行业，其发展现状与绿色发展理念仍有相当大的差距，“资源节约、环境友好”型行业建设有极大的提升与发展空间。当“绿水青山就是金山银山”理念日益深入社会发展观，特别是在防疫新冠病毒及后疫情时代，人们对生存、居住环境的需求已经发生深刻的改变，就更应该把绿色环保、健康安全作为行业发展的中心任务来满足社会现实需求。

e.继续治理整顿市场秩序，修复行业发展生态环境。虽然经过40多年改革开放市场经济建设，我国社会的市场意识、契约精神得到了极大的普及，有了很大的进步。但由于法制不健全，我国建筑业整体的市场环境仍然较为混乱。特别是在国家对房地产业实行严厉管控、严格限制信贷资金流入房地产市场后，整个产业集群的市场环境持续恶化。再加上疫情的防控措施，造成建筑装修装饰行业内企业生存与发展的极大困境。在新历史时期随着房地产行业调控及法治建设的健全，通过行业内部结构调整、企业自律、从业者素质提高和社会生活转入正轨等，情况将会逐步好转。

②建筑装修装饰行业新时期的发展目标

建筑装修装饰行业在整个中高速发展时期，始终处于调整之中。在新的发展阶段，特别是叠加新冠疫情的作用之后，行业内部去落后产能、优化结构的调整力度持续加大。在未来发展中，建筑装修装饰工程企业除自觉参加加强行业发展生态环境治理，不做业内害群之马外，行业内部企业主要集中在以下几个领域实现新的成就。

a.形成较为清晰的细分市场。随着国家经济社会发展和人民福祉提升的要求，以专业功能、标准、技术为依据的细分市场会逐渐清晰、成熟，促使企业向专业化方向转化。由于社会需求的多样性，各细分的专业市场中高、中、低档的区别也会更为清楚，也会促使企业在专业细分市场中的等级分化。细分市场的清晰化、固定化的发展，将产生专业化的装修装饰设计施工企业，推动专业工程设计施工的技术创新和专业化技术门槛的提高，不仅能够满足社会不断增长的专业需求，也为整顿市场秩序、提高企业活力提供了市场条件。

b.形成新的技术体系。随着国家经济社会发展战略的调整，建筑装修装饰行业的业务范围和技术支撑也发生了重大变化。为了适应新时期的要求，除完善传统的装修装饰技术体系外，建筑装修装饰行业要在满足城市生态修复中的古建筑重建与修复技术、传统建筑改造与整修技术、老建筑的升级改造技术；满足制药、半导体、精密仪器等制造的高端生产和关系科学试验、医疗、抗疫等人民福祉要求的洁净技术；适合乡村振兴战略目标的新农村建设配套装修装饰技术；适合老龄化要求的居住生活环境营造技术；高端服务业和新兴战略产业基础设施建设装修技术；先进的信息化、网络化、智能化建筑应用技术；绿色节能环保装修技术；专业功能建筑高端装修装饰专业技术；标准化、成品化、工业化施工组织技术等领域形成新的技术体系。以技术创新、文化创意拉动市场、拉动消费，实现行业的转型和技术升级换代。

c.全面提升工程项目的规范化管理水平。我国建设工程的规范化管理水平与国际先进水平相比有较大的差距，这是在国家发展新历史时期应该尽快弥补和赶上的重要领域，也是今后相当长一段时间行业内企业的一项重要工作目标。装修装饰工程项目不仅是企业经济利润的产生地，也是以注重细节、提升品质为导向科技创新的前沿和深耕细作、勇于创新文化基因传递的载体。规范工程项目管理就是要提高管理过程记录的完整性、专业性、系统性；资料的合法性、有效性；整个过程的科学性、可追溯性；数据的真实性、准确性，成为企业成长、发育、走向成熟记录的第一手资料，为企业技术创新、管理创新的沉淀和积累提供肥沃的土壤和饱满的种子。

d.培养造就一批建筑装修装饰行业的专业人才队伍。建筑装修装饰行业虽然经过改革开放后40多年的发展取得了辉煌的成就，但始终是处于顺风顺水的市场环境中，未曾经历过大的波折和风险。在当前宏观经济遭遇较大困难并有新冠病毒防疫干扰作用下，行业发展面临着新局面、新问题。这就需要全面提升行业从业者素养，要有一支能够识大局、明方向、敢创新的企业家队伍；要有一支高素质的企业、工程项目管理的管理人才队伍；要有一批适应新需求的设计师、科技创新人才队伍；要有一批精于技术、追求完美的能工巧匠队伍等，需要行业整体和企业建设完备的人才培养、筛选、使用、淘汰机制体制才能实现。图2-20是丽泽SOHO内庭外立面图，复杂的曲面结构，体现了我国建筑装修装饰工程企业施工水平已经达到国际先进水平。

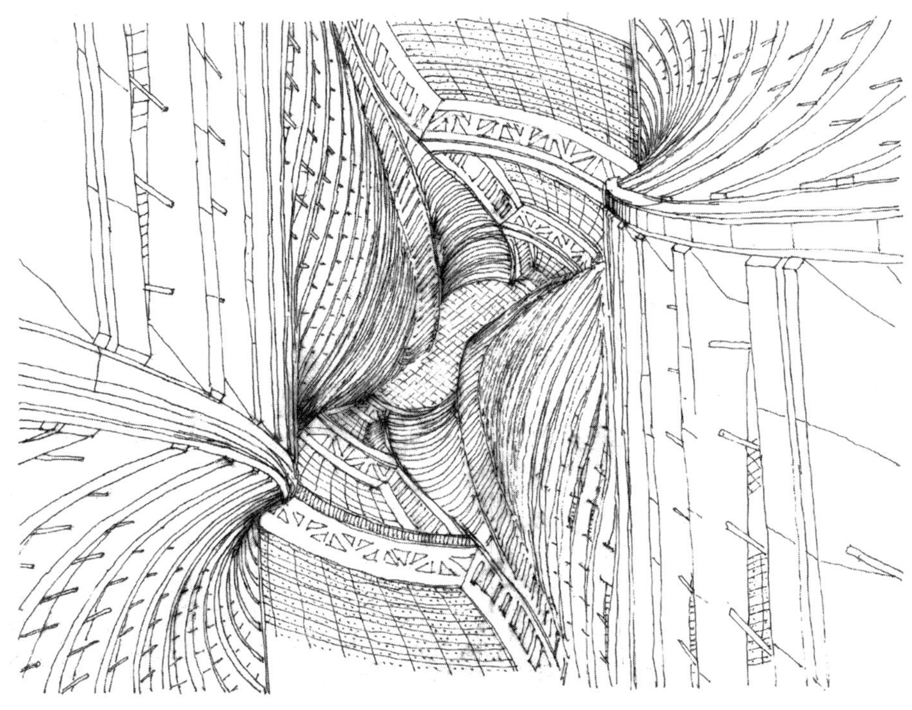

图2-20　丽泽SOHO内庭外立面图

第三章　建筑装修装饰与相关学科的联系与区别

第一节　建筑装修装饰与建筑类其他专业的联系与区别

建筑装修装饰与建筑学、工业与民用建筑等建筑类专业学科研究的是同一物质生产制造过程的客观规律，属于同一国民经济大类，必然存在着紧密的联系。但建筑装修装饰与其他建筑类专业学科研究的侧重点不同，要解决的主要矛盾也有所不同。因此，也必然存在着一定的差异，从某些方面进行详细考察还存在着很大的差异。

一、从专业分工看建筑装修装饰与建筑类其他行业的联系与区别

专业化细分是社会化大生产发展的必然结果，也是科技发展的重要组织表现。要分析研究建筑装修装饰与其他建筑类行业的联系与区别，就应该从专业分工开始。

（一）建筑装修装饰与建筑类其他行业的联系

任何产品的生产过程，都要划分为不同的工段、工序、工位，通过分工与协作最终完成产品的生产过程。建筑业企业也是如此，要通过内部的分工来完成整个建筑物的投资建设。

1. 各专业行业是建筑业专业化的必然结果

（1）建筑业内部专业化的演变过程

建筑业企业在建国初期组建时并没有专业划分，都是从事建筑物建筑生产活动的企业。当时各施工专业技术，只是作为一个技术工种，存在于工程施工企业，如木工、油漆工等。随着建设规模的不断扩大，由于施工管理的要求，大型施工企业把专业工种集中组建成专业施工队，作为企业下属的一个专业技术队伍，负责专项分工程的施工，如木工队、油漆队等。我国专业施工企业的产生是改革开放以来建筑业施工规模越来越大、专业技术和材料、部品发展日新月异、建设的专业标准不断提高后，逐渐分化、独立运作形成的，是建筑业内部专业化发展的必然结果。

（2）建筑业内部专业化演变结果

建筑业内部经过近30年的专业化发展，目前已经产生了60个技术类型的专业施工企业。国家建设行政主管部门分别对各专业设置了专项工程施工资质标准。这60个专业施工技术类别涵盖了整个建筑物生产制造全过程的各工段、工序、工种。建筑装修装饰专业，是作为建筑业中的一个专业，独立设置并完成建筑物交付使用前的完善、美化功能。由于建筑装修装饰同建筑业内其他专业一样，都是建筑物投资建设中的一个有机组成部分，所以，都是建筑业中一个相对独立的重要组成。

(3) 建筑业内部专业演变的主要行业

建筑业内部专业化发展由于受到在整个施工过程分项工程工作量的制约，不可能60个专业都形成一定的行业规模，从而产生出专业施工企业。经过近30年的专业化发展，形成规模并产生出一批专业施工企业的行业主要包括桩基类、制造类、安装类和装修装饰类四大类。其中建筑装修装饰类中包括建筑幕墙、装修装饰、建筑门窗及部分建筑智能化、消防、园林、道路照明等专业工程，是从建筑业内部专业演变出的规模最大、社会关注度最高、最能体现国家、城市形象的一个新兴专业行业。

2. 建筑业内部专业化发展的客观必然性

建筑业内部的专业化分工与协作的发展，是建筑业技术进步的重要表现形式，其产生与发展具有以下客观要求。

(1) 建筑业规模扩大的必然要求

我国建筑业规模发展很快，年开发总面积已经从1978年的2000多万平方米增长到2012年的35亿平方米，34年的时间增长了170多倍。建筑业规模扩大是所有专业分项工程规模扩大的总和。所以，各专业分项工程规模都在不断扩大，建设的标准也越来越高。要管理如此庞大的建筑业就要求进行专业细化，才能根据各专业工程的技术特点和管理要求，按照建设投入的顺序进行有效管理，提高整个建筑业的管理水平。

(2) 专业技术发展的必然要求

科学技术的发展推动新材料、新技术、新设备在建筑物建设中的应用和新的施工机具、设备的使用不断加快。在钢筋混凝土和钢结构技术体系下建设的分成结构、外维护、设备安装和装修装饰4个相对独立的阶段，使建筑工程施工的技术复杂程度加大，专业要求不断提高。特别是由于大型建设项目不断增加，专业工程中材料更新换代加快，施工手段日趋完善，这就要求施工队伍的管理、现场操作人员不断专业化、规范化，需要对建筑业企业进行内部的专业化分工。建筑业科技的发展需要通过专业技术培训、考核取得专业资格、固定专业岗位等措施，以适应快速发展的专业技术要求。

(3) 项目投资管理的必然要求

在现代建筑物的建设中，投资是按照各分项工程进行核算的，因此在项目的实施过程中，各分项投资必然在确定的投资范围内独立完成该分项工程的施工任务。在同等投资额度的条件下，专业化程度越高的施工企业，其完成投资的质量水平越高、完成的效果就越好、就更有利于项目投资的控制，使投资建设方更为满意。投资方在工程市场对专业化施工单位的选择，必将推动建筑业企业内部的专业化分工，给专业化企业提供更大的发展空间。

(4) 社会化大生产的必然要求

随着社会化大生产的发展，对效率的要求越来越高，专业门类在不断细分，为建筑业提供物质基础的材料、设备与施工机具、设备生产制造的行业不断细分化，要求建筑业与其对接要不断专业化。在材料应用、设备选型、技术支持等方面专业化要求越来越高，专业化水平直接决定了劳动生产率和资源、能源的使用效率，决定了工程建设的质量、造价和工期，这也要求建筑业企业内部要适应社会生产细分化的变革，在整个建筑业内部进行细分化的调整，不断派生出适应社会专业化生产的工程企业。

3. 建筑装修装饰与建筑业其他专业在工程中的联系

建筑装修装饰行业作为建筑业中相对独立的行业，同建筑业的其他专业在以下几个方面存在着密切联系。

（1）对建筑结构各界面进行最终处理

建筑装修装饰与建筑结构施工具有密切的联系，要对建筑结构各界面运用粘贴、铺装、干挂、裱糊、粉饰、安装等手段进行完善、美化，是建筑结构交付使用前的最后一个生产环节。建筑结构界面的牢固度、平整度；建筑物门、窗洞口的准确性和标准化水平；为建筑装修装饰工程设置预构件、预埋件的准确度和完整性等直接决定了建筑装修装饰工程的工作量和实施难度。建筑装修装饰与建筑结构施工具有相互配合、相互支持、相互补充的工作关系。

（2）对建筑设备终端进行最终处理

建筑装修装饰与设备安装施工具有密切的联系，要对各类建筑设备、设施的使用终端进行完善、美化，使其与空间环境相协调。也是各种水、电、气、通信、宽带、安防、消防等设施交付使用前的最后一个环节。设备的型号、线路的敷设、预留终端位置等对建筑装修装饰工程的工程量及施工难度也有极大的影响。建筑装修装饰与各种设备安装工程之间具有相互依靠、互为补充、相互完善的关系。

（3）对建筑空间环境的再造

建筑装修装饰是对建筑空间环境的营造，要根据建筑物的使用功能要求，对建筑设计、结构设计、设备设计及施工中的缺陷进行最后的补救、完善、美化，是与整个建设过程各环节都有密切联系、综合调整各分项工程最终结果的一个环节。在整个建筑物的投资建设过程中，由于建筑装修装饰在整个建设过程中所处的位置，决定了该工程是与其他专业工程联系最为紧密的一个专项工程，也是决定建筑物内外品质最重要的工程。

（二）建筑装修装饰与建筑业其他行业的区别

1. 更新的周期不同

（1）其他专业的更新周期

由于结构主体与设备是构成建筑物的主要物质基础，其质量水平直接决定了建筑物的使用年限。因此，国家制定有严格的建设规范、标准。土木结构工程及设备安装工程竣工验收投入使用后，一般要等到建筑、设备的设计寿命周期结束后才进行更新。建筑设计的使用寿命在100年以上；设备的使用寿命在30年以上，虽然我国大量的建筑还未到使用寿命周期就因为各种原因提前报废、更新，但使用时间都要比装修装饰长远得多。

（2）建筑装修装饰工程更新周期

建筑装修装饰工程的寿命周期，是根据人们审美情趣的变化、经营使用的需要、材料的更新换代与技术的升级、可支付能力的提高等原因不定期地进行改造性更新。一般室内装修装饰工程的更新周期在10年左右，其中旅游、服务、餐饮的更新周期最短，一般不超过7年。建筑内部进行的局部改造性装修装饰的更新周期就更短，如饭店、酒楼内部的局部更新改造的周期一般都在3年左右，有些甚至时间更短。

（3）更新周期不同决定了工程资源的不同

建筑装修装饰工程更新周期短的特点，决定了装修装饰行业是一个业态常青、资源永续的行业。即使是在建筑业市场饱和之后，存量建筑内外部的装修装饰更新改造也能为装修装饰行业的发展提供新的市场空间，仍然会呈现出持续扩展的态势。建筑装修装饰工程市场的拓展速度会随着国家经济实力的增强、人民生活水平的提高、城市化进程的稳步发展、存量建筑总量的增长而不断加快。

2. 使用的材料与技术种类不同

（1）其他专业使用的材料与技术

土木结构施工使用的主要材料是钢筋、水泥、沙石、模板等大建材行业的产品；设备安装工程使用的是工厂生产制造的各类建筑设备。这些材料、设备的种类都基本固定，品种、型号没有本质的区别，施工过程相对简单、统一。因此，结构施工与设备安装的施工技术相对规范、稳定，其技术发展主要依赖于施工机具、建筑设备生产制造厂商的产品升级换代。

（2）建筑装修装饰工程使用的材料与技术

建筑装修装饰涉及的材料品种异常繁杂，几乎同国民经济中各生产部门都有产品间的联系，甚至农、副产品经过加工后，也可以用作装修装饰材料，都可以达到装饰空间、美化环境的目的。由于建筑装修装饰材料的复杂性，决定了建筑装修装饰施工技术门类繁多，每一种技术一般只适用于一类产品。所以，建筑装修装饰业内的专业技术要求高、工种多而且分化细密、相交接的部位多、工程的组织实施和质量的保障难度大。

（3）材料与技术的不同决定了人才结构的不同

结构施工与设备安装施工企业由于技术的单一性，决定了人才的专业性强、固定专业的人才集中度高、使用方向明确。而建筑装修装饰工程材料、技术的复杂性，决定了建筑装修装饰企业人才的多元化和多样性，既需要复合型人才，又需要大量的专业型技术人才才能保证企业、工程的正常运作。随着建筑装修装饰市场的专业化发展，企业的人才结构还需要进一步调整与优化才能适应市场发展的要求。

3. 服务的对象不同

（1）其他专业的服务对象

结构工程和设备安装工程的业主，只有政府、投资机构或房地产开发商等工程项目的直接投资人，而且一个项目只有一个业主。工程服务对象单一、独立、具有一定的专业性和较强的社会性、公开性，决定了服务过程的决策性程序简单、实施过程相对平稳、矛盾与纠纷少。整个服务过程就是履行已签订合同的过程，其间的设计变更与洽商索赔较少，处理也相对简易。

（2）建筑装修装饰工程的服务对象

建筑装修装饰的业主群体就异常复杂，既有投资机构、政府部门、房地产开发商，同时包括各种各样的企、事业单位，各种经营者、物业管理者，甚至是家庭、个人。而且每项装修装饰工程往往不是一个业主，在写字楼中装修装饰就包括写字楼管理的大业主与各空间使用者投资装修装饰的小业主，面对家庭时就会有多个平等地位的业主。业主群体的多样化、复杂性，决定了服务过程中的决策慢、变更大、商务洽谈量大，业主对服务过程的质量更为挑剔，矛盾与纠纷发生频繁。

（3）服务对象不同决定了管理难度不同

建筑装修装饰服务对象的地域的分布、数量、性质、特点决定了建筑装修装饰工程服务过程必须精细化、专业化管理，工程的精度及质量、环境水平全面符合规范要求才能达到业主的要求。建筑装修装饰工程服务时间长、个性化要求高、受个人情感影响大、业主要求严、管理过程复杂决定了建筑装修装饰业是服务行业中最辛苦、管理难度最大、服务对象最难满意的行业。

二、从专业学科设置看建筑装修装饰与建筑业其他专业的联系与区别

高等教育体系中的专业学科设置是专业化分工的重要理论依据，也是推动专业化发展的重要动力，对专业人才的培养与形成具有决定性作用。

（一）从学科设置看建筑装修装饰与建筑类其他专业的联系与区别

1. 学科设置的细分是建筑业发展客观要求

（1）建筑业学科设置的演变过程

近代社会最初成立建筑学院时，重点是培养专业建筑设计与施工组织管理人才，并没有专业的细分化。当时教育的着眼点是提高建筑设计的完美性和可实施技术手段的培养，因此教育的重点是艺术素养的提升和技能、技法的应用。当新知识、新技术呈现大量涌现的局面，人们对建筑内部的环境标准不断提高，对专业施工质量越来越挑剔，每个学生的特点、气质、专业特长及兴趣不同等因素表现越来越强烈时，建筑类教育机构开始对专业设置进行细分化。

（2）专业学科设置演变的结果

经过建筑类高等教育近200年的实践，结合社会对建筑学科内部专业人才需求，国际上把建筑类学科进行了细化设置。我国建筑类院校中也是按照国际上的专业划分，现在有规划学、建筑学、工业与民用建筑、给水排水、暖通空调、建筑电气、建筑装修装

饰等多种细分的学科。其中建筑装修装饰工程是近年才独立出来，设立的一个新的、具有中国特点的专业学科。所以，在建筑装修装饰行业刚起步的阶段，从事建筑装修装饰的专业人员主要是学习建筑学、工业与民用建筑等专业的人员。

（3）专业学科设置的依据

建筑类院校专业设置的一般依据是专业特点，实质上是建筑业完成建设投资的不同阶段。由于基本建设投资的不同、要求的人才数量不同、要求的专业水平也不同，因此，学科设置的数量、分布状态、专业教育时间也就不同。从业者执业资格要求越高的专业，专业教育的时间就越长；人才需求量越大的专业，在院校分布得就越广，接受专业教育的人数就越多。

2. 建筑装修装饰专业设置的依据

在建筑类院校中设置建筑装修装饰类学科，进行专业人才的系统培养，是具有中国特色的建筑类专业教育体系的重要表现，也是中国经济持续高速增长的必然要求。我国自20世纪50年代末开始设置建筑装修装饰类专业，名称极不统一，到2002年，我国成立了第一所建筑装修装饰学院，开设了建筑装修装饰专业进行本科招生，表明建筑装修装饰专业学科设置已经形成。其设置的依据有以下几个方面。

（1）社会对建筑装修装饰专业人才需求强劲

随着综合国力的不断增强、建设标准的不断提高，对建筑装修装饰工程设计、施工管理专业人才的需求日益增长。我国每年完成的建筑装修装饰投资总额不断增加，装修装饰已经成为建筑物、构筑物投入使用前一道必不可少的重要环节，越来越受到社会、政府和投资者的重视。而在高等教育体系中长期没有相关专业学科教育，形成了装修装饰专业人才供给极大短缺。建筑装修装饰工程企业处于成长、发育的高速期，随着承接的工程量快速增长对专业人才的吸纳能力极强，学习这一专业的毕业生受到企业的高度关注与欢迎，这是专业学科设置的市场依据。

（2）专业理论体系已初步形成

经过改革开放以来我国建筑装修装饰行业的持续发展，从业者对建筑装修装饰存在的社会价值理论及设计、施工规律的不断探索与实践，建筑装修装饰行业的专业基础理论体系已经基本形成。在行业性质、特点、地位等方面及行业资源、市场、技术、管理等方面已经形成了比较成熟、系统化的理论，并能够对受教育者进行系统的专业理论知识培养和技能、技法训练，这是专业学科设置的理论基础。

（3）专业特点突出

建筑装修装饰行业在资源的生成、企业的特点、人才的聚集、工程与市场的运作、技术发展的方向等方面与建筑类学科中的其他专业都有明显的差异。发展装修装饰行业需要设有专业学科、培养专业人才为行业全面顺应国家宏观经济发展和社会投资需求奠定人才基础。特别是在改革开放、可持续发展的我国社会、经济、政治、思想条件下建筑类各学科内部中的差异表现就更为突出，发展装修装饰专业学科的要求就更强烈。这是专业学科设置的社会基础。

经过十几年的实践表明，建筑装修装饰类毕业生是人才市场中最受欢迎的专业之一，是最好找到工作的专业，同时也是毕业生很快就能发挥专业知识、大有作为的专业。建筑装修装饰类专业学科的设置对我国经济、社会发展中发挥的作用会越来越大，也是一个不断发展的专业学科。

3. 建筑类学科之间的联系

建筑类学科是围绕城市建设和为经济、社会发展提供基本物质保障设置的，各专业学科之间的联系主要体现在以下几个方面。

（1）基本课程基本相同

在建筑类专业学科的教育框架设计中前期专业基础课程基本相同，表明所有专业的理论基础、指导思想、研究与解决问题的基本方法、所使用的主要技术手段与工具等都属于同一类别，是所有建筑类专业都必须掌握的基础知识和基本技能。各专业的专业课程是在专业基础课程完成后，根据各专业的专业方向和要求，进行的专业领域理论、方法、技能的深入、系统学习。图3-1是中国传统建筑的顶部结构示意图，是木结构应用的基础。

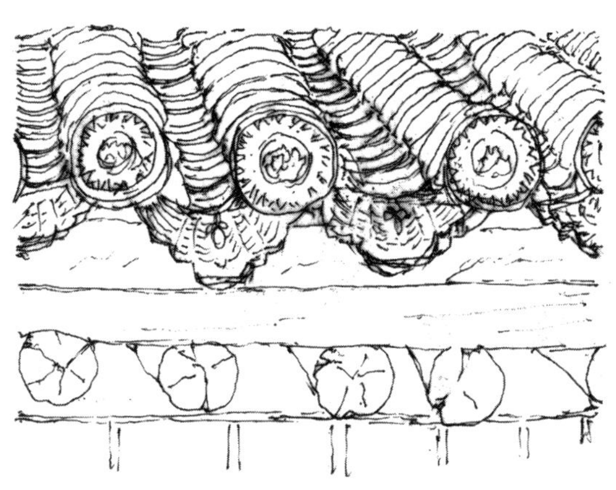

图3–1　中国传统建筑顶部

（2）专业培养的大方向一致

建筑类专业的培养目标都是在工程建设中，具有实际操作能力的工程技术人员，是培养国家基本建设领域的工程人才。各专业在人才培训方法、技巧上具有相似性，就是理论联系实践、理论为实践服务，以提高专业实践技能为目标，成为有实际动手和组织管理能力的工程技术人员。各专业的毕业生绝大部分是就业在建设工程企业为业主的建设投资服务。

（3）人员的使用管理方法相同

由于建筑类工程技术人员的业务工作内容直接关系到社会公共安全和利益，国家对建筑类工程技术人员执业资格管理较严，主要是通过实行注册制保证人才的专业品质。当前注册规划师、注册建筑师、注册结构工程师、注册电气工程师、注册公用设备工程师、注册建造师、注册造价师、注册监理师等执业资格，是专业工程技术人员进行业务活动的基本条件。随着社会管理的规范化，建筑类工程技术人员注册制的范围还将会进一步扩大。

4. 建筑装修装饰专业与其他专业的区别

（1）研究的重点内容不同

建筑类各专业学科虽然都是针对城市建设和经济发展设立的，但侧重点不同。规划类学科研究的重点是城市规模、结构，城市能源、交通、物资的保障，城市环境的控制与质量的提升；建筑学类研究的重点是建筑物功能设计、体量、构成及与周边环境的匹配；结构类研究的重点是合理、安全地计算建筑物荷载，科学地设计建筑物的主体结构；功能设备类研究的重点是设备的选型和运转线路科学、安全、经济的设计等。

建筑装修装饰类学科的重点是利用功能学、美学等理论知识与技术手段，最大限度地完善建筑物、构造物的使用功能，美化建筑物、构造物的内外环境，为人们提供安全、舒适、高雅、有利于身心健康的建筑空间环境。

（2）考评标准不同

建筑类中的其他学科，除建筑设计类外都是以严谨、规范的技术手段解决实际建设项目中的各类专业问题，工作过程中科学的计算、计量，精确的实验数据等是评价其工作质量的基本依据。建筑装修装饰类的业绩考评标准与其他学科不同，要求把建筑技术与环境艺术有机地结合；科学的技术方法与文化思想相统一，要反映出社会、业主的文化、艺术的诉求。因此，对从业者、工程项目的考评标准中就会有文化、艺术的评价内容。不同的文化价值观和审美情趣，对于同一建筑装修装饰工程作品会由于情感的差异产生出较大差异的评价结果。

（3）主要手段不同

建筑类其他各专业学科的实际运用都要求以成熟的技术、规范的材料与产品、依据相关的技术标准与规范、实现在建设项目中的专业工作目标，是以依靠科学、适宜的技术手段为主从事业务工作。建筑装修装饰倡导的是在保证建筑安全的条件下以文化与艺术元素的运用、趣味性创新和艺术夸张等手段，对建筑物内外环境进行创作、创新、突破，以满足社会对建筑物、构造物安全、舒适、美观、意境等需求为主从事的业务工作。

（二）从人才流向看建筑装修装饰与建筑类其他专业的联系与区别

1. 专业人才的主要使用方向

（1）建筑类其他专业人才的使用方向

建筑类中规划、建筑学专业人才主要集中在各设计院、所中使用。其中规划类专业学科的人才，由于城市建设规划编制的周期很长，往往主要从事研究和管理工作。建筑学类的专业人才主要集中在建筑设计院、所从事建筑的概念设计及方案设计。一般是由担任注册建筑师的助手开始专业活动，经过工程实践的历练，通过执业资格考核并取得执业资格后独立开展业务。

结构类、设备类专业人才就业的范围较小，主要集中在各建筑类专业工程企业，部分在建筑设计院、所。结构类、设备类专业人才是由小型、技术相对简单的工程设计、施工管理入手开展专业活动，经过由简单向复杂、由小型向中型再向大型、由低级向高级工程项目的锻炼后，通过执业资格考核并取得职业资格后独立开展业务。

（2）建筑装修装饰类人才的使用方向

建筑装修装饰专业人才就业范围比较广阔，一部分人才可以到建筑装修装饰专业工程企业就业，从事公共建筑、住宅装修装饰工程的设计与施工管理；有一部分人才还会到建筑设计院、所，从事建筑室内装修装饰配套工程设计；还有一部分人才可以通过自主创业直接进入装饰工程市场承接小型工程，以此开始从事建筑装修装饰工程设计、施工业务。人才的发展方向主要是根据个人的专业理论水平、业务技术能力、思想品德素质及社会活动能力等多种因素决定的。

2. 建筑装修装饰工程企业中的各类学科人才结构

（1）国家建设行政主管部门对建筑装修装饰企业建筑类人才构成的要求

由于建筑装修装饰工程在实施过程中涉及同建筑业其他专业的合作，有大量的业务衔接并需要共同承担技术责任。因此国家对建筑装修装饰工程企业中建筑类各专业学科人才的构成，制定了相应的专业配置标准。根据国家建筑装修装饰专项工程设计、施工资质标准要求，建筑装修装饰工程企业必须配套建筑学、结构、给水排水、暖通空调、电气等建筑类专业及机械类、工程管理类的工程技术人员，这是企业取得资质、获得工程承接资格的基本要求。

（2）近似专业的有关规定

由于建筑类其他专业的工程技术人员在建筑装修装饰工程中发挥的是配套、协调的作用，对其专业系统知识的应用是局部的、普遍性的。我国现行的教育结构中，各院校专业设置的名称也不统一，国家建设行政主管部门根据建筑装修装饰工程中，对建筑类其他专业工程技术人员专业要求，制定了近似专业的有关规定，从中可以看出建筑类各专业间的联系。

建筑学的近似专业为城市规划、风景园林、环境工程、历史建筑保护等；结构专业的近似专业为土木工程、工业与民用建筑、结构力学、材料力学、钢结构等；给排水专业的近似专业为水务、水利、市政、节水（水处理）、水文与水资源、建筑环境与设备等；暖通、空调专业的近似专业为制冷工程、热控工程、热力（热能）、风机、通风技术等；电气专业的近似专业为机电一体化、计算机及应用、通信（信息）工程、电子、智能化、自动控制、照明工程等。

3. 建筑装修装饰工程企业建筑类人才结构

（1）有资质企业的建筑类人才结构

根据建筑装修装饰专项工程资质标准的规定，凡是取得国家建设行政主管部门核发的建筑装修装饰资质的企业都是以建筑装修装饰专业工程技术人员为主，配备有建筑类相关专业工程技术人员。企业资质等级越高，专业配备要求就越齐全，人员数量就越多。在公共建筑装修装饰市场竞争中，建筑类各相关专业工程技术人员配备数量、技术职称等级等是考核企业工程设计、施工能力与水平的重要内容。

（2）无资质企业的人才结构

绝大多数无资质的建筑装修装饰工程企业都是仅有建筑装修装饰专业的工程技术人员，没有配套建筑类其他专业的工程技术人员。所以，这一类企业只能承接住宅装修装饰市场中的零散工程，工程的规模都很小，而且仅限于室内环境的简单营造，如果承接其他工程将受到建设行政主管部门处罚。

第二节　建筑装修装饰与实用美术类专业的联系与区别

建筑装修装饰与环境艺术类、雕塑、美术类专业学科，都需要运用人类的艺术智慧，去创作满足人类审美要求的作品，必然存在着紧密的联系。由于创作的作品类别不同，所以又必然存在着差异，这就是我们要分析、研究的课题。

一、建筑装修装饰与环境艺术学科之间的历史沿革

环境艺术学专业人才是考核建筑装修装饰工程企业的主导专业，是构成建筑装修装饰设计能力的主导力量，分析建筑装修装饰行业首先要研究环境艺术学。

（一）环境艺术学的发展过程

1. 环境艺术学在中国的兴起

（1）环境艺术学的起源

中华文化中特别注重建筑环境的选择、设计与营造，中国传统的建筑风水学就是先人全面总结优化建筑环境的理论大成。建筑内部装修装饰不仅要有物质条件，如各类装修装饰材料，还要有适宜的自然环境，如风、水、气的安全，还要有家具、饰品的摆放等。同时，中华文化特别讲究环境整体的意境，是文化、艺术环境的营造，是物质与精神两个层面上的要求。这种需要发展到当代，要求在现代建筑形式下去实现人们对建筑环境的更高需求，就形成了环境艺术设计专业。

自改革开放之初，我国第一个设置的建筑装修装饰类的专业学科就称为环境艺术设计，设置在北京的中央工艺美术学院。它是由该院原设置的“室内装饰”，经“室内设计”专业演化而成的一个新的专业。环境艺术学作为一个实用美术类的专业学科，重点研究建筑空间室内装饰、装潢设计，采用的主要技术手段是陈设、摆放、涂裱等来满足现代建筑技术条件下人们对生活环境标准要求不断提高的需要。

（2）环境艺术学的发展

由于人们对环境要求的水平不断提高，社会对环境艺术专业人才的需求量急速增长，全国开设环境艺术专业的大专院校越来越多。据不完全统计，到20世纪末已经有百余所大专院校设立了环境艺术设计专业，成为当期高等教育体系中增长最快的专业之一。同时，大量的人才通过选派、自费等形式出国深造环境艺术类。留学人员在国外通过学习、工作实践提高了专业理论和技能，回归祖国后对中国环境艺术设计专业发展起到了极大的推动作用。到目前，环境艺术专业仍然是我国高等教育体系中建筑装修装饰类专业中的主要专业。

（3）环境艺术学的应用

环境艺术设计专业人才就业的范围比较广阔，主要分布在建筑装修装饰、展览展示、动漫、影视等行业。其中在建筑装修装饰行业工程企业、设计机构、科教部门工作的占绝大多数。环境艺术设计专业人才大量进入建筑装修装饰行业，优化了行业的人才结构，提高了建筑装修装饰工程的设计水平，是推动建筑装修装饰行业发展转型的重要力量。

2. 环境艺术学的特点

（1）以室内环境营造为社会责任

由环境艺术学科名称的演化过程可以看出，环境艺术学主要是对建筑物的内部空间环境进行营造，其工作对象是建筑物的室内环境。在环境营造中主要是通过色彩的渲染、个性化饰件的设计与制作、家具、字画摆设等技术手段与措施对室内环境进行设计与再设计，营造出更具文化、艺术效果的室内空间，以提高室内环境的艺术性来满足社会对建筑室内环境更高标准的需求。

（2）注重视觉感观效果

作为实用美术类学科，环境艺术主要注重的是室内空间的视觉效果，要求环境具有赏心悦目、情泰神怡的观赏效果，因此环境艺术设计主要是以色彩、造型的运用，创造有变化、色彩丰富、适宜人们对环境意境要求的空间环境。同工科类的注重尺度、注重实现技术手段、规范化计算、标准化配置的要求有很大的区别。

（3）注重把环境艺术化

环境艺术设计学科对室内环境进行设计的元素主要是把自然界存在的客观事物，通过抽象、夸张、再造等艺术创作手法，设计成为室内装饰的元素或部件、部品，提高室内环境的艺术水平。因此环境艺术设计来源于客观世界、来源于生活，但不是对客观事物简单的转移、复制，而是艺术的创作过程，重在满足人们对建筑室内环境艺术品位的需求。

3. 环境艺术学科的分布

（1）环境艺术学科的名称

各院校对环境艺术学科的名称有一定的区别。当前，室内设计、空间设计、公共设计、景观设计等专业都与环境艺术设计的基本要求、专业教程、教育手段极为近似。根据我国高等院校状况的一般分析，在建筑类院校中称为“室内设计”的较多；在美术类院校中称为“环境艺术设计”的较多；在艺术类院校中称为“空间设计”或“舞台设计”的较多；在其他理工类院校中，称谓就更为广泛，但基本教育大纲区别不大。

（2）环境艺术学科的分布

由于环境艺术设计专业于1988年列入国家教委专业目录，培养的又是社会需求量大、就业分布普遍的实用型技术人才，在全国分布比较广泛。到目前为止，全国开设环境艺术设计类的大专院校有300所左右，占全国高等院校总数的17.4%左右的院校开设有相关专业。全国各大综合院校中都设有环境艺术类学科，每年招生大约在20万人，占全国高等院校招生总数的3%左右。

（二）建筑装修装饰与环境艺术学科之间的历史变革

1. 建筑设计与环境艺术学科间的联系

（1）有建筑就要室内设计

有建筑就会形成室内空间供人们使用，就需要进行设想、计划、安排。中国历史上对建筑物室内空间的环境要求极为讲究，门、窗、隔扇、家具、幔帐、陈设等的设计、制作都有很高的理论与实践造诣。现代社会随着建筑物体量、高度的增加，人们的生存方式与环境产生了巨大的变化，建筑室内设计的重要性就更加突出。随着室内设计演变为环境艺术设计后，对建筑室内整体环境中各部位的设计要求就会更严格，也就更为重要。图3-2是人民大会堂黑龙江厅的设计，可以看出室内设计对建筑内部空间环境营造的重要性（赵兴斌提供）。

（2）室内设计是为建筑设计进行配套设计

新中国成立后的建筑室内设计主要是在重点建设工程、大型建设工程项目中，由建筑设计机构聘请美术家、工艺美术家，配合建筑设计师共同进行建筑设计。1957年，遵照周恩来总理的指示在中央工艺美术学院设立了“室内装饰”专业，主要培养的就是从事室内装饰设计的专业人才。受过高等教育后，室内装饰专业的毕业生主要被分配到建筑设计研究院，配合建筑整体设计专业从事室内设计工作。

（3）建筑设计与环境艺术学科之间有重要联系

室内设计或环境艺术设计作为整个建筑设计的一个局部的专业设计，是在建筑内部体现、延伸建筑风格，表述建筑设计师设计理念，完善建筑的使用功能，提高建筑室内空间文化、艺术意境与品位的重要领域，也是整个建筑设计的一个重要组成部分。要提高建筑设计的水平需要有室内设计的配合与支持，而室内设计又不能完全脱离建筑设计，是建筑设计在室内的细化和完善，两者的和谐、协调、统一是提高基本建设水平的基础。

2. 建筑装修装饰与环境艺术学科间的联系

（1）有建筑装修装饰就有环境艺术设计

建筑装修装饰就是要营造一个最适合人类使用的空间环境，同环境艺术学的研究方

图3-2 人民大会堂黑龙江厅议事厅室内设计手稿

向、基本方法相同。要充分满足人的生理、心理需要就要有相应的家具、摆件、器皿、祭物、陈设等。这就需要进行事前的谋划、设计、制造，也就是对居住与工作的生存环境进行再造。任何建筑装修装饰工程的实施都离不开对建筑的环境艺术设计，要通过环境艺术设计来完善建筑物的功能，提高建筑装修装饰工程的艺术品位。图3-3是室内的水景设计，体现出环境的艺术品位（赵兴斌提供）。

（2）建筑装修装饰行业是环境艺术设计专业的吸纳行业

建筑装修装饰工程包括设计、选材、施工3个基本阶段，都与环境艺术学科具有紧密的联系，其中设计、选材与环境艺术设计紧密相关。在建筑装修装饰行业没有形成之前，室内设计、室内装饰等环境艺术类专业的毕业生主要分配在建筑设计院从事大型公共建设项目中的室内配套设计。在建筑装修装饰行业形成后，环境艺术设计类的毕业生主要就业方向是到建筑装修装饰工程企业，从事建筑室内的装修装饰设计。

（3）建筑装修装饰行业为环境艺术设计提供了发展空间

任何学科的发展都需要有相应的行业与其匹配，环境艺术设计在近20多年来之所以受到社会的追捧，报名的人数众多，但录取的比例极小，就是因为建筑装修装饰行业的高速发展。建筑装修装饰行业的发展不仅提供了环境艺术设计学科发展的大量工程案例

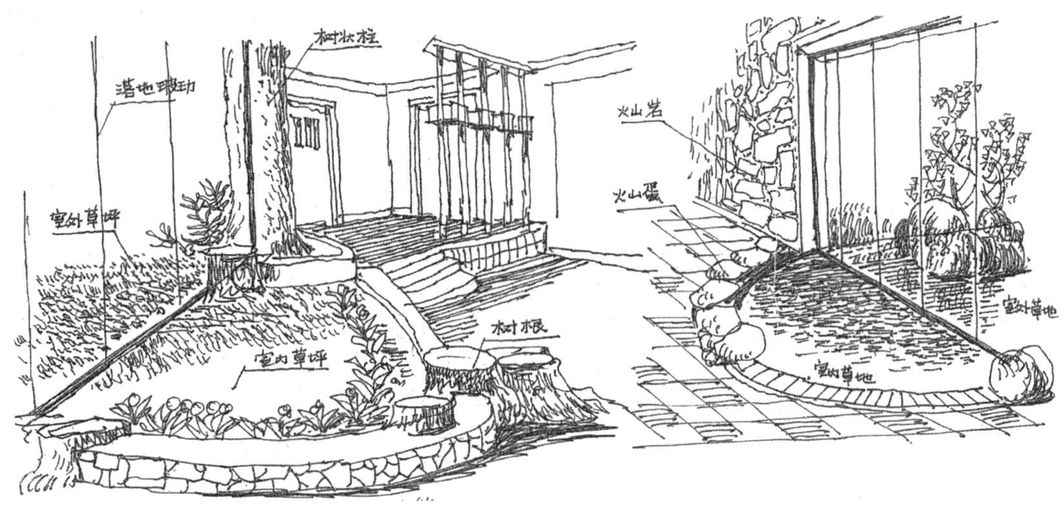

图3-3　室内的水景设计

供教师、学生研究、借鉴、传授，同时大量的工程实践也为环境艺术设计的发展提供了大量的应用机会，创造了专业发展的空间，强化了对专业发展的市场支持，使很多在读的大学生就有机会参与建筑装修装饰工程设计，提高了社会实践能力。

二、建筑装修装饰与环境艺术学科的联系与区别

建筑装修装饰与环境艺术学具有天然的联系，但在社会实践过程中也存在着区别和差异，分析、研究两者之间的联系与区别，对全面认识建筑装修装饰行业具有重要作用。

（一）建筑装修装饰与环境艺术学科的联系

1. 从社会责任上分析具有同质性

（1）都是对建筑内部功能的完善

建筑装修装饰和环境艺术设计的劳动对象都是建筑内部的功能空间，具有劳动对象的一致性。同时，两者的工作目的都是为了完善建筑内部空间的使用功能、美化空间环境，满足人们对建筑的安全、舒适、便捷的需求，提高建筑物经营与使用的效率、效果，因此目标具有一致性。

（2）建筑装修装饰和环境艺术设计的社会服务对象一体化

建筑装修装饰和环境艺术设计的社会服务对象都是投资于改善建筑物使用功能的投资者，其服务对象是同一市场主体。两者又都是为国家、城市基本建设和人民生活提供美化服务的服务型行业，从社会服务主体到承担的社会责任都是相同的。

（3）社会的评价标准相同

建筑装修装饰和环境艺术设计的最终实现都不仅要得到投资者的认可，切实进行投资才能真正得以成为现实，并都要接受社会中使用者、参与者及旁观者的评判。在社会

评判中两者的评判标准也是基本一致的，就是以通过建筑环境的再造新创造的使用价值、社会价值的高低评价服务质量，这种评判往往通过人们对建筑空间的光顾次数来表现。

2. 从工作内容上分析具有相融性

（1）从具体工作界面上看是相同的

建筑装修装饰和环境艺术设计的具体工作面都是建筑物内部的功能构件，是对墙、顶、地面及柱、栏、梯等的修饰和装扮，是对同一事物进行的工程活动。两者从具体的工作内容上看是完全相同的，都是对建筑物的同一具体界面进行品质的提升。

（2）从实现的手段上看是相同的

要实现建筑内部使用功能的优化和完善，建筑装修装饰同环境艺术设计都需要使用涂刷、粘贴、干挂、铺设、裱糊类工程手段对界面的色彩、质地、表现的风格等进行再造才能达到预期的目标。从劳动工具、技术方法、工艺要求等应用技术手段上看是相同的。

（3）从资质要求上看具有相融性

环境艺术设计专业是建筑装修装饰工程专项设计资质中，国家建设行政主管机构考核的主导专业。建筑装修装饰工程企业要取得建筑装修装饰专项设计资质就必须具有环境艺术设计的专业人才，才能取得从事建筑装修装饰工程设计的资格，由此可见两者之间在工作内容上的相融性。

（二）建筑装修装饰与环境艺术学科的区别

1. 工程内容上存在差异

（1）工程涵盖的范围不同

建筑装修装饰工程作为一个独立的专业工程，包括了对建筑物结构的加固与修复；内外表面的装修装饰等工程，是对建筑物整体环境与安全性的再造和完善，其包含的工程内容完整、相互之间技术配合的要求高。环境艺术设计一般仅限于对室内环境进行再造，是建筑装修装饰工程中的一个重要组成部分，但不涵盖全部建筑装修装饰工程内容。

（2）实现的技术手段上有差异

建筑装修装饰工程作为经营活动讲求的是质量、速度和效益，技术发展的方向是工业化、标准化，施工中的技术应用也在向工厂机械化加工、现场装配式施工工艺转化。环境艺术设计作为经营活动讲求的是艺术品位与效果，坚持的是个性化原则，在实施的技术手段上与建筑装修装饰有较大的差异，主要依靠个性化设计、个性化加工制造来实现环境意图。

（3）工程的运作存在差异

建筑装修装饰工程运作包括设计、选材、施工三个环节，是以工程承包合同为依据，组织施工现场的工程实施过程，其工期、造价、质量标准是规范化的。环境艺术设计的运作主要包括设计、制作、实施阶段，是以设计合同为依据，通过组织相应部件、饰品、家具的生产制作，现场辅助施工及陈设的过程，其考核标准具有鲜明的情感色彩和个性化因素。

2. 追求的目标不同

（1）工程效果目标上存在着差异

建筑装修装饰工程的目标是最大限度地完善建筑物的使用功能，其目标是建筑内部功能的合理化，使用的舒适、便捷化，资源消耗的减量化，重点是处理好建筑空间的尺度关系、流程，优化建筑物的功能和相关技术、产品的应用。环境艺术设计的目标是建筑内部空间的情感化、艺术化、理想化，重点是处理好造型、质地、色彩、肌理的关系，而对实现的技术手段设计不作为重点。

（2）约束性规范的执行存在差异

建筑装修装饰工程直接涉及社会公共安全，对其设计、施工、选材的约束性条文较多，在结构安全、设备安全、消防安全、施工安全等方面都制定有严格的规范，有些条文还是强制性的，必须严格执行并有相应部门进行监督。环境艺术设计对社会公共安全的影响程度较小，只要不拆改建筑物主体结构，对其具体的实施过程约束性规范、标准较少，在材质、构造上的选择空间比建筑装修装饰工程大、灵活性也更强。

（3）追求的社会服务目标存在差异

建筑装修装饰行业的社会服务目标是为全社会投资建筑物装修装饰的所有投资人服务，不分行业、档次、类别、阶层。环境艺术设计从本质上看应该也是为全社会服务的，但由于经济支付能力、艺术品位诉求、社会地位等不同，环境艺术设计的具体社会服务对象一般是针对有较强经济实力、有艺术鉴赏能力、审美情趣高雅的社会投资者。

3. 社会管理的方式不同

（1）资质要求不同

从事建筑装修装饰工程设计、施工，必须取得建设行政主管部门核发的资质证书，资质等级标准分别从企业注册资本金、工程组织能力、人员结构等方面进行了划分，取得资质后才能按等级承接工程的设计、施工。其中在技术人员专业配备中，规定要有学环境艺术设计或室内设计专业人员并要求同建筑类其他专业人才搭配。而单纯的环境艺术设计，其工作范围仅限于室内装饰设计，不需要建设行政主管部门核发的专项资质证书。

（2）团队要求不同

从事建筑装修装饰工程需要有一个专业配备齐全、协作关系密切的团队，包括建筑学、环境艺术设计或室内设计、建筑电气、给水排水、暖通空调等诸多工程专业相互配合才能完成，一般是以专业的设计院、所的组织形式实现。而环境艺术设计需要的是一位有创作能力的设计师，通过与家具设计、装饰设计、织品设计、工艺品设计等实用美术类专业相互配合完成，一般是以“工作室”的组织形式实现。

（3）社会影响作用不同

建筑装修装饰工程作品不论其质量优劣、文化品位高低，竣工验收投入使用后，更改和变动都需要等到下一次更新改造，技术措施也比较复杂。因此，装修装饰工程作品在社会上的影响力大、时间长，特别是建筑物的外部装修装饰，对周边环境及市容、市貌影响强烈。而纯环境艺术设计作品，对社会影响力就相对较小，改变的技术措施也相对比较简单。

三、建筑装修装饰与其他艺术类学科的联系与区别

建筑装修装饰从广义上看属于艺术类行业，同舞台艺术等有着很相似的特点。不同艺术门类之间的相互融合已经成为推动建筑装修装饰行业发展的重要力量，研究建筑装修装饰行业与其他艺术门类的联系与区别是全面认识行业的重要课题。

（一）建筑装修装饰与其他艺术类学科的联系

1. 建筑装修装饰与其他艺术类学科的相互借鉴

（1）艺术是人类智慧的结晶

艺术是人类社会意识发展的产物，是表示人类思想意识、感情境界、理想诉求的社会意识形态。艺术来源于社会实践，但比一般的社会实践活动具有典型性、创造性、观赏性，是人类社会发展中的一种特殊的创造形式，也是人类智慧的重要表现形式。无论是文学、美术、建筑、音乐、戏剧、影视，都反映出社会现实，但又高于生活、高于现实，是通过文学家、艺术家的智力创作产生的智力成果，凝聚了人类的智力性劳动，是建筑装修装饰生存与发展的重要社会思想基础，对装修装饰行业发展具有重要影响。

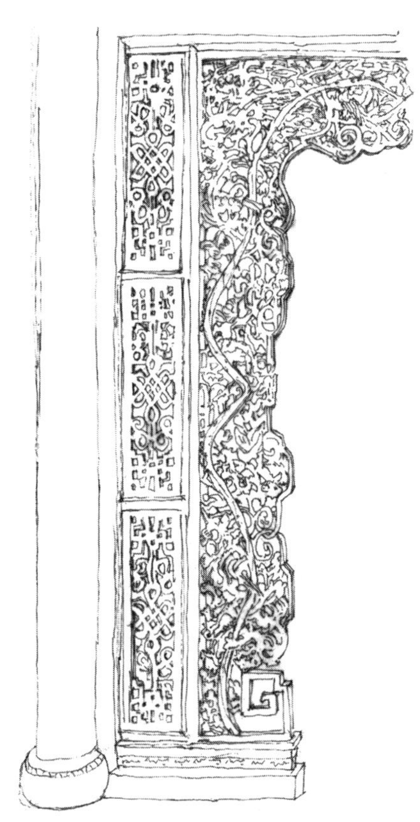

图3-4　室内装修的木幔帐

（2）艺术门类之间具有紧密的联系

艺术都是通过形象的塑造来反映社会生活，表现艺术家思想感情。艺术创作都要根据创作意图，经过对现实生活中的具体事物加以选择、集中、提炼后进行表述、渲染、夸张、抽象等创作。无论是表演艺术、语言艺术、综合艺术，还是造型艺术都来自于人类的社会实践，是对同一社会生活在不同领域的反映和创作，必然反映同一社会的思想意识。因此，各艺术门类之间具有共同的创作思维、语言特征、艺术感染力。图3-4是一个幔帐，把艺术与建筑紧密地结合在一起。

（3）各类艺术之间的发展可以相互借鉴

人类社会中任何一个艺术门类的发展都不可能是孤立的，需要其他艺术的发展为其提供营养、支

持、借鉴。各门类艺术之间存在着“你中有我，我中有你”的相互依存、相互借鉴、相互支撑的关系。建筑装修装饰行业发展中就不仅大量参考、借鉴了绘画、雕塑、产品造型等实用美术类的知识成果，同时也大量吸取了音乐、戏剧、影视等其他艺术门类的发展经验，移植吸收了大量其他艺术门类的创新成果。

2. 建筑装修装饰与其他艺术类学科的相互融合

（1）建筑装修装饰同其他艺术一样属于文化创意产业的范畴

文化创意产业是人类社会发展到现阶段，将一切与文化、艺术门类相关的行业进行集成、整合而成的一个新型行业，旨在通过文化、艺术、娱乐、体育等事业的发展促进人类社会文明、进步，提高人类社会精神生活的品质，并以此带动物质生活的升级换代。建筑装修装饰工程作品由于含有文化、艺术的成分并在社会文化、艺术发展中占有一定的位置，其在文化、艺术方面还具有较大的发展空间，已被国家列入文化创意产业的范畴。

（2）文化创意产业的发展需要各行业的相互融合

文化创意产业的发展是文化、艺术等行业共同发展的结果，是整个社会精神消费产品生产行业相互融合、相互协调发展的产物。在人类社会高度信息化、知识化、人性化需求的条件下，包括建筑装修装饰行业在内的各文化创意行业的创意、创作、创新，都需要行业间的相互融合才能实现突破、跨越和发展。文化创意作为产业必然要求实现其社会价值、劳动价值，这些价值也需要通过行业间的融合形成新的市场后才能得以更好地实现。

（3）从资质要求上看实用美术类的融合性

由于实用美术类的基础课程基本相同，各专业之间的课程设置近似，所以人才具有一定的相通性。我国建筑装修装饰专项设计资质要求的环境艺术设计专业人才可以用其他实用美术类人才如雕塑、工业设计、产品设计等专业和美术类人才如国画、油画、版画、水粉画等专业人才替代，被视为拥有同等的装饰工程设计能力，也可以看出各美学专业间的融合性，不同专业人才的交流，特别是不同实用美术类人才的交流可以碰撞出创意、创新的火花。

3. 建筑装修装饰与其他艺术门类相互促进

（1）建筑装修装饰为其他艺术门类的发展提供物质条件

建筑装修装饰行业的发展，其创造并完成的工程作品为绘画、雕塑、摄影、文学等门类提供了重要的创作素材，其发展中新产生的社会艺术品需求为其他艺术行业发展提供了新的市场，其形成的建筑空间为其他艺术行业的发展提供了物质条件。建筑装修装饰行业的发展能够有效地带动其他艺术门类的发展，当前形成的专业装饰画、艺术陈设品、装饰性书籍等市场，就是建筑装修装饰发展推动其他艺术行业市场需求发展，并形成其他艺术作品价值实现渠道的重要佐证。

（2）其他艺术门类的发展为建筑装修装饰发展提供市场

建筑装修装饰行业的发展大量借鉴了其他艺术行业的发展经验；在提高工程艺术含量中应用了大量的其他艺术行业既有成果和产品、作品；建筑装修装饰设计发展中吸收了大量的其他艺术行业的创作理念、技巧；装修装饰设计融合了大量的创新意识、手法，形成了建筑装修装饰文化、艺术含量不断提高的重要基础；影视广告、海报、戏剧照片等印刷品，戏剧服装、道具，绘画、书法等艺术作品等都是当代建筑装修装饰设计中的重要元素，为建筑装修装饰行业发展提供了丰富的营养。

（3）其他艺术门类的发展促进建筑装修装饰业的发展

人类社会艺术的发展，不仅会带来相应建筑物室内空间的环境变化需求，同时，也会带动社会需求的提升，直接或间接地拉动建筑装修装饰行业市场的扩大并形成新的专业细分市场。其他艺术门类在创新理论、手法、表现形式上的突破会给建筑装修装饰设计以极大的启迪，推动建筑装修装饰设计的创新与文化、艺术含量的增长。其他门类创造的作品、产品也会增加建筑装修装饰工程应用材料、部品的选择空间。

（二）建筑装修装饰与其他艺术类学科的区别

1. 研究的对象不同

（1）研究对象的性质不同

建筑装修装饰行业研究对象是社会投资固定资产并促进其增值的建筑物、构造物，是社会已经存在的一个具体的物质。其他艺术门类研究、表现的对象是社会中特定的人物、事件、事实及其在时间、空间上的发展变化过程，反映的是社会事物在空间、时间上的一种具体状态。这种多样化、复杂化事物的各种状态被艺术家、作家经过艺术处理、加工、提炼后在相应的作品中再予以表现，其创作的对象与装修装饰不同。

（2）解决问题的社会作用不同

建筑装修装饰研究的对象和解决的问题是直接满足人们物质文化和精神文化两个方面的需求，其中满足人们物质需求是解决人们居住、工作条件的基本物质需求。其他艺术门类研究的对象和解决的问题都是为了满足人们的精神文化需求，生产的是提高人们精神生活品质的精神食粮，其对物质文化需求的满足是间接的、不确定的、有条件的，需要通过激发人们的生产劳动情绪来实现，这与装修装饰不同。

（3）作品的社会影响力不同

建筑装修装饰工程作品作为“凝固的音乐”供社会大众观赏、评判，其社会影响力大、作用时间持久、社会影响范围广泛。其他艺术门类的作品，在社会影响力方面的作用都是特定的，只有阅读、观看、收藏的人群才能受到其艺术魅力的感染；作用发挥的时间也都是有限的，随着时间的延续、人们记忆力的衰减，其作用会递减、社会影响作用就相对较小。

2. 产品或作品实现的方式不同

（1）团队的要求不同

凡是艺术作品或产品都离不开艺术家的主导作用，作家、导演、画家、书法家等对团队虽然都有一定的要求，但团队在整个创作过程中都处于附属地位。其中综合艺术类的影视作品对团队的要求极高，是艺术家团队整体水平的展现结果，具有其特殊性。建筑装修装饰作品的形成过程需要的是团队整体协调运作，主设计师、项目经理都需要有一个共同参与并有较强执行能力的团队，队员齐心协力才能完成工程作品。

（2）投资的方式不同

建筑装修装饰是以对建筑物、构筑物进行固定资产投资的方式完成具有文化、艺术含量的工程作品生产制造过程。社会对固定资产的投资，虽然具有一定的风险性，但主要表现在作品本身完成后的经营活动。对其他艺术类作品的投资，只有作品被建筑装修装饰工程应用才有可能形成固定资产，对其的投资才能有稳定回收。社会对其他艺术门类的投资是资本投资的一种特殊形式，投资的风险大，一旦作品不被社会接受，投资就会亏损。

（3）实现的过程不同

建筑装修装饰工程作品的实现过程要消耗大量的社会既有物质产品，其本身是一个旧物质消耗过程和新物质的制造过程，是将原有物质转化成为具有文化、艺术属性的新物质的生产过程。其他艺术门类作品的实现过程虽然也要消耗一定的社会既有物质产品，但消耗的数量极少，其转移的既有社会财富的价值在艺术作品的价值中都可以忽略不计。

3. 成果的社会属性不同

（1）成果的社会作用发挥方式不同

建筑装修装饰工程作品具有广泛的社会性，其社会作用的发挥是低成本的，一旦工程竣工投入使用，其社会作用就是免费、无偿地提供给社会去发挥影响力。其他艺术门类的作品虽然具有社会性，但却是专属于社会特定人群的，需要人们通过购买行为后，其社会作用才能在购买者中得到发挥，因此其社会作用的发挥都是有偿的、特定的、专属的。

（2）成果的社会价值实现方式不同

建筑装修装饰工程的社会价值是在工程开工前，由固定资产投资的数额决定的，社会价值量是固定的。工程竣工投入使用后，固定资产价值的增值要通过建筑物、构造物的使用及经营活动来实现。其他艺术类作品的社会价值是不固定的，需要通过社会的检验后才能在特定的人群中得到实现。其价值的增值要通过作者的变化、作品本身经历的时间、购买的数量、社会的变化等因素的作用才能得到实现。

（3）成果的社会评价方式不同

建筑装修装饰工程作品作为社会既有财富，有专业的评价标准和规范。无论社会评价的好坏都不影响其社会价值的存在，也不影响其社会作用的发挥。其他艺术作品的社会评价标准是模糊的、情感的、个性化的，社会主导群体评价的好坏、社会舆论的引导等因素直接影响其社会价值的高低，也影响其社会作用的发挥。

第三节　建筑装修装饰与其他工科专业的联系

建筑类、机械类、电子类、化工类是我国工科专业的4个主要类别，都担负着为社会生产物质财富的责任。4个专业在国民经济与社会发展中具有密切的联系，特别是在科学技术快速发展、人类社会已经进入信息时代的条件下，建筑装修装饰与机械、电子、化工学科之间的联系就更为紧密。

一、建筑装修装饰与机械类学科间的联系

建筑业与机械制造业都是人类发展历程中的重要产业，相互联系的历史悠久。认真分析建筑装修装饰业与机械类之间的联系，对加强行业发展的指导具有重要意义。

（一）建筑装修装饰与机械类学科间的联系

1. 建筑装修装饰与机械制造业的传统联系

（1）机械制造业是为国民经济提供技术装备的行业

机械制造业是社会物质生产的主要行业，具体可以分为机械工业和各类产品生产制造业。机械工业在国民经济中属于重工业，是工业部门中产业化程度最高的行业，也是同国民经济各部门联系最为紧密的行业。机械工业为包括建筑业在内的各生产部门提供技术装备，是各部门发展的重要基础。机械工业经过200多年的发展，现在已经形成机械、船舶、航空、汽车等专业行业。一个国家的机械工业水平，直接反映了国家的工业化水平。而产品制造业包含的内容就广泛得多，包括轻工、纺织、林工、建材等以机械化生产为主要科学技术手段的行业。产品制造业的生产能力和配套水平反映了一个国家的综合实力。

（2）机械制造业为建筑装修装饰业提供施工机具

我国建筑装修装饰施工机具的电动化水平不断提高，大幅度提高了施工效率，是装修装饰施工机具由以进口为主，转变为以国产为主的结果。机械制造业为建筑装修装饰工程施工，提供了不断升级的动力设备、施工操作工具、不断精化的测量手段等技术装备，是建筑装修装饰施工技术发展的重要基础，也是建筑装修装饰工程提高施工效率和创利能力的技术保障。特别是在当前建筑装修装饰行业劳动力资源紧缺、劳动力体力素质下降的状态下，施工机具的专业化、精确化和便捷化就更为重要。

（3）机械制造业为装修装饰材料生产制造提供技术支持

现代装修装饰材料、部品的生产，离不开现代技术装备的支持。近年来，我国装修装饰材料生产规模不断扩大，产品更新换代周期明显缩短，产品品质大幅度提升，在安

全、环保、节能方面的性能不断提高，都与我国机械制造业的快速发展分不开。大量新型装备投入建筑装修装饰材料、部品生产制造过程，特别是大型、成套、自动化控制设备的新型装备用于石材、玻璃、金属型材、化工材料等领域，使我国成为建筑装修装饰常规性材料、部品的第一生产大国。

从历史上看，最先把建筑装修装饰引入市场的是机械及五金制造等生产制造部门。在改革开放初期，全国轻工系统就注意到装修装饰市场的巨大潜力，在系统内部的高等院校就开设了“环境艺术”“室内设计”“装饰装潢”等专业，系统培养了高等专业设计人才。同时，为给系统内的产品架设稳定的销售渠道，将系统内的建筑五金如锁、拉手、把手等同卫浴陶瓷、卫浴配件、家具、建筑陶瓷、厨房设备、灯饰、地毯、抽纱制品、工艺品等进行整合，成为室内装饰的配套体系，为建筑装修装饰，特别是室内装饰行业的形成与发展做出了历史性的贡献。

（4）机械制造业为提高建筑装修装饰工程科技含量提供了技术保障

建筑装修装饰工程科技含量的提升，更多地表现在工程中应用材料、部品的成品化、标准化、精细化方面，这就需要机械加工水平和成品化部品、部件的比重不断提高，也要以机械制造业提供新的加工手段为基础。近几年，我国建筑装修装饰工程中应用的设备终端出口集约化装置、异型整体装饰单元等提高工程科技含量的产品问世应用，都是以机械加工能力提高为前提研发的。

2. 建筑装修装饰与机械类学科的相互渗透

（1）金属材料的大范围应用推动了机械类工种向建筑装修装饰业的渗透

由于现代建筑装修装饰工程中应用金属材料的比重不断增加，特别是金属型材、金属构件的使用量大幅增加。金属装饰材料的加工技术，需要利用机械加工的方法，采用切割、焊接、车、铣、磨等加工手段，使机械制造业工种向建筑及建筑装修装饰行业渗透。现代建筑装修装饰的施工过程，对比传统施工过程中的工种范围有了很大的扩充，主要是涵盖了大量机械加工工种。特别是在大型建筑装修装饰工程项目中金属部件加工类的比重增长很快，是成品化、半成品化的必然结果。

（2）新型结构的应用推动了机械类人才向建筑装修装饰业渗透

现代建筑装修装饰工程中应用了大量新的金属结构形式，从建筑物外围护结构的建筑幕墙到大量室内装饰中的干挂结构，都需要以金属型材的龙骨体系为基础。龙骨体系的精确性、牢固度、构造的科学性，直接决定了建筑幕墙和干挂工程的安全、外观质量，再加上装饰单元新的连接方式和固定系统的应用，客观上需要掌握机械制造原理的专业人才进行设计、加工和安装指导。因此，建筑装修装饰工程企业中学习机械类专业的工程技术人员呈上升的趋势，特别是建筑幕墙工程企业。

（3）新型结构的发展加快机械类人才向建筑装修装饰业渗透

随着城市土地资源的紧缺，高层建筑越来越多，考虑到基础的荷载，建筑幕墙形式在不断变化，对建筑幕墙结构的防腐、防水、抗老化、抗雷击、抗冲击等性能要求越来越高。建筑幕墙的构造不断完善、提升，特别是在人们对节能、环保要求不断提高时，建筑幕墙结构承载的责任不断加重。这与传统的建筑类学科培养的人才有较大的知识结构方面的差异，但与机械类学科人才的专业知识相吻合，也加大了建筑幕墙行业对机械类人才的需求以加速进行新结构、新技术的研发。

（4）专业工程领域的渗透

随着现代化制造业的发展，特别是精密仪器、通信设备等生产制造对环境的要求也相当高，需要进行专业化的装修，这也为建筑装修装饰企业与机械制造企业建立了合作平台。在我国东南沿海高端制造业发达地区，生产制造环境装修已经成为一个专业性极强的细分市场，使得机械制造类人才和装修装饰人才相互融合、共同合作才能使生产技术与装修装饰技术融合成为新的环境营造技术，提升制造业的生产环境。

（5）建筑装修装饰行业的产业化加速了相互融合

在建筑装修装饰行业产业化进程中，大量具有投资能力的装修装饰工程企业普遍建设了企业的生产加工基地，以提高工程应用材料部品的半成品、成品的比重。这些生产加工基地装备了先进的机械加工设备，对机械类人才产生出极大的要求，使大量的机械类人才进入建筑装修装饰工程企业。随着建筑装修装饰行业产业化水平提高和施工主导工艺的变革，在工程设计、施工中对机械类人才的要求会越来越高，建筑类与机械类人才的融合力度会进一步加强。

3. 在建筑幕墙领域建筑类与机械类的相互融合

（1）我国建筑幕墙施工是从机械类企业开始的

我国最早从事建筑幕墙的工程企业绝大多数是从飞机制造业中分离出来的。建筑幕墙的构造原理、使用的技术与材料，同飞机的内外表面的制造、安装工艺极为相似。改革开放之后，在建筑幕墙这种新型围护结构引入我国工程建设之时，又恰逢我国军工企业转为民用产品生产企业之时，我国飞机制造企业抓住机遇，以第三产业的形式成立专业建筑幕墙工程公司，开始了建筑幕墙工程的设计、施工并在企业运营中开始大量引入建筑类人才，使我国建筑幕墙开始起步并不断茁壮成长。

（2）我国建筑幕墙资质标准中，要求以机械类人才为主导

由于建筑幕墙技术与机械制造的物理特性极为相近，在我国建筑幕墙专项工程设计、施工资质标准中都对机械类人才的数量、质量制定了明确的标准，并以机械类人才为主导，配备相应的建筑学、结构或工业与民用建筑学人才。由此可见，在建筑幕墙行业，建筑类及机械类人才必须相互融合、相互协调才能完成建筑幕墙工程的设计、施工。

（3）建筑装修装饰业中同机械类人才的相互融合

由于建筑幕墙专业是对建筑物外部进行的装修装饰，我国建筑幕墙专业是在1995年才从建筑装修装饰中独立出来成立的一个新专业。我国早期成立的建筑装修装饰工程企

业和大量高资质等级的建筑装修装饰工程企业都兼有建筑幕墙专项工程的设计、施工资质。而我国专业的建筑幕墙工程企业很多又兼有建筑装修装饰工程的设计、施工资质。所以建筑装修装饰工程企业中机械类人才普遍存在，建筑装修装饰行业中建筑类人才和机械类人才已经相互融合。

（二）机械行业给建筑装修装饰行业发展的启迪

1. 从产业发展方向上给建筑装修装饰行业以启示

（1）提供了产业化发展方向的参照物

机械制造业是我国最早建立起的工业部门，已经有160年左右的发展历史。新中国成立之后机械制造业得到了优先发展，始终处于上升的趋势，聚集了数量庞大的人才队伍。改革开放之后机械制造业在技术与管理的引进、消化、创新方面取得的成就异常突出，是我国国民经济部门中产业化水平最高的行业。机械制造业的产业化发展历程和经验给建筑装修装饰行业的产业化发展提供了可学习、借鉴的经验。

（2）建筑幕墙行业的形成与发展为推动行业产业化提供了经验

我国建筑幕墙行业是建筑装修装饰行业中产业化程度最高的细分行业，其设计的精细化程度、工厂化加工在整个工程实施过程中的比重、现场施工、安装的机械化、专业化水平及企业、项目的管理模式都是建筑装修装饰行业中最具推广价值、在产业化发展中具有重大意义的经验成果。建筑幕墙向机械制造业学习、借鉴的产业化发展经验，为建筑装修装饰行业中的其他细分行业的产业化发展提供了宝贵的经验，也成为产业化发展的目标。

2. 从市场细分化上给建筑装修装饰业提供了空间

（1）随着我国机械制造业的发展，将形成新的装修装饰市场

随着我国综合国力的不断提升，除高速铁路车辆外，大飞机、大邮轮、大房车等的生产制造必然会陆续在我国出现，形成新的生产制造业并发展到一定的规模。这些工业构造物对内部空间环境的装修装饰有极高的要求，需要有专业的企业去实施，这就为建筑装修装饰业的发展提供了新的专业工程市场。随着新型机械制造类行业的形成与发展，建筑装修装饰市场总容量将会不断扩大。

（2）专业市场的细分化

当前飞机、邮轮、游艇、火车、房车等工业构造物的内部装修装饰标准和相关生产主要掌握在欧、美发达国家的手中。随着这些产品在我国生产规模的扩大，国家必将制定一系列的专业行业标准，以规范工业构造物的内部装修装饰。由于构造物的装修装饰属于建筑装修装饰的范畴，因此会在建筑装修装饰行业中形成新的专业细分市场。目前，我国游艇装修装饰已经起步并开始形成专业细分市场，沿海大城市的建筑装修装饰企业已经开始参与此类工程活动。火车内部装修装饰也已经在我国形成了一定规模并引起社会的高度关注，发展势头强劲。

（3）建筑装修装饰行业向机械制造类行业的渗透

随着建筑装修装饰行业产业化进程加快和社会化大生产中分工的精细化，建筑装修装饰行业以其具有的专业特长，将会在机械制造类行业发展中得到应用，建筑装修装饰类人才就会向机械制造行业渗透。在机械制造业向建筑装修装饰行业提供技术装备的过程中，建筑装修装饰和机械制造类人才的渗透与融合将提高我国建筑装修装饰及机械制造业两个行业的发展能力与发展水平，会把更为现代化、舒适化、美观化的新型机械制造业产品提供给社会。

3. 从工程运作上给建筑装修装饰提供了榜样

（1）在设计方面给建筑装修装饰行业提供了榜样

建筑装修装饰工程设计的精度比建筑设计要高，但仍然属于粗放设计的范畴，对比机械设计精度要求还有极大的差距。在建筑装修装饰工程运作模式转变，以工厂化加工、现场拼装式施工完成工程项目时，设计的精度要求必然会大幅度提高。建筑装修装饰工程设计尺寸的精度、构造的系统化、安装与连接的规范化，只有向机械工业设计方向上发展才能真正起到指导准确加工、科学组织、规范施工的工程实施过程中的作用。

（2）从工程实施方向上给建筑装修装饰行业提供了样本

机械制造业的生产过程是由零件生产到单元组装，再到整机装配的生产过程，是分工精细、协作紧密、效率最大化的生产制造过程。建筑装修装饰工程要向减少污染、降低成本、缩短工期方向上发展，逐步适应低碳经济、循环经济的要求，就须学习机械制造业生产过程的技术组织经验，提高专业化、机械化、社会化的程度，以成品化、标准化、系统化的装修装饰部品、部件单元的现场拼、组装的施工形式来实现产业化发展目标。

（3）从项目管理上给建筑装修装饰行业提供了典范

随着建筑装修装饰工程运作方式的转变，建筑装修装饰项目管理已经逐步脱离了建筑业现场管理的模式，要对施工现场和加工基地两个以上的工作区域进行指挥、协调、监督、控制。这就要求学习机械制造业生产组织的管理经验，通过精细、准确地进行材料、部品的设计，加强生产加工与施工现场的协调与配合，提高成品保护与运输仓储的等级，合理调配各项资源等计划、组织措施，才能保证项目管理活动的正常进行。

二、建筑装修装饰与电子类学科间的联系

建筑装修装饰与电子类专业之间具有重要的联系，随着信息化社会的发展，这两个行业对建筑物功能的完善具有重要的意义。

（一）建筑装修装饰与电子类专业间的联系

1. 建筑装修装饰与电子工业的传统的联系

（1）电子工业是一个新兴的工业部门

电子工业是在电子原理基础上建立起来的新兴工业部门，大约有50多年的历史。电

子工业虽然发展的历史较短，但发展的速度极快，已经形成了包括电子计算机、现代通信、导航、电子控制等众多细分行业的庞大新型工业体系。电子工业为国民经济各部门和全社会提供了先进的技术装备，是电子网络技术发展的物质基础，对整个人类社会的文明与发展形成了极为重要的影响，推动了人类社会进入信息时代和知识经济社会。

（2）电子产品在建筑装修装饰工程中得到广泛的应用

随着电子工业的发展，电视、电话等电子类产品应用的普及，建筑装修装饰工程中对电子产品应用的技术处理内容就越来越多，技术要求也越来越高。在公共建筑及住宅装修装饰工程中，电子工业产品应用的可靠性、稳定性、安全性及终端处理的合理化和环境的协调、美化，已经成为建筑装修装饰工程的一个重要课题。在装修装饰工程实践中大量电子产品应用技术的普及，提高了环境的智能化水平和建筑装修装饰工程的科技含量。图3-5是现代家庭厨房装修后的效果图，充满了电子、家电类产品。

（3）电子工业产品为建筑装修装饰工程企业提供了现代化的技术装备

随着电子计算机的普及、软件开发水平的提高和网络技术的发展，电子工业产品为建筑装修装饰行业提供了更先进的技术装备。在设计领域，计算机辅助设计已经在20世纪90年代成为建筑装修装饰设计的主导形式，大大提高了工程设计的效率及水平；在工程招、投标中，计算机辅助设计形式、技术手段与成果已经成为工程企业投标、述标及提高中标概率的重要工具；在现代计算机网络技术及通信技术的支持下，建筑装修装饰行业的生产作业方式正在不断升级，产业化进程在不断加快。

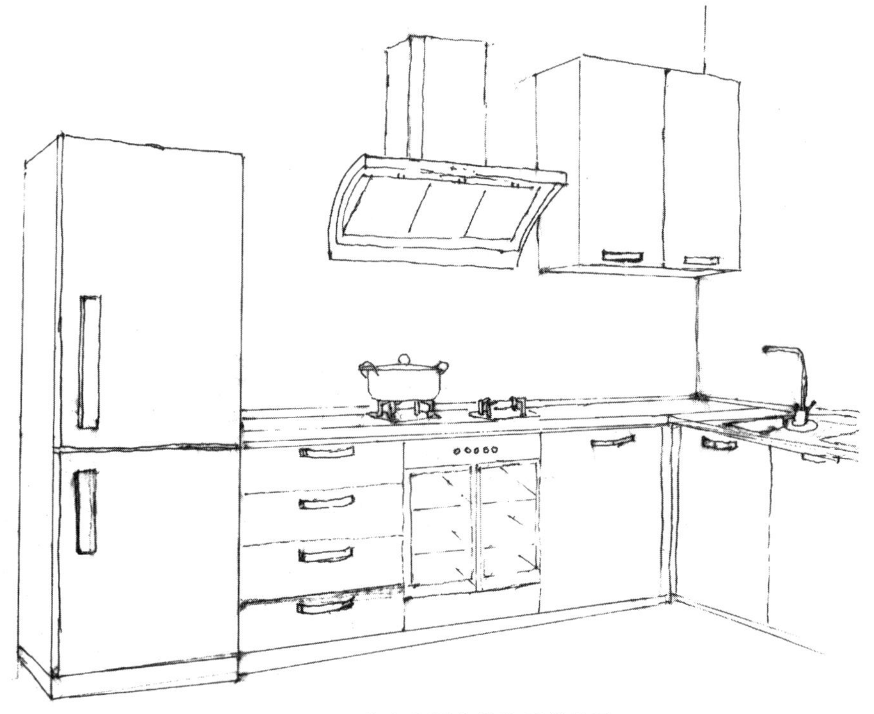

图3-5　现代家庭厨房装修后效果图

2. 电子工业产品发展与应用的方向是建筑智能化

（1）建筑智能化是建筑业发展的重要目标之一

建筑业是为社会提供工作、生活、娱乐等活动基本物质条件的行业，属于解决基本民生问题的最重要的领域，这也决定了建筑业是应用新技术、新产品最早、最广泛的行业。在建筑物使用中提高人们舒适度、安全性、便捷化等方面，需要应用大量电子类工业产品与技术来实现。随着人类智能化社会需求的不断提升，新型的智能化建筑已经成为社会发展的重要目标之一，为此很多建筑装修装饰工程企业都兼有建筑智能化工程资质，有些企业已经获取了智能化资质的最高级别。

（2）建筑智能化提高了建筑装修装饰工程实施的复杂程度

建筑智能化包括了室内环境的智能化控制，以温度、照度、湿度等的自动控制与调节为主；建筑物的安防设施智能化，以楼宇监控、对讲、识别、防盗报警等系列产品与技术的应用为主；建筑的智能化管理，以出入口、停车场、物业管理等智能化技术应用为主。建筑智能化是城市数字化、信息化、集成化的必然结果，其应用终端的各种控制面板、摄像、监控、识别设备和设施已经成为室内环境中必不可少的要素，增加了装修装饰工程的复杂程度。

（3）建筑智能化提高了建筑装修装饰工程的科技含量

图像压缩存储技术（数字视频技术）与网络传输技术是建筑智能化中的两大核心技术，以此实现安全、舒适和远程控制。这些技术与产品的应用都需要在室内空间中进行分布、定位、安装等施工作业，与建筑装修装饰工程有大量的交叉、协作、联合施工。在现代室内环境要求下，建筑装修装饰工程由于大量智能化产品与技术的应用，工程实施中与电子技术相关知识的应用越来越重要，工程的复杂程度和科技含量显著提高。

3. 建筑装修装饰与电子工业联系的强化

（1）建筑智能化专业的形成与演变

智能化技术经历了从“有线技术”到“无线技术”的发展阶段。最初的建筑智能化专业名称为“综合布线”，主要是指在有线传输与控制技术条件下，建筑智能化的关键技术和主要工作任务是在建筑基础中的线路敷设施工。随着以手机为重要标志的无线信息技术的普及与发展，建筑智能化专业在20世纪90年代末期取代了“综合布线”，成为一个新的建筑业中的专项工程，包括了相关线路的敷设及设备的选型与安装、调试。

（2）建筑智能化专业要求电子类人才与建筑类人才的融合

在建筑智能化专项工程资质标准中对企业计算机及应用、电子工程、电气工程、通信（信息）工程、自动化、机电一体化、智能技术等专业人员的数量及质量都有明确的要求，并将其作为取得设计、施工资质的主导专业人才考核内容。同时，建筑智能化专项资质标准中，也对建筑类人才做出了明确规定，建筑学及结构或工业与民用建筑人才也是取得资质的必备条件。所以，在建筑智能化专业工程企业中，电子类人才与建筑类人才是相互融合的。

（3）建筑智能化工程的演变

最初的建筑智能化工程，是由智能化产品生产企业直接承担安装施工，但在工程实施过程中需要有大量与建筑装修装饰工程企业相互配合的工程内容。所以在建筑智能化专项工程中开始大量引入联合体施工，即由智能化产品生产企业与建筑装修装饰工程企业组成联合体，共同对工程实施承担责任和义务。随着建筑智能化专项资质的实施，智能化产品生产企业及建筑装修装饰工程企业，都分别通过人才的引进和工程业绩的积累取得建筑智能化专项工程的设计、施工资质。当前，建筑智能化专项工程，已经由具有建筑智能化专项工程资质的企业承接设计、施工。

（二）建筑节能推动了建筑装修装饰与电子产业之间的合作

1. 建筑节能是当前的一项紧迫任务

（1）我国建筑能耗过高已经成为社会性问题

建筑能耗是人类能耗最多的领域之一。如果把建筑物建设能耗计算在内，建筑能耗占社会总能耗的48%左右；如果仅以建筑物使用运转的能耗计算，占社会总能耗的28%左右。在解决人们基本生活、工作条件及应对全球气候变化、保护生态的矛盾中，建筑节能是最为关键的环节。我国已经把节约资源、保护环境列入国家基本国策，建筑节能担负了全社会42%的节能任务，已经成为全社会及行业的一项十分紧迫的工作内容。

（2）建筑节能的关键是科学控制

建筑节能包括设计与控制两个重要环节。节能的基础是节能设计，要求准确计算冷、热负荷，防止装机容量偏大、管道直径偏大、水泵配置偏大、末端设备偏大的“四大”现象，但能够真正发挥节能实效作用的是设备运行过程中的管理与控制。要在科学、合理进行设备选型的基础上，加强对设备的运行管理与控制，才能在维持建筑物合理温度、湿度、空气清洁度的基础上，达到节约能源、减少消耗、提高效率的结果。

（3）智能化控制是实现建筑节能的重要技术突破

在现代建筑中无论是商业建筑、办公建筑，还是居民住宅，在使用中都需要进行分区、分户，建筑节能也最终要落实到每区、每户。区、户的节能措施主要依靠分区、户的能源消耗计量与节能化能源消耗控制，都需要相应的智能化产品为基础。当前水、电、气表远程抄收，家庭能源消耗网络化控制，空调、照明、窗帘、燃气阀节能模式设置及远程自动控制等产品与技术的应用，切实在建筑节能中发挥着重要作用。

2. 建筑节能改造是建筑装修装饰工程的重要内容

（1）建筑节能改造属于建筑装修装饰行业的范畴

建筑装修装饰行业是为全社会固定资产投资提供增值服务的工程类行业。大量既有的高能耗建筑，如果不进行节能改造，经社会相关机构进行能耗评估后，有可能被停止使用，造成社会固定资产的损失。对高能耗既有建筑节能改造的投资是对社会固定资产保值、增值的再投资，需要通过具体的工程形式来完成。这种工程形式主要表现在对建筑物内外表面进行改造性装修装饰，所以属于建筑装修装饰行业服务的范畴。

（2）建筑节能改造将形成建筑装修装饰行业细分专业

建筑节能改造工程与一般的建筑装修装饰工程在材料、产品、技术的应用上有差异，工程的组织实施过程也不同，同社会的联系范围更广，项目质量控制等方面存在明显的差异。随着节能改造工程的发展，其专业技术要求会越来越高。我国现有400多亿平方米的既有城市建筑，90%左右是需要进行节能改造的高能耗建筑，建筑节能改造的市场总量巨大，很快就会形成一个既有建筑节能改造的建筑装修装饰专业细分市场。

（3）建筑节能改造强化了装修装饰与智能化的合作

由于人们审美情趣的提高，现代建筑节能改造与装修装饰效果要求是统一、协调、美化，这就使现代节能材料与技术、智能化产品与技术、建筑装修装饰设计与施工在工程中紧密结合起来，共同营造既节能、环保，又安全、舒适、美观的建筑环境。这也将成为现代建筑装修装饰行业的一个技术发展方向，推动建筑装修装饰节能技术水平的提高和智能化产品与技术的普及应用。

三、建筑装修装饰与化工类学科间的联系

建筑装修装饰业与化工业具有重要的联系，都是重新焕发出青春活力的传统行业，在国民经济与社会发展中具有重要的地位，动态分析两个行业的发展，对推动行业发展具有重要意义。

（一）建筑装修装饰与化工行业的联系

1. 建筑装修装饰与化学工业的传统联系

（1）化学工业是一个重要的工业部门

化学工业是建立在原子、分子学说基础上的一个工业生产部门。传统化学工业如陶瓷、冶炼、制盐、酿造、火药、造纸、染色等在我国已有悠久的历史，但现代化学工业在我国的发展时间只有近百年的历史。由于化学工业为社会提供大量新型物质财富，也是反映一个国家现代化、工业化水平的重要经济部门，始终得到国家与社会的高度重视。现在我国已经形成水泥、新型建材、涂料、化肥、制药、橡胶、胶粘剂、塑料等众多行业组成的庞大生产制造体系，对国家经济与社会发展具有重要的作用。

（2）传统的建筑装修装饰就与化工产品有密切的联系

我国传统建筑以砖木结构为主，砖、瓦的烧制和木材保护涂料的生产已有两千年以上的历史。其中秦砖、汉瓦、大漆等建筑装修装饰材料，工艺技术已经达到了极高的水平。随着人们对居住环境要求的提高，陶瓷、纸张、颜料等材料也成为室内环境营造的重要材料。在现代化学理论指导的情况下，充分利用资源优势和吸收国际先进的技术成果，我国建筑装修装饰材料的生产与应用已经达到了当今的世界领先水平，并对世界建

筑装修装饰材料生产形成了重要影响。

（3）化工行业为建筑装修装饰提供物质保证

随着化学工业的发展，特别是新型化工材料的不断推出与普及，为建筑装修装饰工程提供了新材料与新技术的发展空间。现代塑料制品、胶粘剂、玻璃及制品、复合型材料等，不仅提高了资源的利用效率和效果，对建筑装修装饰工程的实施工艺及成品化、标准化饰品单元生产也产生了重要的推动作用。现代建筑装修装饰工程中化工类建材产品的应用会越来越广泛。

2. 化工类建筑装修装饰材料的应用

化工类建筑装修装饰材料在建筑装修装饰工程中得到广泛应用，当前以下几类作为常规性材料在建筑装修装饰工程中普遍应用。

（1）化工类饰面材料的应用

化工类饰面材料由于质量轻、抗污染能力强、施工简便，在工程中应用极为广泛，其中墙、地饰面材料陶瓷板块在工程中大量应用；复合类的铝塑板、铝蜂窝石材板、塑木、塑钢、塑胶等板型材及塑料板、管型材在幕墙、室内工程中都有应用；建筑及装修装饰涂料包括丙烯酸类乳胶漆，水性漆等建筑涂料，醇酸、硝基、聚酯类木器漆；化学纤维类的各种壁布、饰布、接缝条，各种壁纸、饰面、饰皮等；各种石膏、碳棉、水泥板材；各种玻璃板材及制品等在室内装修装饰工程中都是大量应用的常规性材料。

（2）化工类黏结材料的应用

新型胶粘材料的应用，对建筑装修装饰施工技术的进步与发展，对工程安全与外观质量的提高发挥重要作用。其中硅硐结构胶的应用，是现代建筑幕墙技术应用的重要条件；其他胶粘材料，如壁纸、壁布粘结胶；各种板材的黏结材料等，都对提高施工效率和质量发挥出重要作用。

（3）化工类节能保温材料的应用

由化工生产制造部门提供的新型内外保温材料是建筑节能保温工程的主要材料，在建筑节能改造工程中各种板材、卷材、涂料；顶部节能改造的结构、材料；节能门窗的材料等都为提高建筑物节能水平，拓展建筑装修装饰市场发挥了物质保障作用。

（4）化工类隐蔽工程材料的应用

防水材料、阻燃材料、防腐材料等新型化工材料，也是建筑装修装饰工程中使用的常规性材料。在古建修复工程中使用的新型黏结、填充材料等，对提高建筑装修装饰工程的内在质量发挥了重要作用。

（5）化工类功能性部品的应用

建筑内部的功能性部品很多都属于化工类的产品，如洁具等的表面涂层是决定水资源消耗量多少的关键性材料。功能性部品的性能直接决定了建筑装修装饰工程的资源消耗水平，特别是水资源的消耗水平，在建筑节水改造方面化工类产品发挥着关键性作用。

3. 化工类建筑装修装饰材料工程应用中存在的问题

化工类材料在工程中得到普遍应用，但也存在着诸多问题，其中比较突出、对工程质量与安全影响较大、社会及行业高度重视的有以下几个方面。

（1）有毒、有害物质含量问题

很多化工类装饰材料中含有对人体有害的物质，在工程中应用后会长期挥发造成对人体的伤害，是多种疾病产生的重要根源，甚至是癌症等致人死亡的疾病。2001年国家颁布了10种主要装饰材料有害物质的限量规范，其中有9种同化工类材料有关，特别是甲醛、苯等物质的控制标准，但仍不能从根本上解决有害物质的存量问题。在当前，化工类装饰材料已经成为室内环境污染的主要源头，受到社会高度重视。

（2）防火性能及火灾时有毒雾问题

化工类装饰材料的燃点普遍偏低，在燃烧时又会产生大量的烟雾和有毒有害气体，是造成火灾时大规模人员伤亡的主要因素。在建筑装修装饰设计防火规范中，对使用材料的防火性能有严格的要求，但由于人们更多地去追求美观和艺术效果，往往忽视了消防要求，普遍存在着侥幸心理。通过近几年火灾成因及造成巨大财产损失和人员伤亡的因素分析，化工类材料都负有主要责任，所以在公共建筑装修装饰工程中严格限制使用。

（3）产品生命周期与建筑使用寿命匹配问题 ·

当前在工程中必须使用的化工类材料的抗老化周期，都比建筑设计的寿命短，也会形成安全隐患影响到社会公共安全。特别是建筑幕墙工程中使用的结构胶的问题。硅酮胶保质期最长30年，保质期过后怎么办、采取何种手段确保建筑物的安全将是未来城市管理的一项难题，也是当前需要认真研究，并尽快找到相应技术措施的紧迫问题。类似的问题在当前应用的很多化工类材料中都存在。

（二）化工类建筑装修装饰材料与技术发展

化工类建筑装修装饰材料作为一个新兴的行业，要在建筑装修装饰行业取得更大发展空间就要发挥自身优势，全面顺应建筑装修装饰行业的产业化进程，产品及技术应在以下几个方面进行研发与拓展。

1. 提高成品化水平

成品化包括部品化、集成化和单元化三个方面，是化工类生产加工技术优势和产品性能优势相对突出的具体表现，也是建筑装修装饰工程提高生产效率、变革施工工艺的重要物质保障。

（1）提高部品化水平

部品是工程中局部采用工业化生产的多构件组成的组合型功能产品。部品化就是在标准化的基础上将更多的元件、器件、部件组装成部品的水平，反映的是生产制造企业、行业对社会产品与技术的集成与整合能力。建筑装修装饰工程中应用部品化产品能够大幅度减少施工现场的作业，提高施工现场的劳动效率。部品生产一般是以化工类企业为核心，集成与整合机械、电子类产品与技术生产制造的成果。

（2）提高集成化水平

集成化是将若干部品组装成为一个功能产品的能力，如集成吊顶、集成卫浴、集成厨房等，是在部品整合基础上对产品与技术的进一步集成与整合。集成化的标准化、成品化程度更高，施工更为快速、更简便，不仅能够提高施工现场的劳动效率，也能大幅度提高工程的感观质量。以最后的化工材料生产为主体，集成与整合相关机械、电子类产品与技术，生产集成化产品是化工类产品的发展前景。

（3）提高单元化水平

单元化是将若干个功能产品组装成为一个功能空间的能力。如整体厨房、整体卫生间、整体浴室等是在集成化基础上对产品与技术的进一步集成与整合。单元化要求的标准化、规范化、工业化水平更高，施工更为便捷、规范，不仅能够提高施工现场的劳动效率和工程的观感质量，也能提高工程的内在质量和安全水平。单元化产品一般也是由化工类生产企业为主体，集成与整合其他门类产品与技术生产制造的。

2. 提高配套化水平

提高产品对建筑装修装饰工程的适应能力，就必须提高配套化水平，配套化水平主要包括产品的系列化、材料规格的多样化、产品个性化。

（1）产品系列化

我国建筑设计的标准化水平很低，造成建筑内部各类空间的尺度多样化。部品、集成化产品、单元化产品必须按照建筑设计模数化的要求，实现产品的配套化、系列化才能满足装修装饰工程的应用。认真搜集建筑设计的各种尺度关系，生产适应各种空间尺度的产品，这是生产制造企业应对市场的最主要手段，也适用于化工类装修装饰材料生产。

（2）材料规格多样化

建筑各界面的体量差距很大，设计又具有多样性，各装修装饰界面的尺寸就具有多样性。为了减少施工现场的工作量，各类材料的成品规格应该具有较大的选择性，即产品的规格应满足多种装修界面装配的要求，才能切实降低施工现场的加工量，提高现场工作效率。要发挥化工生产工艺便于多样化的优势，在模具设计上就要多样化、系列化、配套化，在繁荣市场的同时扩大企业的市场占有率。

（3）产品个性化

随着我国消费主体逐步转入以下一代为主导，消费主体的特征发生了很大的变化，受教育程度高、消费能力强、个性化要求高是未来青、壮年消费主体的基本特征。这一需求变化要求产品具有个性化，在色彩、质感、风格上要适应各种审美情趣的需求，不能千篇一律，才能满足未来消费者的需求。

3. 提高产品性能

提高产品性能，主要包括提高产品的使用功能、安全性能及节能减排性能三个方面。

（1）提高使用功能

强化化工类产品的使用功能就是提高产品的舒适性、稳定性和观感质量，这是化工类材料、部品在装修装饰工程应用的基础。化工类产品本身具有可塑性强、便于清洗、更新简便等特点，但也存在着易于损坏等先天不足，应该得到持久的改进，不断提高产品的使用功能，市场应用的前景会更好。

（2）提高安全性能

提高化工类产品的安全性能就是要提高产品的燃烧等级，减少和降低有毒、有害物质的含量，提高产品自身的防爆、防腐、防蛀等水平，增强产品的抗老化性能等。要不断改进原料配方，减少有害、有毒物质的使用，通过配方的改进和产品结构的创新，提高产品阻燃等级、强度、耐候性技术指标等满足工程结构强度的要求，扩大产品的应用范围。

（3）提高节能减排性能

提高化工类产品的节能减排性能就是要提高产品的节能、节水、节材、节地水平，减少对资源的消耗。化工生产对资源的再利用程度高，但某些产品的应用却是资源消耗重点。化工行业要与其他行业加强合作，共同研发、应用、推广新型的节能型功能性产品和节能、除菌、环保技术与产品。

第四章　建筑装修装饰行业的作用与地位

第一节　建筑装修装饰行业的市场规模及发展速度

建筑装修装饰行业的规模和发展速度直接影响到其在国民经济发展与社会文明进步中的作用。建筑装修装饰行业作为一个在新时代重新焕发青春和活力的传统行业，其产业规模及发展速度都直接反映出我国30年的发展成果，也反映出其在国民经济中的地位。

一、建筑装修装饰行业的市场规模

建筑装修装饰行业是自改革开放之后，几乎从零开始发展起来的一个传统行业。在国家宏观经济持续快速发展的大好形势下，行业的发展速度很快并已形成巨大的市场规模。

（一）建筑装修装饰行业市场规模

1. 建筑装修装饰行业当前的市场规模及构成

（1）建筑装修装饰行业当前的市场规模

2018年在我国宏观经济增速回落的大背景下，建筑装修装饰行业完成的工程总产值为4.22万亿元，占全国国内生产总值的比例在4.7%左右。同其他规模较大的支柱性行业比较，建筑装修装饰行业完成的产值水平远远高于汽车、旅游等其他支柱性行业。

（2）建筑装修装饰行业当前市场的构成

2018年建筑装修装饰行业完成的工程总产值中，公共建筑装修装饰市场占54%，工程总产值达到2.18万亿元，其中建筑幕墙专业完成工程产值3650亿元；住宅装修装饰市场占46%，工程总产值达到2.03万亿元，其中成品房装修完成工程产值8500亿元。在行业总产值中，境外工程产值约为1070亿元。

（3）建筑装修装饰行业当前的产值构成

建筑装修装饰行业完成的工程产值中，转移的材料、部品的价值占60%左右，2018年共转移材料、部品价值总和约为2.5万亿元。新创造的价值占40%左右，2018年约为1.69万亿元，其中工资总额约为1.13万亿元；利润总额占0.8%左右，约为700亿元；税收及其他社会管理支出约为4800亿元。

2. 建筑装修装饰行业市场规模的发展

（1）建筑装修装饰近24年市场规模数据

1995—2018年，我国建筑装修装饰行业快速发展，其主要参考数据是行业年产值规模。1995—2018年建筑装修装饰行业年完成工程总产值具体数据如表4-1所示。

建筑装修装饰行业年总产值表　　表4-1

单位：亿元

年　度	1995	1996	1997	1998	1999	2000	2001	2002
总产值	600	900	1700	2500	3500	4300	5500	6600
年　度	2003	2004	2005	2006	2007	2008	2009	2010
总产值	7650	9050	11000	13500	15300	16800	18500	21000
年　度	2011	2012	2013	2014	2015	2016	2017	2018
总产值	23500	26300	28900	31600	34000	36600	39400	42200

从上表中可以看出，我国建筑装修装饰行业的发展具有速度高、规模攀升快的特点。行业总产值由1995年的600亿元快速增长到2018年的42200亿元，产值规模增长了70多倍。建筑装修装饰行业的增长速度高于整个国民经济的增长速度，不仅表明行业具有强劲的社会需求，也表明行业在整个国民经济中具有基础性的地位和作用。

（2）建筑装修装饰行业近24年发展速度

在整个国民经济持续快速发展的宏观经济环境下，建筑装修装饰行业保持了较高的发展速度，建筑装修装饰行业1995年至2018年近24年发展速度变化情况如图4-1所示。

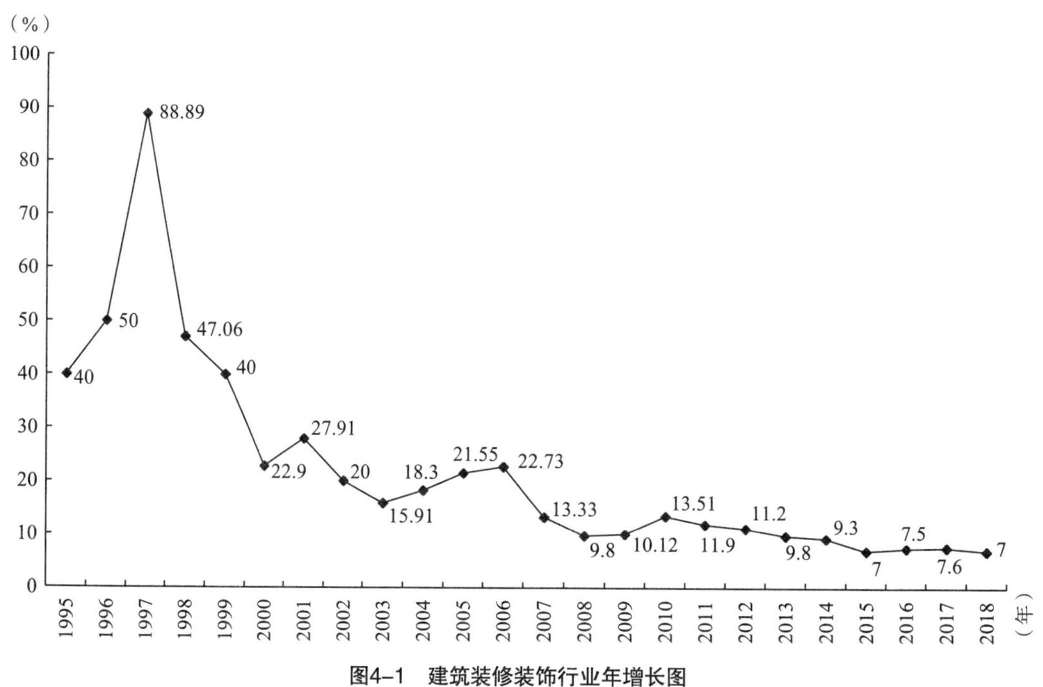

图4-1　建筑装修装饰行业年增长图

（3）建筑装修装饰行业发展的特点

从上图中可以看出，我国建筑装修装饰行业发展轨迹，经历了高速发展期到平稳期的转化。1995—1999年我国建筑装修装饰行业年增长速度都超过了40%，主要是住宅装修装饰市场的超常规发展形成的。自1994年开始我国住房制度改革进入了快速普及时期，数十亿的存量住宅成为家庭的私有财产，激发了人们改善居住环境条件的热情。实行住宅商品化之后，为了加快住宅开发商建设的速度，自1996年开始半成品的毛坯房建设逐渐成为主导的住宅建设模式，大量新建住宅必须经过装修装饰后才能居住，装修普及率达到100%，致使建筑装修装饰行业总产值规模持续高速增长。

自2000年开始，我国建筑装修装饰行业的工程总产值增长速度逐渐回落，但仍保持在20%左右的增长速度，表明行业发展已经由高速发展期转化为平稳较快发展期。这种转化表明行业发展已经进入相对稳定的成熟阶段。由于建筑装修装饰业是整个建筑业中提供最终产品的关键环节，在整个国民经济中具有先行的特点，所以仍然大大高于同期整个国民经济的增长速度。由于行业产值规模1999年已经达到3500亿元的水平，持续较高速度的增长，使其在国民经济与发展中的地位日益巩固。

从图4-1中也可以看出，建筑装修装饰行业的发展同国民经济其他部门，特别是同产业集群内部的房地产开发、建筑业的发展紧密相关。我国建筑业年开复工面积1995年突破1亿平方米之后，连续高速增长，到2018年已经达到50亿平方米，24年增长了50倍。我国房地产开发面积最近24年来持续保持在15%以上的高速增长，为建筑装修装饰发展提供了巨大的市场支持。同时，国家对房地产市场的调控已经成为造成行业波动性变化的最基本原因，表明建筑装修装饰行业是受国民经济宏观、中观政策影响程度极高的行业。

（二）建筑装修装饰行业工程市场的发展

1. 公共建筑装修专业市场

（1）公共建筑装修装饰专业工程市场近24年的市场规模

公共建筑装修装饰是我国建筑装修装饰行业最先恢复和发展起来的市场，自改革开放后的经济特区建设开始就已形成市场。特别是1992年邓小平同志南方谈话发表后，公共建筑装修装饰市场快速发展。1995—2018年，我国公共建筑装修装饰市场稳定、快速发展，工程产值逐年大幅增长。1995—2018年公共建筑装修装饰年完成工程产值数据如表4-2所示。

公共建筑装修装饰年产值表 **表4-2**

单位：亿元

年　度	1995	1996	1997	1998	1999	2000	2001	2002
总产值	370	570	860	1130	1600	2040	2700	3130
年　度	2003	2004	2005	2006	2007	2008	2009	2010
总产值	3650	4120	5270	6400	7100	8100	9200	11500
年　度	2011	2012	2013	2014	2015	2016	2017	2018
总产值	13300	14100	15200	16500	17400	18800	20300	21800

从上表中可以看到，公共建筑装修装饰专业市场由1995年的370亿元总产值，发展到2018年的21800亿元，增长了近60倍，年平均增长率超过25%，是一个最稳健的市场。由于公共建筑装修装饰社会影响大、合同造价高，更能体现行业的设计、施工、选材水平，所以始终是建筑装修装饰行业的主体市场。公共建筑装修装饰包括了所有公用建筑的装修装饰，投资的主体多、涉及的面很广、工程量大、应用的材料与部品种类多、管理相对规范，对建筑装修装饰行业的总体发展具有重要的作用。

（2）公共建筑装修装饰专业市场的增长速度

公共建筑装修装饰工程作为改变城市面貌、提升公共建筑的功能、造就城市现代化形象的基本手段，是政府、开发商及各界投资者高度重视的市场。公共建筑装修装饰市场1995年至2018年发展速度变化情况如图4-2所示。

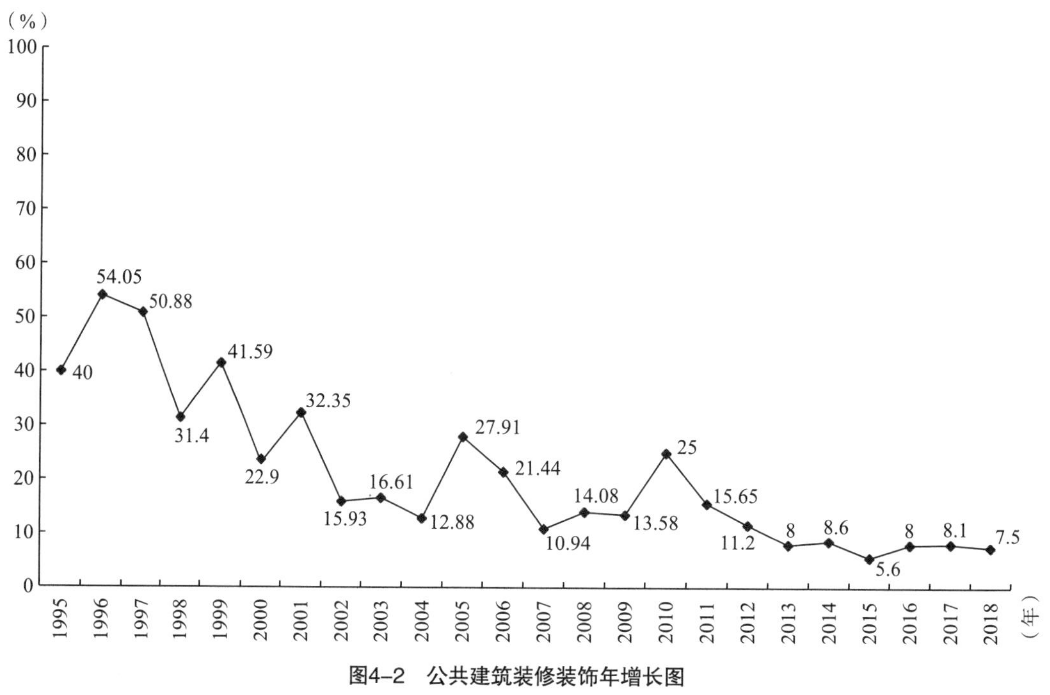

图4-2 公共建筑装修装饰年增长图

（3）公共建筑装修装饰市场发展的特点

从上图中可以看出，我国公共建筑装修装饰市场持续保持在较高水平的增长。其中1995—2001年保持在30%～50%之间，这一时期正是我国经济高速发展，金融业、商业、旅游业基础设施大规模建设，城市面貌快速转变、城市功能日益完善的发展阶段。其间1998年由于亚洲金融风暴造成了一定的负面影响，但影响力度有限、影响时间不长。2001年之后由于宏观经济发展较快，综合国力快速提升，公共建筑装修装饰市场仍保持着较高的增长速度。其中2008年全球金融危机造成2009年增幅下降，但随着国家一揽子计划的实施，大型建设项目大量增加，2010年就得到了快速恢复。

公共建筑装修装饰市场之所以能够持续增长，主要得益于我国宏观经济持续快速增长、综合国力不断增强、建设标准不断提高，特别是装修装饰标准的不断提高。从20世纪90年代开始，我国建筑业高速发展的同时，装修装饰水准不断提高，建成了一大批星级宾馆酒店、高档写字楼、大型购物中心、大型金融机构等。进入21世纪之后，原有的专业建筑仍保持了较快的增长，博物馆、纪念馆、展示馆、体育馆、大剧院等又进入建设高峰期。近几年随着交通业的发展，机场、铁路、地铁、航运、公交等枢纽性设施装修装饰工程不断增加，持续为公共建筑装修装饰提供发展空间。我国对建筑物的现代化装修装饰已同国际最高水平接轨，造成公共建筑物装修改造周期缩短，也成为公共建筑装修持续增长的市场条件。

正是由于近些年来标志性、大型建筑不断增加，投资力度也不断加大，再加上物价、土地资源等因素的影响，公共建筑装修装饰的单项工程合同额不断提高。20世纪90年代上千万的工程合同都很少，而现今超过亿元的合同都很多，单项工程最高合同额已突破10亿元。所以，虽然近几年公共建筑装修装饰的项目增长不多，但由于大体量的工程项目比例大幅增加，使市场规模还是保持了较快的增长速度。

2. 住宅建筑装修装饰专业市场

(1) 住宅建筑装修装饰专业工程市场近24年的市场规模

住宅装修装饰专业市场的形成是由于住房制度改革、住宅商品化，形成于20世纪90年代中期。1995—2018年，我国住宅装修装饰专业市场从爆发式增长到平稳增长，形成了鲜明的特点，1995—2018年住宅装修装饰专业市场年完成工程产值数据表4-3所示。

住宅装修装饰年产值表　　　　**表4-3**

单位：亿元

年　度	1995	1996	1997	1998	1999	2000	2001	2002
总产值	60	250	750	1250	1750	2050	2520	3100
年　度	2003	2004	2005	2006	2007	2008	2009	2010
总产值	3570	4370	5400	6500	7500	7900	8500	9500
年　度	2011	2012	2013	2014	2015	2016	2017	2018
总产值	10200	12200	13700	15100	16600	17800	19100	20300

从上表中可以看到，住宅装修装饰专业市场由1995年的60亿元总规模发展到2012年的20300亿元，增长了330多倍，是整个国民经济中发展最快的专业市场。住宅装修装饰占整个建筑装修装饰市场份额从1995年的15%左右提升到2018年的45%，成为建筑装修装饰行业市场的重要组成部分。

(2) 住宅建筑装修装饰专业市场的增长速度

住宅装修装饰是改善人们居住环境、提高生活品质的基本手段，具有极强烈的社会需求。随着住宅私有化和商品化，以及人们可支配收入的不断增加，住宅装修装饰迅速发展

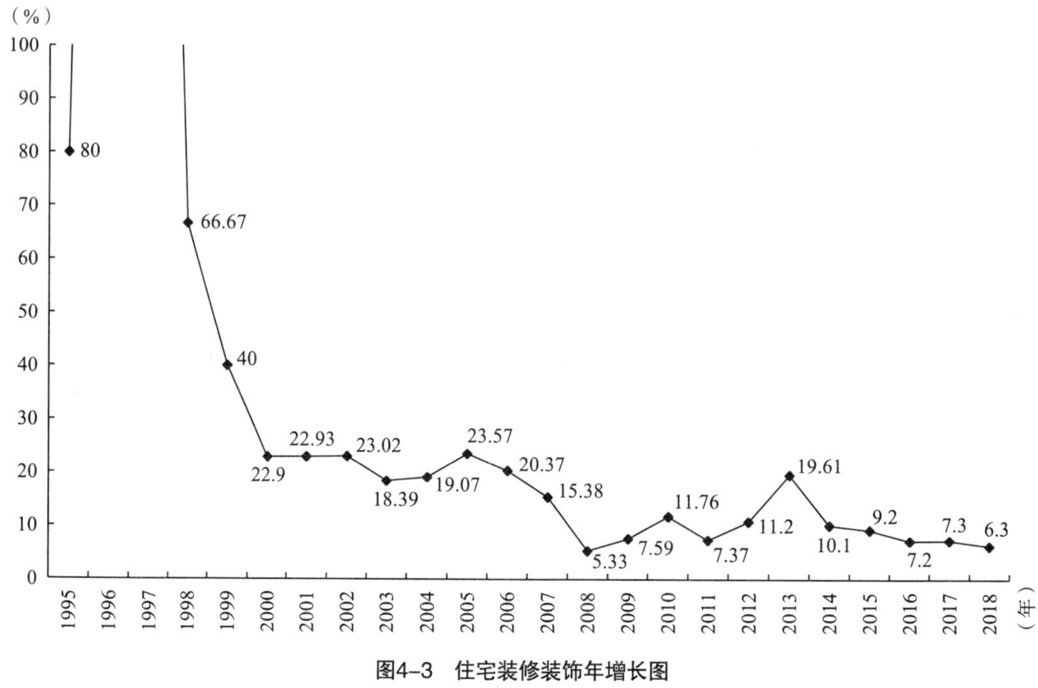

图4-3 住宅装修装饰年增长图

成为一个专业工程市场。住宅装修装饰市场1995—2018年发展速度变化情况如图4-3所示。

（3）住宅装修装饰市场发展的特点

从图4-3可以看出，1996—1998年间住宅装修装饰市场出现了井喷式的增长，年增长达到200%～300%，之后就迅速下降，到2000年转入到平稳较快发展阶段。住宅装修装饰出现井喷式增长的原因是存量住宅与新建住宅装修装饰相叠加的结果。住宅装修装饰市场的形成与发展，是人们生活水平提高、资产增加的结果。因此，住宅装修装饰市场是直接关系到人们福祉的市场，必然会得到社会高度关注。

影响住宅装修装饰市场的最主要因素是房地产业。在我国当前房地产开发建设体制下，房地产业的波动与变化都会直接反映在住宅装修装饰市场中。住宅作为一种特殊的商品，房地产开发的模式、房价水平、购房者的动机、楼盘位置等方面的任何变化，都能在住宅装修装饰工程中得到体现。特别是国家对房地产市场的调控政策和手段，对住宅装修装饰市场的影响就更为重大。

从2003年开始，国家为了抑制房价的过快上涨，对房地产市场进行了多次调控，手段也越来越严厉。2003年、2008年的调控对象主要是对房地产开发商，对住宅装修装饰市场的负面影响较大。2011年的调控主要是对需求方的调控，手段就是限制购房、提高贷款利率、增加首付比例等。由于抑制了投机性与投资性需求，使自住、自用性购房得到恢复性增长，对住宅装修装饰市场的发展起到了积极作用。在国家产业政策引导和调控的大背景下，房地产业近几年发生了诸多变化，如精装修成品房比重增加，中、小户型比重增加等都对住宅装修装饰具有直接的影响。

3. 建筑幕墙专业市场

（1）建筑幕墙专业工程市场近24年的发展状况

建筑幕墙是一种新的建筑外围护结构，由于现代感强烈、荷载轻、可以同结构施工同步等因素，在高层建筑的建设中应用比例不断增加。建筑幕墙自20世纪80年代末期在中国建设工程中首次应用后，应用量越来越大。1995—2018年，我国建筑幕墙专业市场平稳高速发展。1995—2018年建筑幕墙市场年完成工程产值数据如表4-4所示。

建筑幕墙年产值表　　表4-4

单位：亿元

年　度	1995	1996	1997	1998	1999	2000	2001	2002
总产值	70	80	95	120	150	210	300	360
年　度	2003	2004	2005	2006	2007	2008	2009	2010
总产值	430	510	620	710	850	1000	1200	1500
年　度	2011	2012	2013	2014	2015	2016	2017	2018
总产值	1800	2200	2500	3000	3200	3500	3600	3650

从上表中可以看到，建筑幕墙专业市场由1995年的70亿元发展到2018年的3650亿元，增长了50多倍，已经形成了专业市场。从上表中还可以看到，建筑幕墙并不像住宅装修装饰和公共建筑装修装饰市场一样，在20世纪90年代有过高速发展阶段。建筑幕墙在中国市场有一个逐渐被社会认可的过程。在20世纪90年代后期，市场规模的增长速度并不快，但进入20世纪末期，建筑幕墙开始被社会及投资者认可，工程量越来越多，逐步成为建筑物外装修装饰的主要形式。

（2）建筑幕墙专业市场的增长

建筑幕墙是体现现代建筑风格的最重要技术手段，随着我国经济实力的不断增强，建筑幕墙在中国受到越来越高的重视与应用，已经成为全球最大的专业市场，占全球建筑幕墙的60%以上。建筑幕墙市场1995—2018年发展速度变化情况如图4-4所示。

（3）建筑幕墙市场发展的特点

从图4-4中可以看出，建筑幕墙市场近24年来持续平稳较快的发展，主要因素是建筑幕墙的专业技术特点及建设投资力度的增强。建筑幕墙经过20多年的发展，已经形成玻璃、石材、金属、陶瓷、木材等多种材料；明框、隐框、点支等多种形式，技术也日益成熟。在城市高层、超高层建筑物不断增多、外围护结构的要求标准越来越高。建筑幕墙由于适应社会的需求，即使有建筑幕墙光污染、玻璃自爆、结构胶的保质期等诸多争论，社会上对建筑幕墙的安全性有所担心，但应用的比例还是越来越高。

建筑幕墙是建筑装修装饰行业中技术含量最高的专业，需要有强大的工厂化制作加工作为后盾。因此，从市场发展看，企业自身技术装备水平也是重要条件之一。进入21世

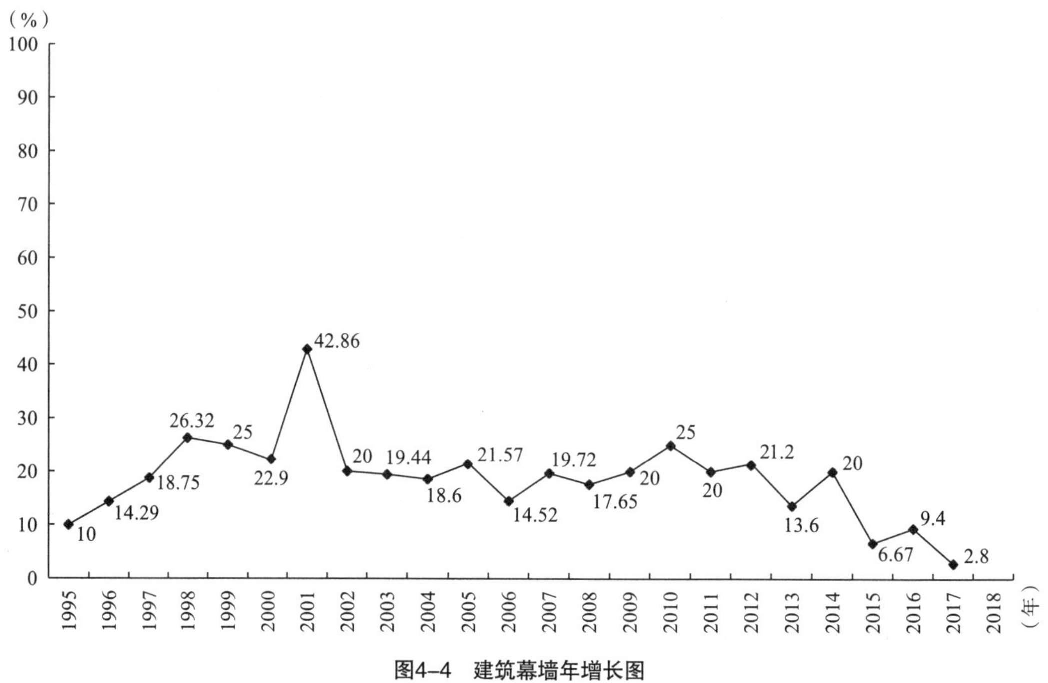

图4–4　建筑幕墙年增长图

纪之后，我国建筑幕墙企业进行了大规模的投资，生产车间、加工机械、组装设备等都达到了国际领先水平，使建筑幕墙形成了强大的生产加工和自主创新能力，为建筑幕墙市场的持续发展奠定了基础。

近几年随着节能减排和环保理念的升级，建筑节能成为重要的专业工程，建筑幕墙在建筑节能方面具有特殊的作用，因此市场发展具有极好的前景。当前，呼吸式幕墙、光伏幕墙等节能型幕墙在市场中的比例越来越大，发展动力十分强劲。21世纪，建筑幕墙的增长速度始终高于公共建筑装修装饰的增长速度，这种状态在以后还会长时间保持。

二、建筑装修装饰行业企业及从业者状态

建筑装修装饰行业的发展状况，还可以通过企业及从业者队伍状态表现出来。经过三十年的发展，建筑装修装饰行业已经生成了一批规模较大、工程服务能力较强、经营实力较为雄厚的骨干企业。拥有了一批优秀的企业家、项目经理、设计师、工程技术人员和能工巧匠，形成了企业发展的坚实基础。同时，建筑装修装饰企业的发展和从业者队伍的扩大，也创造了大量的就业岗位，对经济结构调整和社会的稳定发挥了重要的作用。

（一）建筑装修装饰行业企业数量及构成

1. 当前建筑装修装饰行业的企业数量及构成

（1）当前建筑装修装饰行业的企业数量

建筑装修装饰工程企业是承接建筑装修装饰工程的基本单位，企业的数量与质量，直接反映了行业的现状。我国建筑装修装饰行业的企业数量不断变化，截至2021年底全

国共有装修装饰企业9.2万家，包括了公共建筑装修装饰、住宅建筑装修装饰及建筑幕墙领域的所有工程企业。

（2）当前建筑装修装饰行业企业的构成

从承接工程的合法性角度分析，建筑装修装饰行业的企业可分为有资质和无资质的两大类。企业中有建筑装修装饰设计、施工资质的约为9万家。在有资质的企业中，一级设计或施工资质的企业（含建筑幕墙）约为4500家；在一级资质企业中主营为建筑装修装饰类（含建筑幕墙）的约为3800家，约1700家是其他建筑企业（主要是大型工业与民用建筑总承包企业）拥有兼营资质；二级设计或施工资质的约为8万家。截止到2018年底专业从事住宅装修装饰企业共有5万家左右，其中具有建筑装修装饰设计、施工资质的约有4万家。在有资质的住宅装修装饰企业中，一级资质企业有11家；二级资质企业约4万家。其余1万多家企业都是规模很小，主要承接社区或小区内更新改造装修工程的微型企业。

（3）当前建筑装修装饰行业企业构成的特点

由于建筑装修装饰行业是一个新发育的传统行业，所以企业成立的时间都不长。据了解，改革开放之前我国仅有江苏镇江耀华装璜公司一家装饰类企业，改革开放之后，最早成立的装饰企业是深圳海外装饰公司，是由中建香港分公司和深圳市政府在1981年组建的。所以，建筑装修装饰行业是由年轻企业构成的行业，最长的企业也就是40多年。由于行业准入门槛极低，资本、技术、装备的要求低，又是一个完全竞争性行业，竞争十分激烈，而且主要是低层次的价格竞争，所以变动的幅度较大。这是行业企业构成的一个基本特点。

正是由于行业内企业普遍年轻，经营时间短，普遍存在着规模偏小、股权结构和法人治理结构不尽合理、抗御市场风险能力较弱的状况，但同时也为企业的成长提供了巨大的空间。经过40多年的发展历程，一批善于吸收并消化新的管理、施工技术，提高工程质量；率先应用新材料、新产品，提高工程科技、文化含量；敢于进行企业商业模式创新，提高对社会资源的集成与整合能力；注重人力资源的培育，实现人才队伍的可持续支持；注重诚信与品牌建设，构建了较坚固的业主网络体系的企业在行业中脱颖而出，成为行业的领军式企业。

自2006年苏州金螳螂建筑装修装饰工程股份有限公司在深圳成功上市之后，目前共有浙江亚夏建筑装修装饰、深圳洪涛建筑装修装饰、深圳广田建筑装修装饰和深圳瑞和建筑装修装饰等80家公共建筑装修装饰公司；沈阳远大、北京江河、北京嘉寓、深圳三鑫、中山盛兴等30多家建筑幕墙公司；北京东易日盛等10多家住宅装修装饰公司成功上市，形成了行业中第一梯队企业。

由于业内企业的成熟度低、进入门槛低、商业模式陈旧，企业内部的分化现象相对严重，企业的地域性很强。由于绝大多数公共建筑装修装饰企业的创始人都是从项目经理派生出来的，是最早从事建筑装修装饰行业的从业者，因此主要集中在广东、江苏、安徽、山东等省的个别地区，例如广东的陆河县，一个人口30万的小县，就有3万多人从事建筑装修装饰业。从事住宅装修装饰的企业创始人很多是从工长派生出来的，也表现出很强的地域性。

2. 建筑装修装饰行业企业数量及构成的变化

（1）建筑装修装饰企业数量变化情况

建筑装修装饰企业数量的增减，既有行业发展内生的因素，也有外部宏观、中观经济形势的影响因素。因此，行业内企业数量波动性较大。1995—2018年我国各年度建筑装修装饰企业数量如表4-5所示。

全国建筑装修装饰工程企业数量表 **表4-5**

单位：万家

年　度	1995	1996	1997	1998	1999	2000	2001	2002
数　量	8.5	14	30	28	26	24	21.5	20.5
年　度	2003	2004	2005	2006	2007	2008	2009	2010
数　量	20	20	19.5	19	18.5	15.5	15	15
年　度	2011	2012	2013	2014	2015	2016	2017	2018
数　量	14.5	14.2	14.1	14	13.5	13.2	13	12.5

从上表中可以看出，我国建筑装修装饰企业数量分为两个明显的阶段，1995年至1997年是增加阶段，3年时间里几乎翻了两番，数量激增至30万家左右。自1997年之后，行业内企业数量一直是下降状态，企业数量逐年递减再就没有一年增长，最好的状态是持平。企业数量下降幅度虽然年度间不同，但15年连续下降，到2018年底行业内企业数量已经降至12.5万家，不足高峰时的一半，近几年更是快速下降到9万多家。

（2）建筑装修装饰企业数量的变化速度

建筑装修装饰企业数量变化虽然分为两个不同的阶段，但年度之间变化的速度却不尽相同。分析年度间企业数量变化速度有利于分析行业的市场状态及宏、中观经济形势对行业发展的影响。1995—2018年业内企业数量变化的情况如图4-5所示。

从图4-5可以看到，自1998—2008年建筑装修装饰企业数量变化的速度相对平稳。企业数量下降幅度大的年度，分别是1997年、1998年和2008年，都是行业市场整合提出的要求。其中1997年、1998年的下降是企业数量过大、市场竞争激烈、企业盈利的机会极小、生存环境过于险恶，很多企业迅速退出市场；2008年的较大幅度下降是由于国家对房地产业进行调控，也是当期楼市快速滑坡、企业发展预期为负面，很多小企业迅速退出市场的结果。

（3）建筑装修装饰企业数量变化的特点

建筑装修装饰行业的企业绝对量在减少，但绝不是没有新成立的装饰公司，只是新成立的装饰公司数量比退出市场的企业数量少。公共建筑装修装饰企业与建筑幕墙企业，由于国家建设行政主管部门对其实行动态的资质管理，对企业注册资本金、人才与技术力量、

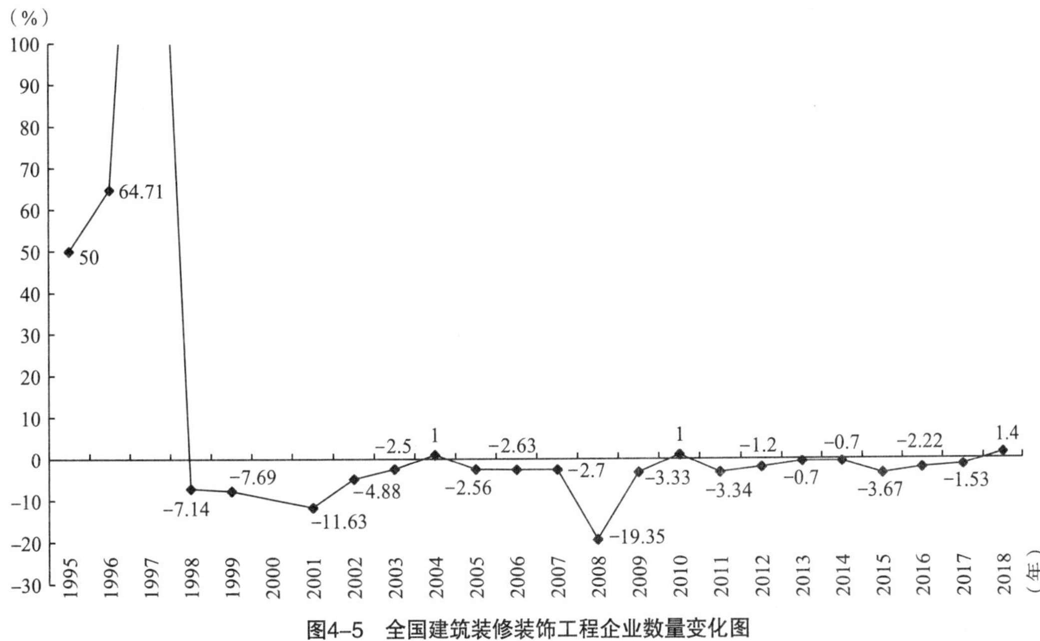

图4-5 全国建筑装修装饰工程企业数量变化图

管理能力、工程业绩等进行考核，企业相对比较稳定。住宅装修装饰企业由于工程项目多、地域分布广、管理能力薄弱、企业退出市场及进入市场的准入门槛低，企业数量的变化相对较大。因此，建筑装修装饰行业企业数量的变化，主要集中在住宅装修装饰市场，无论是新成立的企业还是退出市场的企业，大多是专业从事住宅装修装饰的企业。

3. 专业工程企业数量及构成的变化

(1) 专业企业数量变化状况

公共建筑装修装饰与建筑幕墙企业数量，很长时期内没有大的波动、变化，而住宅装修装饰企业全部是民营企业，企业进入市场和退出市场完全取决于企业家本人，企业数量的变化波动极大。1995—2018年我国各年度住宅装修装饰企业数量如表4-6所示。

全国住宅装修装饰企业数量表 表4-6

单位：万家

年 度	1995	1996	1997	1998	1999	2000	2001	2002
数 量	1.5	7	23	21	19.5	17	15	13.5
年 度	2003	2004	2005	2006	2007	2008	2009	2010
数 量	13.5	13.5	13	12.5	12.5	10	9.5	9.2
年 度	2011	2012	2013	2014	2015	2016	2017	2018
数 量	9	8.8	8.6	8.1	7.8	7.3	6.6	5.9

从上表中可以看到，1995—1997年住宅装修装饰企业由1.5万家狂增到23万家。其主要原因既有住房制度改革造成家庭装修需求的快速增长的因素，也与这一期间我国城乡经

济结构调整产生出大量剩余劳动力，为了化解就业压力，进行了装饰企业注册制度变革直接相关。1994年前建筑装饰公司要注册成立，需要先到工商行政管理部门办理手续后再到建设行政主管部门办理资质，拿到资质后工商行政部门才发营业执照。在家庭装修市场急速膨胀的时期，这一制度被废除了。据统计1995年、1996年和1997年，仅北京市工商行政管理局就批准注册了3万余家装饰类企业，全部没有资质，只能从事住宅装修装饰。

（2）住宅装修装饰企业数量的变化速度

住宅装修装饰企业虽然变化波动大，但年度之间的变化速度并不相同。分析住宅装修装饰企业年度数量变化速度，可以佐证宏、中观经济态势对住宅装修业的影响。1995—2018年住宅装修装饰企业数量变化速度如图4-6所示。

从图4-6中可以看出，住宅装修装饰企业数量变化年度速率与全行业企业数量的年度变化速率高度吻合，说明整个行业企业数量的变化主要是由住宅装修装饰企业数量变化造成的。

（3）住宅装修装饰企业数量变化的特点

在任何市场中可以容纳企业的数量是有限度、有规律的，无论这个市场的容量扩展的速度多快，过多的企业都会在市场竞争中被淘汰。住宅装修装饰市场虽然很大，但随着企业的运作、成长，内部生成的能力就不同，遇到外部经济环境的变化，总是会有企业由于不能适应变化而被淘汰出局，保存下来的都是有实力抗御风险的企业。通过市场的竞争机制，住宅装修装饰领域的企业数量还会不断减少，结构不断得到优化。

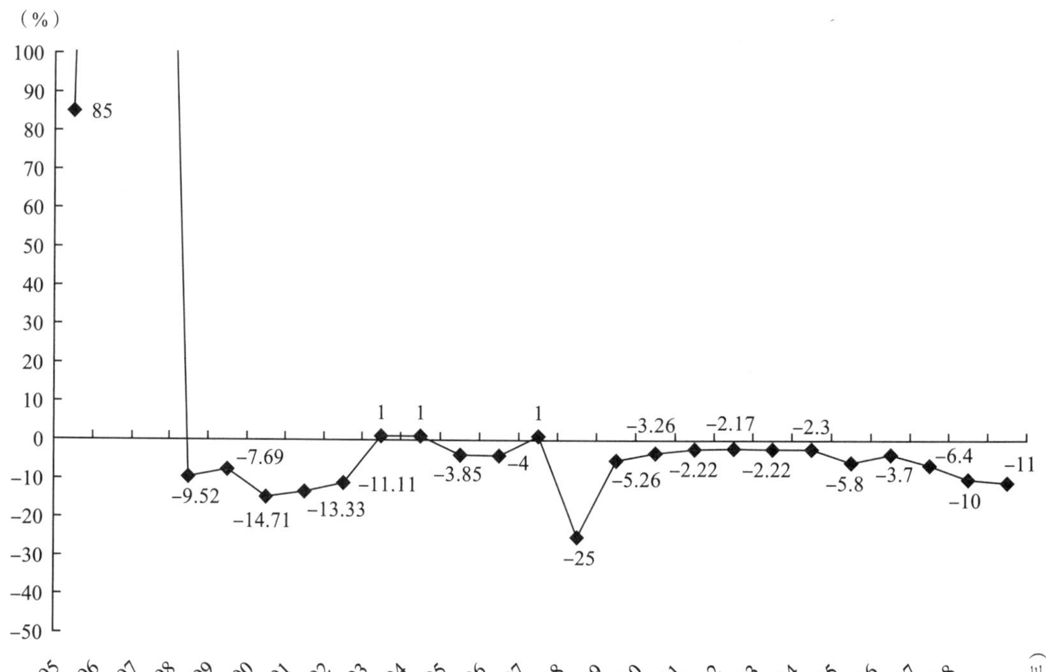

图4-6 全国住宅装修装饰企业变化速率图

针对住宅装修装饰市场特点，部分企业通过连锁、加盟等形式已经发展成为全国性的专业企业；部分企业延伸产业链向生产加工领域扩展，完善了企业的价值链；部分企业通过商业模式创新，提高了企业对社会资源的整合能力，攀升了价值链等，都使这些住宅装修装饰企业运作得风风火火，形成了在专业市场具有品牌影响力的企业并有不少于10家企业准备登陆资本市场，目前已成功上市了10多家。

4. 建筑装修装饰企业结构变化的特点

经过40年的发展，建筑装修装饰行业的企业结构不断得到调整与优化，不仅对规范和整顿市场秩序发挥了重要作用，也形成了推动行业产业化的重要组织力量。

（1）企业的集中化程度不断提高

企业数量不断减少说明行业的离散度在不断下降，企业生存与发展的外部环境在不断改善。目前行业内的大企业，年产值增长速度远远高于行业的平均水平，而且有不断加快的趋势。2001年业内企业的平均产值为366.7万元，而行业内百强企业的平均年产值为1.15亿元，到2018年业内百强企业的平均年产值已经达到16.3亿元，增长了近14倍多。而2018年业内企业的平均产值为3376万元，对比2001年仅增长了8倍，百强企业的增长速度高于同期业内企业的平均增长速度。

（2）企业的等级梯次日益明确

经过企业结构的调整和优化，特别是资本市场接纳建筑装修装饰企业之后，业内企业的等级梯次就日益明确。当前，建筑装修装饰企业可以分为5个梯次，第一梯次是业内的上市公司，是业内实力最强的企业；第二梯次是业内的百强企业、建筑幕墙50强企业，是业内的大型骨干企业；第三梯次是具有建设行政主管部门核发一级资质企业，属于地区性的大型骨干企业；第四梯次是有建筑装修装饰专项工程设计、施工资质的企业；第五梯次是无资质的、只能承接家庭装修工程的企业。五个档次体现了企业的经营实力和工程业务范围，其中第一、二两个梯次的企业有很大的交叉，除企业的社会性、公众性有差别之外，在经营实力和工程业务范围内的区别并不大。

（3）企业的服务能力和创新能力不断提高

业内的大型骨干企业近几年加大了再投资的力度，普遍建立了与工程相配套的生产加工基地，逐步走上了工厂化加工、现场拼装式干作业的主导工艺形态。部分企业加大了同高等院校、科研院所的合作，在人才培养、技术研发、产品创新等方面加大投入，不仅提高了从业者队伍素质，也产生了一批技术成果并在工程中得到推广应用，形成了工程精度高、质量好、工期短、造价低、推广速度快的可持续发展效果。

（二）建筑装修装饰行业从业者队伍状态及其变化

1. 建筑装修装饰行业从业者当前的状态

2018年全行业从业者队伍保持在1660万人左右，比2017年增加了10万人。全年接受大专院校毕业生约30万人，行业内受过高等系统教育的人数达到340万人，占行业从业者队伍的20.5%左右。由于行业推动标准化、成品化、工业化，施工生产作业方式发生了变革，使生产一线从业者发生结构性变化，施工现场作业工人进一步减少，全年共减少了10万人，生产加工作业人数增加，2018年比例约为5:5，即有50%左右的生产工人已经转移到施工现场外的专业生产加工基地，利用机械进行部品、构件的生产作业。

2018年全行业人均劳动率约有25.42万元，比2017年提高了6.45%左右。由于产业化进程中设计精细化的作用，设计地位有所提高，设计人员增加了约5万人。受应届毕业生人数增长的影响，新增毕业生收入水平与2017年基本持平。由于农村政策的调整，能源、农副产品价格上涨，年轻劳动力募集困难等原因，施工作业一线劳动力成本上涨速度加快，全年增长约5%，季节性的短期用工成本增长超过10%。

2. 建筑装修装饰行业从业者变化状态

（1）建筑装修装饰行业从业者数量的变化

建筑装修装饰行业是劳动密集型行业，需要有一定数量的从业者队伍作为人力资源保证。由于从业者在行业中处于从属地位，会根据不同企业、不同工程项目而产生流动，所以在总量没有大的变化的情况下，在地域、企业、项目间也会有变化。建筑装修装饰行业从业者队伍整体上看处于相对平稳阶段，2001年行业从业者队伍为1100万人，随后每年略有增长，每年保持在30万～40万人，到2009年达到1500万人之后，每年增长在10万人左右。

建筑装修装饰行业从业者队伍增长速度低于行业规模的增长速度的原因，主要有以下几点。

①生产作业方式的改变，提高了劳动生产率

劳动生产率由2001年的5万元/人年，增长到2018年的25.42万元/人年，增长了5倍多，主要原因是生产作业方式的转变。在建筑装修装饰行业发展初期，大量的部件、构件是在施工现场手工制作，随着行业内生能力的增长和市场的变化，大量的部件、构件已经由工厂进行机械化加工，以成品、半成品形式运到施工现场进行装配式作业，大幅度减少了施工现场人员数量，劳动生产率有了大幅度提高。

②科技进步，专用、专业施工机具的发展

伴随行业发展，引进、消化、吸收了国外先进的专业施工机具，提高了现场的施工速度。同时，随着专业工程的发展，专用的运输、搬移、安装工具也不断被发明、应用，如大型石材的专用工具、玻璃工程的专用工具等都大幅度提高了施工现场的施工速度，达到减人增效的目标。

③专业化、标准化带来专项技能的发展

伴随工程项目中专项工程标准的不断提高，劳动力的专业化水平也在不断提高，全能型的一线施工人员逐渐被专业工种的技术工人取代。而且随着专业工种的划分越来越细，对专业工种的考核、评判标准不断提高，专业工程的施工规范化、标准化、程序化水平不断提高。施工工法的不断完善，施工人员技术动作、技术要领不断规范化，也提高了施工一线的劳动生产率。

（2）建筑装修装饰行业从业者结构的变化

建筑装修装饰行业从业者数量增长速度较低于行业规模的增长速度，同从业者队伍的结构状态直接相关。自2001—2018年，建筑装修装饰行业从业者结构主要发生了以下变化。

①接受过高等教育的人员数量逐年稳步上升

受高等学校扩大招生规模，行业发展空间不断扩大、发展预期看好、专业技术人才需求旺盛等因素的影响，每年大约有10万名以上的高等院校毕业生进入行业。目前行业内已有近340万人接受过高等教育，从业者的教育结构明显升级，已经由一个低教育水平的劳动密集型行业向高教育水平的劳动密集型行业转化。

②竞争机制促进了从业者队伍的结构提升

建筑装修装饰行业是一个完全竞争性行业，竞争十分激烈，对从业者的要求也越来越高。无论是企业家、项目经理、科技人员、管理人员、设计师，还是施工现场的操作人员，行业发展和企业的生存对专业技术能力要求标准不断提高，给从业者队伍造成的压力很大，形成了从业者队伍素质提高的动力。大量的从业者以多种形式进行职业再教育，以适应个人发展的要求，形成业内培训市场大、培训人员多、结构升级快的局面。

3. 建筑装修装饰行业从业者队伍的特点

（1）层次界定分明

建筑装修装饰行业中的技术岗位，由于关系到社会公共安全，所以专业性极强，对从业人员专业技术要求非常高，很多技术岗位需要取得由国家行政主管部门颁发的执业资格认证后方能从业，因此专业界定分明，行政机构考核规定明确。企业内部的决策层、执行层、作业层的界定也十分清晰、明确，个人职业发展空间有限。特别是很多家族式企业内部，从业者的升迁机会微小，提升到的级别也较低。这也是业内企业分化现象比较严重的主要因素之一，特别是在住宅装修装饰企业中，企业内部分化现象更为突出。

（2）宗法性质浓厚

由于建筑装修装饰行业从业者队伍的整个发育过程，都是完全的市场化运作。人力资源的募集方式，在行业发展初期从业者队伍的形成主要是通过家庭成员、亲戚、老乡、同学等非组织手段进行。随着行业的发展，从业者队伍的扩充也主要依靠这种手段，因此，宗法色彩必然浓厚。绝大多数企业内部骨干人员构成的主体是某一特定地区、特定宗亲、特定关系聚集而成，形成很强的宗法色彩。宗法色彩是构成装饰企业人员稳定的重要因素，但也是企业创新、发展的重要障碍。

（3）老龄化趋势明显

由于第一代装修装饰操作工人全部来自于农村剩余劳动力，即“昨天在家砌鸡窝，今日在城里贴瓷砖”，施工能力及水平非常有限。这些工人经过大量工程实际操作的锻炼后，技能不断提高，逐步成为装修装饰施工的主体。由于装修装饰施工属于重体力劳动，作业环境比较艰苦，第二代农村剩余劳动力很少有人加入，施工人员的募集难度不断增加。由于第一代装修装饰施工人员的年龄都已在50岁左右，新生力量补给不足，使得施工力量的老龄化趋势日益明显，已经影响到行业的可持续发展。

第二节　建筑装修装饰行业在国民经济中的作用和地位

建筑装修装饰行业作为国民经济的一个组成部分，必然有其存在的经济意义，不仅有满足社会需求、创造新价值的意义，同时还在其他方面显示着存在的意义，发挥着重要作用。

一、建筑装修装饰行业在整个国民经济中的作用和地位

建筑装修装饰行业作为一个为社会提供基础设施的行业，其存在与发展具有重要的经济意义。分析和研究建筑装修装饰行业在国民经济中的作用和地位，对探索行业发展规律，提高行业运行品质具有重要的作用。

（一）建筑装修装饰行业在整个国民经济中的作用

建筑装修装饰行业作为建筑物功能的实现者、建筑物和城市环境的美容师，是建筑业内部向社会提供最终产品的行业，也是不断使固定资产增值的行业，为整个国民经济发展提供了重要的物质保障。

1. 建筑装修装饰为城市经济发展提供物质基础

城市经济产出占整个国民经济产出的80%，占有的土地资源仅为1.2%。发展经济的重点是发展城市经济，建筑装修装饰行业在发展城市经济中具有突出的作用。

（1）为城市基础设施建设提供了物质保障

随着我国城市化水平的不断提高，城市规模在不断扩大，城市基础设施建设的速度不断提高。除大量的老、旧基础设施的改造升级，城市交通枢纽、地铁、高铁车站、飞机场候机厅、水运码头等建设规模也越来越大，整体的建设标准越来越高。城市基础设施建设的现代化，表明城市提供的公共服务事业水平的不断提高，也展现了城市的综合经济实力，是城市发展的重要物质条件。建筑装修装饰作为这些设施的建设者，在建设过程中发挥了不可替代的作用，对实现建设目标、达到建设标准、提高城市公共服务功能、满足公众需求等方面具有重要的作用。

(2) 为城市发展各项事业提供了物质保证

为了满足城市人口的生活、工作与发展，维持城市的正常运转，还必须发展城市的各项公共事业，图书馆、博物馆、纪念馆、大剧院、体育馆、展览馆、学校、幼儿园、会议中心等城市文化、体育、教育、交流设施建设的规模也在不断扩大，建设的标准也在不断提高。公共事业设施建设体现了城市形象的变化，很多都是标志性建筑。这些工程的专业化水平高，装修装饰的文化、科技、艺术含量高，也是建筑装修装饰企业完成的重点工程。随着我国国际地位的不断提高，各种大型国际性活动频频在我国举办，此类工程数量的增多，建筑装修装饰行业发挥的作用也日益明显，并得到了社会各界的好评。

(3) 为城市民生提供了物质保证

随着以人为本发展思想的深化，城市中除大量的住宅建设外，惠民工程在城市建设中也不断增加，医疗机构、养老机构的基础设施建设规模越来越大，建设标准也越来越高。随着城市人口的老龄化日益严重，城市中医院、疗养院、养老院、福利院等民生保障设施的新建、改建、扩建工程项目越来越多。这些工程的专业标准高，需要较高水平的专业装修装饰后才能投入使用，也是建筑装修装饰行业为城市提供公共基础设施建设的重点。

(4) 为城市管理提供了物质保障

随着城市规模的不断扩大，城市管理越来越细化、深化，管理中的基础设施建设规模在不断扩大，建设水平也在不断提高。各级党委、政府行政建筑、公、检、法的建筑，各种管理研究机构、咨询机构等建筑物的特点突出，体量越来越大，信息化智能化水平也越来越高，也是建筑装修装饰行业的重点工程之一。随着城市管理的现代化和政府调控经济运行能力的增强，城市管理设施的建设还会持续。

2. 建筑装修装饰行业为城市经济升级提供了物质保障

城市经济的发展，不仅表现在规模的扩大和总量的增长，更表现为结构的优化与升级。在城市经济结构调整与优化中，建筑装修装饰行业也发挥出了极为重要的作用。

(1) 为城市经济结构升级提供了物质保障

第三产业的发展和在整个经济中比重的增长，是我国城市经济结构调整与升级的重点，发展现代金融业、旅游业、商业、餐饮业、娱乐业等现代服务业是调整和优化经济结构的根本途径，这些行业的基础设施的建设水平直接决定了行业的发展的品质。随着我国大中城市的"退二进三"，大量的银行、宾馆、饭店、商场、餐馆、娱乐设施的新建、改建、扩建工程都是由建筑装修装饰工程企业进行了精心设计、精心施工，大幅度提高了观感质量和功能水平，形成装修装饰工程精品后投入使用，也为促进现代服务业的发展提供了物质保障，为区域经济结构升级提供了物质基础。

在城市经济结构升级中，由于大量的工厂搬迁，特别是大型重工企业的外迁，使大量的工业建筑需要转化为民用建筑，把这些建筑装修改造成适用的民用建筑，也是建筑装修装饰行业为区域经济发展做出的重要贡献之一。城市中工厂搬迁后，遗留的工业建筑和工业设施经过建筑装修装饰，转化成为博物馆、纪念馆、展览展示馆、办公空间或其他民用设施是建筑装修装饰行业的重要职能，也是建筑装修装饰行业的技术专长。近几年，城市产业结构升级，建筑装修装饰行业发挥了很大作用，对留住城市记忆、盘活固定资产、促进经济发展起到极大的推动作用。北京、上海、武汉、沈阳等老工业城市的经济结构调整与升级过程中，建筑装修装饰行业此项职能发挥的作用就更为突出。图4-7是一个由旧仓库改造成的商务空间，其内外环境都通过装修装饰焕然一新（罗劲提供）。

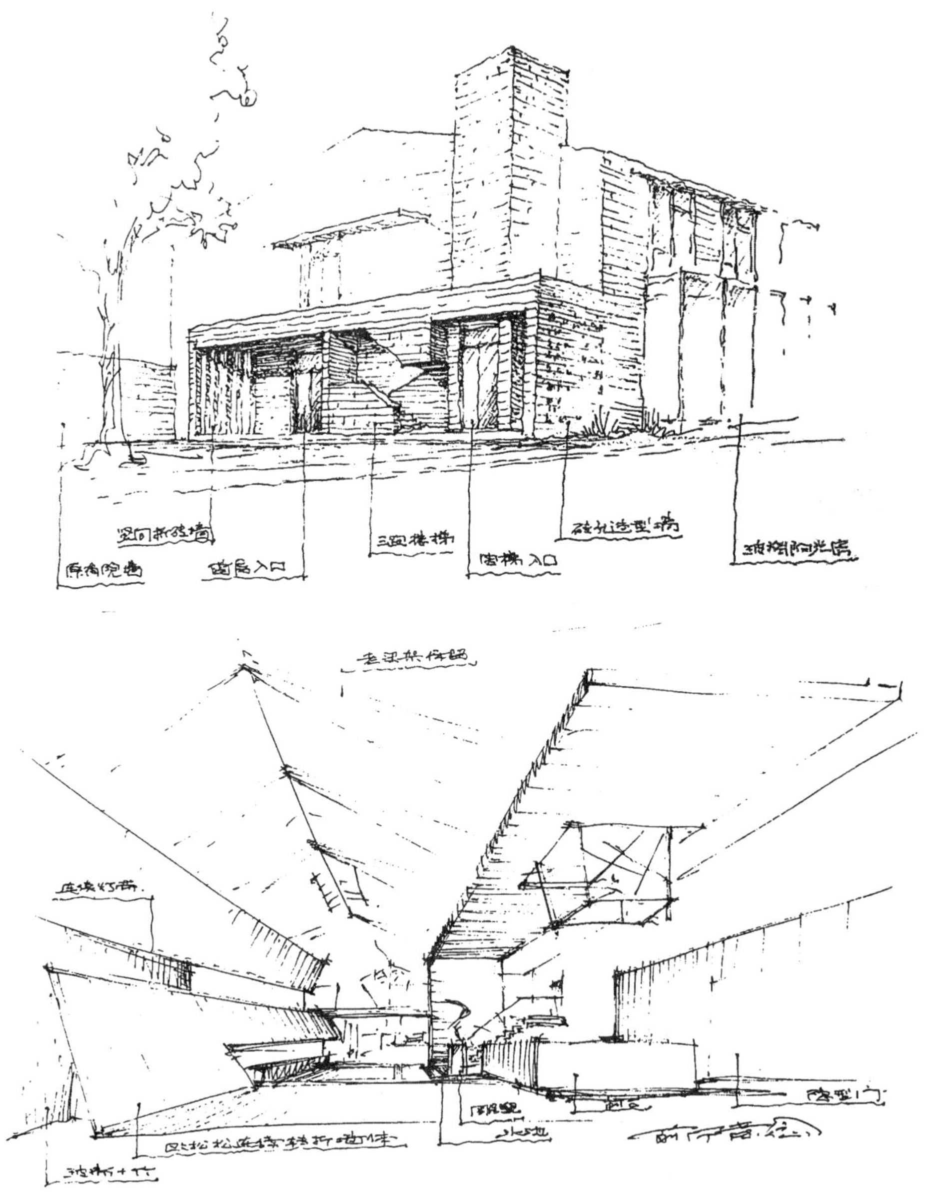

图4-7　由旧仓库改造成的商务空间

（2）为高端制造业发展提供了物质保障

随着城市的产业升级，现代生物医药、电子通信、精密机械、食品等行业在我国快速发展，这些行业的生产制造过程对环境的质量要求很高，生产性建筑内部必须经过装修装饰后使洁净、湿度等达到标准后才能投入使用，以保证生产出质量合格的产品。随着我国产业升级、新型战略行业的发展、高端制造业在经济发展中的比重不断增加，建筑装修装饰行业为此提供了坚实的物质保障，建设了一批适应高端制造业发展要求的建筑设施，形成了高端制造业发展的重要硬件基础。

（3）为其他经济部门的发展提供了物质保障

随着城市的发展，所有行业的业态都在进行升级，能源、汽车、化工、家电等传统产业升级，大量的新兴行业的办公地都转移、集中在写字楼中，成为一种新的运转形式，使得城市中写字楼林立。无论是独幢的，还是综合性的写字楼，都要进行建筑内部的装修装饰，工程还需要突出行业的社会、经济、技术特点及发展方向，展现企业的文化、经营理念和风格等，都需要由建筑装修装饰行业提供。科学研究和技术发展是所有经济部门发展的重要基础，而科技发展的硬件水平很大程度上表现为建筑物的专业化水平，特别是内部环境、功能的营造水平，这也是由建筑装修装饰行业提供的物质条件。

3. 建筑装修装饰行业具有先行性作用

建筑装修装饰行业属于基本建设范畴，对于其他行业有一定的超前性。建筑装修装饰行业的发展对相关行业具有引领和带动作用。

（1）为相关的产业部门提供了市场

建筑装修装饰工程使用的材料，涉及的产业部门非常广泛，冶金、建材、化工、林工、纺织等所有产业部门的产品都可以在建筑装修装饰工程中得到应用，甚至农、副产品在装修装饰工程中都有大量成功应用的经典案例。所以，建筑装修装饰行业的发展能够为相关产业的产品提供不断发展、扩大的市场。建筑装修装饰行业的发展速度和质量，很大程度上决定了相关产业部门产品的市场空间和质量，建筑装修装饰工程产生的新需求已经成为相关产业部门产品结构调整的重要依据和标准。

（2）为民用类产品提供了新的市场空间

人们只有在解决了住房的面积和环境质量问题后，家用电器、家用纺织品、家用汽车等商品的社会需求才能被激发，产品才能有更大的使用空间，所以建筑装修装饰工程为这些产品的应用提供了新的市场空间。当前，为了提高本企业产品市场占有率，家电、家纺、日用品等生产制造厂商都以建筑装修装饰工程的风格、特点，创新产品的造型、质感、色彩设计，以求更好地融入装修装饰工程中，形成产品的新竞争力。这是装修装饰发挥推动、引领其他相关行业发展作用的重要证明。

（3）为民用类产品的科技创新提供了空间

随着人们对生活品质的要求不断提高，民用产品的科技含量和自动化、智能化水平也不断提高。特别是信息化时代大量新型智能化产品不断问世，为方便人民生活，提高居家安全感发挥了重要作用。绝大多数智能化、集成化的产品需要经过装修装饰工程施工才能得以应用。建筑装修装饰行业的发展，特别是住宅装修装饰业的发展，为民用类科技创新产品的普及应用提供了发展空间和有力支持。近几年，智能化安防设备、集成化灶具、集成化卫浴、集成化吊顶等产品都在建筑装修装饰工程中得到推广应用。

4. 建筑装修装饰行业具有支柱性作用

建筑装修装饰行业是建筑业中最具活力的组成部分，拥有巨大的市场规模和可持续发展的市场资源，并同众多经济部门有着共存共荣的密切联系，在整个经济生活中具有支撑和保障性作用。

（1）建筑装修装饰行业的市场规模决定了其支柱作用

建筑装修装饰行业每年4.7万亿元的工程总产值，在整个国民经济中所占的比重很大，而且是向全社会提供了重要基础设施，是各项事业发展的重要物质基础，对经济发展和社会进步具有明显的支撑作用。建筑装修装饰行业拥有2500万从业者队伍，除施工层来自于农村剩余劳动力，其管理、设计、科技等人员的来源都是由城市经济中其他行业的剩余劳动力转化，对其他行业的产业结构调整与升级具有重要的支持作用。建筑装修装饰行业的存在和发展，对促进整个国民经济的发展、结构的调整与优化具有极为重要的作用。

（2）建筑装修装饰行业的属性决定了其支柱作用

建筑装修装饰行业是对社会固定资产进行保护、增值的行业，其存在与发展可以使社会固定资产不断得到优化、增值。通过建筑装修装饰工程不仅美化了城市，反映出我国综合国力的不断提升，同时，可以使各类建筑物不断完善使用功能、美学功能，提高了使用效率和效果，具有增值的作用。因此，建筑装修装饰行业的存在与发展，对社会的正常运转和经营活动的发展具有重要的保护与支撑作用。

（3）建筑装修装饰行业的发展空间决定了其支柱作用

从数量上分析，随着全社会存量建筑的增长，建筑装修装饰行业的市场资源将会可持续增长。从内容上分析，随着国家宏观经济政策的调整，建筑装修装饰行业涵盖的工程内容还会进一步增加。当前，节能减排是一项重要的国策，其中建筑节能是节能减排的重点。对既有建筑进行节能改造就要对建筑物的内外进行节能施工，这属于建筑装修装饰工程的范围，要由建筑装修装饰工程企业完成。建筑装修装饰行业的存在与发展，对落实基本国策、实现宏观经济发展目标具有重要的支持与保障性作用。

5. 建筑装修装饰发展成为扩大内需的新领域

社会发展由温饱型转入小康型之后，装修装饰就成为人们日常生活中的一个重要议题并不断受到重视，成为国内需求的重要组成部分。

（1）住宅装修装饰已经成为社会消费的重要组成部分

按照吃、穿、住、行、用的居民消费排序规律，人们在解决温饱问题之后，改善居住条件和环境就成为提高生活品质的主要因素，因此建筑装修装饰，特别是住宅装修装饰就成为社会消费的主要领域。居住环境质量水平成为人们评判是否达到小康水平的重要评判指标。进入全面建设小康社会阶段后，人们将毕生的储蓄，甚至向银行贷款买房、装修，首先要解决的是家庭住房问题，已经成为社会消费的主导模式，装修装饰就成为社会消费重要的组成部分。图4-8是家庭住宅的装饰，其使用材料、部品的种类就很多。

图4–8　住宅门厅的装饰

（2）装修装饰消费带动了其他商品消费

建筑装修装饰不仅带动了建筑装修装饰材料、部品的消费，引发建材市场的繁荣。随着居住环境的改善，家具、家用电器、家用纺织品、日用品、工艺品等的消费也会随之规模扩大、产品升级，带动整个商品市场的繁荣。建筑装修装饰，特别是住宅装修装饰，不仅带动了所有商品的消费增长，而且会随着装修装饰档次的提高，带动其他商品档次的提高，使中、高档消费品市场日益繁荣。住宅装修装饰已经成为其他商品市场消费的启动器和助推器。图4-9是大型购物中心吸引了众多的中、高档产品进入百姓生活（姜峰提供）。

图4–9 大型购物中心装修效果图

（3）以装修装饰消费为核心的消费是内需的重要构成

以住宅装修装饰为核心的消费支出，是一个一次以数万甚至数十万元计算的消费规模，在当前的房价水平下，对于一般家庭是仅次于购买住房的一笔巨大的消费支出。随着家庭经济实力增强、成员构成变化、外部引诱力提升等因素的作用，装修装饰还具有很强的可持续性，一般装修装饰改造的周期在10年之内。指导人们合理装修、理性投资装修成为指导人们消费的重要内容。科学装修、明白装修，保持住宅装修装饰市场发展的可持续性已经成为扩大内需、调整和优化国民经济结构的一个重要组成部分。

（二）建筑装修装饰行业在整个国民经济中的地位

建筑装修装饰行业在国民经济中的重要作用，决定了其在国民经济中具有极为重要的地位，突出表现为在社会中的基础性、超前性和支柱性地位。

1. 建筑装修装饰行业具有基础性的社会地位

建筑装修装饰行业向社会提供的建筑装修装饰工程作品，是国民经济与社会发展的重要物质基础，决定了其基础性地位。这一地位不仅具有经济性，同时具有社会性。

（1）建筑装修装饰行业是社会高度关注的行业

建筑装修装饰行业每年完成的4.7万亿元工程产值，是全社会投资与消费装修装饰的成果。如此巨大的资金投入，势必将会引起社会的高度关注，以保证投资得到合法、合理的运用。在现代社会管理制度下，建筑装修装饰工程运作是在高度社会化条件下进行的，工程的设计、预算、造价构成等要分开、透明；工程承接要经过招、投标程序，在第三方的参与下通过市场竞争取得；施工过程要在甲方、监理方的监督下进行；工程结算要通过专业机构的审计程序等都是社会高度重视的具体体现。自2006年开始，资本市场接纳建筑装修装饰企业上市之后，上市的建筑装修装饰工程企业不断增加，也体现了行业的重要社会地位。

(2) 建筑装修装饰行业是社会参与度极高的行业

建筑装修装饰行业是涉及每个人的行业，无论年龄、职业、性别有多大差别，每天的工作、学习、日常生活都要与建筑装修装饰工程作品直接接触。工程的感观质量、环保健康水平、节能减排能力等与每个人的身心健康和经济利益或直接密切关联，必然是社会参与度极高的行业。无论是公共建筑装修装饰的甲方还是住宅装修装饰的家庭，为了得到满意的装修装饰效果都会亲力亲为，参与到整个装修装饰的过程中并发挥主导作用。因此，建筑装修装饰行业是与每个人相关，直接关系到人民福祉的行业，具有重要的社会地位。

(3) 建筑装修装饰行业是国家极为重视的行业

由于建筑装修装饰关联的社会面极为广泛，必然受到国家的重视。进入21世纪之后，党和国家领导人考察、视察业内企业的次数越来越多，对行业发展的指导、批示也越来越多，都体现了对建筑装修装饰行业发展的重视程度。2000年在编制《住宅装修装饰工程施工规范》和《民用建筑工程室内环境污染控制规范》时，有多位领导人做了重要批示，这在我国标准编制中是极为罕见的，表明行业在党和国家领导人心目中占有重要地位。

2. 建筑装修装饰行业具有超前性的社会地位

建筑装修装饰行业为各行、各业提供持续发展和生产经营的场所与空间，是其他行业发展的先决条件之一，具有超前发展的客观需求与社会地位。

(1) 建筑装修装饰行业发展速度略高于国民经济增长速度

由于建筑装修装饰行业的基础性地位决定了建筑装修装饰行业的发展速度要略高于整个国民经济的增长速度。在宏观经济运行正常的情况下，要高出整个国民经济增长速度1～2个百分点。在国家加大投资或宏观经济政策对行业发展有重大利好的调整时，高出整个国民经济增长速度的百分点会更多，行业发展速度高于国民经济增长速度已经常态化。

(2) 建筑装修装饰行业的引领地位

建筑装修装饰行业的引领地位，主要体现在建筑装修装饰工程设计引领材料、部品发展方面。建筑装修装饰工程设计，特别是设计大师、大家的设计作品，会对材料、部品提出新的功能要求和产品具体的创新方向，是材料、部品、部件生产制造厂商在材质、造型、色彩等方面创新的主要依据。如资深设计大师崔恺设计的外国语研究社就引领出了一款新的外墙材料，并被命名为“外研红”，在以后的工程中被广泛地应用，这样的案例在行业发展过程中还有很多。

3. 建筑装修装饰行业具有支柱性的社会地位

建筑装修装饰行业的支柱作用决定了其在国民经济中的支柱性地位，具有对相关行业产生重要的支撑与影响地位。

（1）建筑装修装饰行业具有核心地位

建筑装修装饰工程是开启各类社会消费的重要闸口，特别是住宅装修装饰工程带动了整个社会消费品的市场增长，具有很强的核心地位。以装修装饰工程为核心的消费需求是拉动内需最主要的消费领域，也是一个潜力巨大的领域，在拉动整个经济的增长和结构的优化中具有突出的地位。促进以装修装饰为核心的消费板块可持续增长，可以起到扩内需、促民生、保增长的效果，是一条重要的经济增长途径。

（2）建筑装修装饰行业的支撑与保障地位

建筑装修装饰行业虽然受固定资产投资、房地产开发等因素的制约，但一旦形成建筑装修装饰投资，就对整个经济发展具有很强的支撑与保障作用。对建筑装修装饰的投资不仅能够提高社会固定资产总价值量，还能够获取大量的优质生产经营基础条件，支撑和保障社会的扩大再生产，保证整个国民经济的升级，是一个高效率、高产出的投资过程。

（3）建筑装修装饰行业的巩固性地位

建筑装修装饰行业现已有巨大的市场规模，在国民经济中占有较高的比重。随着我国经济的发展、综合国力的增强、存量建筑总量的增加、人民支付能力的提高等因素的作用，建筑装修装饰行业拥有可持续发展的市场资源将会持续保持较高的增长速度。作为一个资源永续的行业，建筑装修装饰行业在国民经济中发挥的作用是长期的，其在整个经济生活中能够持续发挥出支柱性作用的地位是巩固的。

二、建筑装修装饰行业在产业集群中的作用和地位

建筑装修装饰行业处于由房地产业、建筑业、建材生产与流通业组成的产业集群中，并担负着向社会提供产业集群最终产品的职能，在产业集群中具有重要的作用和地位。

（一）建筑装修装饰行业在产业集群中的作用

建筑装修装饰行业处于产业集群的末端，直接面对消费者和使用者，其在产业集群中具有整合与完善的重要作用。

1. 建筑装修装饰行业的整合作用

建筑装修装饰行业在向社会提供最终产品时，要集成和整合整个产业集群的智慧和

产品，形成满足社会需求的建筑产品，因此具有集成与整合社会各种资源的作用。

（1）建筑装修装饰行业集成与整合产业集群智慧

规划设计、建筑设计确定的思路和风格是指导建筑装修装饰设计的重要依据。建筑装修装饰设计必须是规划设计、建筑设计的延伸，而不能完全改变规划设计与建筑设计的风格，否则就造成建筑与环境、建筑内外的不协调，从而破坏环境的整体性和协调性。但建筑装修装饰设计绝不是照搬、照抄规划设计与建筑设计，而是一个再创作的过程。在建筑装修装饰设计中要延伸的只是风格，还要结合使用者的各种需求，是一种智慧的集成与整合，采用的可能是某种经过再创作的元素与符号。

（2）建筑装修装饰行业集成与整合产业集群的技术

产业集群科技创新产品与技术的大多数需要由建筑装修装饰工程进行推广应用。由于建筑装修装饰行业向社会提供的是最终产品，产业集群中的科技发展水平不断提高、科技成果也不断增加、对提高产业集群产品的质量水平具有重要作用，如节能保温技术、干挂技术、修复技术等。建筑装修装饰行业通过这些新技术的应用，大幅度提高了产业集群提供产品的质量，是建筑装修装饰行业在产业集群中的重要作用。

（3）建筑装修装饰行业集成与整合产业集群的产品

建筑装修装饰工程应用的材料主要分为常规性材料和特殊性材料，其中常规性材料，如纸面石膏板、玻璃、轻钢龙骨等大量是由产业集群内部生成制造的材料、部品、部件。建筑装修装饰工程应用的材料、部品、部件的质量水平对整个产业集群提供产品的质量具有重要的作用，建筑装修装饰企业在工程中的选材、用材水平对产业集群提供产品的质量水平具有重要的影响。

2. 建筑装修装饰行业的完善作用

建筑装修装饰行业向社会提供的最终产品，应该是功能齐全、观感质量缺陷最少、适应使用者需求的产品，这一标准在现有的结构施工和设备安装中都不可能达到，需要建筑装修装饰工程予以修改、装饰与完善。

（1）建筑装修装饰行业的修改作用

建筑设计在功能区域分布、流程设计等方面是在建设初期确定的，建成后使用者、经营者的要求是多元化的，原建筑设计可能存在着与使用者要求不符的现象。这些建筑设计缺陷需要在建筑装修装饰工程中通过建筑装修装饰设计加以修改，以适应使用者与所有者的要求。建筑装修装饰行业对产业集群产品的修改功能，是提高产业集群产品质量的基本手段。

（2）建筑装修装饰行业的装饰作用

结构施工中的各界面、设备安装中的各出口等都与建筑要求的观感质量有很大的差距，需要通过装修装饰工程进行装扮、修饰，使其达到工程质量验收规范的要求。现代人对建筑界面、环境的感观质量的要求很高，相关的质量验收规范标准也很严格，不经过装修装饰的建筑物是不可能达到相应验收规范的要求。建筑装修装饰行业对产业集群产品的装饰作用是行业生存与发展的基本职能，在产业集群发展中发挥着基础性作用。

（3）建筑装修装饰行业的完善作用

在建筑设计和结构施工中，很多功能设计与功能实现流程与使用者要求的功能不具备或不完善，使建筑物的使用具有本质的缺陷。这些缺陷的弥补需要根据使用者的要求，进行功能的完善和流程的再设计，对建筑物功能进行补充和完善，以满足使用者的要求。这也是建筑装修装饰行业的基础职能，在建筑物功能完善中具有重要作用。

（二）建筑装修装饰行业在产业集群中的地位

建筑装修装饰行业直接面对消费者与使用者，掌握着终端客户群体，对产业集群中其他行业，特别是建筑装修装饰材料、部品生产制造和流通业具有强烈的影响作用，在使用上具有决定性的地位。

1. 建筑装修装饰行业的中枢地位

在产业集群中建筑装修装饰行业是集成与整合社会资源最多、最直接的行业，也就决定了在产业集群中具有核心地位和支配地位。

（1）建筑装修装饰行业的核心地位

产业集群向社会提供的最终产品必须满足社会的需求，而社会需求的最终表现是在建筑的装修装饰环节。当前以建筑装修装饰的要求为基准进行建筑设计和结构施工的方式很流行。在建筑物的内外结构施工中就做好装修装饰的预埋件、预留孔洞等已经成为一个重要的步骤，反映的是以客户需求为目标的建设理念。建筑装修装饰行业的核心地位还表现在建筑装修装饰最直接地反映了使用者与所有者的功能要求及文化、艺术需求，是贯穿于整个产业集群生产过程的基本宗旨。

（2）建筑装修装饰行业的支配地位

建筑装修装饰工程中是以装修装饰设计为依据，选择和使用材料、部品、部件，对各种产品有选择权和决定权，也就决定了其对工程中应用的各类产品有支配地位。建筑装修装饰工程选材、用材中，建筑装修装饰工程企业选择权与决定权的大小，直接决定了建筑装修装饰工程作品的质量和科技、文化、艺术含量。建筑装修装饰工程企业对选择与决定权的应用水平，也是工程企业对社会服务能力的最基础表现。

2. 建筑装修装饰行业的保障地位

建筑装修装饰行业是保障产业集群向社会提供最终产品质量的最后一个环节，也是任务量最多、工程技术最为复杂的一个环节，更是直接面对消费者和使用者的环节，具有不可替代的地位。

（1）建筑装修装饰行业的终极者地位

建筑装修装饰行业直接面对消费者和使用者，需要全面处理结构施工、设备安装施工中形成的所有质量缺陷和各种安全隐患，解决整个产业集群形成的所有矛盾和问题，没有任何推脱、转移的余地。建筑装修装饰行业的这一特殊作用和地位，是解决产业集群与整个社会需求矛盾的终极者，对促进社会稳定、和谐具有突出的作用。随着建筑装修装饰工程企业的发展与壮大，处理和解决矛盾的能力不断增强，建筑装修装饰行业的终极者地位越来越巩固。

（2）建筑装修装饰行业的守护者地位

建筑装修装饰行业对产业集群产品的调整、修改、完善的作用，不仅对建筑物的安全性和质量发挥着守护者作用，而且对整个产业集群的形象、名誉等方面占有守护者的地位。在整个产业集群的发展过程中，由于房地产开发商、建筑结构施工企业等各环节的过失、错误及能力水平的局限，不仅会严重影响建筑物的建筑水平，也会形成很大的社会影响力，给整个产业集群造成负面影响。建筑装修装饰行业的发展和社会服务能力的增强，其在产业集群中守护者地位将越来越巩固。

第三节　建筑装修装饰行业在社会发展中的作用

建筑装修装饰行业的存在与发展，不仅对社会经济发展具有重要的作用，对社会文明与进步也具有重要的作用。在推动社会发展中精神文明、政治文明和社会文明是三个重要的构成部分。

一、建筑装修装饰行业在社会精神文明建设中的作用

在社会发展中，精神文明建设是推动社会和谐发展的重要组成部分，也是社会发展的重要基础。建筑装修装饰行业在精神文明建设中始终提供着正能量、发挥重要的影响作用。

（一）建筑装修装饰行业在道德形成中的作用

个人道德形成主要靠教育和熏陶，其中环境因素发挥着重要的作用。建筑装修装饰行业作为环境的美化师，其工程作品不仅具有经济价值，同时具有社会价值，其中对个人道德的形成过程的影响力就是重要的社会价值。

1. 建筑装修装饰行业在道德观念上对人的影响作用

道德观念是道德的最重要的组成部分，重点是如何看待社会、国家和他人。建筑装修装饰工程作品的形成与使用，会对人们正确认识社会产生积极的影响作用。

（1）建筑装修装饰行业对社会的影响

个人对社会的认知水平与社会的现状与发展趋势具有重要的关联度。如果社会环境混乱、法纪无力，人们对社会的认识就是消极、无奈、悲观的。文化大革命时期人们对

社会的发展感到茫然。改革开放之后，我国各项社会事业欣欣向荣、蓬勃发展，特别是建筑装修装饰行业的发展使城市面貌日新月异。人们的生活、工作环境持续改善，生活的安全感、舒适感、满足感日益增强。在人们生活幸福感不断提高的条件下，人们对社会的认知就是积极、主动、乐观的，正确的道德观念就会逐步形成并不断得到巩固。

（2）建筑装修装饰行业对国家的影响

建筑装修装饰行业的发展持续地改善着国家形象，反映了国家的经济、技术实力，能够持久地提升人们的民族自尊、自信和自强的意识。特别是广大人民群众能够直接使用与接触的建筑装修装饰工程作品就更有现实性、真切感，如大剧院、体育场馆、候机大厅等建筑设施更能激起民族的自豪感、成就感，引导人们形成正确的国家观。

（3）建筑装修装饰行业对他人的影响作用

城市现代化建造了大量的集群式住宅，使得人们的社交范围受到很大的压缩，在有限的社交领域内，人们对交际的氛围质量要求更高。大量的建筑装修装饰工程作品向人们提供了高品质的社交场所，对规范人们的社交行为，提高相互尊重的水平具有重要的影响作用。即使在日常的学习、工作、生活中，科学的流程和典雅的环境也能够提高人们的相互理解与尊重，减少或化解矛盾。同时人们在接触和使用建筑装修装饰工程作品时，也会对社会劳动的意义有新的认识，从而全面提高对人的认识水平。

2. 建筑装修装饰行业在人的品质形成中的影响作用

人的意识、性格、情趣决定了人们的行为，而意识、性格、情绪的形成受外界的影响作用十分强烈，建筑装修装饰在人们的品质形成中具有重要的作用。

（1）建筑装修装饰行业在人们责任意识形成中的影响作用

建筑装修装饰工程在设计时就确定了使用者的义务和责任，在建筑装修装饰工程的使用中要有比未装修装饰空间更强的责任心，要对工程进行清理、维护和保养才能保证正常的运行。在建筑装修装饰行业创造的安全、舒适、美观的环境下学习与工作，人们的使命感和责任心也会进一步促进人们的奋发向上。由建筑装修装饰行业营造的社会安定、各项事业蓬勃发展的社会环境，也能够提高人民的参与意识和责任意识。

（2）建筑装修装饰行业在人们法律意识形成中的影响作用

建筑装修装饰工程运作，特别是住宅装修装饰工程运作是一场全民的法律实践活动。由于装修装饰是一个综合性复杂交易过程，不同于购房及其他商品，涉及的法律、规范、标准多，专业性、技术性强，使参与者大幅度增强法律意识。建筑装修装饰工程的使用过程也有很多约束性要求，需要使用者严格遵守，同时也可以普遍提高人们的标准、规范意识。建筑装修装饰行业营造得井然有序、规范化流程等也有利于人们不断增强法律意识。图4-10是一个装修得体的餐饮空间，在这种环境下会规范人的行为（姜峰提供）。

（3）建筑装修装饰工程作品在性格形成中的影响作用

在一个恬静、安全、高雅的工作、生活环境中，人们的情绪能够得到有效的控制，

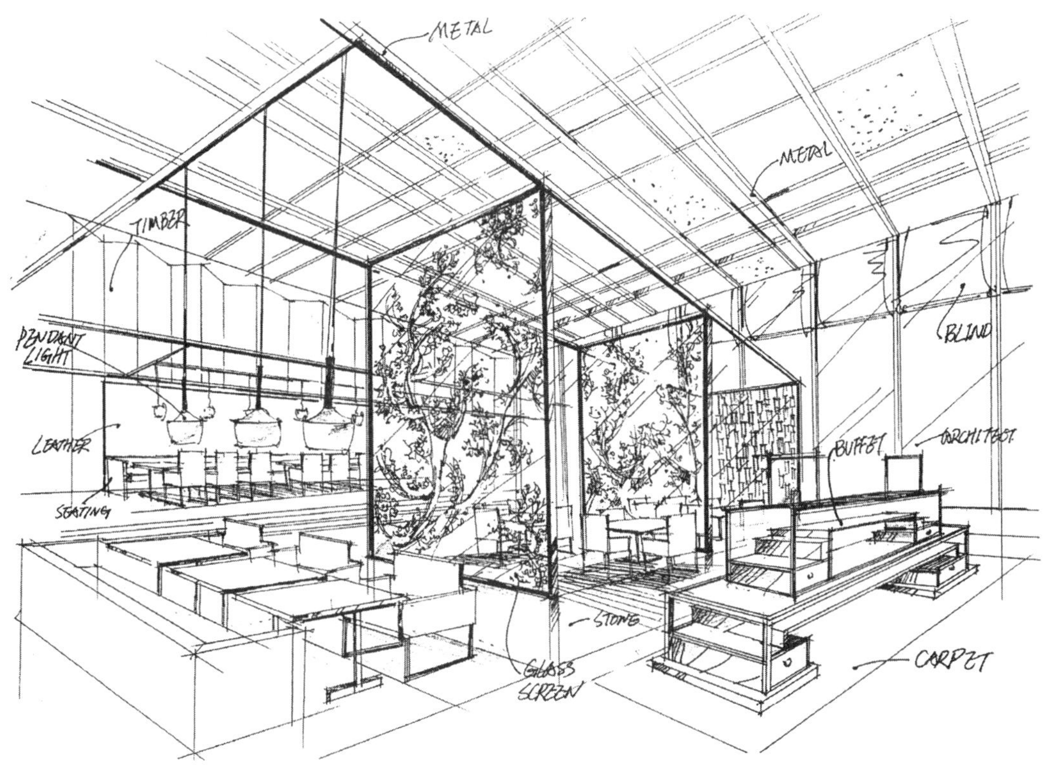

图4-10 餐饮空间的装修效果图

情感也会得到很好的熏陶，对人的性格的形成具有很强的影响作用。长期生活在一个有文化、艺术氛围的建筑环境中，人们的气度和风格也会得到有效的提升。建筑装修装饰行业的发展和建筑装修装饰工程质量水平的提高，特别是文化品位的提升会对人们形成更为优秀的品质产生积极的影响作用。

（二）建筑装修装饰行业在行为文明中的作用

人的行为主要受生活习惯和约束能力的影响，有一个长期的培育、养成形成过程。建筑装修装饰工程作品的使用过程会对人们的行为文明产生重要的影响。

1. 建筑装修装饰行业在人们生活习惯的形成中的影响作用

人的生活习惯的形成与生活和工作的环境有着重要的关系，科学、文明、卫生的生活习惯需要有相应的物质条件，其中建筑装修装饰就是重要的物质条件。

(1) 建筑装修装饰工程流程设计对生活习惯形成的影响

功能区设计与人流、物流、垃圾流设计是建筑装修装饰设计的重点，也是重要的基础性设计，不仅对以后的界面设计有制约作用，对竣工后的使用也有很强的约束性，住宅装修装饰中对家庭日常生活的流程设计也是重点。一个科学、安全、卫生的流程设计有利于人们科学、卫生、文明的生活习惯的培养和形成。在一个设计周密的环境中，人们的行为必然会受到约束。例如，在一个装修装饰非常科学、美观的环境里，即使是一个孩童都不会随地便溺，都会对其产生约束力。

（2）建筑装修装饰工程创造的环境对人生活习惯的影响

人的生活习惯受环境影响极大，环境的优劣对人的生活习惯的养成与形成的影响作用非常明显。建筑装修装饰创造的室内环境对人的生活习惯有着重要的引领、指导作用，建筑装修装饰工程在使用过程中会逐步转变原有的生活习惯，培养出新的生活习惯。建筑装修装饰行业的发展，特别是住宅装修装饰的发展，一个重要的动力就是人们要追求更为科学、文明、卫生的生活取向，长期生活在一个洁净、卫生的空间中人们不仅不会随地便溺，而且如厕行为也会更规范、文明。

（3）建筑装修装饰工程影响人们的生活方式

随着社会、经济、科学的发展，人们追求的生活品质越来越高，特别是科学技术的发展，各种民用科技产品应用在日常生活中，使人们的生活更舒适、更便捷，生活方式正在发生变化。建筑装修装饰工程中应用了大量的高科技智能化产品，如智能化空气净化、室内清洁系统等，这些产品通过建筑装修装饰工程影响和改变了人们的生活方式，形成了对新生活习惯极大的示范作用，对人的全面发展具有重要的保障作用。

2. 建筑装修装饰工程在人的约束能力提升中的影响作用

人的行为文明程度受个人行为约束能力的重要制约，对外部环境的依赖性也非常高，建筑装修装饰行业在提高人们的约束能力方面具有重要作用。

（1）建筑装修装饰工程设计的流程对人约束能力提升的影响作用

建筑装修装饰工程设计的客流、人流、物流、垃圾流，在工程竣工后就形成了固定的运转方式。各专业功能区域的功能配套齐全，避免了相互交叉与重叠，使用者必须依据设计的流程使用建筑装修装饰工程作品，才能保证工程的正常使用，对使用者有很强的约束力。住宅装修装饰设计中的功能区域划分、功能设备、设施、部品的使用与生活流程的设计，也对家庭成员的日常生活具有很强的约束力。建筑装修装饰工程设计形成的约束力，对提高人的行为文明与规范化程度具有重要影响作用。

（2）建筑装修装饰工程营造的环境对人约束能力提升的影响作用

建筑装修装饰工程不仅营造出一个舒适、安全、美观的环境，同时也是一笔宝贵的社会及家庭的财富。出于对财富的尊重与爱护，人们会以最大的努力按照特定的要求对环境进行保护、维护，尽量延续建筑装修装饰工程创造出的环境效果。一个高档石材装修的地面会形成对人行为的约束作用，人们不会随地吐痰、乱扔废弃物，更不会主动加以破坏，环境对人们的行为有着明显的约束作用。图4-11是一个装修后的地铁车站，对人的行为具有较强的约束力和指导性（姜峰提供）。

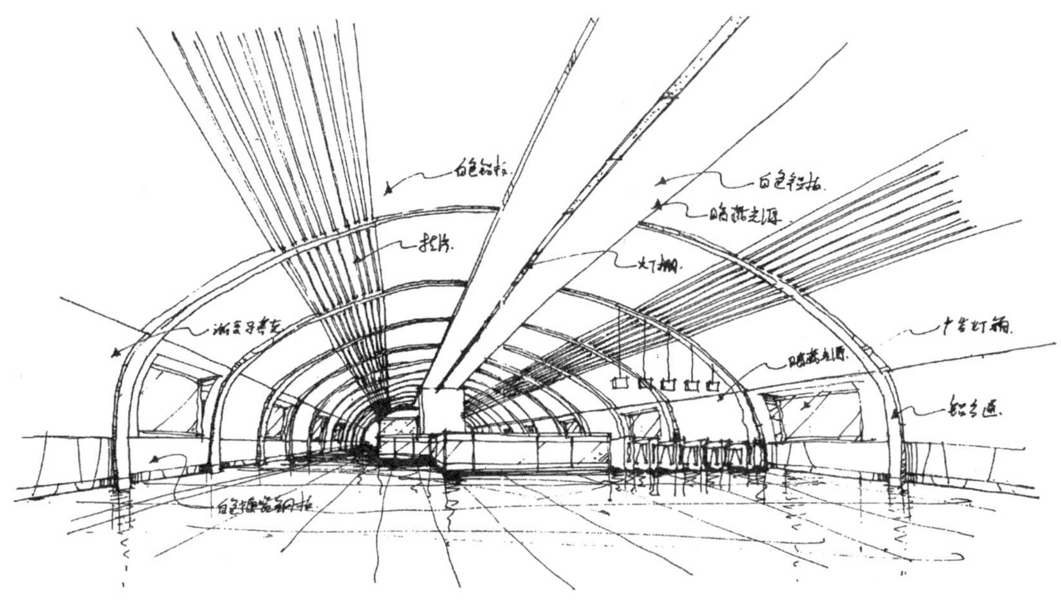

图4–11　地铁站装修效果图

二、建筑装修装饰行业在提高社会文化水平中的作用

装修装饰文化作为文化的重要组成部分，对社会的和谐发展具有重要的保障作用。特别是家居文化直接影响到人的发展和社会的安定、团结。建筑装修装饰行业在提高社会文化水平、增强人们艺术鉴赏能力方面发挥着重要的作用。

(一) 装修装饰文化的传播和普及提高了人们的文化水平

建筑装修装饰文化是大众的文化，具有传播速度快、时尚性强、大众接受程度高的特点，对社会文明与进步具有很强的推动作用。

1. 建筑装修装饰文化提高了人们对民族文化的认知水平

建筑文化及装修装饰文化在我国有着悠久的历史和丰厚的积淀，是中华文化的重要组成部分，建筑装修装饰文化的传播与普及提高了对中华传统文化的认知水平、自信心和应用的自觉性。

(1) 建筑装修装饰文化传播提高了人们对民族文化的认知水平

中华民族对建筑的选址、建筑的体量、构造以及装修装饰材料、构造、物品的陈设等都有深厚的理论和精湛的技术传承，是中华文化的重要组成部分。建筑装修装饰行业发展的初期，建筑装修装饰文化十分混乱，大量的外来文化侵占了建筑文化市场。随着建筑装修装饰行业的发展，特别是国内设计师的成长、成熟，大量中华文化元素被应用到装修装饰工程之中，我国传统的装修装饰文化不断得到传播，包括国外设计大师对中华文化先进性的认识程度也不断提高，中华建筑装修装饰文化在全社会的认知水平不断提高。图4-12是北京的胡同，体现了中华民族人与自然的和谐关系。

图4-12 北京的胡同

（2）建筑装修装饰文化传播提高了人们对民族文化的自信心

随着建筑装修装饰文化的大众化，越来越多的从业者、消费者经过对比、分析、判断，“民族的才是世界的”日益成为主流认识，社会对中华民族装饰文化的自信心得到大幅度提高。中华民族追求人与自然、建筑与环境、装修装饰与资源、环境和谐统一的主导思想日益成为建筑装修装饰设计的主导思想，中华建筑装修装饰文化中的各种元素不断成为建筑装修装饰工程设计的重要元素，中华民族的建筑装修装饰文化日益深入大众的心田。

（3）建筑装修装饰文化传播提高了对民族文化应用的自觉性。

伴随着大量的建筑装修装饰工程，特别是几乎普及到每家、每户的住宅装修装饰工程给各种装饰文化提供了巨大的市场。随着人们对中华民族建筑装修装饰文化认知水平的自觉性的不断提高，对中华民族建筑装修装饰文化应用的自觉性不断提高，不仅国内的设计师、包括国外设计师，甚至是国外的建筑装修装饰设计大师在进行建筑装修装饰设计中，自觉地运用中华民族传统的图案、造型、花纹、质感等元素，设计出具有中国装饰文化特色的建筑，包括北京天安门广场旁的国家大剧院都大量运用了中国文化的元素。

（4）建筑装修装饰文化传播丰富和发展了中华民族文化

建筑装修装饰文化是一个开放的、发展的文化，是一个包容性极强的文化领域。在建筑装修装饰发展的整个过程，中华民族建筑装修装饰文化以强大的自信心，融合、集成了多元化的文化，丰富了中华民族建筑装修装饰文化的内容。特别是在科技高速发展、大量新产品不断涌现、人们对生活品质要求越来越高的当代，中华建筑装修装饰文化中融入的新理念、新元素就更多，装饰文化的内涵也更为丰富、多彩。

2. 建筑装修装饰文化传播提高了人们的艺术水平

建筑装修装饰工程作品作为凝固的音乐，具有很强的艺术效果和影响力，建筑装修装饰文化的传播与普及，提高了人们的审美情趣、艺术鉴赏能力和应用水平。

(1) 建筑装修装饰行业提高了人们的审美情趣

建筑装修装饰是一个全民美学实践的过程。在这一过程中，人们把自己的审美观在装修装饰工程中展现出来，并通过工程竣工之后的使用接受社会的评论、鉴定。在这一大众美学实践过程中，不仅装修装饰文化得到传播，人们的美学水平和审美情趣也得到了提高。在社会审美情趣不断提高的背景下，人们的文化、艺术的追求更为高尚，行为更为文雅，消费也会升级，社会的文明程度也会不断提高。

(2) 建筑装修装饰提高了人们的艺术鉴赏能力

通过对大量建筑装修装饰工程作品的使用，在建筑装修装饰工程实施过程中对各种材料、部品的选择和使用，人们的艺术鉴赏能力在不断提高。在建筑装修装饰行业发展的初期人们关注的主要是功能，对艺术品位的追求相对较弱，随着工程的实践和文化的传播，人们对装修装饰的艺术品位的追求越来越高，选材、用材的范围越来越大，应用的艺术水平也越来越高，表明人们的艺术鉴赏能力在不断提高。

(3) 建筑装修装饰行业的发展，提高了艺术的应用水平

建筑装修装饰工程中，除了使用装修装饰材料之外，为了营造空间环境，还需要大量的其他品类的产品，包括家具、工艺品、字画、摆件等并形成各种风格、流派等艺术效果。建筑装修装饰行业的发展不仅给大量其他门类的艺术产品提供了应用的空间，也为人们应用艺术类产品提供了选择的机会和条件，使人们对艺术类产品的应用水平不断得到提高。

3. 建筑装修装饰行业的发展提高人们的成就感

建筑装修装饰存在着极大的创作成分，是人们以自己掌握的相关知识，去创造自己满意的空间环境。因此，工程作品完成后都会产生出成就感。

(1) 建筑装修装饰行业发展提高人们的参与能力

建筑装修装饰行业的发展、建筑装修装饰工程的普及、建筑装修装饰文化的传播，极大地提高了人们对装修装饰文化的自信心和参与欲望，形成了人人谈装修装饰、个个参与装修装饰的社会现象。当人们长期处于建筑装修装饰的氛围之中，对建筑装修装饰的了解程度不断加深，不仅对参与装修装饰具有信心，而且在设计风格、流派的确定、材料的选型、选购、施工质量控制等方面的能力也不断提高。

（2）建筑装修装饰行业发展，提高了人们的文化、艺术成就感

建筑装修装饰工程的普及，特别是住宅装修装饰工程进入每个家庭，使得更多的人参与到建筑装修装饰工程的设计、选材、用材之中，表现自身的文化追求和艺术品位，实现自身的价值追求。当工程竣工后人们必然会产生出很强的欣赏意识，不仅增强了自信心，也增加了成就感。这种成就感可以提高人们对文化的自信和自觉，形成新的个人行为取向和社会文化发展的新动力，对提高社会发展品质具有重要的基础性作用。

（二）建筑装修装饰文化的传播和普及促进了社会文化、艺术的发展

建筑装修装饰作为社会性工程活动，其发展必然引发专业的学术研究与交流，在推动建筑装修装饰行业发展的过程中，推动了社会文化、艺术的发展。

1. 建筑装修装饰行业发展，促进了社会创作能力的提高

建筑装修装饰工程是一个单一产品的设计、生产过程，虽然有基本的原则、规则、标准，但想象、创新、创作的空间很大，是一个能够促进社会提高创新能力的行业。

（1）建筑装修装饰行业发展提高了设计原创动力

从建筑装修装饰工程的投资方式或使用者方面看，任何人都不希望自己的空间与其他空间雷同，都要反映出自己特征、特质和文化、艺术价值取向。所以每一项建筑装修装饰工程都必然是单一作品的设计、生产过程，都凝聚了创作、创新的动力。这一过程需要有突破、创新和特色，需要有原创的内容反映在建筑装修装饰工程的设计之中，体现出工程的特有品质。这一要求会普遍提高行业进行设计原创的动力，消除抄袭、克隆的现象。

（2）建筑装修装饰行业发展提高了设计师创作水平

经过40多年的发展，我国现已有数以亿计的建筑装修装饰工程作品，每年还要产生数以千万计的新建筑装修装饰工程需要进行设计。大量的工程设计实践及装修装饰文化的传播、国内外的交流等，使得我国建筑装修装饰设计师的水平有了普遍的提高。我国当前建筑装修装饰设计的最大缺陷不在于实际的原创水平，而在于设计人员如何提高自身对中国文化的自信和自觉。仔细考察我国建筑装修装饰设计师发展历程，最具中华民族特色的设计往往是被世界认可和赞美的。

（3）建筑装修装饰行业发展促成了设计师群体的发育

建筑装修装饰行业经过40多年的发展形成了稳定的设计师群体，这一群体经过大量工程实践，目前已形成高、中、低层次分明的设计师队伍。我国建筑装修装饰设计师队伍已经能够完成各种建筑装修装饰工程的设计任务，在高档、标志性项目上已经打破了外国设计师垄断的局面，在建筑幕墙设计领域已经打入欧美发达国家市场。我国设计师群体已经由稚嫩走向了成熟，并产生出一支资深优秀设计师队伍。

2. 建筑装修装饰行业发展繁荣了文化、艺术市场

建筑装修装饰行业的发展不仅推动了建筑装修装饰文化的传播与普及，也对其他艺

术门类的发展具有重要作用，是繁荣我国文化、艺术市场的重要突破口。

（1）建筑装修装饰行业发展促进了文化、艺术交流

建筑装修装饰行业的发展不仅推动了大专院校开设了大量建筑装修装饰类专业，也推动了社会建筑文化的交流。当前建筑装修装饰类的各种论坛、研讨会、峰会等遍及在各家网站、社会团体及其他社会组织。这些专业学术活动的开展促进了建筑装修装饰文化的传播，提高了建筑装修装饰设计师队伍的理论水平，对社会文化、艺术事业的发展发挥了重要的作用。

（2）建筑装修装饰行业发展促进了文化、艺术门类的融合

建筑装修装饰行业是一个能够涵盖多种艺术门类的行业，不仅在建筑装修装饰工程的设计阶段要大量吸收其他艺术门类的理论、方式和形式，提高工程的艺术含量。在工程作品的使用过程中还会持续产生对其他艺术门类产品的需求，是一个以营造环境为总目标的综合性文化、艺术活动，要求相互协调、配合、融汇，才能形成一个完整的作品。建筑装修装饰行业的发展推动了有关联的文化、艺术门类融合。

（3）建筑装修装饰行业发展推动了文化、艺术的发展

作为文化创意产业的一个重要组成部分，建筑装修装饰行业为整个文化、艺术事业发展做出了重要贡献。建筑装修装饰工程作为融汇多种文化、艺术门类行业的重要载体，其发展水平及文化、艺术价值观的水平对其他门类艺术行业的发展具有重要的推动作用。在改革开放以来的40年时间内，通过建筑装修装饰行业的发展，全民族的文化、艺术素质得到了很大的提高，这也是建筑装修装饰行业为社会文明发展做出的一项重要的贡献。

第五章　建筑装修装饰法规标准体系

第一节　建筑装修装饰行业的国家法规体系

经过40多年的发展，我国建筑装修装饰行业已经根据发展的需要建立起行业内的法律、法规体系。形成了国家、行业、地方、行业社团、企业5个层次的法律、规范、标准、导则、指南、工法、工艺体系。随着我国建设事业的发展和建筑装修装饰行业的成熟，这个体系还会不断健全、完善。

国家有关建筑装修装饰的法规

国家有关建筑装修装饰方面的法律、规范，是行业、企业运作的基本依据，也是进行行业管理的基本准则，对规范行业、企业具有重要的指导作用。

一、国家法律

国家在建筑装修装饰方面制定的法律是最具权威性和强制性的约束文件，从事建筑装修装饰的企业、从业者都必须严格遵守。

1. 中华人民共和国建筑法

（1）建筑法的实施目的

建筑工程活动是人类最基本的实践活动，特别是在我国这样一个发展中的大国，更是国家经济中的支柱性产业。《中华人民共和国建筑法》是为了加强对建筑活动的监督管理，维护建筑市场秩序，保证建筑工程的质量和安全，促进建筑业健康发展，制定的建筑业的基本法。

（2）建筑法的适用对象

在中华人民共和国境内从事建筑活动，实施对建筑活动的监督管理，应当遵守建筑法。建筑法所称建筑活动是指各类房屋建筑及其附属设施的建造和与其配套的线路、管道、设备的安装活动。在中国从事建设工程的所有从业者，都应该熟练掌握建筑法的基本内容。此法也是取得各类建筑业执业资格考试中的重要内容。

（3）建筑法的基本内容

建筑法就建筑许可、建筑工程发包与承包、建筑工程监理、建筑安全生产管理、建筑工程质量管理、相应的法律责任等进行了规范。

2. 中华人民共和国行政许可法

（1）行政许可法实施的目的

在法制社会中行政机关的权力不是无限的，必须要有法律的约束，使行政机关依法办事。《行政许可法》是为了规范行政许可的设定和实施，保护公民、法人和其他组织的合法权益，维护公共利益和社会秩序，保障和监督行政机关有效实施行政管理，根据宪法制定的行政管理法规。

（2）行政许可法的适用对象

行政许可法所称行政许可，是指行政机关根据公民、法人或者其他组织的申请，经依法审查准予其从事特定活动的行为。行政许可的设定和实施，适用行政许可法。国家建设行政主管机构对建筑装修装饰工程企业实施的资质管理，就是依本法组织进行的。

（3）行政许可法的基本内容

行政许可法就行政许可的设定、行政许可的实施机关、行政许可的实施程序、行政许可的费用、监督检查、相应的法律责任等进行了规范。

3. 中华人民共和国招标投标法

（1）招标投标法实施的目的

在市场经济条件下，大量的资源性交易是通过招、投标的市场竞争过程实现的。在政府采购和工程运作过程中，招、投标是一项重要的基础性活动。《中华人民共和国招标投标法》是为了规范招标投标活动，保护国家利益、社会公共利益和招标投标活动当事人的合法权益，提高经济效益，保证项目质量，所制定的基本法规。

（2）招标投标法的适用对象

在中华人民共和国境内进行下列工程建设项目包括项目的勘察、设计、施工、监理以及与工程建设有关的重要设备、材料等的采购，必须进行招标：大型基础设施、公用事业等关系社会公共利益、公众安全的项目；全部或者部分使用国有资金投资或者国家融资的项目；使用国际组织或者外国政府贷款、援助资金的项目等的实施过程，适用于此法。此法也是建筑业从业者必须熟练掌握的法律，并在企业经营过程中严格执行此法。此法也是取得各类建筑业执业资格考试的重点内容。

（3）招标投标法的基本内容

招标投标法就招标、投标、开标、评标和中标、相应的法律责任等进行了规范。

4. 中华人民共和国政府采购法

（1）政府采购法实施目的

《中华人民共和国政府采购法》是为了规范政府采购行为，提高政府采购资金的使用效益，维护国家利益和社会公共利益，保护政府采购当事人的合法权益，促进廉政建设而制定的基本法规。

（2）政府采购法的适用对象

在中华人民共和国境内进行的政府采购适用于该法。《中华人民共和国政府采购法》所称政府采购，是指各级国家机关、事业单位和团体组织，使用财政性资金采购依法制定的集中采购目录以内的或者采购限额标准以上的货物、工程和服务的行为。很多政府投资的建筑装修装饰工程的资源分配就是依照本法组织实施的。

（3）政府采购法的基本内容

政府采购法就政府采购当事人、政府采购方式、政府采购程序、政府采购合同、质疑与投诉、监督检查、相应的法律责任等进行了规范。

5. 中华人民共和国合同法

（1）合同法实施的目的

在市场经济条件下，合同是使用最多、最广的交易形式，直接决定了社会经济活动的质量。《中华人民共和国合同法》是为了保护合同当事人的合法权益，维护社会经济秩序，促进社会主义现代化建设，制定的基本法。

（2）合同法的适用对象

合同法所称合同是平等主体的自然人、法人、其他组织之间设立、变更、终止民事权利义务关系的协议。所有建筑装修装饰工程，都要以合同的形式确定双方的权利与义务。本法是在行业内使用最多的法律，也是从业人员取得执业资格考试中的重要内容。

（3）合同法的基本内容

合同法就合同的一般规定，合同的订立，合同的效力，合同的履行，合同的变更和转让，合同的权利义务终止，违约责任，其他规定及买卖合同，供用电、水、气、热力合同，赠予合同，借款合同，租赁合同，融资租赁合同，承揽合同，建设工程合同，运输合同，技术合同，保管合同，仓储合同，委托合同，行纪合同，居间合同等进行了规范。

二、国家建设工程管理法规

1. 建设工程质量管理条例

（1）建设工程质量管理条例实施目的

包括建筑装修装饰工程在内的所有建设工程质量，都直接影响到投资效果、社会及人身安全，决定着行业的发展品质。《建设工程质量管理条例》是为了加强对建设工程质量的管理，保证建设工程质量，保护人民生命和财产安全，根据《中华人民共和国建筑法》制定的质量管理条例，是企业在工程实施过程中必须严格执行的法规。

（2）建设工程质量管理条例的适用对象

凡在中华人民共和国境内从事建设工程的新建、扩建、改建等有关活动及实施对建设工程质量监督管理的，必须遵守该条例。该条例所称建设工程，是指土木工程、建筑工程、线路管道和设备安装工程及装修工程。

（3）建设工程质量管理条例的基本内容

《建设工程质量管理条例》就建设单位的质量责任和义务、勘察、设计单位的质量责任和义务、施工单位的质量责任和义务、工程监理单位的质量责任和义务、建设工程质量保修、监督管理、罚则等进行了相应的规范。建筑工程质量的形成是一个过程，对这一过程的检验评定就是一项重要的工作，对加强工程质量管理具有重要作用。

2. 建设工程安全生产管理条例

（1）建设工程安全生产管理条例实施目的

包括建筑装修装饰工程在内的所有建设工程的安全生产，都关系到人民群众的生命和财产安全，关系到社会稳定和经济持续健康发展。《建设工程安全生产管理条例》是为了加强建设工程安全生产监督管理，保障人民生命和财产安全，根据《中华人民共和国建筑法》《中华人民共和国安全生产法》制定的安全生产管理条例，是企业在工程实施过程中必须严格执行的法规。

（2）建设工程安全生产管理条例的实施对象

凡在中华人民共和国境内从事建设工程的新建、拆建、改建和拆除等有关活动及实施对建设工程安全生产的监督管理，必须遵守该条例。该条例所称建设工程是指土木工程、建筑工程、线路管道和设备安装工程及装修工程。

（3）建设工程安全生产管理条例的基本内容

《建设工程安全生产管理条例》就建设单位的安全责任、勘察、设计、工程监理及其他有关单位的安全责任，施工单位的安全责任、监督管理、生产安全事故的应急救援和调查处理、法律责任等进行了相应的规范。

第二节　国家有关建筑装修装饰的技术规范与标准

国家在建筑装修装饰领域制定并实施的技术规范与标准，是进行建筑装修装饰工程设计、施工、验收的基本依据，对提高建筑装修装饰工程质量具有极为重要的作用。

一、国家有关建筑装修装饰的质量技术规范

与建筑装修装饰工程质量相关的国家级质量技术规范，可以分为质量验收评定规范、施工技术规范、产品技术标准规范三大类，其中质量验收评定规范是重点。由于我国各地自然、经济、文化、技术差距较大，企业间的技术装备也有很大差异，国家对质量形成过程即施工技术规范减少，但对质量验收制定得更为全面。

（一）质量检验评定标准与验收规范

1.《建筑装饰装修工程质量验收标准》GB 50210—2018

《建筑装饰装修工程质量验收标准》GB 50210—2018是一部建筑装修装饰专业国家技术规范，也是建筑装修装饰行业使用最多、作用最为突出的技术规范。其中的强制性条文是企业必须严格遵守，并达到标准的技术要求。

（1）实施目的

为了加强建筑装修装饰工程质量管理，统一建筑装修装饰工程的质量验收，保证工程质量，制定的专项工程验收规范。

（2）适用对象及基本内容

该规范适用于新建、扩建和既有建筑的装修装饰工程的质量验收。该规范就抹灰工程、门窗工程、吊顶工程、轻质隔墙工程、饰面板（砖）工程、幕墙工程、涂饰工程、裱糊与软包工程、细部工程等的验收进行了规范。

2.《屋面工程质量验收规范》GB 50207—2012

由于建筑装修装饰工程质量验收规范中未包括屋面工程的内容，而屋面工程又是建筑装修装饰工程的重要组成部分，因此，《屋面工程质量验收规范》GB 50207—2012也是建筑装修装饰行业使用较多的技术规范。

（1）实施目的及适用对象

为了加强建筑工程质量管理，统一屋面工程质量的验收，保证工程质量，制定的专项工程验收规范。该规范适用于建筑屋面工程质量的验收。

（2）基本内容

《屋面工程质量验收规范》GB 50207—2012共9章和两个附录。分别就基层与保护工程、保温与隔热工程、防水与密封工程、瓦面与板面工程细部构造工程、屋面工程验收等进行了相应的规范。

（3）强制性条文

3.0.6 屋面工程所采用的防水、保温隔热材料应有产品合格证书和性能检测报告，材料的品种、规格、性能等应符合现行国家产品标准和设计要求。产品质量应经过省级以上建设行政主管部门对其资质认可和质量技术监督部门对其计量认证的质量检测单位进行检测。

3.0.12 屋面防水工程完工后，应进行观感质量检查和雨后观察或淋水、蓄水试验，不得有渗漏或积水现象。产品质量应经过省级以上建设行政主管部门对其资质认可和质量技术监督部门对其计量认证的质量检测单位进行检测。

5.1.7 保温材料的导热系数、表现密度或干密度、抗压强度或压缩强度、燃烧性能，必须符合设计要求。

7.2.7 瓦片必须铺置牢固。在大风及地震设防地区或坡度大于10%时，应按设计要求采取固定加强措施。

3.《建筑地面工程施工质量验收规范》GB 50209—2010

由于建筑装修装饰工程质量验收规范中未包括建筑地面工程，而建筑地面工程又是建筑装修装饰工程中的重要内容，因此，《建筑地面工程施工质量验收规范》GB 50209—2010也是建筑装修装饰行业使用较多的技术规范。

（1）实施目的及适用对象

为了加强建筑工程质量管理，统一建筑地面工程施工质量的验收，保证工程质量，制定的验收规范。该规范适用于建筑工程中建筑地面工程（含室外散水、明沟、踏步、台阶和坡道等附属工程）施工质量的验收。不适用于保温、隔热、超净、屏蔽、绝缘、防止放射线以及防腐蚀等特殊要求的建筑地面工程施工质量验收。

（2）基本内容

《建筑地面工程施工质量验收规范》GB 50209—2010共8章和一个附录，分别就基层铺设，整体面层铺设，板块面层铺设，木、竹面层铺设，分部（子分部）工程验收等进行了规范。

4.《建筑给水排水及采暖工程施工质量验收规范》GB 50242—2002

由于建筑装修装饰工程质量验收规范中未包括建筑给水排水工程，而建筑给水排水又是建筑装修装饰工程中的重要内容，因此建筑给水排水及采暖工程施工质量验收规范也是建筑装修装饰行业使用较多的技术规范。

（1）实施目的及适用对象

为了加强建筑工程质量管理，统一建筑给水、排水及采暖工程施工质量的验收，保证工程质量，而制定的专项工程验收规范。适用于建筑给水、排水及采暖工程施工质量的验收。

（2）基本内容

《建筑给水排水及采暖工程施工质量验收规范》GB 50242—2002共14章5个附录，分别对室内给水系统安装、室内排水系统安装、室内热水供应系统安装、卫生器具安装、室内采暖系统安装、室外给水管网安装、室外排水管网安装、室外供热管网安装、建筑中水系统及游泳池水系统安装、供热锅炉及辅助设备安装、分部（子分部）工程质量验收等进行了规范。

（3）强制性条文。

3.3.3　地下室或地下构筑物外墙有管道穿过的，应采取防水措施。对有严格防水要求的建筑物，必须采用柔性防水套管。

3.3.16　各种承压管道系统和设备应做水压试验，非承压管道系统和设备应做灌水试验。

4.1.2　给水管道必须采用与管材相适应的管件。生活给水系统所涉及的材料必须达到饮水卫生标准。

4.2.3　生产给水系统管理在交付使用前必须冲洗和消毒，并经有关部门取样检验，符合国家《生活饮用水卫生标准》方可使用。

4.3.1 室内消火栓系统安装完成后应取屋顶层（或水箱间内）试验消火栓和首层取二处消火栓做试射试验，达到设计要求为合格。

5.2.1 隐蔽或埋地的排水管道在隐蔽前必须做灌水试验，其灌水高度应不低于底层卫生器具的上边缘或底层地面高度。

8.2.1 管道安装坡度，当设计未注明时，应符合下列规定：

1. 气、水同向流动的热水采暖管道和汽、水同向流动的蒸汽管道及凝结水管道，坡度应为3‰，不得小于2‰；

2. 气、水逆向流动的热水采暖管道和汽、水逆向流动的蒸汽管道，坡度不应小于5‰；

3. 散热器支管的坡度应为1%，坡向应利于排气和泄水。

8.3.1 散热器组对后，以及整组出厂的散热器在安装之前应作水压试验。试验压力如设计无要求时应为工作压力的1.5倍，但不小于0.6MPa。

8.5.1 地面下敷设的盘管埋地部分不应有接头。

8.5.2 盘管隐蔽前必须进行水压试验，试验压力为工作压力的1.5倍，但不小于0.6MPa。

8.6.1 采暖系统安装完毕，管道保温之前应进行水压试验。试验压力应符合设计要求。当设计未注明时，应符合下列规定：

1. 蒸汽、热水采暖系统，应以系统顶点工作压力加0.1MPa做水压试验，同时在系统顶点的试验压力不小于0.3MPa。

2. 高温热水采暖系统，试验压力应为系统顶点工作压力加0.4MPa。

3. 使用塑料管及复合管的热水采暖系统，应以系统顶点工作压力加0.2MPa作水压试验，同时在系统顶点的试验压力不小于0.4MPa。

8.6.3 系统冲洗完毕应充水、加热，进行试运行和调试。

9.2.7 给水管道在竣工后，必须对管道进行冲洗，饮用水管道还要在冲洗后进行消毒，满足饮用水卫生要求。

10.2.1 排水管道的坡度必须符合设计要求，严禁无坡和倒坡。

11.3.3 管道冲洗完毕应通水、加热，进行试运行和调试。当不具备加热条件时，应延期进行。

13.2.6 锅炉的汽、水系统安装完毕后，必须进行水压试验。水压试验的压力应符合表13.2.6的规定。

水压试验压力规定　表13.2.6

项次	设备名称	工作压力P/MPa	试验压力P/MPa
1	锅炉本体	$P<0.59$ $0.59\leqslant P\leqslant 1.18$ $P>1.18$	1.5P但不小于0.2 P+0.3 1.25P
2	可分式省煤器	P	1.25P+0.5
3	非承压锅炉	大气压力	0.2

注：1. 工作压力P对蒸汽锅炉指锅筒工作压力，对热水锅炉额定出水压力；
2. 铸铁锅炉水压试验同热水锅炉；
3. 非承压锅炉水压试验压力为0.2MPa，试验期间压力应保持不变。

13.4.1　锅炉和省煤器安全阀的定压和调整应符合表13.4.1的规定。锅炉上装有两个安全阀时，其中一个按表中较高值定压，另一个按较低值定压。装有一个安全阀时，应该较低值定压。

安全阀定压规定　表13.4.1

项次	工作设备	安全阀开启压力/MPa
1	蒸汽锅炉	工作压力+0.02MPa 工作压力+0.04MPa
2	热水锅炉	1.12倍工作压力，但不少于工作压力+0.07MPa 1.14倍工作压力，但不少于工作压力+0.01MPa
3	省煤器	1.1倍工作压力

13.4.4　锅炉的高低水位报警器和超温、超压报警器及连锁保护装置必须按设计要求安装齐全和有效。

13.5.3　锅炉在烘炉、煮炉合格后，应进行48h的带负荷连续试运行，同时应进行安全阀的热状态定压检验和调整。

13.6.1　热交换器应以最大工作压力的1.5倍做水压试验，蒸汽部分应不低于蒸汽供汽压力加0.3MPa；热水部分应不低于0.4MPa。

（二）施工技术规范与产品技术标准

1.《住宅装饰装修工程施工规范》GB 50327—2001

《住宅装饰装修工程施工规范》GB 50327—2001是针对住宅装修的一部指导施工过程的国家标准，不仅对住宅装修装饰工程施工具有重要的影响作用，对公共建筑装修装饰工程施工也具有很强的指导作用。

（1）实施目的及适用对象

《住宅装饰装修工程施工规范》GB 50327—2001是住宅装修装饰工程施工的规范，为保证工程质量，保障人身健康和财产安全，保护环境，维护公共利益而制定。适用于住宅建筑内部的装修装饰工程施工。

（2）基本内容

《住宅装饰装修工程施工规范》GB 50327—2001，共16章，228条，分别就防火安全、室内环境污染控制、防水工程、抹灰工程、吊顶工程、轻质隔墙工程、门窗工程、细部工程、墙面铺装工程、涂饰工程、地面铺装工程、卫生器具及管道安装工程、电气安装工程等进行了相应的规范。

（3）《住宅装饰装修工程施工规范》GB 50327—2001中的强制性条文

3.1.3 施工中，严禁损坏房屋原有绝热设施；严禁损坏受力钢筋；严禁超荷载集中堆放物品；严禁在预制混凝土空心楼板上打孔安装埋件。

3.1.7 施工现场用电应符合下列规定：1）施工现场用电应从户表以后设立临时施工用电系统；2）安装、维修或拆除临时施工用电系统，应由电工完成；3）临时施工供电开关箱应装设漏电保护器；进入开关箱的电源线不得用插销连接；4）临时用电线路应避开易燃、易爆物品堆放地；5）暂停施工时应切断电源。

3.2.2 严禁使用国家明令淘汰的材料。

4.1.1 施工单位必须制定施工防火安全制度，施工人员必须严格遵守。

4.3.4 施工现场动用电、气焊等明火时，必须清除周围及焊渣滴落区的可燃物质，并设专人监督。

4.3.6 严禁在施工现场吸烟。

4.3.7 严禁在运行中的管道、装有易燃易爆的容器和受力构件上进行焊接和切割。

10.1.6 推拉门窗扇必须有防脱落措施，扇与框的搭接且应符合设计要求。

2.《建筑幕墙》GB/T 21086—2007

（1）实施目的

建筑幕墙是现代高层建筑大量使用的外围护结构，也是技术含量很高，发展很快的建筑外装饰形式。我国作为建筑幕墙的生产与应用大国，本标准规定了建筑幕墙的术语和定义、分类、标记、通用要求和专项要求、试验方法、检验规则、标志、包装、运输与贮存，是建筑幕墙的国家标准。

（2）适用对象

本标准适用于以玻璃、石材、金属板、人造板材为饰面材料的构件式幕墙、单元式幕墙、双层幕墙，还适用于全玻璃幕墙、点支承玻璃幕墙。采光顶、金属屋面、装饰性幕墙和其他建筑幕墙可参照使用。本标准不适用于混凝土板幕墙、面板直接粘贴在主体结构的外墙装饰系统，也不适用于无支撑框架结构的外墙干挂系统。

(3) 基本内容

本标准对建筑幕墙范围、规范性引用文件、术语和定义、产品分类和标记、建筑幕墙通用要求、构件式玻璃幕墙专项要求、石材幕墙专项要求、金属板幕墙专项要求、人造板材幕墙专项要求、单元式幕墙专项要求、点支承玻璃幕墙专项要求、全玻幕墙专项要求、双层幕墙专项要求以及试验方法、检验规则、标志、使用说明书、包装、运输、贮存进行了规范。并以附录形式，对常用材料标准、采光顶与金属屋面要求、石材弯曲强度试验值的标准值计算方法、现场淋水试验方法、热工性能现场检测方法、耐撞击性能实验方法进行了规范。

3.《建筑工程施工质量验收统一标准》GB 50300—2013

建筑工程质量的形成是一个过程，对这一过程的检验评定就是一项重要的工作，对加强工程质量管理具有重要作用。《建筑工程施工质量验收统一标准》GB 50300—2013是为统一建筑工程质量检验评定方法，促进企业加强管理，确保工程质量，特制订的评定标准；适用于工业与民用建筑工程质量的检验和评定。

4.《建筑工程施工质量评价标准》GB/T 50375—2016

(1) 编制目的

建筑工程市场是一个具有巨大产值的社会化大市场，要遵循市场经济的一般规律，对工程的施工质量评价就是一项经常性的社会活动，以达到推动建筑工程施工质量水平的持续提高的目的。为了促进工程质量管理工作的开展，统一建筑工程施工质量评价的基本指标和方法，鼓励施工企业创建优质工程，规范创优活动，住房和城乡建设部于2016年发布了此标准。

(2) 适用范围

适用于多类建筑工程在工程质量合格后的施工质量优良评价。工程创优活动应在优良评价的基础上进行。施工质量优良评价的基础是《建筑工程施工质量验收统一标准》及其配套的各专业工程质量验收规范，所以评定优良工程的工程项目必须已经通过工程质量验收并合格。

(3) 基本内容

共10章175条，以统一的评价基础、框架体系、评价规定、评价内容及基本评价方法就地基及桩基工程、结构工程、屋面工程、装饰装修工程、安装工程五项。专业工程的施工现场质量保证条件检查评价项目与评价方法、性能检测、质量记录、尺寸偏差及限值实测、观感质量等进行规范。此部标准的特点是将所有检测项目编制成表，不仅保证了检测项目的完整性、统一性，也提高了可追溯性。

就装饰装修部分此部标准对性能检测、质量记录、尺寸偏差及限值实测、观感质量的具体项目、权重值进行了规范。其中观感质量权重值为40分；性能检测为20分；质量记录20分；尺寸偏差及限值实测10分，多项检查的实际数值除以应得分后乘以权数值为最后检查得分，将得分叠加后大于等于85分时，该项工程为施工质量优良工程。

（三）国家技术规范与标准中的强制性条文

1. 国家技术规范与标准中强制性条文的含义及作用

（1）国家技术规范与标准中强制性条文的含义

所有以“GB”打头的国家规范与标准都是强制性标准。同时，国家为确保工程的安全质量，在工程中对安全构成关键性作用的部位、施工方法、构造形式、技术措施等进行的最严格的技术规定，就是强制性条文。强制性条文的用词严厉，一般使用“严禁”“必须”表达对工程质量验收的标准。对于原引自其他技术规范与标准时，也可使用“应”。强制性条文在技术规范与标准中，以黑体字特别标出，不同于其他条文的字体。

（2）国家技术规范与标准中强制性条文的作用

建筑装修装饰工程运作的全过程，必须严格执行强制性条文。在设计阶段，设计人员就必须熟知国家的强制性条文，并按照强制性条文的要求进行设计；在施工过程中，现场的安全、质量管理人员必须熟知国家的强制性条文，并保证操作人员严格按照强制性条文的要求施工，不得有任何偏差和错误；在工程自检过程中，强制性条文的执行状况是检查的重点，如果发现有违反国家强制性条文的，必须进行返工、整改；在工程质量验收中，只要发现有违反国家强制性条文的，工程质量将被否决并判定为不合格。

2. 国家技术规范与标准中强制性条文的制定

（1）国家技术规范与标准中强制性条文的提取

在编制国家技术规范与标准的过程中，编制人员根据技术条文的重要程度，以往工程实践中存在的问题、质量安全事故形成的原因分析等进行科学的分析，将对工程安全、质量的关键点提取出来作为强制性条文的备选条文。列入备选的条文，一定是安全、质量技术的关键部位、节点和技术措施。

（2）国家技术规范与标准中强制性条文的审批

在国家技术规范与标准中设定强制性条文时，编制人员要对所设置的强制性条文进行专项说明，从设定为强制性条文的必要性、现在技术状态下的可行性等方面进行阐述。强制性条文的说明要同技术规范与标准一同上报到规范、标准的审批机构、质量监督检验机构，由审批机构组织专业专家组进行论证后才能批准为强制性条文。国家规范、标准的审批机构由国家行政管理部门与中华人民共和国国家市场监督管理总局联合组成。建筑装修装饰的国务院行政管理部门为中华人民共和国住房和城乡建设部。

（四）行业标准

1. 行业标准的概念及作用

（1）行业标准的概念

行业标准是由行业组织牵头、组织行业内大型骨干企业共同编制的技术规范与标准。

行业标准是国家标准的重要组成部分，一般是在没有国家标准时，为约束工程技术行为而编制、使用。行业标准是推荐性标准，但业内的企业都应该遵照执行。由于行业标准是参考行业平均技术水平编制，考核指标一般略高于国家标准。我国建筑装修装饰行业的行业标准，主要集中在建筑幕墙及相关材料、部品等领域。

（2）行业标准的作用

由于行业标准是由行业内大型骨干企业参与编制的技术规范，对行业内企业技术发展的指导作用很强。由行业标准确定的技术指标，是行业内所有企业都应达到的标准，是经过社会认可的标准，有利于规范企业的市场竞争。行业标准作为尚未有国家规范、标准时的技术规范，经过工程验证和修订后，就成为编制国家规范与标准时的重要基础，在编制国家规范、标准时可以节省时间与成本，有利于国家新技术规范与标准的尽快编制完成。

2. 行业标准的编制

（1）行业标准的编制单位

同所有规范、标准的编制相同，行业标准的编制分为主编单位、参编单位和审批单位。主编单位为规范、标准的牵头单位，对规范、标准编制负责，是规范、标准的责任单位，对规范、标准具有解释权。行业标准的主编单位一般是行业协会或行业科研机构。参编单位是参与规范、标准编制的单位或个人，一般是由企业的技术负责人组成。参编单位一般由行业内各环节的企业组成，除包括设计、施工、科研等单位外，还应包括大量使用的常规材料、部品生产经营企业。

（2）行业标准的编制过程

同所有规范、标准的编制相同，行业标准的编制过程包括立项、组成编制组、初稿编写、送审、报批等几个阶段。编制行业规范、标准要在调查研究的基础上，报国务院建设行政主管部门申请立项，经过批准后方能进行编制。具体编制过程是由执笔人先写出初稿，由参编人员进行修改、汇总、再修改，一般要在10次左右后形成送审稿。送审稿经过专家委员会审查，提出意见后，经编制组修改后，形成报批稿。

（3）行业标准的审批

行业标准由国务院行政管理部门审批。建筑装修装饰标准由中华人民共和国住房和城乡建设部审核、批准。经过法定的审核程序，批准后由住房和城乡建设部以公告的形式予以发布。公告内容包括规范、标准名称、编号、实施日期、强制性条文章节编号目录、主编单位及出版发行单位等。

3.《住宅室内装饰装修工程质量验收规范》JGJ/T 304—2013

（1）编制目的及适用对象

住宅室内装饰装修工程是与人民生活联系最密切的工程活动，也是最不容易管理的建设工程，由于国家标准《住宅装饰装修工程施工规范》GB 50327—2001还在实施，为了加强住宅室内装修装饰工程的质量管理，规范室内装修装饰工程质量验收，保证住宅室内装修装饰工程质量，制定了新的行业标准《住宅室内装饰装修工程质量验收规范》JGJ/T 304—2013，2013年12月1日开始实施。

本规范适用于新建住宅室内装修装饰工程的质量验收，这里的新建住宅指新建全装修住宅即成品房。由于既有住宅在改造性装修过程中，原有结构需要处理，基层的质量要求难以控制，导致分户交接验收难以实施。同时，由于既有住宅的主体不一致，实施的标准要求也不一样，分户验收难以实施。另外，既有住宅的家装工程个性化高，施工队伍不规范，导致验收的组织难以健全，故仅可参考本规范。

（2）基本内容

共20章385条，分别就总则、术语、基本规定、基层工程检测、防水工程、门窗工程、吊顶工程、轻质隔墙工程、墙饰面工程、楼地面饰面工程、涂施工程、细部工程、厨房工程、卫浴工程、电气工程、智能化工程、给水排水与采暖工程、通风与空调工程、室内环境污染控制和工程质量验收程序等进行了相应的规范。

（3）特点及实施

本规范的第一个特点是将所有的检验项目汇集在6个检查表格之中，在实行操作中只要下载这套表格，就可以规范、全面地进行住宅室内装饰装修工程的质量验收，操作性极强。

本规范第一次提出住宅室内装饰装修工程质量验收必须分户进行，即住宅室内装饰装修工程的质量验收要以户为单位进行，所有验收的对象相同、内容统一、标准一致。

本规范第一次明确了住宅室内装饰装修工程质量的验收分为两次，第一次是装饰装修工程开始前的分户交接验收，对结构主体施工质量进行验收，第二次是在室内装饰装修竣工后的分户验收，每次验收的对象不同。

（五）行业社团标准

1. 行业社团标准的概念及作用

（1）行业社团标准的概念

行业社团标准是由行业社团（协会、商会等）组织牵头，组织行业内大型骨干企业编制的技术标准、规程，是市场自主制定标准的主要构成部分。建筑装修装饰行业社团标准是由中国建筑装饰协会管理，业内专业能力强、技术先进的企业编制，是中国建筑装饰行业工程建设标准体系的重要组成部分。行业社团标准的编制与实施，是在十八届三中全会之后，我国深化改革开放进程中，工程建设标准化工作改革的一项重要内容。目的是构建政府主导制定标准与市场自主制定标准协同发展、协同配套的新型标准体系，向市场提供更广泛、更具体的制约条件。

行业社团标准是我国技术标准体系中增设的一个新层级，一般是针对各专业建筑装修装饰工程、专业新技术推广应用，新产品、新材料的使用等技术领域，在没有国家、行业技术标准，而行业市场切实需要在设计、选材、施工等环节的技术依据时编制。由于行业社团标准针对的技术领域、技术过程相对单一，技术细节专业化要求较高，所以一般称为技术规程或应用技术标准。行业社团标准是市场经济体系建设中的必然产物，体现出行业社团在行业内技术领域的影响力、号召力和权威性，也成为优化行业市场营商环境，健全行业诚信体系建设的重要条件。

（2）行业社团标准的作用

行业社团标准虽然是推荐性技术标准，没有强制性作用，但行业社团标准针对的是专业工程，又是与细分专业市场中的领军式企业共同编制的，具有技术的先进性，得到细分市场中各方主体的认可，对规范专业工程市场的设计、施工、选材等发挥重要作用。由于是市场自愿选用的技术标准，不仅承包商需要掌握，建设方、监理方也都需要经过学习、研究、分析后确定是否使用，并在合同中予以特别标明，为工程的顺利实施增加了一层保护，有利于规范市场各方主体的建设行为。

细分市场的领军式企业参与行业社团标准的编制，特别是担任主编单位的企业，不仅向行业贡献了企业的技术成果，也获取了标准的解释权，从而提高了在专业细分市场的话语权，形成占领细分市场制高点的竞争优势。不仅能够引导细分专业市场的技术进步，提高市场中全部企业的专业服务能力和工程质量水平，也有利于提高专业细分市场竞争的层次，提升专业市场资源配置的集中水平，促进市场发展的完善与成熟。

根据建筑装修装饰行业社团标准编制进程分析，中国建筑装饰协会自2014年6月开展此项工作以来，建立了日趋完善的管理机制，充分调动行业内的积极性，形成协会的一项可持续性常规工作。大型骨干企业主动申请立项，认真进行标准编制，此项工作取得了很大成就。现有64部行业协会标准批准实施，每年申请立项和批准实施的新标准均在15项左右，成为整个建设标准体系中项目数量最多的一个层级。按照国际惯例，行业社团标准可以作为国际工程谈判中的技术依据，因此，对我国建筑装饰工程企业“走出去”，到国际工程市场承接工程提供了重要的技术支持。

2. 行业社团标准的编制

（1）行业社团标准的编制单位

行业社团标准的编制分为主编单位、副主编单位、参编单位和批准单位。建筑装修装饰行业协会标准的管理单位是中国建筑装饰协会，负责标准的立项、编制和批准的组织管理工作。主编单位为标准编制过程的牵头单位，负责对标准编制的前期调研、编制初稿、组织修改、终稿报审等具体工作，是标准的责任单位。副主编单位为标准编制的配合单位，负责对标准编制提供资金、技术、资料、信息等方面的支持和配合。参编单位为标准的支持单位，负责对标准编制提供资金、技术的支持。

（2）行业社团标准的编制过程

行业社团标准的编制过程包括前期调研、立项、组成编制组、初稿编写、研讨修改、终稿送审、批准发布等几个阶段。编制行业社团标准要在调查研究的基础上，报中国建筑装饰协会申请立项，经批准后方能进行编制。具体编制过程是由主编单位的执笔人先编出初稿，由参编人员进行修改、汇总、再修改等具体过程后形成送审稿。送审稿经过专家委员会审查，提出进一步修改意见后，经编制组修改后形成报批稿，报中国建筑装饰协会审批。

（3）行业社团标准的审批

行业社团标准由中国建筑装饰协会审批，批准后由中国建筑装饰协会以通知的形式予以发布。通知内容包括社团标准的名称、主编单位、编号、实施日期、出版发行单位等。审批后的中国建筑装饰协会CBDA标准，供市场自愿选用，为工程建设活动提供技术依据。

3. 截至2022年底，已公布实施的中国建筑装饰协会CBDA标准共64项，名称及编号如下。

（1）专业工程技术类

《绿色建筑室内装饰装修评价标准》T/CBDA 2—2016；

《商业店铺装饰装修技术规程》T/CBDA 5—2016；

《室内泳池热泵系统技术规程》T/CBDA 6—2016；

《轨道交通车站幕墙工程技术规程》T/CBDA 9—2017；

《寺庙建筑装饰装修工程技术规程》T/CBDA 10—2018；

《机场航站楼室内装饰装修工程技术规程》T/CBDA 11—2018；

《中国建筑装饰行业企业主体信用评价标准》T/CBDA 12—2018；

《轨道交通车站装饰装修施工技术规程》T/CBDA 13—2018；

《建筑装饰装修施工测量放线技术规程》T/CBDA 14—2018；

《电影院室内装饰装修技术规程》T/CBDA 15—2018；

《家居建材供应链一体化服务规程》T/CBDA 16—2018；

《轨道交通车站装饰装修设计规程》T/CBDA 17—2018；

《建筑装饰装修室内吊顶支撑系统技术规程》T/CBDA 18—2018；

《住宅室内装饰装修工程施工实测实量技术规程》T/CBDA 19—2018；

《医疗洁净装饰装修工程技术规程》T/CBDA 20—2018；

《轨道交通车站标识设计规程》T/CBDA 21—2018；

《幼儿园室内装饰装修技术规程》T/CBDA 25—2018；

《建筑装饰装修机电末端综合布置技术规程》T/CBDA 27—2019；

《建筑室内安全玻璃工程技术规程》T/CBDA 28—2019；

《既有建筑幕墙改造技术规程》T/CBDA 30—2019；

《住宅全装修工程技术规程》T/CBDA 32—2019；

《超高层建筑玻璃幕墙施工技术规程》T/CBDA 33—2019；

《建筑装饰装修工程施工组织设计标准》T/CBDA 35—2019；

《室内装饰装修改造技术规程》T/CBDA 36—2020；

《机场航站楼建筑幕墙工程技术规程》T/CBDA 37—2020；

《老人设施室内装饰装修技术规程》T/CBDA 38—2020；

《光电建筑技术应用规程》T/CBDA 39—2020；

《展览陈列工程技术规程》T/CBDA 40—2020；

《租赁住房装饰装修技术规程》T/CBDA 43—2020；

《博物馆室内装饰装修技术规程》T/CBDA 44—2020；

《民用建筑环境适老性能等级评价标准》T/CBDA 45—2020；

《建筑室内装饰装修制图标准》T/CBDA 47—2021；

《单元式玻璃幕墙施工和验收技术规程》T/CBDA 48—2021；

《建筑装饰装修室内空间照明设计应用标准》T/CBDA 49—2021；

《老年人照料设施建筑装饰装修设计规程》T/CBDA 50—2021；

《住宅装饰装修工程施工技术规程》T/CBDA 51—2021；

《医院建筑室内装饰装修技术规程》T/CBDA 52—2021；

《建筑装饰装修工程维修与保养标准》T/CBDA 53—2021；

《建筑装饰装修工程施工安全管理标准》T/CBDA 54—2021；

《住宅室内装饰装修工程质量验收标准》T/CBDA 55—2021；

《建筑幕墙设计师职业能力水平标准》T/CBDA 56—2021；

《建筑装饰装修工程BIM设计标准》T/CBDA 58—2022；

《绿色医学实验室装饰装修技术规程》T/CBDA 60—2022；

《建筑装饰装修工程绿色施工管理标准》T/CBDA 61—2022；

《健康家居室内装饰装修技术规程》T/CBDA 62—2022；

《室内照明设计师职业能力水平标准》T/CBDA 64—2022。

（2）专业产品技术类

《环氧磨石地坪装饰装修技术规程》T/CBDA 1—2016；

《建筑装饰装修工程BIM实施标准》T/CBDA 3—2016；

《建筑装饰装修工程木质部品》T/CBDA 4—2016；

《建筑幕墙工程BIM实施标准》T/CBDA 7—2016；

《室内装饰装修工程人造石材应用技术规程》T/CBDA 8—2017；

《室内装饰装修乳胶漆施工技术规程》T/CBDA 22—2018；

《硅藻泥装饰装修技术规程》T/CBDA 23—2018；

《轨道交通车站装饰装修工程BIM实施标准》T/CBDA 24—2018；

《建筑幕墙工程设计文件编制标准》T/CBDA 26—2019；

《搪瓷钢板工程技术规程》T/CBDA 29—2019；

《单元式幕墙生产技术规程》T/CBDA 31—2019；

《室内装饰装修金属饰面工程技术规程》T/CBDA 34—2019；

《幕墙石材板块生产技术规程》T/CBDA 41—2020；

《功能性内墙涂料》T/CBDA 42—2020；

《商业道具通用技术规程》T/CBDA 46—2021；

《家用不锈钢整体橱柜应用技术规程》T/CBDA 59—2022；

《建筑装饰室内石材及瓷板干挂技术规程》T/CBDA 63—2022。

以上标准都已由中国建筑工业出版社出版发行，在全国各地新华及相关书店公开售卖。

二、国家建设安全技术规范

国家建设安全技术规范是确保公共安全和人身与财产安全的重要保障，也是建筑装修装饰工程设计、施工、选材、验收的基本依据，对行业技术发展具有极为重要的强制性作用。

（一）与建筑装修装饰工程直接相关的安全技术规范

1.《民用建筑工程室内环境污染控制标准》GB 50325—2020

建筑装修装饰工程使用的大量材料中含有有毒、有害成分，会对人体造成伤害。《民用建筑工程室内环境污染控制标准》GB 50325—2020是为了预防和控制民用建筑工程中建筑材料和装修材料产生的室内环境污染，保障公众健康，维护公共利益，做到技术先进、经济合理。本规范所称室内环境污染系指由建筑材料和装修材料产生的室内环境污染。民用建筑工程交付使用后，非建筑装修材料产生的室内环境污染，不属于本规范控制范围。本规范适用于新建、扩建和改建的民用建筑工程室内环境污染控制，不适用于工业建筑工程、仓储性建筑工程、构筑物和有特殊净化卫生要求的房间。

2.《建筑内部装修设计防火规范》GB 50222—2017

（1）实施目的及适用对象

建筑装修装饰工程中使用大量可燃、易燃的材料和能够产生高温的设备、器材，是火灾产生的原因。《建筑内部装修设计防火规范》GB 50222—2017是为保障建筑内部装修的消防安全，贯彻“预防为主、防消结合”的消防工作方针，防止和减少建筑物火灾的危害，特制定的强制性设计规范。本规范适用于民用建筑和工业厂房等建筑物的内部装修设计。不适用于古建筑和木结构建筑的内部装修设计。

（2）基本内容

《建筑内部装修设计防火规范》GB 50222—2017共6章，分别就装修材料的分类和分级、特别场所、民用建筑、厂房仓库等装修设计进行了规范，并就装修材料燃烧性能等级划分、常用建筑内部装修材料燃烧性能等级划分等进行了列举。

图5-1是中国传统建筑防火设置的马头墙，可以看到古人建筑防火的经验和成果。

图5-1 古人防火设计的马头墙

（二）与建筑装修装饰工程相关的其他安全技术规范

建筑设计防火规范

（1）《建筑设计防火规范》GB 50016—2014（2018年版）实施目的

本规范是为了保卫社会主义建设和公民生命财产的安全，在城镇规划和建筑设计中贯彻“预防为主，防消结合”的方针，采取防火措施，防止和减少火灾危害，特制定的强制性设计规范。建筑防火设计必须遵循国家的有关方针政策，从全局出发，统筹兼顾，正确处理生产和安全、重点和一般的关系，积极采用行之有效的先进防火技术，做到促进生产、保障安全、方便使用、经济合理。

（2）《建筑设计防火规范》GB 50016—2014（2018年版）的适用对象

《建筑设计防火规范》2018年修订版修订完善了老年人照料设施建筑设计的基本防火技术要求；适用于下列新建、扩建和改建的建筑：厂房，仓库，民用建筑，甲、乙、丙类液体储罐（区），可燃、助燃气体储罐（区），可燃材料堆场，城市交通隧道。

（3）《建筑设计防火规范》GB 50016—2014（2018年版）的基本内容

《建筑设计防火规范》共12章和3个附录，分别就厂房（仓库），甲、乙、丙类液体，气体储罐（区）与可燃材料堆场，民用建筑，建筑构造，灭火，消防设施的设置，供暖、通风和空气调节，电气，木结构建筑，城市交通隧道等防火方面进行了相应的规范。

三、国家建设经济标准与规范

我国是由计划经济转型为社会主义市场经济的，国家在基本建设方面不仅有质量、安全技术规范，同时保留有经济规范。我国建设方面的经济规范主要是以工程建设造价定额表现的。

（一）工程造价定额的概念及基本内容

1. 工程造价定额的概念及本质

（1）工程造价定额的概念

工程造价定额是由建设行政主管部门制定的各类建设工程中单位工程价格的统一额度，一般由建设工程量的测量规范和单平方米造价额度控制两方面组成。建设工程量的测量规范是统一确定工程量的标准，是对业主或建设方、施工单位都具有强制约束力的长期性技术规范。单位工程价格统一额度，是在工程量测量规范基础上对工程建设中各种费用支出的货币数量进行的规范，是对业主建设方、施工的工程企业具有重要参考作用的经济标准。

（2）工程造价定额的本质

工程造价定额是国家建设行政主管部门为规范市场各方经济行为，维护各方主体经济权益对建设工程进行管理的一种强制性手段。由于工程造价定额具有较浓厚的计划经济的性质，对于建筑装修装饰行业这样一个完全市场竞争，工程造价受多种因素影响的行业具有很强烈的差异性，因此，工程造价定额长期处于变革之中。现在是由国家建设行政主管部门制定工程量测量、计算标准；地方建设行政主管部门制定工程价格统一额度，在没有地方工程造价统一额度的地区，可以参照其他地区规定的额度或市场价格。

2. 工程造价定额的特征

（1）工程造价定额的变动性

工程造价中各种支出的价格受多种社会、经济、政治、资源、技术等因素的影响，是处在不断变化的状态中。国家的农业、资源、城镇化建设政策，国际大宗商品价格的波动，社会对建筑装修装饰工程经济、技术标准的不断提升，业主诉求的多样性、复杂性等都处于不断地调整与优化中，工程造价定额不可能长期保持稳定性。市场各种要素价格的波动必然引发工程造价的变化，需要对定额做出及时的调整。因此，工程造价定额的科学性、稳定性和指导性，长期都受到行业内的高度质疑，成为近20多年来建筑装修装饰工程造价定额改革与完善的原动力。

（2）工程造价定额的指导性

工程造价定额的指导性在于尽管工程造价定额存在着不稳定性、不确定性，但在大规模的建筑装修装饰工程市场中，工程造价定额对统一业主、建筑装修装饰工程投资者、资源分配中介机构、设计与施工工程企业等具有很强的指导性作用，特别是在工程量测量、计算与确定中具有不可替代的作用。在市场价格错综复杂、表现参差不齐、性价比相差极大的市场环境下，工程造价定额对规范市场各方的市场行为具有重要的指导、约束、参考作用。

（3）工程造价定额的滞后性

工程造价定额是某一固定时点的材料、劳动力、管理措施等货币支出的货币表现。在国家广义货币持续超发、社会劳动关系日益规范、福利制度不断提高水平、建筑装修装饰技术要求不断提高、劳动力成本因政策约束不断增加的条件下，建筑装修装饰工程中的费用支出是在按月、日不断增加的。即使是最先进的工程造价定额，也是按照某一时点标准编制的，对于发展与提高中的实际费用支出，永远表现出与市场价格变动的滞后性。

3. 工程造价定额的基本内容

（1）价格控制的内容

建设行政主管部门对单位平方米的工程造价定额的控制，随着我国经济、政治体制的深化改革在不断变化，建设行政主管部门对单项与专项工程价格的统一价格额度的管理在不断地弱化，编制的权力也在不断地下放，与市场各种资源价格的对接也越来越紧密。随着我国改革开放的深化，与全球经济的融合程度越来越高，工程定额中的分项、子项工程的价格统一额度，弹性会越来越大，指导的灵活性也会越来越强。

（2）工程量控制的内容

对工程造价定额的控制，越来越表现为工程量的测量、计算与确定等方面。因此，根据国际工程建设管理经验，工程量的控制是工程建设的核心，必须进行统一的规范，要由国家制定工程量的测量、计算与确定的规范。我国现行的工程量控制规范为《房屋建筑与装饰工程工程量计算规范》GB 50854—2013，是由中华人民共和国住房和城乡建设部发布的一部强制性规范。

（二）工程量清单报价的概念及基本内容

1. 工程量清单报价的概念及本质

（1）工程量清单的概念

工程量清单就是依据国家《房屋建筑与装饰工程工程量计算规范》GB 50854—201 及国家或省级建设行政主管部门颁发的计价依据和办法；建设工程设计文件，包括经审定的施工设计图纸及其说明、经审定的施工组织设计或施工技术措施方案，经审定的其他有关技术经济文件；与建设工程项目有关的标准、规范、技术资料；招标文件及其补充通知、答疑纪要；施工现场情况、工程特点及常规施工方案等，编制的工程分部分项工程汇总表。

（2）工程量清单的本质

工程量清单是由具有编制能力的招标人或受其委托具有相应资质的工程造价咨询人或招标代理人编制的招标文件的重要组成部分，是工程量清单计价的基础，是编制招标控制价、投标报价、计算工程量、支付工程款、调整合同价款、办理竣工结算以及工程索赔等的依据之一，在规范建设工程项目运作中具有极为重要的作用。

2. 工程量清单报价的特征

（1）体现了量、价分开的原则

工程量清单由分部分项工程项目编码、项目名称、项目特征、计量单位和工程量五个要件组成，表明了分部分项工程量，体现了量、价分离的原则。工程量清单分为分部分项工程项目和措施项目两部分，都是只表明项目编码、项目名称、项目特征、计算单位、工程量或工程量计算规则，不涉及具体造价水平及各项费用的具体支出。

（2）统一了工程量的计算与表示方法

编制工程量清单必须根据国家《房屋建筑与装饰工程工程量计算规范》GB 50854—2013规定的分部分项工程项目编码、项目名称、项目特征、计量单位和工程量计算规则进行编制，使全国建设工程的工程量清单规范、统一，市场各方主体对其的运用也更加普及。

（3）规范了市场竞争

工程量清单中的项目特征，要结合拟建工程项目的实际予以准确、全面的描述。是确定一个清单项目综合单价不可缺少的重要依据，也是施工企业编制施工组织设计的基本依据，在整个过程实施中都是重要的技术指导资料，对规范市场竞争具有重要的作用。

3. 工程量清单的基本内容

（1）分部分项工程项目编码

分部分项工程量清单的项目编码，用12位阿拉伯数字构成。第一、第二为专业工程代码，如房屋建筑与装饰工程为01，仿古建筑工程为02；第三、四位为国家《房屋建筑与装饰工程工程量计算规范》GB 50854—2013附录中分类顺序码；第五、六位为分部工程顺序码；第七、八、九位为分项工程顺序码；第十、十一、十二位为清单项目名称顺序码。

（2）分部分项工程名称

分部分项工程量清单中的工程名称按照《房屋建筑与装饰工程工程量计算规范》GB 50854—2013附录中的项目名称，结合拟建工程的实际确定。

（3）项目特征

分部分项工程量清单项目特征应按照《房屋建筑与装饰工程工程量计算规范》GB 50854—2013附录中规定的项目特征，结合拟建工程项目实际运用的技术和主要构造的材料予以准确、全面的描述。

（4）计量单位

分部分项工程量清单的计量单位应按《房屋建筑与装饰工程工程量计算规范》GB 50854—2013附录中规定的计量单位确定。附录中有两个以上计量单位的，应结合拟建工程项目的实际情况，选择其中一个确定。

（5）项目汇总

每一项目汇总的有效位数应遵守以下规定：以“t”为单位的，应保留小数点后三位数字，第四位小数四舍五入；以“m、m^2、m^3、kg”为单位的，应保留小数点后两位数字，第三位小数四舍五入；以“个、件、根、组、系统”为单位的，应将小数晋升一个数取整数。

（6）补充项目

在拟建工程中如果出现《房屋建筑与装饰工程工程量计算规范》GB 50854—2013附录中未包括的项目，编制人应做补充，并报省级或行业工程造价管理机构，汇总后报住房和城乡建设部标准定额研究所。编制补充项目时应注意以下两个方面。

①补充项目的编码应按《房屋建筑与装饰工程工程量计算规范》GB 50854—2013的规定确定，由01、B和三位阿拉伯数字组成，并应从01B001起顺序编制，同一招标工程的项目不得重码。

②在工程量清单的编码应附补充项目的名称、项目特征、计量单位、工程量计算规则、工程内容。

4. 编制工程量清单的技术要领

（1）分析设计图纸

要认真研究、仔细阅读装修装饰工程图纸，理解设计师的设计意图，分析工程的档次、风格并准确定位。

（2）审核设计图纸

要对装修装饰工程设计图纸的完整性及相关技术参数进行审核，包括设计图纸中有关材料、部品、部件的设计资料及相关经济、技术指标。了解工程的标段划分情况，是否由甲方供应材料及甲方专业分包项目等。

（3）分标段、楼层、房间或部位计算工程量

在建筑室内按照地面、墙（柱）面、顶棚、固定家具、门窗隔断等顺序分别列大项。在分部工程项下再按照施工工序列出细项，以保证工程清单不丢项。地面工程从垫层、防水、找平层或基层到面层、踢脚线、地面装饰线或分隔线，要特别注意地面是否有抬高、地沟砌筑、地沟盖等项目。门窗隔断工程按楼层进行计算和统计；楼梯装修装饰按整栋或整个项目进行计算和统计。

（4）列出暂定价或暂估价

对于设计图纸不明确的项目，必须根据装修装饰工程项目的使用功能、装修装饰风

格、追求的文化及艺术效果、档次等给出暂定价或暂估价，在进一步明确后再进行完整的计算和统计。

第三节　地方及企业建设法规与技术规范

根据我国宪法，各地方人民代表大会及其常设机构有立法权，可以根据地方经济、社会发展需要制定地方性法规。地方性法规在不违背国家法律的条件下，对地方各项活动具有约束力。

一、地方建设法规与技术规范

城市建设是各级政府、人大常务委员会高度关注的一项重要事业，也是拉动地方经济、社会发展的重要基础性建设。在改革开放后大规模的城市建设中，各地方人民代表大会常务委员会制定了一批地方性建设法规及建设技术规范，对地方建筑及建筑装修装饰活动进行了规范。

（一）地方建筑装修装饰的法规

我国地域广阔，地区间经济、技术、文化、社会发展水平存在较大差异，建筑装修装饰行业的发展水平也极不平衡。为了适应地区建筑装修装饰发展需要，各地制定了一批相关的建筑装修装饰的法规、标准，形成了地方层面上的法规体系。

1. 地方建设法规的概念

由各地方人民代表大会或建设行政主管部门根据地方建筑装修装饰市场的实际情况和发展要求，按照立法程序制定的地方性政策、规定，一般是以“管理条例”“管理办法”等形式发布实施。我国建筑装修装饰行业较为发达地区，如北京、上海、天津、重庆、山东、江苏、浙江、安徽等很多省、市，建设行政主管机构都编制并发布实施了一批地方建设行政法规，对规范地区建筑装修装饰市场发挥了重要作用。

2. 地方建设法规的特点

地方建设法规是以国家法律为依据，在法规的体系、实施目标、主要措施等方面要同国家法律相一致，不得有实质上的差别。一般都是结合当地建筑装修装饰行业发展的实际情况和市场的需要制定并颁布实施的，如为了规范住宅装修装饰市场，很多地方建设行政主管部门制定了住宅装修装饰市场准入制度，设立住宅装修装饰专业资质或其他形式的资格认证，填补了住宅装修装饰市场管理环节中的空白。

3. 地方建设法规的作用

由于地方建设行政主管部门只负责本地区的建设事业管理，因此地方性行政法规，一般是由建设行政主管机构颁布实施。地方性建设法规在地区内具有强制性，在该地区从事建筑装修装饰工程活动必须遵守当地行政法规的要求。我国正处在城镇化、工业化快速发展期，各地的建设任务繁重，但经济与技术发展水平存在较大差异，制定和实施地方建设法规，对规范地方市场管理发挥着重要作用。

（二）地方建设技术标准

我国地区间自然条件存在着较大的差异，技术发展水平也不平衡，必然产生制定地方性技术标准的需求。建筑装修装饰行业经过30多年的发展，已经初步形成了地方建设标准体系。

1. 地方建设技术标准的概念

是由地方建设行政管理部门根据地区建筑装修装饰行业技术发展水平和质量要求，制定并颁布实施的地方性建设标准。在我国经济较为发达、建筑装修装饰市场规模较大的地区，都颁布实施了一批地方建设技术标准，如北京市的《高级建筑装饰工程质量检验评定标准》、浙江省的《建筑装修装饰工程质量评价标准》、天津、重庆、山东、江苏、安徽等省的《住宅室内装修装饰工程验收规范》等，对规范地区建筑装修装饰市场发挥了重要作用。

2. 地方建设标准的特点

地方性建设技术标准一般是在以下两种情况下编制的。第一是尚未有国家标准的技术领域，如住宅装修装饰工程质量验收，地方标准填补了标准体系在该领域的空白。第二是国家标准的相应经济、技术指标要考虑全国的平均水平，确定的较低，不利于地方行业的健康发展，需要以地方标准提高相应的技术指标要求。所以，地方技术标准在相关经济、技术指标上要严于国家相应标准，是对国家标准相应指标的升级。

3. 地方性建设技术标准的作用

地方性建设技术标准是地区内从事建筑装修装饰工程活动的质量判定依据，具有权威性和强制性。在地区内进行建筑装修装饰工程活动，必须符合地方建设技术标准的要求。

二、企业技术规范、标准

企业作为市场主体，向社会提供建筑装修装饰工程作品的过程中，会有一系列对事物、过程的评判标准，即企业的标准化体系。企业技术标准的完备状况、技术指标的水平、执行的力度，直接决定了企业提供产品与服务的质量，也决定了企业的社会地位。

（一）企业技术标准的概念及形式

1. 企业技术标准的概念及必要性

（1）企业技术标准的概念

由企业根据自身的装备水平、技术能力、产品与服务的质量要求等制定的对企业内部经营、工程等活动进行约束的技术规范与标准，是企业拥有的最重要的无形资产，也是企业拥有的自主知识产权的重要表现形式。

（2）编制企业技术标准的必要性

企业之间由于机具装备、人员素质、管理能力的不同，向社会提供的产品与服务的质量就不同。技术先进的企业为了展现自身的技术实力和质量水平，提高企业的市场竞争力，就需要制定本企业的技术标准，体现出市场中客观存在的技术、质量差别。编制企业技术标准不仅是企业参与市场竞争、提高中标率的需要，也是行业内先进企业的重要社会责任和技术实力的重要表现形式。

2. 企业标准的表现形式

企业标准主要是为了指导、监督企业的生产经营活动全过程的质量控制，是一个较为完整的体系，分别表现为规范、标准、工法与工艺。

（1）企业规范

对经营与生产等活动过程的质量控制与检验一般称为规范。建筑装修装饰工程企业编制的规范，一般是对过程的流程、行为的方式、处理的标准等进行的规范，如工程设计流程、材料采购制度、客户接待流程、办事流程等约束性制度。企业规范一般作为企业内部的规章制度，只在企业内部执行，不需要报有关部门备案，但在社会考核和评价企业管理水平与能力中需要展示。

（2）企业标准

对产品与服务的质量控制与检验一般称为标准。建筑装修装饰工程企业的标准由工作标准、施工质量标准、产品质量标准三部分组成。工作标准是考核工作效率与质量时使用的评价体系，一般只在企业内部使用，但在考核分包劳务队伍、材料供应商、专业分包商时也可作为重要考核指标。施工质量标准是建筑装修装饰工程企业标准的主体，是考核施工过程管理能力与效果的评价体系，是向社会公布并由业主、质量管理监督部门执行的公开标准。产品质量标准是企业生产加工部件、构件及采购材料、部品时的评价体系，也是建筑装修装饰工程企业重要的标准。

（3）企业工法

对具体分项工程的质量控制与检验一般称为工法。建筑装修装饰工程企业的工法建设是企业标准建设的重点，工法的完备水平，体现了企业的技术实力和技术管理水平。工法是指导施工的最主要的约束性技术文件，其涵盖范围对工程质量具有最直接的保障作用，展现了企业的技术管理细度与深度。工法一般由工艺流程、工艺技术要领、工艺纪律等组成，包括了分项工程的整个施工过程，是分项工程施工质量管理与控制的最主要的依据。

（4）企业工艺

对具体材料的使用及工序的质量控制与检验一般称为工艺或工艺纪律。建筑装修装饰工程企业的工艺纪律是根据材料的物理、化学性能，对施工过程中的配比、使用技术要领、工艺等待时间、检测技术数据指标等进行的规范。工艺纪律是工法的重要组成部分，一般是由材料生产经营厂商提供原始资料，由工程企业的技术管理职能部门经过实验、检测后制定。工艺纪律是保证材料科学使用，保证工程质量的技术文件，体现了企业的技术管理能力与水平。

3. 企业标准的备案

企业编制企业标准后，要经过不断的修订、完善，使其版本同标准、规范的规范化文本相一致，并将标准、规范送到地方质量检测监督部门备案后方能成为正式标准，并得到社会、行业认可。

（二）企业标准的特点及作用

1. 企业标准的特点

（1）企业标准的先进性

企业标准代表了当前行业生产力发展的最高水平，是少数先进企业质量话语权的重要表现。因此，企业标准在相应的经济、技术指标上的要求，要严于国家标准和地方标准。国家标准是略高于全国平均水平的技术与产品标准；地方标准是略高于地方平均水平的技术与产品标准；企业标准是要把企业技术与产品的质量优势用文字表达，以区别于行业内的其他企业，是表明企业技术先进性的主要形式。

（2）企业标准的完善性

企业编制标准是最重要的基础性工作，涵盖了企业生产经营的全过程，约束了企业所有人员的行为使之规范化。一个企业的标准化建设水平，直接反映了企业的管理水平与能力，是企业实力的重要表现形式。俗语有“一流的企业编制标准”，指的就是一流的企业一定要有完整、完善的标准体系，使其标准化水平高于其他企业，形成市场优势。

（3）企业标准的可操作性

企业制定的标准、规范或工法等依据的是企业掌控的资源水平和技术装备水平，与企业的经营、工程等活动联系非常紧密，就是要指导和提升企业技术能力，必须密切结合企业实际。由于标准的制定针对性强、与企业客观情况吻合度高，广大员工对标准的理解程度深、可操作性强，对提升企业的技术能力更有推动作用。

（4）企业标准的多层次性

企业编制的标准，有规范、标准、工法、工艺纪律等多个层次，涉及企业生产经营的全过程、员工工作的各方面、施工作业的各环节。企业标准表现的形式多种多样、约束力涵盖企业内部及有业务联系的外部企业。企业标准的多层次、多样化，约束力度多极化、约束对象多元化，与国家标准与地方标准有较大区别。

2. 企业标准的作用

我国优秀的建筑装修装饰企业，近几年加强了企业标准建设，不仅体现出企业技术管理水平的提高，也推动了行业技术与管理水平的提升。

（1）企业标准的基础性作用

企业标准是行业、国家标准的基础，很多企业标准经过地方有关部门的修改后，就成了地方技术规范、标准。国家技术规范标准的编制中，不仅要吸收标准化建设先进企业的人员参加编制，而且企业标准也是编制国家规范、标准过程中的重要参考、参照资料。

（2）企业标准的带动性

企业标准是带动企业技术发展的动力，企业标准中考核数据指标的提高，体现的是企业管理、施工技术等方面的创新与升级，是企业技术管理发展的产物。先进企业的技术创新与发展带来的溢出效应，必将带动整个行业管理与技术的升级换代。

（3）企业标准的规范性作用

不同的企业标准化工作的水平不同，企业的技术管理与发展的能力也就不同。优秀企业的企业标准建设水平，会逐渐成为社会分配市场资源的重要依据，对整顿和规范建筑装修装饰工程市场具有重要作用。企业标准向社会公布、展示的结果，使建筑装修装饰市场更为透明、公正，对净化市场秩序、规范市场竞争、科学配置工程资源具有重要作用。

第四节　建筑装修装饰市场的资质管理

在建筑装修装饰市场中资质管理是一项基本制度。我国建设工程运作主要有三项基本制度。第一是招标投标制度主要用于分配工程资源，第二是监理制度主要用于工程项目的实施，第三是资质管理制度主要用于工程市场的准入。

一、我国建筑业资质管理的概念及演变

对建筑业企业实行资质动态管理是我国基础建设领域的一项基本制度，对企业的生存与发展的影响作用极为强烈，是包括建筑装修装饰工程企业在内的所有工程企业必须高度重视的基础性工作。

（一）资质管理的概念及本质

1. 资质的含义及本质

（1）资质的概念

资质是国家行政管理机关依照中华人民共和国行政许可法对企业资格、能力、品质的认证，是最具权威性的政府认证。建筑业工程企业资质是国家建设行政管理机关依照中华人民共和国行政许可法对企业的资金、经营能力、工程管理水平、工程业绩等进行审核，按照资质等级标准的规定和要求对建筑业工程企业进行的认证，是企业承接建设

工程的首要必备条件。

（2）资质的本质

资质是国家行政管理机关依照法律的规定对工程企业承接工程能力的资格认证，其本质是建筑业工程企业进入市场的准入证，是国家为企业进行的事前担保并为企业划分等级、指出发展方向。未取得相应工程设计、施工资质进行的工程设计、施工活动都是非法的，工程活动的所有参与者都要受到建设行政主管部门的惩罚。超过资质等级承接工程的，工程业主、承建商也会受到建设行政主管部门的处罚。

资质作为一种行政审批，其对企业的考核指标体系的构成及考核办法，不仅对企业有强大的引领作用，对整个市场也有很强烈的影响。如果标准设定的考核指标体系严重脱离企业工程项目运作的实际需要和市场的基本要求，就会引发市场的混乱。如把相关技术人员数量定得过多、专业技术级别定得过高，不仅会使企业采用非常规的手段满足人员考核指标的要求，也会引发人力资源市场专业技术人员价格的畸形升高，造成市场的混乱。所以，资质管理是一项政策性极强的管理，需要特别细致、严密、谨慎，否则将严重制约企业及市场的活力。

随着我国市场经济体系的不断完善和建筑业发展的日益成熟，企业发展的制度环境对企业活力的释放具有越来越重要的作用，资质标准与管理办法也就成为优化制度环境的重要内容。在深化经济体制改革过程中，资质作为政府市场准入虽然会长期存在，但其对资源配置的作用会日趋淡化。在国家建设行政管理机构将工程建设的事前管控转为事中监管和事后督查中，资质标准与资质管理办法也将进行调整，以通过制度创新创造有利的制度环境，激发市场活力，创造大众创业、万众创新的局面。

2. 对建筑业工程企业实行资质管理的必要性

（1）有利于市场的规范

在大规模基本建设的条件下，各类工程企业数量增长快、人员发展迅猛，使得市场中的各类工程企业的素质良莠不齐、差异很大。建筑业企业如何发展，要达到的目标是什么，很多企业领导者还很迷茫。资质管理制度不仅使施工企业明确了发展的方向，也明确了企业在注册资本金、工程技术人员、工程管理人员要达到的规模和企业领导、技术负责人等的工作能力和业务水平，同时按照资质等级承接相应的工程对规范业主、市场的行为具有很强的约束力。

（2）有利于提高工程质量

改革开放初期，我国建筑工程质量事故频发，在建楼盘垮塌的恶性质量事故每年有一百多件，其主要原因是施工企业素质与能力差。自实行建筑工程企业资质管理之后，情况逐年好转，恶性质量事故逐年回落，说明资质管理扼制住了恶性质量事故的源头。资质管理制度通过规范工程市场资源配置和引导工程企业发展，起到了保证建设工程质量的作用。

（3）有利于优秀企业的发展

资质管理或类似的等级认证制管理在国际建设工程市场是市场管理的惯例，不仅具有市场保护的意义，也对促进企业发展，特别是优秀企业的快速发展具有巨大的推动作用。率先取得高资质等级的优秀企业，可以借助高资质等级的竞争优势获取大型工程的设计、施工合同，增加企业大型工程业绩和工程承建经验，为开拓市场、提升持续发展能力奠定坚实的基础。

（二）建筑装修装饰行业资质演变

1. 资质类别的演变过程

（1）建筑装饰装修专业承包资质

建筑装饰装修专业承包资质是最早为建筑装修装饰工程企业设定的建筑装饰工程资质，于1989年开始实施。建筑装饰装修专业承包资质在设立初期包含了建筑物的内外装修工程的设计、施工，取得资质的企业可以在资质标准规定的范围内承接建筑幕墙、建筑装修工程的设计、施工。

（2）建筑装修装饰专项工程设计资质

建筑装修装饰设计资格于1990年设立，当时称为设计资格，后设立建筑装修装饰专项工程设计资质，于1995年开始实施。设计资质设立以后，建筑装修装饰工程企业未获取设计资质的，不得承接建筑装修装饰工程设计，标志着建筑装修装饰设计、施工两个阶段的分离。绝大多数建筑装修装饰工程企业需要取得设计、施工两个资质之后才能完整地承接建筑装修装饰工程项目。

（3）建筑幕墙专业承包资质

建筑幕墙专业承包资质于1996年开始实施，建筑物内外装修装饰正式分为建筑装修装饰和建筑幕墙两个专业细分市场。同年设立建筑幕墙专项工程设计资质，建筑幕墙设计、施工两个阶段分离，建筑幕墙工程企业需要取得设计、施工两个资质才能完整地承接建筑幕墙工程。

（4）设计与施工资质

2006年建设部新设立了设计与施工一体化资质，包括建筑装饰装修、建筑幕墙、建筑智能化和消防工程4个专项工程。取得设计与施工资质的企业，可以总承包一个工程项目的设计、施工。

2. 资质标准的修订过程

（1）建筑装饰装修专业承包资质的修订

建筑装饰装修专业承包资质标准于1999年全国建筑业资质调整中进行了较大幅度的修订，主要是根据国家经济和行业发展的客观实际，结合建筑装修装饰工程变化的特点，提高了各级资质在注册资本金、专业工程技术人员、工程管理人员等方面的考核标准，提升了达到标准的数据指标。原已取得资质的建筑装修装饰工程企业按新资质标准就位。

由于此次资质调整规定，取得主营业务为专项工程资质的企业，不得申报总承包资质，致使大量的改造性装修装饰工程项目，建筑装修装饰工程企业由于资质范围不足而无法承接，严重影响到企业生存和行业发展。经协会的大力协调和企业的积极争取，2002年建设部同意建筑装饰装修专业承包一级资质企业，可以取得房屋建设总承包二级以下资质，但不得承接主体施工。房屋建设总承包资质成为大型建筑装修装饰工程企业的必备资质。

（2）建筑装修装饰专项工程设计资质的修订

建筑装修装饰专项工程设计资质标准于2007年进行了最新一次修订，主要是依据建筑装修装饰工程的实际和大专院校学科设置变化、设计手段的发展等，对设计资质标准中的工程技术人员的专业配置和数量进行了调整，提高了部分专业技术人员的考核标准。已取得建筑装修装饰专项工程设计资质的企业，在资质复验审核时按新标准进行。

（3）新一轮资质标准的修订

2012 年开始，在国务院简政放权，减少行政审批事项，转变政府职能的统一部署下，对建筑业企业资质标准进行了一次全面的修订。在简政放权、依法行政的总原则下，对资质的专业设置、考核指标设定、专业构成体系、专业划分、等级序列、考核内容、考核指标、管理办法等进行了大幅度调整。经过此次修订，资质标准与现行的管理职能、管理权限、市场基本要求、工程资源配置依据与企业实际运作更为吻合。

从整个资质体系上分析，此次修订大幅度削减了专业资质的数量，专业工程承包资质由60个削减为36个，专业工程设计资质由155个削减到96个；调整专业工程的级别数量，绝大多数专业工程调整为二个级别；调整了企业资产考核指标，取消了注册资本金和工程结算收入考核指标，普遍提高了企业净资产考核指标；调整了主要人员考核指标，取消了对企业经理、总会计师等考核、降低工程技术人员总数及职称等级要求，增加了现场管理人员及技术工人的要求；提高了最低等级工程承接的规模，增大了不同等级资质之间的业绩搭接；取消了主项资质的规定和增项数量、序列限制等。具体到建筑装修装饰行业，主要表现在以下几个方面。

①停止了设计与施工一体化资质的受理，中止了此项资质。

②修订了《建筑装修装饰工程专业承包资质标准》和《建筑装修装饰专项工程设计资质标准》。

③由于取消了序列限制，建筑装饰工程企业可以申请办理《建筑工程施工总承包资质》，为实现建设工程项目总承包提供了资质条件。

3. 建筑装修装饰行业资质演变的目标

由于资质属于行政审批的范畴，在简政放权，让市场在资源分配中发挥决定性作用的大方向上，逐步进行修订。每次资质标准的修订，都遵循减少行业、专业数量；降低相关技术人员要求，特别是对注册人员配备的专业、数量要求；简化资质的等级设置；

完善并简化申报的方式、方法、程序、内容等几个基本原则进行市场调研和标准修编。所以，资质管理演变的总趋势是资质标准向简便化、标准化、通用化方向发展，最终形成无专业、无等级的建筑业企业资质，以逐步淡化资质对企业经营活动的束缚，最大限度地扩大企业的业务范围、激发企业的市场活力。

二、工程企业的施工资质

根据相关法规，结合各行业工程施工特点，我国将建设工程企业承揽工程施工资质分为工程总承包、专业工程承包、劳务分包三类。

（一）工程总承包专业资质

1. 总承包资质的分类

我国按照国民经济部门分类，将建设工程分为12大类，分别设置了12个工程总承包专业。12个总承包专业分别是房屋建筑、公路、铁路、港口与航道、水利水电、电力、矿山、冶炼、化工石油、市政公用设施、通信、机电安装工程。

2. 总承包资质的申报与标准

建筑工程企业取得各项专业的工程总承包资质，只能在专业工程的资质等级标准规定范围内承接工程，如果要承接本专业外的建设工程，必须取得相应专业的总承包资质，并在资质等级标准规定的范围内承接工程。以房屋建筑总承包资质为例，房屋建筑总承包资质分为特级、一级、二级、三级4个级别。标准就企业资信、专业技术人员、科技进步水平、工程业绩等做出规定，建筑装修装饰工程企业一般只能达到最低的三级水平。

3. 承包工程范围

（1）特级企业

取得施工总承包特级资质的企业可承担本类别各等级工程施工总承包、设计及开展工程总承包和项目管理业务；取得房屋建筑、公路、铁路、市政公用、港口与航道、水利水电等专业中任意1项施工总承包特级资质和其中2项施工总承包一级资质，即可承接上述各专业工程的施工总承包、工程总承包和项目管理业务，及开展相应设计主导专业人员齐备的施工图设计业务；取得房屋建筑、矿山、冶炼、石油化工、电力等专业中任意1项施工总承包特级资质和其中2项施工总承包一级资质，即可承接上述各专业工程的施工总承包、工程总承包和项目管理业务，及开展相应设计主导专业人员齐备的施工图设计业务；特级资质的企业，限承担施工单项合同额3000万元以上的房屋建筑工程。

（2）一级资质

可承担单项合同额3000万元以上的下列建筑工程的施工：①高度200米以下的工业、民用建筑工程；②高度240米以下的构筑物工程。

（3）二级资质

可承担下列建筑工程的施工：①高度100米以下的工业、民用建筑工程；②高度120

米以下的构筑物工程；③建筑面积4万平方米以下的单体工业、民用建筑工程；④单跨跨度39米以下的建筑工程。

（4）三级资质

可承担下列建筑工程的施工：①高度50米以下的工业、民用建筑工程；②高度70米以下的构筑物工程；③建筑面积1.2万平方米以下的单体工业、民用建筑工程；④单跨跨度27米以下的建筑工程。

4. 备注

（1）建筑工程是指各类结构形式的民用建筑工程、工业建筑工程、构筑物工程以及相配套的道路、通信、管网管线等设施工程。工程内容包括地基与基础、主体结构、建筑屋面、装修装饰、建筑幕墙、附建人防工程以及给水排水及供暖、通风与空调、电气、消防、防雷等配套工程。

（2）建筑工程相关专业职称包括结构、给排水、暖通、电气等专业职称。

（3）单项合同额3000万元以下且超出建筑工程施工总承包二级资质承包工程范围的建筑工程的施工，应由建筑工程施工总承包一级资质企业承担。

（二）专项工程承包资质

1. 专业承包资质的分类

专业承包序列设有36个类别，建设工程企业必须取得专业承包资质，才能在资质等级标准规定的范围内承接工程施工。我国资质管理办法规定，每个工程企业除主营业务外，还可申请的其他专业资质的数量不受限制，但应在取得相应专业资质等级后，按照资质等级标准规定的范围内承接工程。

2. 建筑装修装饰工程专业承包资质标准

建筑装修装饰工程专业承包资质是经多次资质变革后保存的专业资质，现分为一级、二级。此项资质目前仍处在变动中。

（1）一级资质标准

①企业资产：净资产1500万元以上。

②企业主要人员：第一，建筑工程专业一级注册建造师不少于5人。第二，技术负责人具有10年以上从事工程施工技术管理工作经历，且具有工程序列高级职称或建筑工程专业一级注册建造师（或一级注册建筑师或一级注册结构工程师）执业资格；建筑美术设计、结构、暖通、给排水、电气等专业中级以上职称人员不少于10人。第三，持有岗位证书的施工现场管理人员不少于30人，且施工员、质量员、安全员、材料员、造价员、劳务员、资料员等人员齐全。第四，经考核或培训合格的木工、砌筑工、镶贴工、油漆工、石作业工、水电工等中级工以上技术工人不少于30人。

③企业工程业绩：近5年承担过单项合同额1500万元以上的装修装饰工程2项，工程质量合格。

（2）二级资质标准

①企业资产：净资产200万元以上。

②企业主要人员：第一，建筑工程专业注册建造师不少于3人。第二，技术负责人具有8年以上从事工程施工技术管理工作经历，且具有工程序列中级以上职称或建筑工程专业注册建造师（或注册建筑师或注册结构工程师）执业资格；建筑美术设计、结构、暖通、给排水、电气等专业中级以上职称人员不少于5人。第三，持有岗位证书的施工现场管理人员不少于10人，且施工员、质量员、安全员、材料员、造价员、劳务员、资料员等人员齐全。第四，经考核或培训合格的木工、砌筑工、镶贴工、油漆工、石作业工、水电工等专业技术工人不少于15人。第五，技术负责人（或注册建造师）主持完成过本类别工程业绩不少于2项。

（3）承包工程范围

①一级资质：可承担各类建筑装修装饰工程，以及与装修工程直接配套的其他工程的施工。

②二级资质：可承担单项合同额2000万元以下的建筑装修装饰工程，以及与装修工程直接配套的其他工程的施工。

③注：第一，与装修工程直接配套的其他工程是指在不改变主体结构的前提下的水、暖、电及非承重墙的改造。第二，建筑美术设计职称包括建筑学、环境艺术、室内设计、装潢设计、舞美设计、工业设计、雕塑等专业职称。

（三）劳务分包资质

施工劳务序列不分类别和等级。

1. 施工劳务企业资质标准

（1）企业资产

净资产200万元以上。具有固定的经营场所。

（2）企业主要人员

①技术负责人具有工程序列中级以上职称或高级工以上资格。

②持有岗位证书的施工现场管理人员不少于5人，且施工员、质量员、安全员、劳务员等人员齐全。

③经考核或培训合格的技术工人不少于50人。

2. 承包业务范围

可承担各类施工劳务作业。

三、工程企业的设计资质

工程设计是城市建设中最为重要的环节，直接决定投资效益和城市建设水平。因此，国家建设行政主管部门设置了工程设计资质，对从事设计的单位进行市场准入管理。从事工程设计的企业必须取得相应的设计资质，才能在资质标准规定的范围内承接工程设计任务。

（一）工程设计资质的序列

根据相关法规，结合各行业工程设计特点，我国将建设工程设计划分为工程设计综合资质、工程设计行业资质、工程设计专业资质和工程设计专项资质4个序列，分别制定了相应标准。

（二）各序列工程设计资质标准

1. 工程设计综合资质

（1）工程设计综合资质的概念

工程设计综合资质是指涵盖21个行业的设计资质。我国将工程设计分为21个行业，具有工程设计综合资质的设计机构，可以承接21个行业的工程设计任务，因此是工程设计的最高资质等级，工程设计综合资质只设甲级。

（2）工程设计综合资质的申报与标准

国家建设行政主管部门对工程设计综合资质进行审核中，在企业资历和信誉、技术条件、技术装备及管理水平方面制定了考核标准。企业满足资质考核条件，通过申报、审核、批准后，方能取得工程设计综合资质。

2. 工程设计行业资质

（1）工程设计行业资质的概念

工程设计行业资质是指涵盖某个行业资质标准中全部设计类型的设计资质。包括建设项目的主体工程和配套工程（含厂、矿区内的自备电站、道路、专用铁路、通信、各种管网管线和配套的建筑物等）以及相应的工艺、土木、建筑、环境保护、水土保持、消防、安全、卫生、节能、防雷、防震、照明工程等。工程设计行业资质设甲、乙两个级别，建筑、市政公用、水利、送变电、农林和公路行业设丙级资质。

（2）工程设计行业资质的申报与标准

国家建设行政主管部门对工程设计行业资质进行审核，在企业资历与信誉、技术条件、技术装备及管理水平方面制定了考核标准。企业满足相应等级的资质考核条件，可以向建设行政主管部门提出申请，交报相关资料，经建设行政主管部门审核、批准后方能取得工程设计行业资质。

3. 工程设计专业资质

（1）工程设计专业资质的概念

工程设计专业资质是指某个行业资质标准中的某一个专业的设计资质，当前我国共设立了155个专业，在此轮的工程设计资质修编中，将减少到96个专业。工程设计专业资质设甲、乙、丙级，建筑工程专业设计设丁级。

（2）工程设计专业资质的申报与标准

国家建设行政主管部门对工程设计专业资质进行审核，在企业资历与信誉、技术条件、专业人员配备、技术装备、工程业绩及管理水平等方面制定了考核标准。企业满足相应等级的资质考核条件，可以向建设行政主管部门提出申请，交报相关资料，经建设行政管理部门审核、批准后，方能取得工程设计专业资质。

4. 工程设计专项资质

（1）工程设计专项资质的概念

工程设计专项资质是指为适应和满足行业发展的需求，对已形成产业的专项技术独立进行设计，以及设计、施工一体化而设立的资质，目前共有8个专项资质，分别是建筑装修装饰、建筑幕墙、消防，智能化，照明、园林景观、环境保护、轻型钢结构。工程设计专项资质标准按不同专项工程设立不同资质等级，建筑装修装饰专项工程设计资质分为甲、乙、丙三个级别。

（2）工程设计专项资质的申报与标准

国家建设行政管理部门对工程设计专项资质进行审核，在企业资历与信誉、技术条件、技术装备及管理水平方面制定了考核标准。企业满足相应等级的资质考核条件，可以向建设行政主管部门提出申请，交报相关资料，经建设行政管理部门审核、批准后，方能取得工程设计专项资质。

四、工程企业资质管理

（一）建设工程企业资质管理办法

1. 建设工程企业资质动态管理

我国对建设工程企业资质实行动态管理，根据企业发展的实际情况对资质等级进行晋升和降级处理。

（1）企业资质动态管理的概念

企业资质动态管理是指企业按资质标准就位后由于情况变化，当构成及影响企业资质的条件已经高于或低于原定资质标准时，由资质管理部门对其资质等级或承包工程范围进行相应调整的管理。

（2）企业资质动态管理的依据

管理的依据是由国家住房和城乡建设部制定的《建设工程企业资质管理规定》，该规定是对建筑工程企业实施管理的主要依据，共七章58条，分别对企业资质分类、企业资质许可机关、企业资质许可程序、监督检查、法律责任等进行了规范。

该规定是为了加强对建设工程勘察、设计、施工、监理活动的监督管理，维护建设市场秩序和公共利益，根据《建筑法》《行政许可法》《建设工程质量管理条例》《建设工程勘察设计管理条例》和《建设工程安全生产管理条例》等法律、行政法规制定的重要管理规定。在中华人民共和国境内从事建设工程勘察、设计、施工、监理活动，申请建设工程勘察、设计、施工、监理企业资质，实施对建设工程勘察、设计、施工、监理企业资质的监督管理，适用于该规定。

（3）企业资质动态管理的基本形式

企业资质动态管理由资质管理部门通过资质延续审核和其他形式的监督检查进行。企业资质的升级、降级，实行资质公告制度。公告由资质管理部门不定期在地方或行业报纸、网站上发布，其中一级企业的资质公告由国务院建设行政主管部门发布，一般是在住房和城乡建设部网站上发布。

2. 建设工程企业资质动态管理的标准

（1）企业按资质标准就位后，有职称的工程技术人员、企业资本金和生产经营用固定资产原值数量发生变化，其中二项以上不足标准规定数80%或其中一项不足标准规定数70%的，降低一个资质等级。

被降级的企业，必须待企业资质条件达到资质标准要求后，方可恢复到原资质等级。

（2）由于企业经营管理不善造成三级或两起以上（含两起）四级工程建设重大事故的要缩小其相关的承包工程范围；情节严重的可降低一个资质等级。

被降级的企业要经过一年以上时间的整改，经资质管理部门核查确认，确实有明显改进，达到预期整改目标的，可恢复到原资质等级。

（3）企业连续两年资质年度检查不合格的，降低一个资质等级。

（4）企业资质等级的升级和承包工程范围的变更，一般在年度检查结束后办理；企业的降级等变更事项应随时办理。

（5）企业因为工程质量、施工安全、现场管理等问题涉及资质的升降级时，有关部门可提出建议，资质管理部门按照有关规定办理。

3. 建设工程企业相关的资质标准

在多样化的建筑物建设过程中，由于专业化的细分，社会上关于建筑工程的专业细分的资质标准也呈现了多样化的特点，建设工程企业市场准入的资质标准也会多样化。目前在市场中使用的专业资质还有以下几种。

（1）计算机信息系统集成企业资质

计算机信息系统集成企业资质是由工业和信息化部审核、颁发的专业资质，主要是用于核准企业在网络技术条件下的集成社会资源能力，应用与信息化成套技术的市场准入资格。建筑装修装饰工程企业在承接公共建设改造性装修装饰工程时，会使用这一资质来增加承接工程的机会。

（2）安防工程企业资质

安防工程企业资质是由中国安全防范产品行业协会审核、颁发的一种专业资质。主要应用于计算机网络技术应用等领域的市场准入。

（3）手术室净化资质

手术室净化资质是由国家卫生行政主管部门审核、颁发的一种专业资质。主要用于医疗机构内部手术室装修装饰及设备配型工程中的市场准入。

（4）其他相关资质

随着市场的细化，市场准入门槛的提高，各种资质还会越来越多。目前，由国家安全机关审核、颁发的保密资质，是承接国家机关、机构保密等级较高工程（包括建筑装修装饰工程）的市场准入资格。屏蔽资质是承接国家机密工程的市场准入资格。

（二）建筑装修装饰工程企业的资质申报

1. 建筑装修装饰工程企业资质申报工作的意义及内容

（1）建筑装修装饰工程企业资质申报工作的重要性

资质是工程企业的市场准入证，企业拥有的资质等级越高，专业范围越广，企业的生存与发展空间就越大，所以，工程企业的资质申报工作就是企业内部的一项最重要的常规性工作。工程企业的资质申报工作是企业内部一项专业性、技术性、基础性很强的工作内容，从事此项工作的人员需要具有极强的专业知识和专业能力，并具有高度的责任心和极细致的工作作风，才能保证资质申报能够顺利得到审核、批准。

（2）建筑装修装饰工程企业资质申报的主要工作内容

由于建设行政主管部门对工程企业资质就位、晋级、增项进行审核时，主要是对企业申报的资料进行审查、复核、评判，决定是否通过审核，所以，建筑装修装饰工程企业的资质申报，主要是对企业申报资料的搜集、整理和汇总。企业必须按照申请资质的标准，整理好相应的申报资料，经过地方建设行政主管部门初审，签署审核意见后，报送上一级建设行政主管部门审核。因此，工程企业的资质申报资料的质量，就决定企业能否通过考核取得资质，资质申报资料的整理与汇总，就是工程企业资质申报的主要工作内容。

（3）建筑装修装饰工程企业资质申报的依据

任何一个资质标准体系出台后都配有该资质标准的实施细则，对该资质的申报条件、考核内容和指标等进行详细的说明和解析，是企业进行该资质申报的基本依据。企业必须按照实施细则的规定逐类、逐项组织材料，并将材料报当地建设行政管理部门进行原件的审查、核实后，整理成册报当地建设行政管理机关初审后上报上一级建设行政管理机关审批。在计算机网络技术应用在资质管理之后，大量工作是在网上进行的，企业申报资料时需要提供电子版。

2. 建筑装修装饰工程企业资质申报资料的要求

（1）真实性

申报资料的真实性是企业资质申报资料的最基本要求，即企业申报资料中提供的所有资料都是真实的，否则不仅资质申报不予通过，还要对企业进行处罚，在受处罚的期间内企业不得再申请此项资质的就位、升级。企业申报资料中，人员的身份证、毕业证、职称证、注册证、人事证明、社保证明及工程业绩的中标通知书、工程项目备案证、工程合同、工程质量竣工验收报告、结算证明是对真实性进行审核的重点。

（2）完整性

申报资料的完整性就是企业资质申报资料要全部符合资质标准的要求，只要有一个项目不符合标准要求的指标，整个资料就不予通过。申报资料的完整性，不仅有数量的指标，也包括结构性指标。对工程技术人员的要求，就不仅有人员数量的标准，同时有环境艺术、建筑学、工业与民用建筑、暖通空调、给排水、建筑电气等专业分布与结构标准。对工程业绩的要求不仅有工程规模、合同价的指标，也有工程使用方向和装修工程档次的要求。

（3）合法性

申报资料的合法性就是企业资质申报资料要全部符合国家法律、法规的要求，没有违法、违纪的事实。其中企业申报的工程业绩中，超资质等级承接工程是审核的重点。建设行政主管部门对工程企业业绩的考核，主要是工程的合同价而不是结算价，这就要求合同价必须符合原资质等级的承接工程的范围。同时，在企业资质晋级中，技术负责人的业绩也不能是在本企业的业绩，必须是在高资质企业完成的业绩。

（4）适应性

适应性就是企业资质申报资料不是展示企业经营实力，而是要适应资质考核的要求，以资质标准规定的人员、业绩等组织资料。资质标准实施细则对各项考核内容都有明确的数量要求，企业只要按照要求申报即可，不要多报。如资质标准中业绩考核6项，如果报了8项，其中7项合格，1项不合格，也会被认定为不予通过。专业工程技术人员的申报也存在着同样的状况。

（5）简洁性

简洁性就是企业资质申报资料要干净、利落，不要有累赘。如专业技术人员的工作简历，是对其从业年限的考核，而不是对其档案资料的考核，在当前市场条件下，可能有很多单位的工作经历，但表格中只有四五个格，只要把大学毕业后的工作单位和调入企业前的工作单位填写进去，就可以说明主要经历，满足资质审核的要求。如工程业绩的施工内容只要填写建筑装修装饰即可，以免因施工内容复杂而使其装修装饰的业绩考核指标不达标。

第六章　建筑装修装饰行业管理

第一节　建筑装修装饰行业的市场主体

建筑装修装饰行业是一个结构较为复杂的行业，又同人民生活和经济发展紧密联系，必须加强管理。要加强对建筑装修装饰行业的市场管理，就首先要认清市场主体，即有哪些方面参与市场运作，哪些方面参与市场管理。

一、建筑装修装饰行业的市场主体

建筑装修装饰行业市场主体是一个由社会各方面构成的复杂群体，各方面在经济实力、运作方式等方面存在的差异极大。深入分析建筑装修装饰行业市场主体的特征，是进行有效行业管理的重要基础。

（一）建筑装修装饰行业市场主体的概念

1. 建筑装修装饰市场主体的概念及主要分类

（1）建筑装修装饰市场主体的概念

建筑装修装饰行业的市场主体是指参与建筑装修装饰工程活动，获得相应利益并承担相应责任的企业法人、机关、个人。

（2）建筑装修装饰市场主体的主要分类

按照工程运作总过程划分，建筑装修装饰市场主体可以分为甲方和乙方两部分。甲方又称为建筑单位，是指投资建筑装修装饰工程的业主，包括国家机关、企业、事业单位、社会团体及家庭个人。乙方又称为承包商或承建商，是指完成建筑装修装饰工程设计、施工的工程企业和材料供应商。按照工程的市场运作要求与顺序划分，除甲、乙双方外，还包括招标代理机构、监理企业、管理部门等第三方组织机构。

2. 建筑装修装饰行业市场主体的特性

在市场经济条件下，建筑装修装饰行业市场主体具有自愿性、责任性和自律性的特征。

（1）自愿性

自愿性是指任何市场主体进入或退出建筑装修装饰市场，除法律规定的内容外，都是依据个人的意愿，需要自主对市场中的各种现象做出判断。在不违反国家法律、法规、制度的前提下，自主进行市场判断、自主实施市场行为，不存在任何其他外部强制的推动与影响力量。

（2）责任性

责任性是指建筑装修装饰市场主体，在获取利益的同时必须承担相应的社会责任和民事责任。建筑装修装饰市场主体的责任与义务，在工程开工前就取得一致意见并在工程合同中具体标明，得到了各方的共同确认，各方都应切实履行各自承担的责任。

（3）自律性

自律性是指建筑装修装饰市场主体必须自觉遵守国家相关法律、规范、标准，接受社会道德规范的约束，加强自我管理、规范自身的市场行为。建筑装修装饰市场主体如果存在违法、违规、违章的行为，一经查实，将会受到建设行政主管部门及相关管理机构相应的制裁和惩处。

（二）建筑装修装饰市场主体的特点及关系

1. 建筑装修装饰市场主体的特点

建筑装修装饰市场主体的基本特点就是在建筑装修装饰工程中取得经济、社会利益的最大化。建筑装修装饰工程作为市场各方面主体的共同指向，集中反映了各方主体的诉求，具有既对立又统一的特点。

（1）经济利益的最大化

建筑装修装饰市场主体追求经济利益的最大化是各方市场主体产生对立的基本原因。建筑装修装饰市场的投资方要以最少的投资获取最大的经济利益，要求工程质量优、工期短、造价低、回报高，就必然会对承建商提出苛刻的要求。而建筑装修装饰工程承建商作为经济组织，必然要获取工程利润并使利润最大化，这就同投资方的目标产生对立。能够将各方对立取得统一的是各种规范、标准、法则等社会约束机制。

（2）社会利益的最大化

建筑装修装饰工程作品具有很强的社会影响力，最大限度地提高建筑装修装饰工程的科技、文化、艺术含量，满足社会需求是市场各方主体为此共同努力的基本目标，构成了市场各方主体的统一基础。由于市场各方主体在价值观、审美情趣、文化特点等的具体表现存在着差异，在市场中地位与发挥的作用不同，在市场运作的过程中必然存在着矛盾与冲突。但市场各方追求社会利益最大化的目标是一致的，存在的矛盾是可以通过协商解决的，也就形成了市场各方合作的主要基础。

2. 建筑装修装饰市场主体间的关系

建筑装修装饰市场主体之间的关系是平等关系、契约关系、经济关系。

（1）建筑装修装饰行业市场主体的平等关系

建筑装修装饰行业市场主体的平等关系主要表现为在具体的工程市场运作中，虽然不同主体所处的位置不同，但都是由经济合同的形式确定了双方的权利与义务，理论上市场各方主体的地位是平等的，各方主体在市场中都具有同样的选择性。

（2）建筑装修装饰行业市场主体的契约关系

建筑装修装饰市场主体的契约关系即合同关系，主要表现为各方市场主体对其市场行为的目标、责任、行为方式等，都具有协商一致性，并在文字上明确、严谨地表述了市场各方主体在工期、造价、质量、安全等方面的责任和资金、技术、产品的流转、集成与整合的方式。

（3）建筑装修装饰行业市场主体的经济关系

建筑装修装饰行业市场主体的经济关系主要是指双方参与市场活动的目的，都是为了获取经济利益。一方是以提高建筑物的价值与使用价值，并获取经营利润或利益为目标，其他各方都是以提供服务、获取工程利润为目标。各方的合作关系只限于经济目标，不涉及其他的政治、社会目标。

二、建筑装修装饰市场的投资主体

建筑装修装饰市场的投资主体是市场中最为重要群体，其构成非常复杂、非常广泛，各类投资主体的经济实力、运作能力与利益诉求存在着极大的差异。深入分析各投资主体的特点是正确认识建筑装修装饰市场的重要基础，也是实施市场有效管理的基础。

（一）政府机构

在我国经济运行中，各级政府机构既作为市场的管理者，又是市场的重要参与者，在建筑装修装饰市场中的具体表现可以区分为市场管理者、资源拥有者和工程投资者三个方面。

1. 市场管理者

（1）政府的市场管理者地位

政府机构作为国家权力机关，具有强大的行政管理权，是经济方针、产业政策、管理方式的制定者，具有极强的领导性和权威性。政府机构对行业的管理模式及具体手段直接决定了行业的发展态势及能力，也直接决定了企业的生存状态与发展空间，对行业、企业生存与发展具有决定性作用。

（2）政府的市场管理主要手段

由于政府行政管理具有权威和权力，对市场的管理最具有强制力度。政府管理市场的主要手段就是可以在市场中的各环节设立准入条件，即资质管理。当前，政府建设行政管理机构在房地产开发、工程承接、建筑物销售、住房购买等方面都设有准入条件并实行动态化操作，以此对行业的各环节实行有效管理。同时，政府行政管理机构对市场状况进行监督，对市场违法、违规现象进行惩处，也是维持市场正常秩序的最有力的手段。

2. 资源的管理者

（1）政府的土地管理者地位

土地是最主要的资源，也是以房地产为龙头的整个产业集群发展的主要物资资源保障。我国城市中的土地所有权归国家，土地资源完全由政府相关部门管理。在农村，土地的所有权虽然归集体，但土地使用性质转化的权力归国家。农业用地要转化为商业、工业、住宅用地必须由政府收购之后，再由政府土地管理部门通过竞卖的方式出售后才能用于开发建设。

（2）政府资源管理者的作用

各级政府作为土地资源的管理者，可以利用出让土地的数量、区域位置，通过市场竞争机制，调整与控制土地、房屋及相关联产品的价格，直接影响并决定相关行业的发展规模、速度与品质。政府对土地资源的政策调整、数量掌控等对包括房地产在内的整个产业集群市场调整与控制的作用最直接、最有力、最快也最有效。

3. 建筑装修装饰工程的投资者

政府作为建筑装修装饰工程投资者是指国家各类党、政机关或其代表机构，为加强城市基础设施建设、改善城市环境、提高公共福利、调整经济结构、促进经济可持续发展投资建筑装修装饰，形成建筑装修装饰工程项目，成为建筑装修装饰市场中合同的主体，承担相应的民事责任。国家机关及其代表机构投资建筑装修装饰工程，具有以下的特点。

（1）投资的对象是公共建筑

由政府投资的建筑装修装饰工程主要有以下分类：各级政府机关办公环境的改善，包括办公楼、工作配备设施、培训中心、接待宾馆等；社会公共文体设施建设，包括图书馆、剧院、会堂、博物馆、纪念馆、体育馆、运动场建设等；城市卫生医疗设施建设，包括各类医院、疗养院、卫生院、医疗中心等；城市基础设施建设，包括道路、市政、供热、供水、供电等；城市交通设施建设，包括公路、铁路、轻轨、航空、水运等；社会公共教育设施建设，包括各类小学、中学、大学、幼儿园及社会教育设施等，都是为全社会服务的公共建设。

（2）投资的运作规范

由政府投资的建筑装修装饰工程项目的运作，不论投资数额多少都要按照招标投标法或政府采购法的程序，向社会公开招标，按法律程序组织评标，确定承建单位。政府投资的过程受到纪律检查部门的监督，要求做到程序合法、过程规范，办事公开、公正、公平。由政府投资的项目，是建筑装修装饰工程市场中信誉最好、运作最规范的建设项目。

（3）投资的形式规范

由政府投资的建筑装修装饰工程项目，都要以财政预算和拨款的形式进行资金运作，工程造价的核定和支付工程价款等受到严格监管。因此，项目的投资额度经过专业机构审核，工程款的支付时间确切、支付数额准确、支付的程序规范。正是由于政府投资工程良好的信誉及工程价款支付最为安全，使其成为建筑装修装饰工程企业最希望承接的工程项目。

（4）大型、标志性项目多

由于政府承担着提高综合国力的主要投资任务，在经济发展和城市建设升级中，由政府投资建设的特大型、大型项目就会增多。随着我国财政收入的持续增长，国家的投资能力不断提高，大型项目、标志性建筑物的建设就必然不断增多，建筑装修装饰工程的设计、施工标准要求也越来越高，单项工程合同的造价金额就会不断提高，形成的大型、标志性项目大幅增加。

（5）行政决策起主要作用

由于政府投资建筑装修装饰工程的决策程序属于行政决策的范围，因此在建筑装修装饰工程的实施过程中会受到行政决策的制约。特别是在工程的设计格调、用材品种等方面，行政决策意见具有决定性、权威性。

（二）房地产开发企业

1. 房地产开发企业的概念

（1）房地产开发企业的概念

房地产开发企业又称为房地产开发商，是指专业从事房地产开发并获取经济利益，承担相应责任的经济组织。房地产开发是整个产业集群运行的先导，房地产开发总量及增长速度，直接决定了建筑业、建筑装修装饰业及建材业的市场规模及发展速度。

（2）房地产开发企业的分类

国家对房地产开发企业实行资质管理，按照企业的资本实力、开发能力、专业技术人员构成及开发业绩等，将资质等级分为三级。一级资质房地产开发企业，可以在全国范围内进行房地产开发；二级资质房地产开发企业可以在注册成立的省、市区域内进行房地产开发；三级资质房地产企业只能进行单一项目的房地产开发。

2. 房地产开发企业的特征

（1）同政府联系密切

由于政府拥有土地资源，而土地资源又是房地产开发最基本的物质条件。因此，房地产开发是与政府相关机构联系最多、经济往来数额最大的一个行业。政府向房地产开发企业收取的出让土地资源的收入，是地方政府财政的主要来源之一，数额巨大，对地区经济、社会发展的影响极大。对土地资源的依赖性决定了房地产开发企业是对国家土地政策、政府相关机构管理手段等调整、变化最为敏感的行业。

（2）属于资金密集型企业

由于房地产开发需要强大的资金支撑，所以，房地产开发企业的资金实力比较雄厚，资金流转量巨大，属于资金密集型行业。房地产开发企业的经营实力除表现为可运用资金总量之外，还有开发土地的储备量、开复工建筑面积、销售率及库存等数量指标，但最终都要反映在企业的资金实力上。房地产开发企业的资金实力直接决定了企业的开发能力、抵御市场风险能力、开发的品质和可持续发展能力。

（3）处于产业集群的最前端

由于我国住房制度改革和现行的土地政策决定了房地产开发企业是目前唯一能向社会提供各类建筑的经济单位。在追求利润最大化的前提下，房地产开发企业的市场运作直接决定了市场中各类的建筑物的数量、结构与质量。房地产开发商取得土地开发权后，理论上讲，什么时候盖房子、盖什么样的房子、什么价格卖房子、什么时候卖房子都由房地产开发企业决定。房地产开发企业的“龙头”地位，对整个产业集群的发展规模具有最大的决定权。

3. 房地产开发项目的分类

房地产开发项目的种类很多，按照建设的主要内容分类，可以大致分为以下几类。

（1）住宅开发项目

住宅开发项目是指在城镇中用于居住的城市住宅开发建设。住宅开发建设是房地产开发项目最多的类别，大约占全国房地产开发总量的50%。住宅开发建设包括集群式住宅楼小区以及高档别墅住宅的建设，在大型住宅开发建设中，配套的商业、医疗、教育、文化等设施的建设也包括在项目之中。

（2）商业地产项目

商业地产项目是指用于发展商业、零售业、金融业、高端服务业、写字楼物业等为主要内容而进行的房地产开发项目，主要是大型综合性商业设施的建设。在大型商业地产项目中也包括部分住宅开发项目及旅游开发项目等房地产建设。

（3）旅游地产项目

是指以旅游景点、景区、大型娱乐设施建设及配套的星级宾馆、酒店建设为主要内容的房地产开发项目。在旅游地产项目中，也包括部分商业地产及高档住宅项目的开发建设内容。图6-1就是一个大型娱乐设施建设的设计效果图，为人们休闲娱乐提供了物质

图6–1　大型娱乐建筑

条件（罗劲提供）。

（4）体育地产项目

是指以举办大型体育赛事或某项运动而进行的房地产开发项目。在体育地产项目中不仅包括体育场馆设施建设，也包括部分中、高档住宅开发项目，特别是高尔夫球场的开发建设，一般都配有别墅群的开发建设。

4. 房地产开发建设的主要装修装饰模式

房地产开发项目的装修装饰模式直接决定了装修装饰工程资源的数量、品质及分配方式，是对建筑装修装饰工程市场影响极大的因素。其中主要是住宅开发建设的装修装饰模式最为重要。住宅开发建设的装修装饰模式有毛坯房与成品房两种。

（1）毛坯房开发建设模式

毛坯房住宅开发建设模式是房地产开发建设的集群式住宅，是室内未经过装修装饰的半成品房，购房者购买住房后必须经过装修装饰后才能居住使用的住宅建设项目。毛坯房的装修装饰工程一般是由购房者通过住宅装修装饰市场，选择并决定一家专业的住宅装修装饰工程企业完成设计、施工。工程企业面对的是个人购房者。

（2）成品房住宅开发建设模式

成品房住宅开发建设模式是指房地产开发建设的集群式住宅，是经过室内装修装饰，使用功能齐备，购房者可以直接居住使用的住宅建设项目。成品房装修装饰工程由房地产开发企业发包，由高资质等级的建筑装修装饰工程企业完成设计、施工。

5. 房地产开发建设中装修装饰工程的特点

房地产开发建设中，除住宅开发建设中有毛坯房模式外，都需要进行装修装饰。因此，房地产开发是建筑装修装饰最大的工程资源形成领域，房地产开发企业也是建筑装修装饰工程企业的主要发包方。房地产开发形成的建筑装修装饰工程，具有以下的主要特点。

（1）工程体量大

由于房地产开发企业的资金实力雄厚，当前房地产开发建设的项目体量都很大，一般是由多幢建筑物构成的建筑群，装修装饰的作业量大，涉及的专业领域多。在大体量建筑装修装饰工程中一般要分为若干标段，由数家建筑装修装饰工程企业进行平行施工作业，投入装修装饰施工力量大。

（2）可持续性强

由于房地产开发企业的主要经营活动就是建房子，只要企业存在就需要不间断盖房子，所以具有极强的持续性。由房地产开发形成的建筑装修装饰工程也会由于房地产开发的持续性，形成大量的系列化的后续工程。房地产开发企业是建筑装修装饰工程企业最持久的业主，能够形成长期的战略合作伙伴关系，增强双方的可持续发展能力。

（3）市场运作的专业性强

由于房地产开发企业内部拥有大量的专业技术人员，其中包括建筑装修装饰领域的专业人员，对市场信息搜集与掌握的速度快、专业能力较强，对建筑装修装饰工程企业的约束能力大。特别是在材料，部品的产地来源、采购价格，施工过程中的质量、工期、成本控制等方面对建筑装修装饰工程承建商具有很强的控制能力。

(4) 存在较大的市场风险

由于房地产行业是资金密集型行业，资金链的状态对其尤为重要。房地产开发企业在资金状态良好时，资金的主要投向是开发土地的储备；在资金状态不佳时，重点是楼盘销售和加快主体结构建设等，因此，对装修装饰工程企业支付工程款方面条件比较苛刻。蓄意压价、垫资施工、拖欠工程价款，甚至以房抵扣工程款、不支付工程款的现象时有发生。

(三) 社会各种类型企业

1. 社会各类型企业投资建筑装修装饰的目的及分类

(1) 社会各类型企业投资建筑装修装饰的目的

社会各行业、各类型的企业作为生产经营单位，为了追求利润最大化和生产、经营需要，以提高其不动产的价值，增强经营活动的盈利水平为目标，投资建筑装修装饰工程项目。有些企业为了履行社会责任，捐资助学、兴办社会福利事业等也是为了提高企业的社会知名度和美誉度，创立良好的社会经营环境，投资其他领域的建筑装修装饰项目。以经营需要和提高创利水平，使企业成为建筑装修装饰市场中的合同主体，承担相应的民事责任是社会各类企业投资建筑装修装饰的基本特征。

(2) 投资建筑装修装饰的主要企业类别

投资建筑装修装饰的企业主要是对经营环境质量要求较高的行业，集中在旅游饭店业、银行金融业、餐饮娱乐业，零售商业、高端制造业及服务业。社会中的事业单位，社会团体等组织也会由于日常办公、开展业务、改善形象等需求，投资装修装饰工程项目成为市场的主体，成为投资装修装饰的一个重要的类别。

(3) 各类企业投资建筑装修装饰与房地产开发企业的区别

房地产开发企业的装修装饰工程，由于开发企业的持续开发而有大量的后续工程，可以形成系列化的工程项目。而社会各类企业投资装修装饰，除大型银行、大型酒店管理企业外一般是单项工程，形成后续系列工程的机会不多。同时，房地产开发企业的装修装饰工程主要是以新建工程的装修装饰为主，而社会各类企业投资的装修装饰工程绝大多数是改建、扩建工程，属于改造性建筑装修装饰工程项目。

2. 社会各类企业投资建筑装修装饰工程的特点

社会各类企业投资建筑装修装饰工程具有以下特点：

(1) 以提高建筑物的创利能力为目标

无论是宾馆饭店、银行、商店、写字楼，还是工厂、服务设施，甚至是小理发店都需要固定的场所，即一定要使用相应的建筑物。经营者投资建筑装修装饰的目的都是要改善经营环境，增强经营中的竞争能力，提高建筑物创造利润的水平。所以，企业投资的任何项目都要紧紧围绕提升建筑物价值、经营活动和创利能力进行装修装饰工程活动。由于投资建筑装修装饰属于企业固定资产投资的范畴。企业投资建筑装修装饰，都是以企业自我积累的经营利润或向金融机构借贷形成建筑装修装饰的投资。

（2）工程类别复杂，专业要求强

由于社会中经济门类众多，企业类型极为复杂，各种经营、生产活动的经济、技术、文化的内容及追求的目标差异性极大。同时，由于由各类企业投资的建筑装修装饰工程绝大多数属于改造性装修装饰工程项目，同一建筑由于不同的功能要求，建筑装修装饰工程追求的目标不同。社会形成的不同生产、经营行业装修装饰的规范、标准各不相同，从而形成建筑装修装饰工程市场中的专业细分市场。在各专业细分市场中，有各自相对独立并形成体系的技术规范、标准及对建筑装修装饰工程的指导性文件资料，要求工程承包商必须掌握并在工程实施中遵循、贯彻。因此，企业投资的建筑装修装饰工程项目对承包商的技术性、专业性要求较高，承接工程的承包商必须具备专业的资质、经验、业绩才能通过价格、配套服务等的竞争承接工程。

（3）具有较大的市场风险

由于企业的经营实力与经营规模、资信水平和经营业务的市场风险不同，投资建筑装修装饰工程的规模与形式、运作水平、规范化程度也就不同。在市场经济条件下，任何生产、经营活动都存在着相应的市场风险，造成投资装修装饰也就具有风险性。在企业投资装修装饰之后，切实发生市场经营风险并对生产、经营活动造成损失时，投资者有把风险损失转嫁到建筑装修装饰工程企业的可能性。主要表现就是投资企业由于经营失败导致企业破产、停产，装修装饰的工程价款无法回收；或者是企业经营不善、市场变动等导致投资者未能提高经营的创利能力，工程价款被长期拖欠。

（四）家庭及个人

1. 家庭投资的含义

（1）家庭投资住宅装修装饰的含义

是指家庭或个人在不断提高经济收入、有支付能力的条件下，为改善居住条件、提高生活品质，或为提高住宅内部的环境质量，用于出租等经营活动，投资家庭住宅的装修装饰，成为建筑装修装饰市场中的合同主体，承担相应的民事责任。

（2）家庭投资建筑装修装饰的类别

家庭投资住宅装修装饰主要有两种。一种是新购住房的装修装饰，以达到理想的居住环境，这种装修装饰涉及的工程内容较多，投资额度一般也比较大。特别是购买半成品毛坯房时，装修装饰的设计量大、工程的施工工期长、材料采购量大、耗费体力与精力大。另一种是现在居住住宅的改造性装修装饰，这种装修装饰涉及的工程内容相对较少，但要求工期紧，质量标准高。

2. 家庭投资装修装饰的特点

家庭或个人投资住宅装修装饰工程，具有以下的特点。

（1）以提高生活品质为目标

家庭住宅装修装饰的目的就是要提高家庭生活的安全、便捷、舒适、美观程度，形成符合家庭成员自身文化、艺术要求的室内环境。我国实行住房制度改革之后，城市居民拥有了自主产权的住宅，这种需求就会越来越强烈。特别是在住宅开发建设主导模式是半成品的“毛坯房”状态下，人们购买住房后为了真正实现住宅的使用功能，达到最大限度地提高生活品质要求时，家庭住宅装修装饰的社会需求就极为旺盛。在现代社会生活中，住宅装修装饰水平已经成为人们评价生活品质的一项重要指标。

（2）装修装饰的投资来源于家庭成员的收入

家庭住宅装修装饰的投资都是来源于家庭成员的劳动性收入、经营性收入和资产性收入。从其性质上分析，住宅装修装饰属于居民消费性投资，在国家建设行政主管部门中无法得到统计数据；从其构成上分析，主要来源于工资性收入形成的储蓄，其经营性收入及资产性收入，属于劳动性收入的范畴；从其投资的资金流动形态上分析，主要是货币现金的流动，银行等金融机构对其的监管能力较弱。

（3）装修装饰目标差异大

不仅是不同家庭之间对住宅装修装饰目标存在极大的差异，就是一个家庭，内部成员由于年龄、职业，甚至性别的差异也会产生出极大的差异。在家庭成员中由于地位的平等，这种差异表现为装修装饰投资规模、形式、装修装饰风格、材料质地，工程造价和施工企业选择等的不确定性，是家庭内部一个长时间的协商、谈判、妥协的过程。由于家庭成员一般是非专业人士，这种差异性必然会造成工程实施过程中的设计变更，而且会出现不必要的反复，造成工期延误和造价的提升。

（4）管理难度大

由于家庭住宅装修装饰工程的量大、面广，涉及的社会阶层复杂；又是在住宅私密空间进行施工，工程的实施也要按照家庭成员的意见进行设计、选材、用材和施工处于相对封闭的状态；工程价款的支付一般是以现金货币的形式直接支付，金融机构很难反映和监管。因此，对住宅装修装饰管理的难度大，建设行政主管部门及建设工程质量监管机构很难对其实施有效的管理。

（5）矛盾纠纷多

家庭住宅装修装饰是家庭与社会发生广泛联系，在家庭生活中具有重要意义的大型、长期性活动。因此，在装修装饰过程中要同设计、施工、材料厂商发生频繁的经济往来，需要付出时间、精力和资金。由于对住宅装修装饰实施规范化管理的难度大，主要依靠家庭与相关企业自我协商、自我调解。因此，家庭住宅装修装饰过程中因为利益目标不同而产生的误会、矛盾、纠纷较多，向有关机构的投诉量大，部分纠纷还要通过法律程序才能予以解决。

三、建筑装修装饰市场的中介机构

由于建筑装修装饰市场是一个极为复杂的体系，法律法规对市场运行有相关的规定，社会化要求的日益提高使第三方的介入程度不断增强，已经形成一个成熟的中介组织群体，对建筑装修装饰市场的正常运转发挥了重要作用。

（一）工程建设监理单位

1. 工程建设监理企业的概念及分类

工程监理制度是我国工程建设中的一项重要的制度，是20世纪末吸取国外工程管理经验，加强工程建设质量控制的重要举措，在我国各项建设项目中已经普遍实行。

（1）工程建设监理企业的概念

工程建设监理企业是指受建设方委托，对建设工程施工过程的安全、质量、工期进行监督、管理并承担相应责任，获取经济利益的经济组织。

（2）工程建设监理企业的性质

工程监理企业全过程参与工程建设，是工程项目管理中的重要构成部分和责任人，对建筑装修装饰工程企业的作用及影响力度极大。

（3）工程建设监理企业的分类

我国工程监理企业分为3类，第一类是综合性监理企业；第二类是专业工程监理企业；第三类是事务所监理企业。各类工程监理企业，只有在获得国家建设行政主管部门核发的资质证书后，才能在资质规定的范围内承接工程监理业务。

2. 工程监理企业的资质等级及业务范围

（1）综合性监理企业

综合性监理企业不分等级，可以承接所有专业工程类别建设工程项目的工程监理业务。要取得综合监理资质除要具有4个以上工程类别的专业甲级工程监理资质外，企业在注册资本金、技术负责人资历、企业注册监理师、注册造价工程师、一级注册建造师、一级注册建筑师、注册结构工程师或勘察设计注册工程师人次数量、内部管理体系、技术装备、监理业绩等方面均应满足资质标准要求才能取得综合监理资质。

（2）专业监理企业

我国将建设项目分为房屋建筑、冶炼、矿山、化工石油、水利水电、电力、农林、铁路、公路、港口与航道、航天航空、通信、市政、机电安装14个类别，并将建设规模分为一级、二级、三级三个级别，分别制定专业监理资质等级标准。其中除房屋建筑、水利水电、公路和市政4个专业设甲、乙、丙级外，其他10个专业只设甲、乙两级。分别在企业注册资本金、技术负责人资历、注册监理师、注册造价工程师数量及管理体系、技术装备、监理业绩等方面制定等级标准。企业根据自身状况，申请相应等级的专业监理资质并按资质等级规定的范围承接相应等级的专业工程项目的工程监理业务。

（3）事务所监理企业

事务所监理资质不分等级，只要取得合伙企业营业执照，具有书面合作协议书，合伙人中有3名5年以上从事监理经历的注册监理工程师，有固定工作场所，有必要的管理体系，有规章制度和工程试验检测设备就可取得。取得事务所资质的监理事务所只能承担三级建设工程项目的工程监理业务，但国家规定必须实行强制监理的工程除外。

3. 工程建设监理企业的主要工作

工程建设监理企业在承接工程监理业务后，参与工程建设的监督、管理，主要从事以下工作。

（1）验收工作

监理企业负责整个施工过程的质量验收工作，包括材料、部品进场、隐蔽工程、分项工程和工程竣工的全部验收工作并在相关验收资料中签字确认，承担质量责任。

（2）参与洽商索赔工作

监理企业要参与施工过程中由于设计变更、不可抗力及建设方原因形成的工程承建方与建设方的洽商与索赔的全过程并在相关文件上签字确认，与建设方共同承担相应的经济责任。

（3）巡视监督工作

监理企业要对工程施工现场进行安全、质量巡视，及时发现安全、质量隐患并以文字的形式通知施工承建方进行整改，对质量、安全承担责任。施工方负有按监理企业要求进行整改的责任。

（4）旁站监理

对工程质量影响较大的关键分项工程，监理企业的监理人员要在施工现场对整个施工过程进行现场全过程监督，并进行文字资料的记录，承担质量、安全责任。

（二）行业中介组织

1. 行业中介组织的概念及作用

（1）行业中介组织的概念

行业中介组织是除投资方和承建方之外参与建筑装修装饰市场运作和工程实施，保证社会公共利益和双方合法权益，体现社会管理的第三方，包括企业、组织机构和行业协会。

（2）中介组织在建筑装修装饰行业中的作用

行业的中介组织是市场经济条件下的必然产物，也是维护行业市场正常运行的重要保障。在市场经济的运行中，对资源的分配、市场运作有关规则的确立、监督、评判；工程实施过程中的监督、协调；对市场主体的认证、评定等需要有相应的社会组织去实施。社会中介组织就是以第三方的地位具体实施行业内部关系的协调、处理。

（3）中介组织的成立

在我国，行业中介组织必须按照法律、法规要求的程序，在工商行政主管部门或国家民政部门依法登记注册并在法律规定的范围内组织开展行业内的活动。

2. 建筑装修装饰行业主要中介组织

（1）招标投标机构

招标投标机构是依法成立的，根据国家招标投标法或政府采购法，专业从事工程资源分配的中介机构。招标投标机构接受建设投资方的委托，组织项目造价审核、发布招标信息、发售招投文件、组织现场踏勘、答疑、接受投标文件、组织专家评标、产生预中标单位等工作。招标投标机构是建筑装修装饰工程市场中最为重要的中介组织，其公正性直接决定了工程资源的分配质量。

（2）检测、咨询、认证机构

检测、咨询、认证机构是依法成立并取得国家资质认可、专业从事工程造价咨询，管理、技术、产品鉴定与认证，产品、工程质量检验、检测、评判等业务的社会第三方组织。检测、咨询、认证机构是整个市场运作中重要的第三方中介组织，对降低管理的社会成本，增强社会的诚信水平，维护各方的合法权益等都具有重要的社会作用。

（3）行业协会

行业协会是依法成立的行业社会团体。行业协会是行业利益的维护者，行业发展的引路者和行业秩序的管理者。行业协会以“反映诉求、提供服务、规范行为、加强自律”为宗旨，发挥沟通建设行政主管部门与行业内企业纽带与桥梁的作用，以组织开展有利于行业生产力进步和生产关系协调的各类活动体现管理与服务。在市场经济条件下，行业协会是行业中最重要的中介组织，对行业发展品质的提升起到决定性作用。

四、建筑装修装饰行业的行政管理机构

建筑装修装饰市场是一个社会化程度极高的行业，必须有国家层面上的行政管理，以保证国家利益的体现。

（一）建筑装修装饰行业行政管理机构的概念及特点

1. 建筑装修装饰行政管理机构的概念

行政管理是根据统治阶级的意志对国家事务进行事前的积极管理。建筑装修装饰行政管理机构是指依照国家对行业管理需要和相关法律成立，并依照法律行使对建筑装修装饰管理职能的政府机构。随着社会主义市场经济体制的建立和完善，建筑装修装饰行业行政管理机构的职能是在转变之中的。

2. 建筑装修装饰行政管理机构的性质

行政管理机构代表国家对各项事业进行管理，是国家机器的重要组成部分，代表的是国家利益，反映的是国家意志，是具有权威性的管理机构。行政管理不同于公安、检

察院、法院的事后管理，是以制定方针、政策、法规、标准等对各项事业进行事前的积极管理。随着社会主义市场经济体制改革的深化、建设行政管理的重点将转化为对市场环境、市场秩序的事中管理为主。

3. 建筑装修装饰行政管理的具体机构

由于建筑装修装饰属于工程建设范畴，应该由管理工程建设的行政管理机构进行管理。我国管理工程建设的行政管理机构是各级住房和城乡建设部、委、局，是进行建筑装修装饰行业行政管理的具体机构。

（二）建筑装修装饰行业行政管理的主要手段

建筑装修装饰行政主管部门对行业管理的形式很多，但主要的手段有以下几种。

1. 资质管理

（1）资质管理的概念

资质管理是国家建设行政主管部门对建设工程设计、施工企业的资金实力、专业技术人员数量、专业技术人员配备状况、工程管理能力及工程业绩、施工技术装备水平等进行的综合性考评与认证。

（2）资质管理的实质

资质管理的实质是政府对建设工程企业进入市场资格的认证，是建设工程市场中最具权威性的认证。不同专业、不同等级的资质也是建设工程企业承接工程的基本依据，是规范工程市场秩序的重要基础。由于实施资质管理是建设行政机关对建设工程企业进行的担保，对建设行政机关具有较大的危险性，因此，资质管理在建设行政机关的改革中会逐步弱化。

（3）资质管理的具体形式

国家建设行政主管部门实行资质的动态管理，即国家建设行政主管部门定期对建设工程设计、施工企业的资金、人员、专业配备、技术装备等状况进行审核，达不到当级标准的给予降级，达到上一级标准的给予晋级。对发生重大安全、质量事故的工程企业，资质等级随时降级甚至撤销，作为处罚的重要内容。对于超资质范围承接工程的，建设行政主管部门将予以处罚。

2. 政策法规

（1）政策法规的概念

政策法规是国家建设行政主管部门为了国家利益和公共安全，对某一行业制定的法规、政策、规范和标准，以及相配套的管理与实施办法等。政策、法规具有权威性和强制性，行业内所有企业、事业单位都必须严格执行。违反行政法规、政策和标准的行为将受到行政的处罚和制裁。

（2）政策法规的实质

政策法规的实质是国家对某一行业发展现状与未来变化趋势做出的判断和对行业发

展做出的指导，是政府最直接的意思表示，具有强制性效力和宏观指导的重要作用。政策法规作为维持社会、市场秩序的基本依据，是建设行政主管部门进行事中监管的基本准则。

（3）政策法规的具体形式

政策法规主要由建设行政主管机构以文件的形式，通过国家建设行政管理网络逐级下发，由各地方建设行政主管部门贯彻执行。各地方建设行政主管部门，也可以根据地方行业发展需要，制定地方性法规、政策，但不得与国家法规政策相冲突。国家行政法规还应在报刊媒体上刊载，使得社会及行业知晓。对于重大行政法规的颁布与实施还应有配套的宣传、培训、教育、贯彻的具体措施。

3. 人员视察

（1）人员视察的定义

人员视察是指国家建设行政主管部门就某一课题、事件、事故等派出专人到地方进行调查研究、处理。

（2）人员视察的实质

人员视察的实质是国家建设行政主管部门掌握行业运行状态，及时发现行业运行中存在的主要问题和矛盾，总结先进经验和教训，是制定新的政策法规实施调整与控制的重要基础。

（3）人员视察的具体形式

人员视察的具体形式包括课题调研、专案督导、事故处理、事件处置等。由于国家建设行政主管部门的工作人员主要构成为专业技术人员，对宏观经济发展有更高的认知，对行业管理都具有较丰富的经验，对专业技术发展也有很好的掌握。各种形式的国家行政管理人员视察对行业、企业的指导与鼓励作用都很大。

五、建筑装修装饰市场中的行业协会

由住房和城乡建设部业务指导与建筑装修装饰行业相关的国家级协会、学会在不同领域对建筑装修装饰行业产生重要的影响。

（一）中国建筑装饰协会

1. 成立的目的

成立于1984年9月11日的中国建筑装饰协会，是唯一一家国家级建筑装修装饰行业协会。目的是维护行业利益，培育、建立和完善建筑装修装饰市场运行机制和行业自律机制，充分发挥联系政府与企业间的桥梁纽带作用，提供服务、反映诉求、规范行为，推动中国建筑装修装饰行业可持续发展。

2. 业务范围

（1）贯彻落实国家有关建筑装修装饰行业的政策法规，协助建设行政主管部门加强建筑装修装饰市场管理，向政府主管部门提出解决本业问题的意见和建议。

（2）履行好上级主管部门转移给协会的有关政府职能以及相关工作，创新建筑装修装饰行业管理制度。

（3）根据会员单位、行业和社会的不同需求，提供优质服务。

（4）开展行业技术鉴定和工程评估，建立健全行业评价体系，推动行业科技进步和生产力发展。

（5）提高企业竞争力，扩大市场份额，加强国际交流合作，协调贸易摩擦。

（6）支持、推动地方成立建筑装修装饰协会，加强业务指导。建筑装修装饰行业协会的主要工作内容是进行行业调研、编制行业中、长期发展规划与在具体领域的指导；组织国内、国际交流，推动国际合作；组织行业专业教材编写、开展专业技术培训；组织开展行业企业、工程、个人的评价、评比、评定；组织专业书籍、报刊、网站的出版与宣传；参与制定行业规范、标准；参与建筑装修装饰市场管理等。

3. 在行业内的地位

中国建筑装饰协会以促进行业生产力发展为目标，在行业物质文明和精神文明建设方面，认真组织行业内活动，发挥了桥梁和纽带作用，在业内具有较强的影响力和凝聚力，受住房和城乡建设部委托开展的全国建筑装修装饰行业的最高奖项“中国建筑工程装饰奖”，受国务院整规办委托开展的“建筑装饰企业信用等级评价”、经国家科学技术奖励工作办公室批准组织实施的“建筑装饰行业科学技术奖”和协会媒体组织进行的“行业统计评价推介活动”，深得业内企业的认可与欢迎，也是协会凝聚行业的权威性工作。

协会在编制行业标准、法规，强化法制建设；组织行业调研、编制行业中期发展规划、推动行业科技进步、加快产业升级；参与行业管理、开展行业培训、组织国际交流等方面取得优异成绩，为规范行业行为、维护市场秩序、推动公平竞争做出了积极的贡献。在协会的努力下，现有会员企业1万多家，个人会员2000多人。下设设计、施工、住宅装修装饰、幕墙、厨卫工程、材料、电气等专业委员会。

（二）中国建筑业协会

1. 成立的目的

为了加强建筑业的行业管理工作，促进建筑行业企事业单位的横向联系与交流，推动建筑业的改革与发展，1993年11月11日，成立了中国建筑业协会。

2. 在行业内的地位

受住房和城乡建设部委托，全国建设工程优质工程奖（鲁班奖）由该协会负责评审，是全国建筑业的最高质量奖项，在行业内具有很强的影响力。由于部分建筑装修装饰工程企业是由原房屋建设施工企业转化、分解而成的，同该协会有历史上的联系，部分建筑装修装饰工程企业是该协会会员。

（三）中国房地产协会

1. 成立的目的

中国房协以加快发展房地产业，提高人民居住水平为宗旨，坚持为行业、企业改革发展服务，为政府决策服务的方针，协助政府加强行业管理，传达、贯彻执行国家的法规与方针政策，反映广大会员与企业愿望与要求，在政府与企业之间发挥桥梁与纽带作用。

2. 在行业内的地位

受住房和城乡建设部委托，全国房地产开发的评优奖项（广厦奖）由该协会负责评审，在行业内具有很强的影响力。由于房地产开发商是建筑装修装饰工程的最重要业主。部分建筑装修装饰工程企业，加入该协会，利用这一平台，加强同房地产开发商的沟通与合作。

（四）中国建筑金属结构协会

1. 成立的目的

在建立社会主义市场经济体制中，通过为政府服务、为行业服务、为企业服务、为市场服务，促进企业适应市场经济，加快企业转换机制，推动全行业的技术进步，提高产品的质量，增加经济效益，引导行业健康发展。

2. 在行业内的地位

该协会负责管理的建筑幕墙门窗行业，同中国建筑装修装饰协会有业务交叉。受住房和城乡建设部委托，全国建筑金属结构工程优质奖（金属结构金奖）由该协会负责评审，在行业内有很强的影响力和凝聚力。建筑幕墙、门窗的相关标准、规范很多由该协会编写，在技术标准方面具有权威性。专业建筑幕墙企业绝大部分是其会员，在建筑幕墙、门窗行业具有很强的影响力与凝聚力。

（五）中国建筑学会

1. 成立的目的

中国建筑学会是沟通会员和建筑科技工作者与政府及其他部门的桥梁和纽带，反映他们的意见和要求，维护他们的合法权益，举荐人才，表彰先进，倡导良好的职业道德和优良学风，为会员及建筑科技工作者服务。

2. 在行业内的地位

该学会是一个学术性社团组织，其下属的“室内设计分会”是吸收广大建筑装修装饰工程设计师的专业组织，在建筑装修装饰设计领域具有很强的影响力和凝聚力。

（六）中国室内装饰协会

1. 成立时间

中国室内装饰协会是经政府批准组建的室内装饰行业全国性组织。成立于1988年9月，是具有法人地位的社会经济团体和自律性行业管理组织。业务上受政府指导和监督。

2. 协会宗旨

遵守国家政策法令，适应社会主义市场经济体制要求，联结全国从事室内装饰、室内设计、环境艺术设计活动的企业事业单位、社会团体和从业人员，起政府和企业间的桥梁和纽带作用，为政府服务，为行业服务，为企业服务，为室内设计师服务，为消费者服务，维护会员合法利益，维护室内装饰市场秩序，促进室内装饰企业持续、快速、健康发展。

3. 协会业务

开展行业调查研究，协调处理行业重大问题，提出行业发展规划和政策法规建议；受政府部门委托和领导，承担全国室内装饰企业资质和从业人员资格审查、颁发证书工作；制定行业标准和行规行约，倡导职业道德、规范行业行为；开展人才培训，组织学术交流，推广先进经验，促进企业素质与行业水平的提高；开展咨询服务，出版行业刊物，向会员提供本行业国内外市场动态和技术经济信息；促进会员之间联系，组织行业展览，推动行业技术合作与进步，帮助企业拓展国内外市场；促进国际交流，发展与国外相关组织联系，接待国外来访团组。

第二节　建筑装修装饰行业的市场管理体系

建筑装修装饰行业作为一个市场结构与市场运行极为复杂的行业，必须加以管理才能维护各方市场主体的利益，促进行业有序发展。对建筑装修装饰市场的管理，应该是一个多层次构成的管理体系，包括国家、行业、地方等多种形式的管理。

一、建筑装修装饰市场管理的必要性和基本要求

要加强对建筑装修装饰市场的管理，首先就要提高对其管理重要性的认识，这种认识需要从必要性和基本要求两个方面来分析。

（一）建筑装修装饰市场管理的必要性

建筑装修装饰市场结构复杂、市场主体诉求差异很大、从业者队伍良莠不齐，再加上行业发育的时间短、产业化水平低等因素，加强建筑装修装饰市场管理的必要性就更为重要。这种必要性主要表现在以下几个方面。

1. 市场结构复杂

（1）市场结构复杂的含义

建筑装修装饰市场主体构成复杂、社会参与人数众多、实力与诉求差异巨大；工程项目数量多、分布范围广、规模与专业技术要求差异大；材料生产与营销渠道构成复杂、质

量与价格的差异极大；工程运作过程中资金流的构成与渠道极为复杂；各类市场主体在市场中的表现复杂、手段多样等，都是建筑装修装饰市场结构复杂性的具体表现。

（2）市场结构复杂看管理必要性

面对结构复杂的市场，就必然要加强行业管理体制与机制建设，其中最重要的是管理制度的设计与制定。要针对市场中存在的主要矛盾，在国家、行业、地区层面上，制定相应的政策、制度、规则，在理顺市场各方关系的前提下规范整个市场主体的运作，清理和净化行业市场环境。要加强市场管理机制建设，加大市场执法的力度，要从管理队伍建设、执法手段更新、管理深度提升等途径使结构复杂的市场管理科学化、程序化、标准化。

2. 从业者队伍良莠不齐

（1）从业者队伍良莠不齐的含义

建筑装修装饰行业从业者队伍的来源比较复杂。除一线施工队伍主要来自于农村剩余劳动力外，其项目管理、设计师及企业家队伍的来源十分复杂。所有从业者都具有共同的特点，就是基本都没有经过工业化、产业化的培训及历练，组织意识薄弱、纪律水准偏低。近些年虽然涌现出一批优秀企业家、项目经理、设计师和科技工作者，但总体水平不高，再加上市场竞争激烈，使得从业者队伍中存在极少数违法、违规分子，损坏了行业声誉，阻碍了行业的健康发展。

（2）从从业者队伍良莠不齐看管理必要性

任何一个行业的从业者队伍都不可能完全合格，需要用管理的手段加以净化。对从业者实施有效的管理主要体现在两个方面。一方面是以市场准入和清出制度，将行业的害群之马清出行业；另一方面要通过教育和奖罚制度抑恶扬善，提高从业者队伍整体素质，这就需要有包括国家、行业、地区层面上的制度设计与相应机制的建立与完善。

3. 产业化水平低

（1）产业化水平低的含义

建筑装修装饰行业产业化水平低，主要表现在由于行业发展历程相对较短，又属于劳动密集型行业，市场准入的经济、技术门槛低，企业规模普遍偏小，企业的离散程度高；主导技术近年来虽然有了很大进步，但仍属于相对传统技术的改造阶段；行业技术创新的动力不足，社会各界，特别是业主对新技术应用的支持度低；推动产业化的产、学、研、用的体制和机制还很不健全；行业的标准化、工业化、规范化水平低等都是产业化水平低的具体表现。

（2）从产业化水平低看管理必要性

建筑装修装饰行业当前正处于产业化发展的重要阶段，企业的集中化程度正在加快，企业间的兼并、重组不断出现；标准化、工业化的技术创新、管理创新正在启动；社会在建设资源节约、环境友好型社会及建筑节能减排、环保安全的大背景下，对行业发展中存在的弊端和产业化的进程，关注度越来越高，这就要求社会、国家、行业对产业化发展给予引领、指导、协调，才能使得行业产业化具有可持续发展的动力。

4. 市场主体诉求差异大

(1) 市场主体诉求差异大的含义

建筑装修装饰市场主体的构成极为复杂，具体工程中的甲、乙方在工程造价、工期、质量、安全等目标上存在着极大的差异，必然产生大量的矛盾和纠纷。市场中出现的承接方在施工中以次充好、抄袭克隆、粗制滥造等现象，以及投资建设方恶意压价克扣、拖延支付工程款等现象都是市场各方利益博弈的结果，表现出各市场主体诉求的差异性。

(2) 从市场主体诉求差异看管理必要性

市场主体诉求的差异性需要以各方都能认同的法则、规范、标准相统一，这就要求制定出国家、行业、地方的标准体系，因此，编制和实施标准与规范是进行行业管理的一项重要工作内容，也是规范各方市场主体行为的基本依据，需要由相应的管理机构制定并颁布实施。行业标准体系是否完善，直接决定了行业的发展品质和各方市场主体的生存状况。标准体系建设是一个由管理机构实行动态掌控的常态化工作，要根据市场中经济、技术、社会化的发展不断进行充实、完善才能满足工程实践的需求。

(二) 对建筑装修装饰行业管理的基本要求

建筑装修装饰行业是与社会密切联系，直接影响人们生活质量、城市建设水平，又涉及众多经济部门和社会领域的行业，必须对其发展给予指导、监督、协调和服务，才能保证健康、有序发展，并为社会提供更好、更有效的服务。对建筑装修装饰行业的管理应该符合以下基本要求。

1. 强化统一管理

(1) 强化统一管理的含义

建筑装修装饰行业是一个跨部门的综合性行业，存在着极大的利益差异，必须要有一个统一的管理机构综合协调各部门经济利益，理顺市场各方主体的关系才能保证各部门之间相互衔接、相互配合。根据行业属于建设工程的性质，装修装饰应该统一归口在国家建设行政主管部门管理，由建设行政主管部门对建筑装修装饰实施统一的系统化管理。其他原是参与市场管理的有关部门应主动服从建设行政主管部门的管理，建设行政主管部门也应以尊重历史、注重现实、着眼本类的原则处理好历史遗留的问题。

(2) 我国建筑装修装饰业在统一管理方面存在的问题

建筑装修装饰行业需要统一管理，但在我国原有计划经济体制的影响下，条、块分割仍然十分严重。由于在对建筑装修装饰行业实施管理的过程中存在着极大的经济利益，众多部门争夺对建筑装修装饰行业的管理权，造成行业长期多头管理。市场中管理机构过多、过乱，长期存在的政出多门等状态不仅增加了业内企业的负担，恶化了行业生态环境，而且严重影响到行业的发展。

2. 分级管理

（1）分级管理的含义

建筑装修装饰工程企业的类别多、资质等级不同、经营实力差异大、企业的经营目标各异、工程活动的内容极为丰富，对公共利益、公共安全的影响程度差异极大，要根据各类工程活动的体量、技术复杂程度、对公共利益、公共安全的影响程度以及行业发展的要求等因素，对建筑装修装饰行业实行分层次、分级别的多样化管理。

（2）分级管理中存在的问题及发展方向

我国当前对建筑装修装饰行业存在的问题主要是管理等级不够清晰，对业主的规范程度不够等。要进一步以工程项目为载体加强分级管理力度，对于建筑装修装饰工程中公共安全影响大的结构改动、建筑幕墙等工程就必须严格管理。要从施工企业的资信、工程资源的分配、施工过程的控制等环节，制定出约束市场各方主体，特别是规范业主的完备法规、标准，确保工程的安全与质量。对于一般的室内涂刷、陈设、展示等则应该放松管理，给业主、设计师等更多的发挥空间。

3. 分类指导

（1）分类指导的含义

建筑装修装饰行业内设计、施工、材料生产、市场营销等各环节的技术差异极大，企业的经营实力与规模又不同，所处的专业技术领域不同，发展的目标及选择的道路也不尽相同。加强行业管理就要根据各专业领域的技术特点、发展方向和发展目标，分别对各专业、各类型的企业给予不同的指导，提高管理的针对性、专业性才能切实发挥管理的作用，有效地促进整个行业的协调发展。

（2）分类指导中存在的问题及发展方向

建筑装修装饰企业的发展道路及发展目标是多样化、多元化的，在各自的发展道路中，遇到的问题及困难也不同。建筑装修装饰行业协调、有序发展需要有不同类型、不同专业的企业相互搭配、合作才能高效整合社会资源，推动社会化、产业化的发展。要对集团化、专业化等不同发展方向的企业给予指导，就要加强对不同发展类型企业的调查研究，探索不同类型企业的发展规律，就不同类型企业发展过程中存在的主要矛盾和解决方案，提出可行性、前瞻性、科学性的意见和建议。这在当前还十分薄弱。

4. 统筹协调

（1）统筹协调的含义

建筑装修装饰行业是同众多经济部门有着密切联系的行业，各经济部门之间存在着共存共荣关系。建筑装修装饰行业的协调有序、可持续发展，需要各经济部门之间、产销之间、工程应用与材料生产之间加强沟通与合作，协调各方的利益，理顺各方的经济、技术关系，相互配合才能均衡发展。

（2）存在的问题及发展方向

在我国建筑装修装饰行业，一个产品由多个经济部门进行管理，但都管不好的事例很多，都是由于欠缺统筹协调造成的。加强统筹协调就要加强产业链的管理与建设，提高整个产业链的战略合作水平，提升行业的产业化水平，增强产业链整体的可持续发展能力。要在统一管理的基础上规范管理手段，在技术与产品研发、推广应用、资源分配、开拓市场等方面形成产业链内部的协调机制，才能推动行业整体产业化水平的不断提高。

二、建筑装修装饰市场的执业资格管理体系

对社会影响作用大的就业群体实行执业资格管理是国际通用的手段。改革开放后我国开始对部分行业实行执业资格管理制度，建筑业就是其中的主要部分。对从业者实行执业资格管理制有利于行业的健康发展和专业技术人才的养成。

（一）执业资格的概念及分类

1. 执业资格的概念及作用

（1）执业资格的概念

执业资格是国家对关系到人类健康、安全及社会财产、安全等特殊行业的从业者规定资格准入的认证，即没有此类资格证书就不能从事这一行业。这种资格认证及管理归行业行政主管部门管理，现在一般称为注册制。

（2）执业资格的作用

执业资格是政府相关部门对某些责任较大、社会通用性强、关系公共利益的专业技术工作实行的准入控制，是专业技术人员依法独立开业或独立从事某种专业技术工作学识、技术和能力的必备标准。它通过考试取得，对提高专业技术人员的专业水平和业务能力具有强有力的推动作用。执业资格考试由国家定期举行，实行全国统一大纲、统一命题、统一组织、统一时间，具有极强的公平、公正性，对专业技术人员管理具有重要的规范化作用。

2. 执业资格的分类及办理

（1）执业资格的分类

执业资格是改革开放之后开始逐步实施的一种从业者管理形式，经过30年的发展，当前各行各业都有各自的执业证书。由于建筑业对社会的安全影响极大，是实施注册制最多的行业。注册制大致可以分为两大类，一类是经济管理方面的专业技术人员，如注册会计师、注册审计师、注册评估师、注册造价师等；一类是技术方面的专业技术人员，如注册建筑师、注册建造师、注册结构工程师等。

（2）执业资格证书的办理

执业资格考试由国家人事管理行政主管部门定期举行，经执业资格考试合格的专业技术人员，由国家人事管理部门授予相应的执业资格证书。取得执业资格证书后，专业

技术人员要在规定的期限内到指定的注册管理机构办理注册登记手续。所取得的执业资格经注册后，全国范围有效。超过规定的期限不进行注册登记的话，执业资格证书及考试成绩就不再有效。

（二）建筑装修装饰行业的注册专业技术人员

建设行政主管部门管理的注册人员种类很多，与建筑装修装饰行业相关的有以下几类注册专业技术人员。

1. 注册建造师（原项目经理）

（1）注册建造师的概念

注册建造师是指通过考核认定或考试合格取得中华人民共和国建造师资格证书，并按照有关规定注册取得中华人民共和国建造师注册证书和执业印章，担任施工单位项目负责人及从事相关活动的专业技术人员。注册建造师分为注册二级建造师和注册一级建造师。取得建筑装修装饰施工、设计与施工资质，注册建造师的数量、级别是主要的考核指标。

（2）注册建造师分级的目的

注册建造师分级是与国际上对工程技术人员管理相匹配的管理制度，建造师的分级管理既可以使整个建造师队伍中有一批具有较高素质和管理水平的人员，便于国际互认，也可以使整个建造师队伍适应我国建设工程项目量大面广，规模差异悬殊，各地经济、文化和社会发展水平差异较大，不同工程项目对管理人员要求不同的特点和实际需求。

（3）注册建造师的专业划分

不同类型、不同性质的建设工程项目，有着各自的专业性和技术特点，对项目经理的专业要求有很大不同。建造师实行分专业管理就是为了适应各类工程项目对建造师专业技术的不同要求，也与现行建设工程管理体制相衔接，充分发挥各有关专业部门的作用。一级建造师的专业分为房屋建筑工程、公路工程、铁路工程、民航机场工程、港口与航道工程、水利水电工程、电力工程、矿山工程、冶炼工程、石油化工工程、市政公用工程、通信与广电工程、机电安装工程13个。二级建造师的专业分为房屋建筑工程、公路工程、水利水电工程、电力工程、矿山工程、冶炼工程、石油化工工程、市政公用工程、机电安装工程9个。

（4）注册建造师的使用

注册建造师是以专业技术为依托、以工程项目管理为主业的执业注册人员，以施工管理为主。建造师是懂管理、懂技术、懂经济、懂法规，综合素质较高的复合型人员，既要有理论水平，也要有丰富的实践经验和较强的组织能力。建造师注册受聘后，可以建造师的名义担任建设工程项目施工的项目经理、从事其他施工活动的管理、从事法律、行政法规或国务院建设行政主管部门规定的其他业务。

在行使工程项目经理职责时，一级注册建造师可以担任《建筑业企业资质等级标准》

中规定的特级、一级建筑业企业资质的建设工程项目施工的项目经理；二级注册建造师可以担任二级建筑业企业资质的建设工程项目施工的项目经理。大中型工程项目的项目经理必须由取得建造师执业资格的人员担任；但取得建造师执业资格的人员能否担任大中型工程项目的项目经理，应由建筑业企业自主决定。

（5）建造师考试科目

一级建造师考试科目包括《建设工程经济》《建设工程项目管理》《建设工程法规及相关知识》和《专业工程管理与实务》（专业包含：公路工程、铁路工程、民航机场工程、港口与航道工程、水利水电工程、市政公用工程、通信与广电工程、建筑工程、矿业工程、机电工程10个类别）。

二级建造师考试科目包括《建设工程施工管理》《建设工程法规及相关知识》和《专业工程管理与实务》（专业包含：建筑专业、公路工程、水利水电工程、矿业工程、机电工程和市政公用工程6个类别）。

2. 注册建筑师

（1）注册建筑师的概念

注册建筑师是依法取得注册建筑师资格证书，在一个建筑设计单位内执行注册建筑师业务的人员。在建筑装修装饰专项工程设计资质中，注册建筑师是考核的要求之一。一级注册建筑师的注册工作由全国注册建筑师管理委员会负责。

（2）注册建筑师的使用

国家对从事人类生活与生产服务的各种民用与工业房屋及群体的综合设计、室内外环境设计、建筑装修装饰设计、建筑修复、建筑雕塑、有特殊建筑要求的构筑物的设计，从事建筑设计技术咨询，建筑物调查与鉴定，对本人主持设计的项目进行施工指导和监督等专业技术工作的人员，实施注册建筑师执业资格制度。

（3）注册建筑师考试管理

全国一级注册建筑师执业资格考试由国家住房和城乡建设部与国家人事部共同组织，考试采用滚动管理，共设9个科目，单科滚动周期为8年。北京地区全国一级注册建筑师执业资格考试的考试管理工作由北京市人事考试中心负责组织，注册工作由北京市规划委员会负责实施。一级注册建筑师考试合格成绩有效期为8年，在有效期内全部科目合格的，由全国注册建筑师管理委员会核发《中华人民共和国一级注册建筑师执业资格证书》。

（4）注册建筑师考试科目

注册建筑师考试科目包括：建筑设计，建筑经济、施工与设计业务管理，设计前期与场地设计，场地设计（作图题），建筑结构，建筑材料与构造，建筑方案设计（作图题），建筑物理与建筑设备，建筑技术设计（作图题）。其中《场地设计（作图）》《建筑技术设计（作图）》和《建筑设计与表达（作图）》为主观题，在图纸上作答；其余6科均为客观题，在答题卡上作答。

3. 注册结构工程师

（1）注册结构工程师的概念

注册结构工程师是指取得中华人民共和国注册结构工程师执业资格证书和注册证书，从事结构工程设计；结构工程设计技术咨询；建筑物、构筑物、工程设施等调查和鉴定；对本人主持设计的项目进行施工指导和监督；住房和城乡建设部和国务院有关部门规定的其他业务的专业技术人员。在建筑装修装饰专项工程设计资质中，注册结构工程师是考核的要求之一。

（2）注册结构工程师的使用

一级注册结构工程师的执业范围不受工程规模和工程复杂程度的限制，二级注册结构工程师的执业范围只限于承担国家规定的民用建筑工程等级分级标准三级项目。

结构工程师设计的主要文件（图纸）中，除应注明设计单位资格和加盖单位公章（出图章）外，还必须在结构设计图的右下角由主持该项设计的注册结构工程师签字并加盖其执业专用章方为有效。否则设计审查部门不予审查，建设单位不得报建，施工单位不准施工。

（3）注册结构工程师的考试

一级注册结构师有基础考试和专业考试，二级结构师只有专业考试，成绩一次性通过有效。基础考试闭卷，专业考试开卷，可以带规范和个人笔记、资料。土木专业本科毕业一年可以参加一级结构师基础考试，毕业两年参加二级结构师专业考试。院校通过评估且在合格有效期内的本科毕业生毕业后从事结构工作4年、院校未通过评估或者不在合格有效期内的本科毕业生毕业后从事结构工作5年，就可以参加一级结构师的专业考试。

三、建筑装修装饰市场的评价体系

在建筑装修装饰行业管理中，市场评价是伸张正义、抑恶扬善；提高建筑装修装饰设计、施工、材料生产水平；促进行业产业化发展的重要手段。经过30多年的发展，目前，建筑装修装饰行业已经形成了对企业、工程和从业者个人的评价体系，对强化行业管理发挥了重要作用。

（一）行业的企业评价体系

当前建筑装修装饰行业的企业评价体系主要由企业的信用体系评价和行业强势企业评价与推进构成。

1. 行业内企业信用体系评价

（1）行业内企业信用体系评价的含义

行业内企业信用体系评价是中国建筑装饰协会受国务院整顿与规范市场办公室委托，组成专业的评价组织，对建筑装修装饰工程企业的企业资格、信用水平、行为规范等进行的考核与评定等级的社会活动，是除资质之外对企业最具权威性的评价。

（2）信用评价的等级

中国建筑装饰协会对建筑装修装饰工程企业的评价，按照社会评价的惯例，最高级别是AAA级，以下逐级降低为AA级、A级、B级，共4个级别。企业信用评价的有效期为三年，有效期内每年对企业进行一次跟踪参评。有效期后企业需重新提供认证资料并通过相应级别的审核、评定。

（3）行业内企业信用体系评价的依据

建筑装修装饰企业信用体系评价的依据主要有企业注册资本金、资产负债率、合同履约率、社会地位、行业地位、社会评价、银行评价、社会贡献等指标。企业要如实申报进行评价的资料，申报资料需要经过相关部门、机构的审计和认证。

2. 行业强势企业评价与推介

（1）行业强势企业评价与推介的含义

行业内强势企业是由行业协会和行业媒体，对行业内企业的经营实力进行评价与推介的社会活动。目前有建筑装修装饰行业百强企业、建筑幕墙行业50强企业、厨卫百强企业的评价与推介。

（2）行业强势企业评价的意义

建筑装修装饰行业的强势企业评价活动，对于社会、业主对工程企业的认知水平，特别是资本市场对建筑装修装饰工程企业认识水平的提高具有很重要作用，现在已经成为建筑装修装饰工程企业登陆资本市场的重要依据。本项企业评价得到了业内企业的高度重视，已经成为评价企业在行业中地位的重要指标。

（3）行业强势企业评价的依据

建筑装修装饰强势企业的评价依据包括企业注册资本金、资金创利率、固定资产数量及质量、企业营业规模、科技人员数量及构成、创新能力、工程管理能力、社会贡献等指标。企业申报的资料，需要经过审计、会计师事务所等相关部门、机构的审核、认定。

（二）对建筑装修装饰工程项目的评价

建筑装修装饰行业对工程项目的评价分为国家级及地方级两级。

1. 国家级建设工程评价体系

（1）中国建筑工程装饰奖

"中国建筑工程装饰奖"是为了表彰优质建筑装修装饰工程项目而设立的奖项，由住房和城乡建设部批准，中国建筑装饰协会具体负责实施。该奖项是唯一一项针对建筑装修装饰的国家级奖项，其评选条例共8章32条，分别就评选范围、申报条件、申报程序和资料、评审机构与程序、获奖奖励、评审纪律等进行了规范。

设立"中国建筑工程装饰奖"是为了推动我国建筑装修装饰行业整体工程质量水平的不断提高。中国建筑工程装饰奖每年评选一次，每两年进行一次表彰。获得"装饰奖"的建筑装修装饰工程应当是设计与施工完美结合，符合室内环境污染控制规范要求，设计创意和施工工艺达到国内先进水平的装饰精品，包括新建、改建、扩建的各类公共建筑装修装饰工程。中国建筑工程装饰奖是行业的最高奖项，分为主承建奖和并列承建奖两类，采取企业自愿申报、地方协会初审初评、中国建筑装饰协会专家复查、协会终审的程序。图6-2是获得中国建筑工程装饰奖的工程作品，江苏吴江东太湖温泉度假酒店大堂装修效果图。

（2）鲁班奖

“鲁班奖”是为了表彰优质建设工程项目而设立的奖项，由住房和城乡建设部批准，中国建筑业协会负责具体组织实施。其评选《办法》共8章38条，分别就评选范围、申报条件、申报程序、工程复查、工程评审、获奖奖励、评审纪律等进行了规范。该奖项每年进行一次评选，每两年进行一次表彰。

“鲁班奖”评选的工程，必须是列入国家或地方的建设计划、向地方建设行政主管部门报建并经批准开工的工程，未经办理各项审批手续的工程不能参加评选。所指的大中型建设项目，依据是原国家计委、国家建委、财政部《关于基本建设项目大中小型划分标准的规定》和原国家计委《关于补充、修订部门基本建设项目大中型划分标准的通知》有关规定，其中未明确划分规模的工程，在《评选办法》中做了一些补充。“鲁班奖”评选的工程，应包括土建和设备安装、内外装修在内的全部整体工程，建筑装修装饰工程企业可以获得参

图6–2　吴江东太湖温泉度假酒店大堂装修效果图

建奖。

（3）詹天佑奖

“中国土木工程詹天佑奖”是为了表彰优质土木建筑工程而设立的国家级奖项，由住房和城乡建设部批准，中国土木工程学会负责具体实施。其评选条例共6章17条，分别就评选工程范围及申报条件、参选工程的推荐与申报、评选机构与专业预选、网上公示及通告与终审、奖励与颁奖等进行了规范。

该奖是为贯彻国家科技创新战略，提高工程建设水平，促进先进科技成果应用于工程实践，创造优秀的土木建筑工程，奖励在科技创新（尤其是自主创新）和科技应用方面，成绩显著的优秀土木工程建设项目。该奖项每年进行一次评选，两年进行一次表彰，建筑装修装饰工程企业可以获得参建奖。

（4）建筑装饰行业科学技术奖

根据中华人民共和国《国家科学技术奖励条例》规定，经国家科学技术奖励工作办公室批准登记设立（国科社奖励号0313），由中国建筑装饰协会组织实施的“建筑装饰行业科学技术奖”，自2020年开始每年评选一次。是我国建筑装饰行业唯一的国家级科学技术奖。旨在推动建筑装饰行业以科技创新带动行业转型升级，实现可持续发展。

建筑装饰行业科学技术奖设立科技创新成果奖、设计创新奖、科技创新工程奖、科技人才奖四个子奖项，涵盖行业科学技术基础研究，产品、工艺、材料及其系统的创新技术研发、科学技术成果工程应用集成整合全过程的成就及相关科技人才。其中科技创新成果奖、设计创新奖、科技创新工程奖三个子奖项分别设立特等奖、一等奖、二等奖三个等级，根据科学技术创新水平、转化效率、社会及经济效益等差异分别进行表彰奖励。

该奖项的申报流程是由企业或个人按照规定程序提出奖项申报，上报规定的资料；由中国建筑装饰协会科技奖办公室组织专家进行资料初审；初审通过后发送通过函并进行复查答辩；最后由专家进行最终评审后由中国建筑装饰协会发文公示结果；并由中国建筑装饰协会组织颁奖大会，对获奖单位及个人进行表彰颁奖。组织该奖评选是中国建筑装饰协会一项重要的常规性工作内容。

（5）广厦奖

“广厦奖”是为了表彰优质住宅开发建设而设立的奖项，由住房和城乡建设部批准，中国房地产业协会负责组织实施，其评选条例分别就评选项目的条件、规划设计评价指标体系、建筑设计评价指标体系、施工质量评价指标体系、产业化技术应用评价指标体系、物业管理评价指标体系、综合计分方式等进行了设置。该奖项每年进行一次评选，两年进行一次表彰，建筑装修装饰工程企业可以获得参建奖。

2. 地方级建设工程评价体系

（1）地方级建设工程评价的含义

地方级建设工程评价是指地方建设行政主管部门或行业协会，对地区内的建筑装修装饰工程项目进行设计、施工质量水平的评定，对优质工程进行表彰的社会活动。由于国家级优质工程评定受到数额的限制，所以，地方级优质工程评价，是进行国家级优质工程评价的基本条件。

（2）地方级建设工程评价体系的构成

各地方级建筑装修装饰行业优质工程项目的表彰名称，一般是以地方性、标志性建筑或代表性事物命名，如北京市的“长城杯”、上海市的“白玉兰杯”、山东省的“泰山杯”、江苏省的“扬子杯”等。目前具有一定行业规模的地区，都开展了地方优质建筑装修装饰工程项目表彰活动以推动地方行业的发展。地方级建筑装修装饰工程项目的评价，其评价程序和国家级评价程序相一致，在具体经济、技术指标上低于国家级评价标准。

（三）行业的从业者队伍评价体系

对行业从业者的评价，主要由行业协会进行。经过30多年的发展与完善，目前对从业者队伍的评价主要由以下几个方面构成。

1. 优秀企业家评价与表彰

（1）优秀企业家评价与表彰的内容

建筑装修装饰行业优秀企业家评价与表彰活动，是由中国建筑装饰协会与中华全国总工会联合组织进行的对建筑装修装饰行业内企业家的社会评价活动，每两年组织进行一次，是行业内具有权威性的对企业负责人的评价与表彰活动。本项评价表彰按照从业年限、年龄、成就等分为资深优秀企业家、优秀企业家和中青年优秀企业家三个级别。

（2）优秀企业家评价的依据

优秀企业家评价标准由中国建筑装饰协会与中华全国总工会海员建设分会联合制定，主要从企业规模、产值总额、利税总额；企业家的社会、行业地位；社会及行业的评价等方面对企业的董事长、总经理进行考核、评定。企业申报的资料需经地方建设行政主管部门或地方行业协会初审合格后报中国建筑装饰协会终审后进行表彰。

2. 优秀项目经理评价与表彰

（1）优秀项目经理评价与表彰的内容

建筑装修装饰行业优秀项目经理是由“中国建筑工程装饰奖”派生出来的对项目经理个人的评价与表彰活动，由中国建筑装饰协会组织实施，每两年进行一次。获得优秀项目经理称号必须是获得中国建筑工程装饰奖的项目经理，是对建筑装修装饰工程项目经理具有权威性的评价与表彰活动，已经成为项目经理参与市场竞争的重要依据，在提高企业工程中标率上具有重要作用。部分大型、重点工程项目，优秀项目经理已经成为投标的重要条件之一，对规范市场提高工程质量水平具有有力的推动。

（2）优秀项目经理的评价依据

建筑装修装饰行业优秀项目经理的评价依据比较简明、清晰，即被评价与表彰的项目经理，必须是获得“中国建筑工程装饰奖”的工程项目的项目经理。

3. 优秀设计师评价与表彰

(1) 优秀设计师评价与表彰的内容

建筑装修装饰行业优秀设计师评价与表彰活动由中国建筑装饰协会组织实施，每年进行一次，是对建筑装修装饰设计师具有权威性的评价与表彰活动。

(2) 优秀设计师评价与表彰的依据

建筑装修装饰行业优秀设计师的评价依据比较复杂，除“中国建筑工程装饰奖”获奖项目的设计师外，在各种全国性建筑装修装饰类专业设计竞赛中的获奖设计师、特大型标志性建筑的装修装饰工程设计师、区域性装修装饰专业设计竞赛中的获奖设计师等，都是对设计师进行评价与表彰的重要依据。

4. 优秀科技工作者评价与表彰

(1) 优秀科技工作者评价与表彰的内容

建筑装修装饰行业优秀科技工作者的评价与表彰活动，是由中国建筑装饰协会组织实施，对在信息化建设、材料与部品升级、节能减排等方面技术创新的科技项目负责人进行的评价与表彰，是行业内对科技工作者具有权威性的评价与表彰活动。

(2) 优秀科技工作者评价与表彰的依据

建筑装修装饰行业优秀科技工作者的评价依据比较复杂，获得发明专利、国家及地方科技创新奖等都是对科技工作者进行评价与表彰的依据。

5. 能工巧匠的评价与表彰

(1) 能工巧匠的评价与表彰的内容

为了提高建筑装修装饰行业施工一线操作工人的技术素质，2007年建设部、劳动和社会保障部等4部委联合组织了建筑装修装饰工技能大赛，在木工、镶贴工两个专业中进行了全国性技能竞赛，对获得优胜的选手进行了表彰。此次活动之后，在建筑装修装饰业发达地区仍然保留了这一表彰活动，举办木工、镶贴工、涂刷工等工种的技术竞赛。

(2) 能工巧匠的评价与表彰的依据

在各类技术工人竞赛中，制定了统一的质量标准、工艺要求，在竞赛过程中主要以时间作为考核的基础内容，在同等质量、相同工艺下，施工操作使用的时间越短其得分就越高，最后按得分数确定名次。

第七章　建筑装修装饰工程企业管理

第一节　建筑装修装饰工程企业

作为国民经济的细胞，建筑装修装饰工程企业是构成具有造血功能的肝脏中的细胞，是制造具有再生产功能建筑物的企业，因此，在国民经济中具有重要作用。加强对建筑装修装饰工程企业的管理，首先要对建筑装修装饰工程企业的性质、类型、特征进行研究。

一、建筑装修装饰工程企业的性质

建筑装修装饰工程企业作为建筑业企业中的重要组成部分，既具有建筑业企业承接建筑工程的一般性，又具有其特殊性。

（一）建筑装修装饰工程企业的概念及性质

1. 建筑装修装饰工程企业的概念

建筑装修装饰工程企业是指以建筑装修装饰工程设计、施工为经营业务，为社会提供装修装饰工程服务，并承担相应民事责任的经济组织，在工程市场主体中又被称为乙方。

建筑装修装饰工程企业概念有广义和狭义两种。广义的建筑装修装饰工程企业是指参与建筑装修装饰活动的所有企业，包括材料生产制造企业、商业及流通业企业。狭义的建筑装修装饰工程企业是指专业从事建筑装修装饰工程设计、施工的企业。建筑装修装饰市场上所说的工程企业一般是指狭义的。

2. 建筑装修装饰工程企业的性质

通过概念可以看出建筑装修装饰工程企业的性质是建筑业企业、设计与施工企业、服务业企业。

（1）建筑装修装饰工程企业是建筑业企业

建筑业企业性质表现为企业从事的行业属于建筑业的一个组成部分，受到国家对建筑业管理的法律、规范、标准、制度的制约，服从建设行政主管部门的管理，接受相关机构对建筑业企业的指导与服务。按照国民经济部分分类，我国建筑业包括土木结构、设备安装和装修装饰三个种类，各自有技术、市场上的特点，但都是建筑业的重要组成部分。一个建筑物的建设过程一般都包括这3个专业施工阶段。

（2）建筑装修装饰工程企业是设计与施工企业

设计与施工企业的性质表现为企业的主营业务为建筑装修装饰工程的设计与施工。企业必须以建筑装修装饰工程的设计、施工组织方案及报价参与市场竞争并通过设计、施工中的收入维持企业生存，获取企业发展的资金积累。由于建筑装修装饰工程要求具有科技、文化、艺术价值，建筑装修装饰工程企业必须具备工程深化设计的能力才能保证施工的质量和品位，这与建筑业中的其他行业具有明显的区别。

（3）建筑装修装饰工程企业是服务业企业

服务业企业表现为企业在建筑装修装饰工程项目中是利用业主投资工程项目的资金，为业主提供工程的设计、施工服务，有明显的阶段性雇佣关系性质。在整个建筑装修装饰工程的施工过程中始终没有所有权的转移，这是服务业表现的基本性质。

（二）建筑装修装饰工程企业的特点

建筑装修装饰工程企业是经济组织，具有自我生存、发展的能力。对比其他行业的企业，建筑装修装饰工程企业具有以下的特点。

1. 专业从事建筑装修装饰工程服务

建筑装修装饰工程企业的主营业务必须是建筑装修装饰工程服务，包括工程的设计、施工、咨询服务，并依靠主营业务获取经济收入并创造利润，自主经营、自我积累、自我发展。建筑装修装饰工程企业在经营主营业务的同时也可从事与主营业务相关联的材料、部品生产与销售、技术开发与培训等业务，作为专业服务能力的补充、提升和完善。

2. 必须在资质条件范围内承接工程

建筑装修装饰工程企业必须在资质类别、资质等级规定的范围内承接工程，无专业资质或超资质条件范围承接工程都会受到建设行政主管部门的处罚。为了能够提高企业的工程承接能力，建筑装修装饰工程企业除获取建筑装修装饰和建筑幕墙专项资质外，还会在建筑智能化工程、建筑消防工程、安装工程、钢结构工程、门窗工程、古建工程、园林工程、机电工程等专项工程及房屋建设总承包工程中申报资质，经国家建设行政主管部门按标准审核后，颁发相关专业、相应等级的资质证书，以提升企业的项目承接能力。

3. 技术特点是集成整合既有产品与技术

建筑装修装饰工程企业的技术特点是，在工程设计、施工过程中集成、整合既有材料、产品与技术并应用于工程，属于应用型技术。有条件的建筑装修装饰工程企业在集成、整合既有产品与技术的基础上，进行应用范围、组合形式，提升性能等方面的二次开发、创新，也可以形成拥有自主知识产权的新型应用技术，形成在工程服务方面的技术优势，在市场竞争中争得先机。

4. 必须接受建设行政主管部门管理

建筑装修装饰工程企业必须按照建设行政管理机构的管理要求，将企业的月、年经营数据资料上报建设行政主管部门；承接工程的程序、施工手续及质量验收要接受建设行政主管部门的审核、监督和检查，工程项目的开工、实施过程和工程质量要接受建设行政主管部门的审批、监督和检验，并在交付使用后接受相关部门、机构的管理与评判。

（三）建筑装修装饰工程企业的社会责任

建筑装修装饰工程企业作为建筑装修装饰工程的承建商，必须承担以下社会责任。

1. 合法经营

建筑装修装饰工程企业必须按照国家有关企业法规及建设领域的相关法规要求，依法经营，照章纳税，不违法乱纪，不超资质标准承接工程，规范内部的经营、人事、安全、质量、福利等管理制度。

2. 全面履行合同

建筑装修装饰工程企业必须按照建设工程合同约定的工期、质量、造价全面执行合同，组织好工程的实施过程，并按照合同的约定，以科学的成本支出，先进适用的技术，保质、按期完成工程项目的全部施工程序。

3. 保证公共安全

建筑装修装饰工程企业必须对施工过程中危及社会公共安全和施工操作人员生命、财产安全的事故隐患采取有效的预防措施，确保施工人员和社会公共安全。同时要对工程竣工之后的环境污染进行预先控制，保证使用者的安全并承担相应的法律责任。

4. 诚信经营

建筑装修装饰工程企业必须诚信对待工程中予以配合的专项分包商、劳务分包商及材料、部品供应商，不无理刁难、不克扣价款、不拖欠工资，维护好行业正常的市场秩序。

二、建筑装修装饰工程企业的分类

建筑装修装饰工程企业作为一个复杂的群体，按照不同的标准进行分类，可以分为不同经济成分、不同等级、不同专业。建筑装修装饰工程企业有以下几种分类。

（一）按所有制分类

按企业所有制性质分类，建筑装修装饰工程企业可以分为国有、合资、民营和独资四大类。

1. 国有建筑装修装饰工程企业

（1）国有建筑装修装饰工程企业的概念

国有建筑装修装饰工程企业是国有资本投资组建的装修装饰工程企业。国有建筑装修装饰工程企业主要集中在国有大型建筑业企业内部，如国家级建筑业企业中国建筑工程总公司、中国铁道建筑总公司等下属的专业装饰公司及地方国有大型建筑业企业下属的专业装修装饰工程公司。

（2）国有建筑装修装饰工程企业的地位和作用

由于建筑装修装饰行业是市场化运作，完全竞争性行业，所以在20世纪末和21世纪初期，大量国有建筑装修装饰工程企业通过改制，已经转化为合资或民营企业。现存的国有建筑装修装饰工程企业数量不多，全国约有300家。国有建筑装修装饰工程企业虽然在全国建筑装修装饰工程企业总量中仅占0.3%左右。但完成的工程产值却占全行业总工程产值的8%左右。

2. 中外合资建筑装修装饰工程企业

（1）中外合资建筑装修装饰工程企业的概念

中外合资建筑装修装饰工程企业是境外资本与国内组建的装修装饰工程企业。在20世纪90年代，由于改革开放、政策的优惠、市场的快速扩张，建筑装修装饰行业吸引了大量的外资，按照我国合资企业法和建筑业外资管理有关制度组建了一批建筑装修装饰工程企业。

（2）中外合资建筑装修装饰工程企业的地位与作用

中外合资建筑装修装饰工程企业，不仅引进了先进的技术和管理，同时沟通、交流了行业发展的国际信息，加快了行业设计、管理、项目运作理念的转化，对行业发展做出了积极的贡献。进入21世纪后，中外合资建筑装修装饰企业数量正在缓慢下降。

3. 民营建筑装修装饰工程企业

（1）民营建筑装修装饰工程企业的概念

民营建筑装修装饰工程企业是由两个或两个以上自然人或法人投资主体投资组建的建筑装修装饰工程企业，主要组织形式是现代股份制企业。

（2）民营建筑装修装饰工程企业的地位与作用

经过行业市场的洗礼和企业的分裂、分化，民营建筑装修装饰工程企业现在已经成为行业的主要经济成分，占行业企业总数量的90%左右，分布在行业的各个细分市场。现在对建筑装修装饰工程企业的阐述主要针对的是民营建筑装修装饰工程企业。民营建筑装修装饰工程企业的体制科学、机制灵活、对市场的适应能力强，发展速度快，得到社会的高度认可。目前上市的建筑装修装饰工程企业全部是民营建筑装修装饰工程企业，在行业百强企业中民营企业所占的比重高达95%以上。

4. 独资建筑装修装饰工程企业

（1）独资建筑装修装饰工程企业的概念

独资建筑装修装饰工程企业是由一个自然人或企业法人投资组建的建筑装修装饰工程企业，也属于民营经济的范畴，但不是现代股份制企业。

（2）独资建筑装修装饰企业的地位与作用

在我国企业所有制改革之后，建设与工商行政管理部门已经不再核准成立新的国有独资的建筑装修装饰工程企业。因此，新成立的独资建筑装修装饰工程企业是自然人及企业法人投资组建，主要集中在房地产自办的建筑装修装饰企业、建筑装修装饰工程设计领域和住宅装修装饰市场中既有住宅零星改造性装修装饰工程领域等专业化程度高的细分市场。

（二）按细分市场分类

按企业经营业务所处的细分市场分类，建筑装修装饰工程企业可以分类为公共建筑、住宅和建筑幕墙三大类企业。

1. 公共建筑装修装饰工程企业

（1）公共建筑装修装饰工程企业的概念

公共建筑装修装饰工程企业是指专业从事公共建筑物内外表面装修装饰工程设计、施工的工程企业。

（2）公共建筑装修装饰工程企业的地位与作用

由于公共类建筑装修装饰工程的体量大、社会影响作用强、工程的专业化要求高、管理相对规范。所以，对从事公共建筑装修装饰工程的企业要求严格，进入市场的门槛标准较高，必须获取由建设行政主管部门核发的资质证书，必须在资质等级允许的范围内承接工程。工程的安全、质量受到相关机构的监管并制定有全国统一的标准。从事公共建筑装修装饰工程的企业数量占行业总数量的30%左右，完成的产值占行业总产值的55%左右。

2. 住宅装修装饰工程企业

（1）住宅装修装饰工程企业的概念

住宅装修装饰工程企业是指专业从事家庭住宅内部室内装修装饰工程设计、施工的工程企业。

（2）住宅装修装饰工程企业的地位与作用

由于住宅装修装饰量大、面广，但单项工程的体量有限，居民投资住宅装修装饰又有其特点，形成了市场运作、工程组织、配套服务等独立的形式。对从事住宅装修装饰工程企业的要求标准较低，存在大量的无资质企业，社会的监督、管理也比较松散，从事住宅装修装饰的工程企业数量占行业企业总数量的65%左右，完成的产值占行业总产值的35%左右。

3. 建筑幕墙工程企业

（1）建筑幕墙工程企业的概念

建筑幕墙工程企业是指专业从事建筑物外围护结构工程设计、施工的工程企业。由于门窗也是建筑物外表的重要组成部分，所以建筑幕墙工程企业一般都兼营建筑门窗。

（2）建筑幕墙工程企业的地位与作用

由于建筑幕墙工程应用的是现代建筑技术并处于快速发展阶段，其质量、安全、节能性能对社会造成的影响极大，所以对从事建筑幕墙工程企业的管理严格、规范。企业在机械加工设备、生产场所、专业人员配备等方面的考核严格、进入市场门槛的标准较高。企业必须获取由建设行政主管部门核发的资质证书并在资质等级允许的范围内承接工程。工程质量、安全受到相关部门严格监督、控制并且是全国执行统一标准。由于建筑幕墙工程企业的起点高，所以企业的数量变化不大。从事建筑幕墙工程的企业数量占行业企业总数的5%左右，完成的产值占行业总产值的10%左右。

（三）按资质等级分类

国家建设行政主管部门对建筑装修装饰工程企业实行动态的资质管理，现有建筑装修装饰及建筑幕墙两类专项资质。按企业获取的资质等级分类，可以分为一级资质、二级资质、三级资质及无资质四大类企业。

1. 一级资质企业

（1）一级资质企业的概念

一级资质建筑装修装饰类工程企业是指获得国家行政主管部门按资质等级标准审核后，颁发的建筑装修装饰工程专业承包工程一级、建筑装修装饰工程专项设计甲级、建筑幕墙工程专业承包一级、建筑幕墙工程专项设计甲级、建筑装修装饰工程设计与施工一级、建筑幕墙工程设计与施工一级资质中任一项资质的工程企业。

（2）一级资质企业的地位与作用

一级资质企业可以承接全国范围的各类型的建筑装修装饰工程，是建筑装修装饰专业工程的主要承建商。截至2018年底我国共有一级资质的建筑装修装饰类工程企业6000家左右，占企业总量的5%左右，完成的工程产值占行业总产值的30%左右，是行业发展的中坚力量。一级资质企业中的优秀企业担负了行业发展中的主要理论研究、法规建设、技术创新、管理转型等任务，代表了行业先进生产力发展方向。

2. 二级资质企业

（1）二级资质企业的概念

二级资质建筑装修装饰类工程企业是指获得国家建设行政主管部门按资质等级标准审核后，颁发的建筑装修装饰工程专业承包二级、建筑装修装饰工程专项设计乙级、建筑幕墙工程专业承包二级、建筑幕墙工程专项设计乙级、建筑装修装饰工程设计与施工二级、建筑幕墙工程设计与施工二级资质中任一项资质的工程企业。

（2）二级资质企业的地位与作用

二级资质企业只能承接本省、市地区内，工程造价在1200万元以下的建筑装修装饰工程项目，其中建筑幕墙工程企业只能承接总面积不超过6000平方米、高度不高于60米的建筑幕墙工程项目。因此，二级资质企业是中、小型建筑装修装饰工程的主要承接商，在市场竞争中处于弱势地位。截至2018年底，我国共有二级资质的建筑装修装饰类工程企业3万家左右，占企业总量的25%左右，完成的工程产值占行业的25%左右。

3. 无资质企业

（1）无资质企业的概念

无资质建筑装修装饰工程企业是指经过工商行政管理部门注册登记，但未取得建设行政主管部门核发的资质证书，主要从事社区内改造性零散住宅室内装修装饰工程的小型企业。

（2）无资质企业的地位与作用

无资质企业在建筑装修装饰行业中处于拾遗补阙的地位，主要从事的是既有建筑的改造性装修装饰工程。由于我国既有住宅总量大，改造性装修装饰市场极大，无资质企业只要讲诚信、重质量，也可以专业化、规模化。无资质企业中良莠不齐、差异极大。无资质企业占企业总量的近60%，年完成工程产值占行业总产值的5%左右。

（四）按照主营业务分类

为了提高工程企业的项目承接能力，在国家建设行政主管部门核发的工程企业资质证书中，分为主营专业和兼营专业两部分。主营专业只能有一个专业，而兼营专业可以有5个，就形成了主营建筑装修装饰和兼营建筑装修装饰专项工程两种企业。

1. 主营建筑装修装饰工程企业

（1）主营建筑装修装饰工程企业的概念

主营建筑装修装饰工程企业是指资质的主营专业是建筑装修装饰或建筑幕墙专业工程设计、施工或设计与施工资质的企业。

（2）主营建筑装修装饰工程企业的地位与作用

主营建筑装修装饰专业工程企业一般也兼营智能化、消防、门窗、钢结构等其他专项工程并有相应的资质。主营建筑装修装饰类工程企业，主要承接新建工程中对装修装饰标准要求较高的工程项目和改、扩建装修装饰工程。由主营建筑装修装饰类工程企业完成的工程产值，占全行业工程总产值的80%左右。

2. 兼营建筑装修装饰工程企业

（1）兼营建筑装修装饰工程企业的概念

兼营建筑装修装饰工程企业是指企业资质的主营专业不是建筑装修装饰专业工程设计、施工或设计施工一体化，而是总承包或其他专项工程资质企业，在兼营专项工程资质中有建筑装修装饰专项工程设计、施工或设计施工一体化资质的工程企业。

（2）兼营建筑装修装饰工程企业的地位与作用

建设总承包资质的工程企业，在兼营专业中有建筑装修专项工程资质，也有智能化、消防、古建园林、钢结构等专项工程资质的企业，在兼营专业中有建筑装修装饰专项工程资质。这类企业一般是承接新建工程中对装修装饰标准要求较低的工程项目和其他专业改造中涉及的小型装修装饰项目。由兼营建筑装修装饰工程企业完成的工程产值，占全行业工程总产值的20%左右。

（五）按在工程中所处地位划分

建筑装修装饰工程企业按照在工程承建中的地位划分，可以分为总承包企业、专项工程承包企业、劳务分包企业3类。

1. 工程总承包企业

（1）工程总承包企业的概念

总承包企业是指获得国家建设行政主管部门核发的总承包资质，在工程项目中担任总承建方的建筑业企业。我国现有房屋建设、航空港建设等13个在国民经济中具有重要影响力行业的总承包资质，划分为特级、一级、二级、三级4个资质等级，按资质等级分别承接不同规模的工程。

（2）工程总承包企业的地位与作用

在总承包体制下，总承包企业负责工程项目建筑主体结构的施工，不得分包，对专项工程可以分包，但要对整个建设工程中的各项专业工程的施工组织进行监督、管理，对建设工程质量负全面责任。

2. 专项工程分包企业

（1）专项工程分包企业的概念

专项分包企业是指获得国家建设行政主管部门核发的专项工程承包资质，在工程项目中担任专项工程承建方的建筑业企业。我国现有建筑装修装饰、建筑幕墙、古建等36个专项工程资质，按照企业注册资本金、工程技术人员数量、工程业绩等条件划分为一级、二级，按照资质等级分别承担不同规模的专项工程。

（2）专项工程企业的地位与作用

专项工程施工企业在工程的施工过程中要接受总承包方的管理，并对承建的专项工程项目质量、工期、成本等承担责任。专项工程承建企业不得分包、转包承接的工程。

3. 劳务分包企业

（1）劳务分包企业的概念

劳务分包企业是指获得国家建设行政主管部门核发的劳务分包资质，在工程实施过程中负责施工生产操作的建筑业企业。我国现有瓦、木、油、钢筋等14个专业工种的劳务分包企业，按专业在工程中承接相应的劳务。

（2）劳务分包企业的地位与作用

在工程实施过程中，劳务分包企业要服从总承包方、专项工程承建企业的管理，要加强对施工作业人员的管理，对承接的专业工程施工质量、安全负责。

（六）按照在建筑装修装饰工程中的作用分类

在建筑装修装饰工程中，共有设计企业、工程承包企业、分项工程承包企业和材料与部品的供应企业。

1. 设计企业

设计企业是建筑装修装饰工程的第一个参与企业，负责对工程进行设想、策划、计划，对工程起到了“龙头”作用。在现行的我国工程管理制度中，设计企业一般不再参与建筑装修装饰工程的施工投标，但要一直派设计人员驻守在施工现场，直到工程竣工验收。

2. 工程承包企业

工程承包企业是与业主签订建筑装修装饰工程合同的企业，对工程施工的全过程负有全部责任，负责工程的组织实施。工程承包企业的作用是要把分项工程承建企业、材料与部品供应企业等统一协调到工程项目中，按合同确定的内容和标准进行施工。

3. 分项工程承建企业

分项工程承建企业是在专业技术性较强、生产制造精度要求较高的分项工程中，如不锈钢、玻璃、整体吊顶、集成卫浴等分项工程需要由专业化程度较高的企业施工完成。分项工程由专业承建企业完成，能够起到提高质量、保证工期、降低造价的作用。

4. 材料与部品供应企业

材料与部品供应企业是为建筑装修装饰工程提供材料、部品、部件的专业生产制造企业或经销企业。目前很多材料、部品的生产经营企业，负责对本企业的产品提供安装服务，如木地板、成品门、卫浴设施等生产经营企业，派专业人员到现场进行安装施工，其作用已经接近分项工程承建企业，对工程实施具有重要的影响。

第二节　建筑装修装饰工程企业的商业模式

企业的商业模式决定了企业管理各类生产要素的分配形式、结构，决定了企业生存现状与发展能力。因此，要研究建筑装修装饰工程企业的管理，首先要对建筑装修装饰工程企业的商业模式进行分析、研究。

一、建筑装修装饰工程企业商业模式

建筑装修装饰工程企业的商业模式决定了企业与社会、业主及内部员工的利益分配关系，也就决定了企业的生存状况和发展质量，是建筑装修装饰工程企业管理最重要的结构基础。

（一）建筑装修装饰工程企业商业模式的概念及细分

1. 建筑装修装饰工程企业商业模式的概念

（1）商业模式的概念

商业模式是企业与利益相关者在交易与经营过程中利益分配的结构，包括交易的内容、规则、比例与分配形式等。企业的利益相关者是与企业有直接或间接关系的所有的社会成员，不仅包括企业外部与企业有利益关系的企业、机构、单位和个人，也包括企业内部的各部门、各分支机构的所有工作人员，还包括企业的产品、服务与技术影响到的其他社会成员。企业与利益相关者在交易中利益分配的内容、规则、比例、分配形式，

又可称为交易结构或利益分配方式，是商业模式的核心内容。不同的商业模式，利益相关者在与企业交易中由于交易结构不同，获取价值的空间不同，交易结构受保护的程度也不同。

商业模式不仅是一个比较新的概念，其要研究与探讨的内容也比较新颖。人类在认识客观世界中，最后都要落实到对结构的研究。例如，在研究物质特征时，最后要落实到研究原子结构和分子结构上；研究生命特征，最后要落实到遗传基因的结构上。商业活动归根到底是各方的利益交换，这一过程中各方利益的预期与实现，对各方的交易行为具有决定性意义，不仅决定交易能否实现，也决定了交易的可持续性。在速度、结构、效益三个考量指标中，结构是起最具决定性作用的指标，不同的交易结构与交易规模的扩大和企业的发展速度之间具有内在的规律性，这是商业模式研究的重点。

(2) 建筑装修装饰工程企业商业模式的概念

建筑装修装饰工程企业商业模式是指建筑装修装饰工程企业在生存与发展中，以工程项目为载体，与利益相关者在交易与经营中的交易结构，即利益分配的内容、规则、比例与形式。建筑装修装饰工程是一项社会性很强的工程活动，决定了建筑装修装饰工程企业的交易结构非常复杂，不仅直接利益相关者众多，包括业主、供应商、银行、税务、行业与社会管理等众多直接利益相关者，对企业生存与发展至关重要；间接利益相关者也对企业生存与发展具有重要影响，如一个餐馆的设计、施工质量评价，主要由前来就餐的消费者决定。一个经营不景气的餐馆，经过建筑装修装饰后就有可能吸引大量客流，这就是因为消费者作为间接利益相关者在工程企业与餐馆业主交易中受益形成的，对企业品牌和设计师、项目经理知名度提高具有重要的社会影响。

2. 建筑装修装饰工程企业商业模式的实质

建筑装修装饰工程企业商业模式的实质就是企业为了生存与发展，对社会各类资源进行集成与整合的体制与机制，是企业生存与发展体制与机制的确立与优化及运行状况的表现。

(1) 建筑装修装饰工程企业的生存体制

建筑装修装饰工程企业的体制是指企业为了生存与发展建立起来的适应外部环境与内部条件的组织、制度体系，包括了股本体系、决策体系、组织构架、治理制度、岗位责任等。建筑装修装饰工程企业生存与发展的体制，其实质是企业为了自身发展能够适应外部环境，依照企业的发展战略、经营理念而确定的一系列内部制度结构体系，决定了企业内部的资本、管理、生产、分配等主要结构的比例关系，是决定企业生存与发展品质的组织制度基础。

(2) 建筑装修装饰工程企业的生存机制

建筑装修装饰工程企业的生存机制是指企业为了保证体制的正常运转而建立起来的运行保障体系，包括招标投标制度、合同管理制度、激励制度、惩戒制度、考核制度、培训制度等规范、标准、流程的建立、健全与执行。建筑装修装饰工程企业生存与发展的机制，其实质是企业为了自身发展能够适应内部结构而确定的一系列内部利益分配的准则、实施办法和执行过程，是保障企业经营活动具有持续发展生命力的基础。

（二）建筑装修装饰工程企业商业模式的细分

建筑装修装饰工程企业的商业模式是一个复杂的体系，是由一系列功能各异、相对独立又有机地联系在一起的系统组合而成的，主要由以下三方面的模式构建而成。

1. 营销模式

（1）营销模式的概念

营销是企业作为一个社会组织，向社会进行介绍自己，阐述交易中利益分配内容、规则、形式等的一种手段。营销模式是企业树立社会形象，阐述开展业务活动的理念、制度、条例、规范的集成与介绍企业经营运转的方式。营销模式是一种体系，从构筑方式上目前有两大流派。一是以市场细分，通过企业管理体系的细分延伸归纳出的市场营销模式，是以企业为中心构筑的营销体系。一是以客户整合，通过建立客户价值核心整合企业各环节资源的整合营销模式，是以客户为中心构筑的营销体系。

（2）营销模式的内容

无论是何种营销模式都主要包括广告、宣传、企业网站建设、社会活动参与及关系维系、危机处理、客户网络建设、品牌建设等具体内容。要实现企业营销模式完成的任务，需要有策划、优选、确定和执行等具体步骤，可以由企业内部完成，也可以转交给专业的机构、企业去完成。营销模式的基本内容是企业要向全社会表明企业是干什么的、关注什么、崇尚什么、能干好什么、能给社会奉献什么、能为业主创造什么价值、多少价值等方面的阐述，是向社会、业主反映企业核心价值观体系及其构成的具体内容。

（3）营销模式的实质

营销模式的实质就是表明企业与社会联系时的利益分配的形式及结构，具体表现为企业如何通过对各种利益分配的内容、规则、比例与形式的表述，把自己推荐给社会、业主。社会和业主对企业的接纳程度，取决于企业对社会及业主在经济、文化、艺术等领域的需求实现水平与利益分配的结构是否科学、合理、公平，能否达到各方主体的利益预期直接决定了企业的发展前景。不同的营销模式，由于表述的出发点、体系的完整性、语言的技巧等不同，产生的社会效果就不同。内部条件相类似的企业或同一企业由于营销模式的不同，企业声誉与发展的品质不同，企业汇聚资源的能力也不同，因此营销模式是企业商业模式最重要的构成内容。

2. 工程运营模式

（1）工程运营模式的概念

工程运营模式是建筑装修装饰工程企业作为工程承包商，在履行合同时处理与市场各方主体利益关系时的分配结构。工程项目是建筑装修装饰工程企业业务的主体，也是体现企业经营能力的基本载体，是企业生存与发展的基础。建筑装修装饰工程作为一项复杂的生产过程，在创造价值的同时，要与大量的外部和内部的利益相关者开展交易活动，才能保证合同的完全履行。企业与利益相关者在价值形成过程中利益的分配规则、比例与形式，不仅决定了工程项目价值形成的规模，也决定了工程项目的质量水平及创利能力与水平，更是决定企业生存与发展品质的重要基础。

（2）工程运营模式的内容

工程运营模式是建筑装修装饰工程企业最核心的业务模式，主要包括工程项目的风险评估、项目的跟踪、合同的签订、项目班子组建、工程实施中的设计、施工、选材、采购等环节中建立起与业主、总承包商、监理企业、材料供应商、专业分包商、劳务分包商、内部各部门之间等的沟通、交流、合作、交易的平台。其中最重要的是工程承接采购平台的建设与升级，企业与各方联系平台建设的公平性及管理的标准化、规范化水平，决定了平台建设的规模及各方利益的实现水平，也就决定了工程实施过程的品质。

（3）工程运营模式的实质

工程运营模式的实质是企业在为社会提供服务时，与市场各方利益相关者利益分配的结构。工程项目在谈判、签订合同、履行合同的过程中，既有直接利益相关者，又有间接利益相关者；不仅存在着货币往来和物资的流动，也有技术的交流与实施；还会有文化、艺术的交流与认同，需要既定的利益分配结构能够科学、合理地处理好各方的利益关系，使各方都能实现利益预期。不同的利益分配结构导致企业的议价能力、谈判空间、交易水平的不同，并且决定了项目的实施水平和创利能力。因此，工程运营模式是建筑装修装饰工程企业最基础的构成。

3. 集成与整合模式

（1）集成与整合模式的概念

集成与整合模式是建筑装修装饰工程企业作为技术主体，在向社会、业主提供技术服务时处理与相关技术主体的利益分配结构。建筑装修装饰技术的基本特点是集成与整合各类技术资源，形成工程实施中的施工技术。在这一过程中，既表现为产品的交易，又有技术的交流与传承，需要有与各技术主体确定进行利益分配的规则、比例与形式。企业要准确、完整地获取相关的技术，就必须要有与技术相关利益主体进行合作的交易平台。在科技快速发展的当代，集成与整合模式是决定企业生存与发展状态的重要基础。

（2）集成与整合模式的内容

建筑装修装饰工程企业的技术发展，是在集成与整合既有技术与产品的基础上根据工程的需要进行应用，或在此基础上进行新的研发实现应用创新。对既有技术的集成与整合能力与水平，决定了企业的技术创新与发展能力。集成与整合社会技术资源主要表现为对既有技术的引进、消化、吸收与推广应用，具体表现为对既有技术的考察、论证、评价、购买或移植、研发、推广应用等方面。企业集成与整合的既有技术，一定要具有先进性、实用性，符合国家、行业技术发展的大方向，才能以技术为支撑，提高各类资源的利用效率，使企业处于技术领先的地位。

（3）集成与整合模式的实质

科技是第一生产力，也是企业提高生存能力的重要支撑。要提高企业的技术竞争能力，就要加大对技术的投入，提高企业的自主创新能力，建立以企业为核心的技术创新体系。企业集成与整合模式就是体现技术发展思路、策略、制度等的保障与推进体系。不同的技术集成与整合模式，技术合作的深度不同、研发的能力与水平不同、成果受保护的程度也就不同、对企业发展的支撑作用也不同。建筑装修装饰工程企业的集成与整合模式就是依法、科学、经济地推动企业技术发展的组织制度体系。

二、建筑装修装饰工程企业商业模式的优化

建筑装修装饰工程企业的商业模式不是一成不变的，要根据企业自身条件的发展与外部环境的变化不断做出调整，不断优化交易结构，使其适应客观环境的要求企业才能实现可持续发展。

（一）营销模式的优化

营销模式的优化是企业商业模式创新的重要组成，对企业市场占有程度的可持续发展具有重要作用，主要由以下三个方面构成。

1. 企业品牌战略的制定与实施

（1）企业品牌战略的含义

品牌是企业最具价值的无形资产，具有最重要的社会影响力。品牌是由企业注册商标与企业名号等构成，其知名度和美誉度水平是衡量品牌建设水平的重要指标，其中社会美誉度水平是衡量品牌更重要的指标。企业品牌战略是对企业推广品牌过程所采取的一系列政策与策略进行的长期策划、组织落实及方案的实施，不断提高企业品牌的社会影响力和价值。

（2）企业品牌战略的制定

制定企业品牌战略就是要不断提高企业品牌的社会美誉度。制定企业的品牌战略主要包括企业的自我推介、社会形象维护和危机处理机制建设三个方面，其中企业自我推介是基础。企业自我推介的内容与手段主要包括广告策略、宣传策略、网站建设策略、社会及行业活动参与策略等具体内容。制定企业自我推介战略，要以推介企业的核心价值观体系及介绍商业模式为内容，以诚实的态度，全面、真实、准确地表述自身的实力与能力，综合考量企业的技术支撑、经济能力，研究受众感受、社会效应、危机处理效果等因素，进行全面的策划、设计和部署、实施。

（3）企业品牌战略的运作

企业品牌战略的实施，是一个考核企业执行力的重要内容。在专业化、社会化大生

产条件下，企业品牌战略的实施有两种具体形式。一种是以企业内设的专业职能部门实施；一种是以委托社会的专业机构实施，两种形式都各有利弊。执行企业的品牌发展战略是一项长期、艰巨、持久的实施过程，需要树立人人都是企业品牌的理念，坚持长期、科学、公正地处理好企业与所有利益相关者的关系；及时、准确、有效地启动和运用企业的危机应对机制，不断化解矛盾与纠纷，使品牌战略得以顺利实施。

(4) 企业品牌战略的调整与优化

企业要使品牌的美誉度不断提高，就要以与时俱进的精神，不断对企业品牌战略进行适当的调整，优化企业的品牌战略实施状态。企业品牌战略的调整主要包括企业核心价值观体系的完善和商业模式的调整。企业的核心价值观体系要根据社会意识形态的变化而不断调整、补充、完善，特别是在社会绿色发展、低碳生活理念、注重生态保护等成为主导思想后，企业在自我推介中，就要把绿色设计、低碳施工和应用节能减排、环保安全、循环经济产品与技术作为重点，提高企业全面顺应社会发展主导思想的水平。

企业品牌战略的优化，最后要落实到企业商业模式的调整上，即企业核心价值观体系的调整与完善，除体现在企业营销模式的变化，也要体现在与利益相关者交易结构的变化上。在社会思想、技术、经济环境发生深刻变化的条件下，利益相关者对各类利益的需求总量及结构的预期会做出较大的调整，企业的商业模式必须做出与之相适应的调整，才能保障交易结构的科学性和合理性。要特别注重与高品牌知名度和美誉度的利益相关者结成长期合作的战略伙伴关系，提升企业品牌的美誉度。

2. 企业经营模式的确定与运作

(1) 企业经营模式的含义

企业掌控的人力、财力、物资、技术、信息等要素与资源，要在时空中进行配置，落实到具体地域、专业、时点上才能切实发挥作用，这就是经营。只有对生产要素进行科学的配置，才能发挥出各类要素的最佳功效，形成企业发展的内在动力。企业经营模式是企业对生产要素配置时的一系列政策与策略进行的长期规划、制定、组织与实施，是企业营销模式在经营业务活动中的具体体现与实施。企业对生产要素配置结构的科学性、合理性，直接决定了企业的经营布局、经营结构，也决定了企业发展速度与质量。

(2) 企业经营模式的确定

企业经营模式的确定就是要对企业经营中的经营布局、经营结构、经营策略等进行长期的规划、组织与实施。确定企业经营模式，企业决策者要在深入分析、研究宏观、中观经济环境，对未来市场、技术等发展趋势进行判断的基础上，根据企业掌控的资源规模、质量，以明确内部责、权、利的形式制定出一系列策略、规范。企业的经营模式的编制、确立过程是一项专业性、政策性、科学性极强的工作，是企业开展业务活动的指导纲领，包含了企业经营全过程中的生产要素分配原则、形式及实施的具体措施。

（3）企业经营模式的运作

企业经营模式的运作是由企业内部各职能部门负责，通过相互间的配合与协作完成的。各职能部门的履职能力及相互之间的协调能力不仅是考核企业执行力的重要内容，也是考核与评价企业内部职能设置水平的重要内容。在责、权、利关系明确的条件下，企业内生的增长动力就会加强、经营布局与结构也会日趋科学、市场竞争能力也会提高。随着企业经营规模不断扩大，经营战略模式涵盖的执行部门也会扩展，会形成各区域分公司、各专业事业部、设计院等新的组织机构，共同按照企业统一的经营模式进行运作。企业经营模式的运作成果就是使企业不断做大、做强。

（4）企业经营模式的调整与优化

随着企业经营规模的扩大，内部经营权的划分直接决定了企业的执行力与生产、工作效率。为了调动企业内部的积极性、主动性、创造性，企业的经营模式也需要做出调整，主要表现为经营中责、权、利的再分配。企业权力再分配的一种重要形式就是将企业内部能够独立的职能部门，划分出来成为单独的企业，进行独立核算，推动其对接市场，扩大其经营的地域分布，增加其对外经营规模，从而扩展企业整体的经营业务范围，使企业的经营结构进一步优化。这是企业发展到一定规模后，经营模式优化的一种重要方式。

部分建筑装修装饰工程企业在具备一定规模后，将工程设计部门、材料运营部门、人力资源管理部门、资本运营部门等很多部门独立出来，成立新的专业化公司，构成新的责、权、利主体，在企业统一的经营模式指导下，直接对接市场，在接受市场检验的同时提高了业务量和经营能力，也使企业成为一个开放式平台。以集团化经营模式调整对经营中的责、权、利进行分配，推动了企业商业模式的创新与优化，这将会是今后大型建筑装修装饰工程企业经营模式优化的一种趋势。

3. 企业业主网络建设模式的确立与运作

（1）企业业主网络建设的含义

企业服务的对象是业主，业主是最直接的利益相关者。企业营销模式实施的最终目标，是要培养和造就一支对企业品牌信赖度极高的客户群体。就建筑装修装饰工程企业而言，就是要建立起一个对企业信誉、品质、能力有高度信任感的业主群体。高信任度的业主能够使交易结构固定化、程序化和简单化，从而大幅降低工程项目的前期运作成本和工程实施成本，提高工程项目的创利能力与水平。企业拥有高信任度业主群体的规模与范围，直接决定了企业的发展规模与质量。业主网络建设就是要采取积极的行动，以主动的方式不断扩大和巩固企业的高信任度业主群体而进行的长期策划、组织与实施。

（2）企业业主网络建设模式的确立

建筑装修装饰工程企业业主网络建设模式就是企业对高信任度业主群体的不断扩大与巩固而制定的一系列长期发展政策与策略，包括制定规划、组织落实与方案的实施等。

业主网络建设的基础除了提高企业工程服务能力与配套水平之外，情感的因素也发挥了重要作用，即与业主展开多方面、多形式的沟通、交流，也是业主网络建设的重要内容与手段。经验证明，工程企业与业主共同参与文化、艺术、体育、旅游、娱乐等活动，对情感的交流、印象的加深和共同语言的获取具有重要影响。建筑装修装饰工程企业同业主建立和谐、巩固、持久合作关系的群体规模是企业市场竞争力水平的重要表现，也是企业提高社会影响力、巩固社会地位的重要途径。业主网络建设就要从研究业主核心价值观体系入手，从提高企业工程服务配套能力与水平、培养与业主的情趣融合、提升企业社会公信力等多个方面进行谋划、组织与推进。

（3）企业业主网络建设模式的运作

由于工程资源的最终分配是由业主领导确定的，所以业主网络建设模式运作，往往是由企业的领导层为主实施的。企业领导层的睿智、社会交往能力和文化、艺术修养水平，对业主网络建设模式的运作具有决定性作用。除企业领导层外，企业还要有专业的运作业主网络建设模式的职能机构，主要负责策划与组织同业主群体的一般性日常沟通、交流，组织开展业主网络维护的各类活动，以优质资源向优质业主服务的原则，实施好为业主提供的个性化服务等。业主网络建设的职能部门必须配备专业化人才，提供专业化的策划、组织与维护方案并具体组织实施，进行持久性建设才能不断巩固和扩大企业的业主网络。

（4）企业业主网络建设模式的调整与优化

建筑装修装饰工程企业对业主网络建设模式的调整与优化，主要是在业主群体的调整与优化和对业主群体维护方式的调整与优化两个方面。

业主群体的调整与优化主要表现为专业化业主群体的发展方面。建筑装修装饰企业面对的业主群体包括了社会各界，都是工程企业现实或潜在的业主，都有可能通过业主网络建设模式的实施运作，成为稳定、牢固、长期的合作伙伴关系。但就建筑装修装饰工程企业发展目标分析，企业仅能在某些领域开展业务活动并取得成功。建筑装修装饰工程企业对业主群体必然存在着选择，要以长期发展的战略思维选择与企业专业发展领域相吻合、具有可持续性的业主群体，作为企业业主网络建设的重点对象，优化企业的业主群体。

对业主群体维护方式的调整与优化，主要体现在提高实效性方面。企业对业主网络的维护与发展必然要付出代价，不仅要有经济上的支出，也要有社会资源及情感上的付出。如何以最小、最合理的代价，使业主网络得到最有效的维护和可持续发展，需要企业各层次行为方式的调整。就企业高层的工作重点，要从单纯的情感交流和文体活动向更高层次转化，如参加知名院校的高层培训活动，在提升自己知识水平的同时，认识、结交更多的高层次业主。企业内部的业主网络建设职能部门在组织开展的维护活动中，要特别注重活动的品位、层次和社会影响力，争取以最低的社会、经济代价，提升业主对企业的信任度，取得高效、持久的收获。

（二）工程运营模式的优化

1. 企业项目管理团队建设模式的确立与实施

（1）项目管理团队建设模式的意义

建筑装修装饰工程项目是建筑装修装饰企业生存与发展的基础和载体，建筑装修装饰工程项目管理水平决定了项目的质量水平及创利能力，直接影响到企业的生存状况和发展品质，是建筑装修装饰工程企业的核心业务。任何建筑装修装饰工程项目都需要有一个管理团队，对工程的实施过程进行管理以实现工程的质量、经济预期效果。不同的管理团队由于知识、能力的不同，对项目管理的结果就不同，因此，项目管理团队建设就是工程企业最为重要的基础性工作内容。项目管理团队建设模式就是企业为培养和造就高素质项目管理团队而进行的长期规划、组织与策略、措施的实施。

（2）项目管理团队建设模式的确立

项目管理团队是由专业人才构成的工作机构，包括了工程项目深化设计与施工图设计的设计师、项目经理、项目工程师、质量员、安全员、计划员、材料员、资料员等专业技术人员，是企业实用人才最为集中的工作单位。项目管理团队建设模式的确立，就是制定出项目管理团队建设的政策、措施及各类专业技术人员的培训、考核、使用、晋级的长期、中期、短期的规划与计划。项目管理团队建设战略直接决定了企业可持续发展能力，必须具有前瞻性、科学性和可操作性才能保证企业发展的需要。

项目管理团队建设中的培训，主要包括道德教育与专业技术教育两方面的基本内容。道德教育主要包括商业伦理、职业道德、企业核心价值观体系及纪律意识、团队观念、协作精神等方面的教育，一般由企业内部通过企业核心价值观体系的宣传、日常组织的会议、活动及工程运作中企业规章制度的实施来完成。专业技术教育主要包括专业技术知识、专业技术能力及专业技术判断能力等方面的教育，一般由专业教育培训机构进行培训，由专业技术考核、评价、认证的组织机构实施。企业对项目管理团队建设中的专业技术培训，要制定具体的计划，落实时间、单位及目标。

在项目管理团队建设中，项目经理队伍的培养和生成是难点、重点。我国现行的项目经理管理制度是对项目经理实行注册制，只有取得注册建造师执业资格的工程技术及管理人员才有资格担任工程项目经理，从事工程项目的管理工作。建筑装修装饰工程企业拥有的注册建造师的数量，直接决定了企业承接工程的能力与水平。我国将注册建造师划分为一级与二级两个级别，其中一级注册建造师承接工程的范围不受限制。企业拥有的一级注册建造师数量越多，企业的可持续发展能力就越强。

我国注册建造师的考核与认定是国家行为。参加注册建造师考核、认定的技术、管理人员，除要有系统的高等专业教育经历及规定的专业工作年限外，还要参加由国家人事行政管理机构统一命题、由国家建设行政管理机构评判、认定的统一考核过程，是建设工程系统专业人才教育、考核、认定最为严格的程序，也是企业项目管理团队建设中难度最大的专业人才培养。注册建造师的造就需要有个人的努力和企业的支持才能实现，需要企业制定长期规划和中期计划，并严格执行才能完成。

注册建造师的数量与级别构成，不仅表明企业的人力资源水平和工程承接能力，而且是国家对企业施工资质评审中考核的重点内容，不仅直接决定了企业的资质等级，也影响到企业承接工程的范围。不断晋升注册建造师的等级与不断扩充注册建造师数量，是企业项目管理团队建设的核心。企业项目管理团队建设模式的制定，要特别把企业注册建造师，特别是一级注册建造师队伍建设作为重点，在资金、时间、措施上得到具体部署、认真执行，才能不断增强企业的可持续发展和工程项目承接能力。

(3) 项目管理团队建设模式的运作

项目管理团队建设模式是建筑装修装饰工程企业最主要的人才发展模式，需要由企业最高决策者主持，企业内部的人力资源管理职能部门负责，通过企业内各职能部门通力合作，并通过国家建设行政管理机构、国家人事行政管理机构、社会有资质的培训、教育机构等的支持与合作才能具体实施。项目管理团队建设模式的运作过程贯穿于企业整个经营过程之中，要在工程实践中不断发现人才、培养人才、提拔和使用人才，使企业的项目管理团队不断扩大，各类专业技术管理人才素养不断提高。

项目管理团队建设模式的运作需要有一套相应的机制作为支撑，其中最重要的奖励与激励机制的作用，是留住人才、用好人才的重要保障。在建筑装修装饰工程企业之间，存在着激烈的人才竞争，特别是对一级注册建造师的争夺更为激烈。感情留人、事业留人、发展留人等政策、制度，是运作企业项目管理团队建设模式的重要保障，也是企业吸收社会项目管理人才资源，迅速扩大企业项目管理人才团队的重要动力。

(4) 项目管理团队建设模式的调整与优化

项目管理团队建设战略是建筑装修装饰工程企业发展战略最重要的基础之一。随着企业内部条件的变化，必须与时俱进地进行调整和优化，使其适应市场变化和企业发展的要求。调整和优化企业的项目管理团队建设战略，主要从改革与创新企业的人才聚集政策，加快项目管理人才的引进和再造工程的管理模式，加快企业内部人才生成的步伐两个方面入手，提高企业项目管理人才的规模和质量。

企业的人才聚集政策是在人才市场吸收实用人才的制度保障。要适应企业不断发展的需要，仅仅依靠企业自身的培育体制与机制，从企业内部培养是不够的，必须从人力资源市场不断地吸收成熟的人才，并通过相应的制度留住人才、用好人才才能使企业项目管理人才队伍不断扩充。企业必须通过体现企业核心价值观体系要求的人才的职业发展目标、工作环境治理、人性化管理措施、事业发展担保等政策的制定与落实，增强企业在人才市场的竞争力，才能在高端人才市场引进人才。

建筑装修装饰工程项目管理方式不同，项目管理团队的作用发挥的就不同，人才生成的速度及质量也就不同。企业要从项目管理绩效考核入手，在新技术、新工艺的支撑下，不断提升项目管理水平的标准、制度，提高项目管理团队的积极性、主动性、创造性，使想干事、能干事、能干成事的人才得到施展才能，取得成功的机会。要敢于创新和优化项目管理方式，在不断提高项目管理的标准化、程序化、规范化水平的基础上，调整项目管理团队的责、权、利，企业项目管理团队的质量才能不断提高。

2. 企业供应商网络建设模式的确立与运作

（1）企业供应商网络建设模式的含义

建筑装修装饰工程造价中，材料、部品的价值占到工程造价的55%左右，材料、部品的采购质量、价格直接决定了工程的质量和项目创利水平。因此，科学地选择供应商就是企业在工程运作中的重要内容，搭建工程采购的交易平台就是企业工程运作模式的核心工作。进入交易平台的材料、部品供应商的质量，就成为工程采购的关键。供应商网络建设模式就是要通过周密的策划，制定长期的政策、策略和措施，组织落实既定的方针和制度、措施的实施，不断提升与企业工程配套的供应商品质，推动工程应用产品的升级换代和工程科技、文化、艺术含量的不断提高。

建筑装修装饰工程涉及的材料、部品门类多、质量差别大、价格差异悬殊，目前市场环境相对混乱，充斥着大量的假冒伪劣产品和无良的供应商，对工程采购质量形成较大的风险。如不能够准确地鉴别供应商，就会极大地损坏企业的声誉，严重影响到企业的可持续发展。因此，从制度上入手加强对供应商的甄别，实施清退制度，逐步建立一支合格供应商队伍，同产品与技术先进、工程配套能力强、合作诚信度高的供应商建立长期、稳固的合作关系，形成企业内部拥有的优质供应商网络，是建筑装修装饰工程企业项目运营模式的重要内容。

（2）企业供应商网络建设模式的确立

确立合格供应商网络建设模式就要制定合格供应商的吸纳政策，包括合格供应商的标准、与合格供应商的交易结构、合作关系的维系及发展措施等，并依据标准对供应商进行鉴别、筛选、考核、评价，将符合标准的供应商纳入企业长期合作者名录，通过经济交易不断巩固和发展合作关系。在合格供应商网络建设中，制定合格标准是关键，不仅要考核提供产品与技术的性能、价格及性价比，同时要考核供应商的资信状况、管理方式、生产能力、工程配套能力及稳定性，还要考核与鉴别供应商的核心价值观体系，即经营理念、发展战略、经营策略及营销手段等。要把同企业核心价值观、发展战略相融合的供应商，优先作为合格的供应商，并通过不断强化的利益交易形成深度的战略合作关系，提高供应商对工程的保障程度。

（3）企业供应商网络建设模式的运作

合格供应商网络建设模式的运作是一项长时间、政策性、专业性极强，标准化程度极高的工作，在企业内部要由多个职能部门相互配合才能实施。其中，企业的物资管理部门负有主要职责，是其承担的基本工作任务，但需要质量、技术、信息、工程运营等职能部门参与，协助进行合格供应商的鉴别、评判。工程项目部直接与供应商开展交易活动，对供应商提供的产品与技术的质量、对工程的配合水平等有最直接的感受，其对供应商的经营理念、实力的判断依据最真实，判断更为直接、准确。在供应商网络建设的运作中，要不断吐故纳新，将产品技术落后、诚信度不高、对工程配合不力的供应商清理出去，不断提高供应商队伍的品质。

(4) 企业供应商网络建设模式的调整与优化

建筑装修装饰工程企业供应商网络建设模式的调整与优化，就是要根据社会主导思想的变化和对工程项目要求的提高，重点是对合格供应商的鉴定标准的升级及提高同供应商进行工程采购的交易平台建设水平两个方面。

随着科技进步和生态建设的发展，建筑装修装饰材料、部品的技术含量不断提高，节能、环保性能不断升级，新型优质材料、部品层出不穷，更新换代速度加快。社会、业主对建筑装修装饰工程质量、环保的评价标准不断提高，客观上要求合格供应商的评定标准不断升级。要通过工程材料采购节能、环保标准的提升，推动工程项目应用材料的调整，尽快淘汰资源消耗大、环境污染严重、生态破坏大的材料、部品，并将供应商从合格供应商名录中清除。要以标准的升级，推广应用节能减排、低碳环保、健康安全的绿色材料、生态材料和循环产品，这是供应商网络建设调整与优化的重点。

在工程采购平台建设方面要加大标准化、规范化水平，调整和优化利益分配结构，降低平台的交易成本，提升各方的利益空间。要以坚持合格供应商标准统一化、平台收费标准化、利益分配合理化为基础，积极扩大合格供应商的规模，扩展企业的谈判空间，提高企业的议价能力。要以公正、诚信、平等的态度和科学、精细的作风维护好工程采购交易平台，并逐步由产品与技术的合作，深化为同资信状况好、工程配套能力强、产品性能稳定、与企业核心价值体系相融合的供应商的战略合作。要以产业化为目标，以施工工艺变革和项目管理模式创新为抓手，建设开放型的工程采购交易平台，使更多科技含量高、施工工艺便捷的创新型组合成品、半成品在工程中得到应用，以提高效率和效益。

3. 企业劳务队伍建设与管理模式的确立与运作

(1) 企业劳务队伍建设与管理的含义

我国建筑装修装饰工程的施工环节，主要由劳务队伍进行具体操作。劳务队伍的思想、技术素质和劳动生产率水平，直接决定了工程的质量水平和创利能力，也直接影响到企业的品牌和发展空间。按照我国现行的建设制度，劳务队伍由劳务公司进行管理，建筑装修装饰工程企业在承接到工程项目后，要与劳务公司签订劳务输出合同，由劳务公司派出劳务人员到现场施工，这就对工程的质量造成极大的不确定性。如何使建筑装修装饰工程企业掌握和管理一支技术合格、建制完整、作风规范的劳务队伍，就是劳务队伍建设与管理的核心任务。

（2）企业劳务队伍建设与管理模式的确立

施工现场的劳务费支出，占工程造价的30%左右，是除材料、部品采购支出外的最大的支出项目，而且存在着较大的市场风险，必须有配套的制度、标准、规范来加强管理，才能实现工程项目的经济、技术、社会目标。对劳务队伍的管理包括对劳务公司资信状况、管理能力、人员结构、工程业绩的考核、评价、认定及对劳务人员技术能力、身体素质、思想意识的评价体系；对劳务队伍在施工过程中施工能力、配合水平的评价、判断和认定体系；与劳务公司的经济往来及劳务队伍工资发放的制度的评价、判断体系等。企业要从长远发展战略的要求出发，精心进行制度的设计，优选劳务公司，不断完善同劳务公司的交易结构，提升对劳务队伍的建设与管理水平。

（3）企业劳务队伍建设与管理模式的运作

实施企业劳务队伍建设与管理模式主要由企业的人力资源管理职能部门及工程项目管理团队共同进行。其中人力资源管理职能部门主要负责劳务队伍的募集、培训与分配；工程项目管理团队进行日常管理、鉴别和评价。两个部门相互配合、信息共享、共同对劳务队伍进行管理。在实施劳务队伍建设与管理中，要特别注重以企业的核心价值观体系、国际质量、环境、卫生与安全管理标准体系；企业施工技术规范、规程、纪律等，加强对劳务队伍的教育。要在提高劳动队伍技术水平的同时，提高劳务队伍对企业价值观的融合程度与水平，从思想道德、行为规范、技术标准评判上与企业保持一致。

在实施劳务队伍建设与管理中，要特别注重发挥项目管理团队的作用。项目管理团队是与劳务队伍接触最多、最直接的人员，项目管理团队对项目的管理能力与水平，直接影响到劳务队伍对企业实力、能力的判断，也就决定了对劳务队伍的管理水平。项目管理团队要以公正的态度、平等的意识、相互配合的作风对待劳务队伍；用先进的理念、技术、规范加大对劳务队伍的指导、扶持和支持；不断加强劳务队伍对企业工程的配合能力，提高劳务队伍的创优能力。要切实关注施工现场劳务队伍的困难，创造安全、文明的施工环境，提高施工现场的生活质量，完善施工现场设备、设施等方面的改进，都会提升劳务队伍对企业的信赖感，增强对企业的忠诚度。

（4）企业劳务队伍建设与管理模式的调整与优化

劳务队伍是与企业联系最紧密的直接利益相关者，存在着共存共亡的关系，必须相互理解与支持才能保证工程质量，提高双方的可持续发展能力。在建筑装修装饰行业劳动力供不应求，施工队伍募集日益困难的大背景下，为了保证劳动力供应，对劳务队伍的建设与管理，要着重从提高劳务队伍的专业化程度和提高劳动生产率两个方面入手进行调整与优化。

提高劳务队伍的专业化水平就是要推动劳务队伍内部工种的细分化、精确化，将大工种细化为以工序操作为单位的专业工种是劳务队伍建设与管理模式优化的关键。特别是在施工现场成品、半成品比重大幅度提高的生产作业条件下，相对固定每道工序的专业化操作，不仅能够提高施工的精细化程度，也可减少现场施工作业的人员数量。由于劳务队伍内部专业分工是劳务队伍内部管理内容，建筑装修装饰工程企业需要加以引导、指导和督促，提高劳务队伍管理层的认知水平，并在劳务队伍的使用上予以推广。建筑装修装饰工程企业应该在施工现场绩效考核及评定标准、劳务工资的核发等方面不断进行调整，才能不断优化劳务队伍的专业化结构。

提高劳务队伍的劳动生产率，除进行施工主导工艺的变革与再造，即提高工程中成品、半成品的比重，变现场制作为工业化加工、现场组装作业外，就是要提高施工现场的机械化装备水平。其中提高施工过程中专用机械、器具的装备水平，对劳务队伍劳动生产率的提高作用更为直接、明显。要以专业化的搬运、运输、安装机具等新型设备装备劳务队伍，提高作业效率，降低施工现场的体力消耗。要特别注意总结和推广施工现场的小发明、小改革、小创新并使其制度化、标准化、普及化，要通过专业机具使用和操作的标准化培训提高施工现场的劳动效率。

（三）技术集成与整合模式的优化

1. 企业技术发展模式的优化调整

（1）企业技术发展模式的含义

企业的生存与发展需要有相应的技术作为支撑。当前人类社会已经进入知识经济、信息化时代，科学技术发展日新月异，技术的更新换代速度日益加快，企业的技术支撑也必须不断升级。企业技术发展模式就是企业根据对技术发展方向的判断，采取制定相应的技术发展政策和策略，建立以企业为核心的科技研发体制和机制，实施既定的科技发展方案提高对社会技术资源的集成与整合能力，推动企业技术升级和市场核心竞争力的升级而设计的政策、制度、措施体系及运行。

（2）企业技术发展模式的确定

企业发展技术需要有人力、财力、物力、信息等要素的投入。由于科技发展的投入具有不确定性，所以企业科技投入具有风险性。企业技术发展模式就是要充分调动各方面的积极性、创造性，降低风险，提高科技研发的成功率，企业技术发展模式由技术研发体制建设、科技投入及成果应用三个层次的制度、措施构成。

技术研发体制建设就是企业要搭建一个产、学、研、用相结合的技术研发平台，形成以企业为核心，结合科研机构、高等院校、生产企业为一体的技术研发体制，整合社会的科技力量，发展企业有自主知识产权的核心技术，实现企业的技术升级。这需要企业有一系列从课题选定、队伍组建、项目攻关、成果推广等配套的政策、措施，维护平台的运转。通过科技发展制度的创新调动各方面的积极性，提高技术攻关的成功率，并将科技成果转化为经济效益，保障科研活动的正常发展。

科技投入就是企业要在科技发展方面有计划地制定进行技术研发的资源及经费投入

政策和措施。企业的科技投入一般包括以企业产值按比例提取的科技经费投入、科技研发的其他投入等。企业在科技方面的投入力度，直接决定了企业技术研发体制的建设水平，也决定了企业技术成果的质量和技术升级的速度。科技投入有日常经费投入和项目攻关投入两种基本形式，其中技术研发项目的资金投入力度，是专门针对特定项目的投入，是企业科技投入的重点，对企业技术发展的影响作用更为直接、有力。要通过项目可行性分析论证，投资额度的确定、经费支出的计划等落实到具体的时点，保证技术研发项目的顺利实施。

科技成果的转化与应用是实现企业技术升级的关键。建筑装修装饰行业的技术特点是对大量的既有技术进行集成与整合，在此基础上进行应用研发形成新的实用技术。这种实用技术成果只有应用到建筑装修装饰工程项目中，并及时产生出效果，科技成果才能转化为生产力。科技成果的作用就是提高各类资源的利用效率，需要有配套的政策、措施，鼓励、奖励在工程项目中率先使用科技成果，及时总结普及科技成果应用的成功经验，及时调整企业工程采购平台的内容，加大科技成果的转化力度，提高新技术在工程项目中的推广应用能力。

（3）企业技术发展模式的运作

企业技术发展模式的运作分为几个层次，企业的技术负责人或总工程师对技术发展负有领导责任，主持企业技术发展模式的运作；总工程师办公室及技术管理、技术研发等职能部门具体负责落实企业技术发展的措施、方案；项目经理部负责技术发展措施的具体实施。企业技术发展模式的运作要通过企业编制的技术发展规划、大纲及年度资金、项目计划对技术攻关项目进行可行性分析、实施方案；建立健全科技成果考核、评定、奖惩制度与措施；制定并完善科技成果转化与应用的制度与措施等体系。企业技术发展规划、大纲等纲领性文件，要通过企业决策层的审核、批准，转化成企业全体人员的行动纲领；企业技术发展的年度、项目计划，也需要通过企业决策层审核、批准后由具体职能部门负责执行、落实。

（4）企业技术发展模式的调整与优化

企业技术发展模式的调整与优化，主要通过对技术发展方向的调整和科技投入方式的调整两个方面，优化企业的技术发展模式，提高科研活动的效率，提升企业的市场竞争力。

技术发展方向的调整就是要根据国家宏观经济政策的调整和行业发展趋势的要求，调整企业技术发展的目标、项目安排和实施方案，使企业的技术研发方向全面顺应国家宏观经济的要求及行业发展的方向。企业技术发展方向的调整具体体现在企业技术的更新与升级，要符合建设美丽中国总方针下国家生态建设的要求和行业产业化发展趋势，只有在这两个方向上加大企业的科技投入并尽快实现企业科技成果的转化，企业的技术更新与升级才能获取最大的社会、经济效益，企业得到的技术支撑才更加有力、扎实。

建筑装修装饰是资源消耗型行业，目前工程应用的常规性材料、部品，在生产制造、工程应用、报废处理等生命周期中的各环节都会形成资源的消耗和生态环境的破坏，有些还会危及人们的身心健康，不符合国家加强生态文明建设的要求。企业技术发展的方向应该是以新型节能、环保、健康、安全的材料、部品的应用为主要方向，大力研发、推广资源利用率高、环境污染小、生态破坏少的替代型材料、部品，全面降低装修装饰工程施工及竣工后使用中的能源消耗和碳排放，实现绿色发展、可持续发展。

行业的产业化进程就是要以标准化、工业化、社会化变革建筑装修装饰施工的主导技术，实现标准化、工业化部品、部件、构件现场装配化施工。企业技术发展要以提高工程中标准化成品、半成品的应用比重为主要方向，大力研发、推广工业化、社会化生产的成品、半成品现场安装的产品与技术，以工业化、标准化、成品化缩短工期、降低成本、提高质量与精度。要以工业化、信息化的融合为技术发展方向和产业化实施手段，改革与再造建筑装修装饰工程中的设计、选材、加工制造、现场施工的模式，在推动绿色设计、低碳施工、建设健康、安全、环保工程中推动行业产业化发展。

企业科技投入方式的调整是配合企业技术发展方向调整，及时进行人力、财力、物力、信息等要素的调整，是提升企业科技研发能力的关键。企业科技投入方式调整的重点是要由单纯的企业内部的投入转为社会化投入与企业内部相结合，调动社会科技力量的积极性，开展大协作式的项目技术攻关，提高科技成果的质量水平。要以科技研发项目为纽带，把相关科研机构专用研究人员、大专院校的学科带头人、相关生产制造企业技术负责人等聚集在一起，以优势的研发力量和团队协作机制增强项目的研发能力，优化企业科技投入的结构，提高科技成果的层次、等级。

2. 企业技术情报工作模式的优化

(1) 企业技术情报工作模式的含义

建筑装修装饰行业是以集成与整合既有技术为主的行业，企业对社会中既有技术产品的了解、掌握的程度不同，企业的科技研发的起点、进程及成果水平就不同。企业技术情报工作就是要搭建一个技术信息交流平台，大力搜集、整理社会中相关技术与产品的信息，使企业掌握更多的技术情报，支持企业的技术发展。由于建筑装修装饰工程涉及的技术与产品门类复杂、差异大，所以建筑装修装饰工程企业的技术情报工作尤其重要，是企业实施技术发展模式的基础。人类进入信息化社会后，企业的技术情报工作的制度设计、实施手段、整理应用等环节的完善程度直接决定了企业对新技术、新产品、新材料、新工艺的了解与掌握水平，不仅决定了企业的技术发展，也决定了企业的发展品质。

(2) 企业技术情报工作模式的确定

企业技术情报工作模式就是要建立企业获取情报的途径和渠道、甄别技术情报的准确性和真实性、分析研究有价值的技术数据信息，将有实用价值的技术情报转化为企业商业活动的制度、程序与规范。企业技术情报工作是一项专业性、技术性很强的工作，企业必须配备熟悉信息情报工作流程、市场嗅觉敏锐、技术知识扎实的专业人员才能切实把企业技术情报工作搞出实效。企业技术管理的职能部门要把技术情报工作作为一项重要的工作职责，具体组织落实企业的技术情报工作，认真搭建并维护好企业的技术信息合作平台并对工作质量负责。由于建筑装修装饰工程企业涉及的技术情报数量极其巨大，来源渠道呈多样化，有价值的技术情报离散度高，要求企业的所有工程技术人员、管理人员都是获取情报的人员，搜集、汇报有价值的技术情报。为了适应当前技术情报发布、流通的特点，企业需要有相应的政策与措施，搭建一个更为开放型的技术信息交流平台鼓励更多的人员参与企业的技术情报工作。

（3）企业技术情报工作模式的调整与优化

当前计算机应用技术、网络技术等新型信息化技术日益成熟、普及，为企业技术情报工作提供了新的技术支持。企业情报工作模式的调整就是要把技术情报搜集多元化作为重点，不断扩大技术情报的信息量，掌握更多新技术的情报，提高有关情报的利用质量。企业技术情报采集渠道多元化的调整中，企业除从专业报纸、刊物中获取技术情报，还要特别注意从相关企业门户网站；材料与技术的展览会、博览会、展销会等市场展示展销活动；新技术、新产品发布会等活动入手，以加强市场调查、研究等方式、方法的运用为手段，及时获取有实用价值的技术信息。

当前各企业都建立了自己的门户网站，披露了大量的企业经济、技术数据及企业技术与产品的信息，这是企业获取技术信息的重要途径和渠道，也是最经济、安全的信息来源。但现在的市场环境下，企业在门户网站上披露的信息的可靠性和准确性存在着极大的误差与风险，特别是一些电子商务网站，企业提供的数据资料的真实性、准确性、可靠性存在着较大的风险，必须通过其他的信息采集渠道获取的信息加以验证。

各类展览、展示活动不仅是企业利用市场机制展示自己技术与产品的重要方式，也是产品与技术实体展示的一种主要形式。企业利用各类展示，不仅能够搜集到大量的技术信息，而且能够直接考察到产品的实物与技术的演示，获取的技术情报的准确度、深度要大于一般渠道。目前，我国展示活动越来越多，专业划分也越来越细。由于建筑装修装饰涉及的行业、产品范围很多，作为大型企业的技术情报来源，相关人员应该去更多的展会参观、考察，才能保证技术发展具有前瞻性、先进性。

三、建筑装修装饰工程企业的发展模式

建筑装修装饰工程企业的商业模式是由企业的发展模式决定的，不同的企业发展模式决定了企业不同的对外、对内的利益分配结构，直接决定了企业的发展速度与品质，也就决定了企业的社会地位及影响力。

（一）建筑装修装饰工程企业发展模式的基本内容

1. 企业发展模式的概念及特点

（1）企业发展模式的概念

企业的发展模式是企业发展的终极目标、经营方针、商业理念、组织原则、行为纲领等组合而成的思想、制度体系，体现了企业的意志、愿望、信仰和方向。建筑装修装饰工程企业的发展模式是由企业发展战略目标及实现目标所采取的发展战略、策略构成的思想与行为体系，决定了企业社会、经济、文化、技术等活动的模式、过程及效果。

（2）企业发展模式的实质

企业作为社会组织，首脑机关的长期战略决策决定了企业的发展方向。企业发展模式的实质是企业家志向、意愿、兴趣的企业化表现，是做一个什么样的企业，如何发展企业的理想、抱负的制度化、系统化、核心化。不同的企业发展模式反映出企业家不同的思想境界、道德情操、处世哲学、经营理念等价值观、人生观等方面的高度与水平，并通过企业内部的各种管理制度的设计、执行来具体体现。企业发展模式不同，决定了企业的商业模式就不同，企业发展中表现出的质量、速度也就不同。

（3）企业发展模式的特点

企业的发展模式决定了企业的商业模式，即决定了企业在处理对内、对外利益关系时的利益分配内容、规则、比例与形式。企业发展模式是企业处理各种社会关系、履行社会义务、担当社会责任的具体表现，决定了企业的社会地位、社会形象和社会影响力。企业是由社会生产要素构成的，不同的社会地位决定了企业聚集社会生产要素的能力、规模与质量就不同，也就决定了企业的经营规模与质量。企业的发展模式是改进和优化企业商业模式的基础，要创新和升级企业商业模式，首先要调整和优化企业的发展模式。

2. 企业发展模式的可持续性

企业的发展模式不同，企业在社会中发展的能力就不同。企业的发展模式可以分为不可持续性和可持续性两大品类，不可持续的企业发展模式，结果必然导致企业被市场淘汰，因此要重点研究可持续性企业发展模式。

（1）可持续企业发展模式的含义

企业在由小企业成长为大企业的过程中，需要社会不断地向企业补充营养与能量。因此，能否更多地获取企业发展中需要的各类社会资源，是企业能否持续发展的关键。而各种社会资源向企业的汇聚需要有科学、合理的依据、渠道、形式和手段。可持续发展的模式，就是企业具有强有力的法律依据和可靠、有效的汇聚各类资源的渠道、形式和手段，使企业不间断地获取发展中的生产要素，及时补充发展中的能量，推动企业不断发展。

（2）可持续发展模式的实质

企业作为社会经济组织，与社会的关系是有机地联系在一起的，即企业要获取资源就要不间断地向社会奉献价值空间，因此可持续发展的企业模式是以企业价值链的攀升为条件的。一个可持续发展的建筑装修装饰工程企业，一定是不断顺应国家宏观经济政策和行业产业化发展，不断向社会提供优质的工程作品，并能使所有利益相关者不断获得预期价值的企业。只有这样，企业才能不间断地获取工程资源实现人力、资本、技术、信息等生产要素的快速聚集，不断提升企业的市场竞争能力和市场占有率。

3. 可持续发展模式的基本特点

企业的可持续发展是由多种因素决定的，但主要是由企业内部因素决定的。从企业内部分析，诚信、专业、优质、创新是可持续发展模式的四大基础。

（1）诚信是可持续发展的道德基础

依法经营、诚实待客、信誉为重是优良商业道德的具体表现，是公平与正义的基础，也是企业获取社会信任的主要基础。建筑装修装饰工程企业只有坚持以诚待人的道德底线，诚信立本，正确处理好企业与社会、业主的关系，认真履行合同，按照相关法律、规范、标准开展业务，才能科学、合理地确立与利益相关者的交易结构，不断扩大交易规模，使企业获得发展过程中的各种资源。坚守诚信是企业长期发展战略的重要组成部分，是企业树立良好社会形象的根基，也是企业与社会相互融合的条件。只有提高企业的品牌知名度、美誉度才能增强企业的发展能力。

（2）专业是可持续发展的技术支持

任何企业都仅能在特定的经济门类向社会提供产品与服务，并得到社会的认知。什么都干，但什么都干不好、干不精的企业在市场中就没有生命力。专业性越强，企业集约化程度就越高，汇聚专业社会资源的能力就越强，在专业领域的社会知名度就会不断提高。要大力发展实用的专业技术，特别是符合产业化和绿色发展要求的节能减排、低碳环保、健康安全的新技术，形成在专业领域的技术优势，是企业形成核心竞争力的基础。

（3）优质化是可持续发展的物质基础

注重细节、提高品质，为社会、业主奉献优质工程是建筑装修装饰工程企业获得社会认知的物质基础。工程是企业创造价值、攀升价值链的载体，也是企业向社会展现服务能力与品质的平台。粗放性的管理必然导致质量的低劣，只有以追求卓越、完美的态度，精心设计、施工、选材，使每一项工程质量都符合国家标准，赢得社会、业主的认可与赞许，企业的工程资源才能源源不断。优胜劣汰永远是市场竞争的基本法则，只有坚持质量领先，做一项工程就能树立一块样板，才能不断为企业赢得发展空间。

（4）创新是可持续发展的核心

创新是发展的原始动力，也是一种高尚的精神与品德。企业只有根据自身条件及外部环境的变化，不断创新企业的商业模式，使企业的交易结构能够适应利益相关者变化的需求才能有不断发展的动力。建筑装修装饰工程企业的创新具体体现在技术创新和管理创新两个方面，具有相互统一、相互促进的关系。其中通过产品、工艺、材料等方面的技术创新是基础，建立并完善与新技术相适应的体制与机制的创新是保障，共同构成企业可持续发展的内生增长动力。企业内生增长力的强弱直接决定了企业可持续发展的水平。因此，创新是可持续发展的核心和精髓。

（二）建筑装修装饰工程企业发展模式的实现途径及目标

1. 建筑装修装饰工程企业发展的途径

由于建筑装修装饰行业是个完全竞争性行业，但企业自有资金的占用很少，形成资金沉淀与积累的速度较快。在企业经营规模达到一定程度后，企业为了获取更大的创利能力必然会对发展战略做出调整，通过生产要素的再分配向其他行业延伸。当前，建筑装修装饰工程在做好建筑装修装饰主营业务的同时，主要有以下几种延伸的发展战略。

（1）向上延伸的经营战略

建筑装修装饰工程企业向上延伸的经营战略就是做好建筑装修装饰工程的同时，将企业掌控的生产要素向房地产业延伸。建筑装修装饰工程企业是与房地产业具有天然紧密联系，相互渗透的成本极低。通过参与房地产市场开发与建设，不仅能够保证企业的工程市场份额的不断增加，同时也能提高企业经营实力、抗风险能力和获利能力。这种战略适合于企业资金实力比较雄厚，在市场运作中掌握房地产市场运作规律，有一定的房地产开发能力的大企业采用。

（2）向下延伸的经营战略

建筑装修装饰工程企业向下延伸的经营战略就是做好建筑装修装饰工程的同时，将企业掌控的生产要素向建筑装修装饰材料、部品制造、经销业延伸。建筑装修装饰工程企业是下游企业的客户，掌握终端销售，通过对工程应用的大宗材料，名、特、新材料生产制造业投资，不仅能够掌握材料、部品的生产经营权和定价权，提高工程项目的配套能力和创利水平，也能减少市场的风险提高发展质量。这种发展战略的适应性强，绝大多数有一定规模的建筑装修装饰工程企业都可以采用新建、参股、收购等形式，向下游的材料生产、商业营销行业延伸。

（3）向外延伸的经营战略

建筑装修装饰工程企业向外延伸的发展战略就是在做好建筑装修装饰工程的同时，将企业掌握的生产要素向旅游、餐饮、服务等相关行业延伸。建筑装修装饰工程企业通过投资经营更具有刚性需求、市场波动小、获利相对稳定的行业获取持续经营的能力，提高企业投资的回报率，以多元化经营规避建筑装修装饰行业市场风险。这种发展战略的适应性较强，同建筑装修装饰工程企业的后期业务关联度高、选择性大、风险较低，是工程企业选择较多的一种发展战略。

2. 企业可持续发展模式主要类型

可持续发展的建筑装修装饰工程企业，每个企业发展的状态、目标各有不同，调整结构的方式与力度也不同。但其发展模式，主要可以归纳为以下3种类型。

（1）上市企业

企业股票能够在资本市场中进行交易，成为社会型企业，是很多企业家的最终目标，也是企业发展模式的最高类型。能够登陆资本市场的建筑装修装饰工程企业，不仅品牌知名度高、管理规范、业绩突出，同时要有可复制的成熟商业模式，具有创利性、稳定性、增长性和连续性，是行业的领军式企业。在我国现行资本市场管理制度下，企业上市要通过国家资本市场管理机构的审核、批准。因此，只有企业可持续发展能力最强的部分优秀企业，才可能通过上市发展成为最高类型的企业。

上市后的建筑装修装饰工程企业，不仅解决了企业发展中的资本聚集，增强了企业的资本实力，也使企业的社会化程度大幅度提高，透明度、公信度增强，具有超常规、跨越式发展的能力。自2006年12月起，截至2018年底，我国共有30多家建筑装修装饰类企业上市，资本市场中装饰板块已经初步形成，并得到资本市场的高度认可。上市企业发展的状态表明，企业上市是企业发展最具决定性作用的事件，对其他企业具有极强的引领与示范作用，我国上市的建筑装修装饰工程企业的数量将会逐年增加。

（2）高增长型企业

企业通过成熟商业模式的复制，扩大业务范围，使企业阶段性地保持较高的增长速度，是建筑装修装饰工程企业可持续发展的一种类型。高增长型企业由于专业、疆域的扩充，带来经营规模的扩大，提高了发展速度，但也增加了发展的不确定性和风险性，需要商业模式的调整与优化，因此具有阶段性的特征。

由于市场的有限性，企业专业、疆域的扩充是有限的，高增长型发展的企业，大多处于快速成长期。高增长型企业最终会发展成为上市企业或稳健型企业。很多建筑装修装饰工程企业保持较高的增长速度，就是为了企业上市提供依据和基础。

（3）稳健型企业

稳中求进、健康有序型的企业发展模式，是大多数成熟建筑装修装饰工程企业采取的发展模式。稳健型发展模式不只注重规模与速度，而把注意力放在效益与结构的调整与优化方面，工作的重点不是跨专业、疆域的扩张，而是在既有的专业和领域中通过商业模式的优化，提高市场占有率。稳健型企业发展模式所采用的商业模式，特别注重比例的调整与优化，以更成熟的措施处理好各方利益相关者的利益关系。

稳健型企业发展模式对工程项目的风险评估和筛选更加严格，更注重过程，创造精品，更注重项目的创利能力。在生产要素的发展方面，稳健型企业更注重人力资源的聚集和提升，注重人力资源来源的社会化和高端复合型人才的生成。稳健型企业发展模式特别注重商业模式的创新，不断提高资源整合平台的标准化、规范化水平，提高交易结构的公平、正义、科学水平，增强交易的合作深度，提升交易平台的创利能力和空间。

四、建筑装修装饰工程企业的风险管控

建筑装修装饰工程企业处于一个外部接触范围非常广阔、利益关系错综复杂、内部相互之间联系很深的产业集群的末端。集群上游及中游在工程建设中出现的失误、缺陷、偏差等都集中体现在这一端点。不仅同市场各方主体有着广泛的社会、技术、经济、法律等利益方面的联系，而且与社会有着各种矛盾、纠葛、隔阂，存在诸多不可预见性、不确定性和不稳定性。在企业的运营管理中，必然存在各种各样、或大或小的风险。如何规避风险、管控风险，是建筑装修装饰工程企业日常管理的一项永远在路上的工作内容，也是一项重要的、战略性的、基础性的管理任务目标。

（一）建筑装修装饰工程企业经营风险分析

建筑装修装饰行业作为完全市场化运作的行业，受到全社会各种市场因素的强烈影响和作用，必然在企业的经营运转中存在着坎坷、危机和风险。企业决策者、管理者、执行者必须要有清醒的认识，才能及时发现风险，采取积极、主动的措施应对风险，有效地规避和化解风险，保证企业的正常经营和持续发展。建筑装修装饰工程企业在经营中主要风险来源于以下几个方面。

1.宏观经济中存在的经营风险

建筑装修装饰行业的发展是受宏观经济政策制约较强的服务性行业，必然会受到宏观经济政策变化带来的严重影响。特别是在国际、国内经济形势发生重大变化时，受到的冲击和面临的风险会更加强烈，对企业日常经营活动产生的影响力也就越大。

（1）国家发展阶段和经济发展周期变化形成的企业经营风险

国家宏观经济发展呈现出阶段性，内外客观环境在不断变化，发展阶段的更替、升级，必然要求国家发展的内在动能、战略重点和国民经济结构的相应调整和升级。而经济发展周期中的阶段性调整，也要求国家政策和投资结构等做出相应调整。这些都会引发建筑装修装饰行业市场总容量、地区分布和行业结构的巨大变化，从而影响到建筑装修装饰工程企业的正常生产经营活动。在国家经济发展已经迈向新阶段，进入信息化、智能化、大数据、云计算等新技术应用升级的大环境，向高端制造与服务业转化的背景下，如果企业的战略定力、发展韧性和应变能力不足，经营决策与国家宏观经济发展战略不相适应，将会给企业的发展带来极大的潜在风险。

在国家发展新阶段，如果企业不能认真研究国家宏观经济政策的转变和调整，及时调整自身的经营决策去适应，就会偏离国家发展的大方向和基本策略，造成经营行为的错误和发展中的阻力，将给企业带来极大的生存与发展风险。在我国社会、经济发展的全过程中，建筑装修装饰行业“资源永续、业态长青”的基本面始终没有变化。但不同阶段、不同时期建筑装修装饰行业工程资源的构成、技术特征、社会要求等存在着极大的不同。特别是在我国由“富起来”向“强起来”，实现中华民族伟大复兴的新历史时期转变历程中，必须审慎地根据新时代社会、经济发展的现状和需求，重新认识整个产业

集群和装修装饰行业在这一进程中战略目标、主要任务、行动重点、市场技术创新重心等新变化趋势，找到企业在新时期的历史新定位，发挥新作用，否则企业发展中的调整、创新就不能顺风、顺水。

（2）国家经济、社会、科技发展环境的变化带来的企业经营风险

国家发展的客观环境会因为各种因素的影响而发生重大改变，例如地震、洪涝等自然灾害的发生，会产生对经济发展造成严重破坏的险情；也会由于公共卫生安全事件突发等造成产业链、供应链被破坏进而形成经济发展的重大危机，如2003年的“非典”疫情。特别是这次席卷全球，历时已近3年的新冠疫情的冲击，对国家社会、经济的发展造成了严重冲击，致使旅游、餐饮、娱乐、文教等服务业全面衰退。建筑装修装饰市场的社会思想基础、工程市场构成、工程运作态势、工程质量要求等都产生了极为重大的变化，深刻地影响了整个行业的发展。

在疫情冲击下，为了应对外部环境的突然巨变，国家采取了相应的紧急救护措施，有些是断然、紧急和强力，带有强制性的，会引发市场环境产生重大而深刻的变化，形成对企业正常经营活动突如其来的冲击与破坏。如何面对疫情，特别是面对后疫情时代社会环保、健康、卫生、安全等观念已经改变，在深刻变化的市场环境中去谋划企业生存与发展，极大地考验着每一个企业的抗市场冲击、变化的能力，推动着建筑装修装饰工程企业不断强化市场危机意识，制定有效的应对措施，提高企业自身的抗风险能力，这是建筑装修装饰工程企业在疫情新形势下的一项新的、艰巨的任务。

在全球经济持续复苏和发展乏力的大背景下，由于气候、技术、资源等客观条件的制约，国家发展的内外客观环境发生巨大变化，突发事件还会层出不穷，对市场和企业经营活动的干扰与破坏也会持续。企业外部经营环境的强烈不可预见性，意味着企业会

此项目是北京侨信装饰工程有限公司承建的北京市通州再生能源发电厂主控制室的装修图。该发电厂以城市生活垃圾为原料，以无害化生产方式发电，是我国新能源产业的样板工程，适应了我国新时期的发展要求，成为电力行业内企业转型升级的典范

图7-1 北京通州再生能源发电厂总控制大厅

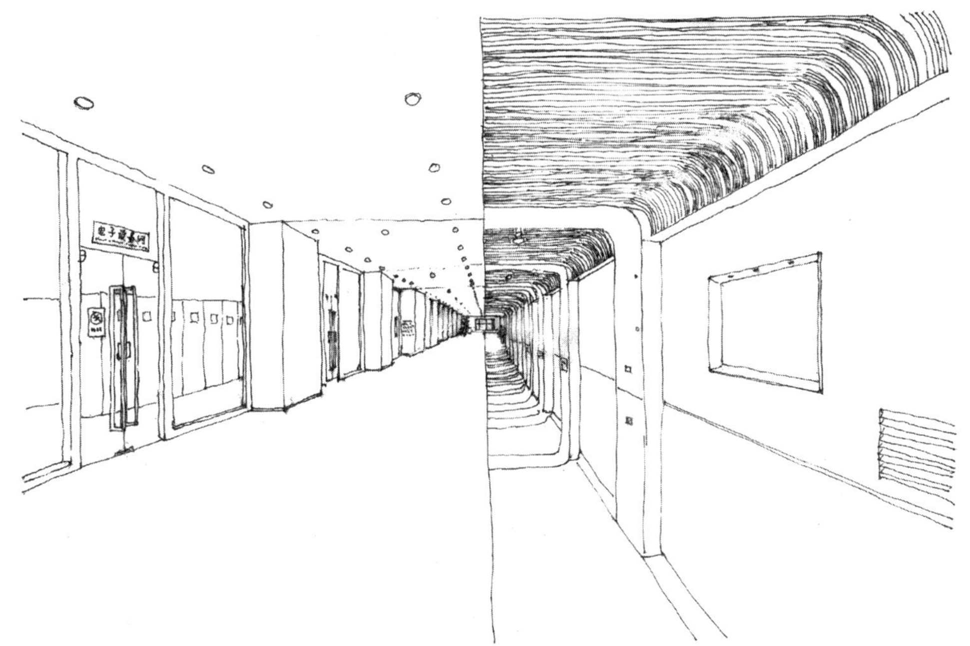

北京通州再生能源发电厂办公控制区与生产车间之间的走廊，体现了先进的高端智能化发电企业的特征，简捷、明快、宁静、整洁，成为企业在高端制造业设施建设的样板工程

图7-2　北京通州再生能源发电厂办公区与生产车间之间的参观走廊

随时面临风险和困难，直接影响到企业的生死存亡。企业必须要树立危机意识，汲取过往抗击各种困难的经验和教训，提前制定出化解风险的经营策略和行动预案，调整企业的业务方向，这样才能预防企业在日常经营活动中出现的突发风险转化成为企业正常经营活动的现实风险。

北京通州再生能源发电厂首层大厅，作为北京市重点工程和全国新能源的样板工程，全国人大、政协、北京市领导等多次前来视察指导，全国多地省、市领导和新能源行业企业前来考察、学习

图7-3　北京通州再生能源发电厂首层大厅

（3）国际形势的变化带来的企业经营风险

在全球经济“一体化”发展的大背景下，国际形势的变化对国内经济必然产生重大而深刻的影响。大国地缘政治博弈、经济体之间贸易摩擦、国家间由于利益冲突产生的各种对抗加剧，都会因为国际局势的变化对全球的产业链、供应链产生巨大的影响，从而引发深刻的国际市场环境变化，形成对国内市场的重大影响，造成企业在经营中面对的经济、社会、科技上的极大风险。特别是建筑装修装饰行业作为一个发展比较成熟的行业，近年来跟随国家“一带一路”倡议的步伐，在国际上承接了大量的工程项目，已经成为国内市场以外的又一巨大市场，对国际局势变动的敏感性就更强烈。

由于国际工程项目地在境外，距离本土较远，同国内的社会、经济、自然、政治制度环境等都有极大的区别。所以工程项目中存在的不了解、不熟悉、不稳定等不利因素就必然更多，项目运作中的掌控难度就更大，也极易于形成市场经营和项目运作中的风险。特别是近年来中美关系处于不断倒退趋势、国际反华势力日益嚣张、逆全球化势力十分强劲，使国际局势不断发生重大变化。在项目运行管理、控制难度不断增大企业，特别是大型企业在国际工程市场占有比重不断增加的大背景下，国际局势越动荡，企业在国际工程市场中遇到的经营风险就越大。

2. 中观经济中存在的经营风险

建筑装修装饰行业处于以房地产开发为龙头，由建筑业、建材业、装修及装饰材料业、商业、物流业等构成的产业集群的终端。在20世纪末我国提出建设小康社会的发展目标后，这个集群成为实现小康目标刚性需求的供给侧主导领域，因此始终处于高速发展阶段，得到了极大的关注和很多政策上的倾斜，建筑装修装饰行业也得到了长期的市场规模扩大和行业、企业的快速发展。随着我国全面建成小康社会目标的实现，国家中观的产业政策发生了深刻变化。特别是在房地产行业的金融投资属性越来越强的大背景下，国家对房地产市场调控手段越来越严厉，企业所处的产业集群的中观经济环境也由于国家政策的全面调整而产生了极大的经营风险。

（1）国家房地产调控政策变化带来的风险

建筑装修装饰工程企业的市场风险主要来自房地产业，特别是奉行高杠杆、高周转策略激进扩张的民营房地产企业。进入21世纪之后，房地产市场发展整体正在发生深刻且重大的变化。特别是房地产业金融投资属性越来越强，引发了房地产业大量资本炒作和房产价格的飙升，已经对国民经济和社会发展产生了极大的负面作用。为了使房地产业回归其市场本质，预防房地产泡沫发生和爆裂的风险，国家对房地产业市场进行了主动调控，并且手段越来越严厉。目标就是坚持房住不炒的原则，督促和引导房地产业回归理性发展，控制因为房价持续过快的增长对整个国民经济的破坏性影响。国家对房地产业越来越严厉的调控，必然引发房地产开发行业的强烈分化，房地产企业市场运作的困难和不确定性的增加，引发了整个产业集群全链条的经营风险。

处于产业集群下游的建筑装修装饰工程企业，由于特殊的位置和其独具的职能、作用，必然会成为房地产开发企业转嫁风险和危机的重点目标。据不完全统计，截至2021年底，房地产业拖欠装修装饰行业工程款超过34亿元。随着房地产业内部结构的调整，企业的分化力度不断加强，大量房地产企业陷入经营危机。特别是民营房地产企业的盲目扩张和违纪违规操作使行业内不断“爆雷”，整个产业链蒙受巨大的经济、法律等方面的负面影响和信誉破损的损失，整个产业集群内部的经营环境日益凶险，从而带来了建筑装修装饰工程企业在市场经营中极大的经营风险。要重新审视产业集群内部由于国家调控政策后产生的新变化、新形势，认清新困难、新问题，找出具体应对的新思路、新举措，才能在企业具体市场运作中认清形势、判明方向、有所取舍、有所作为，规避风险并有所建树和创新。

(2) 房地产业市场环境的变化带来的风险

房地产市场环境的恶化是建筑装修装饰工程企业市场风险形成的主要原因。国家房地产业政策的调整，特别是银行信贷资金对房地产业的收紧，造成房地产企业普遍的资金链紧张，房地产市场上的流动资金短缺，使市场环境进一步恶化，形成较大、较普遍，现实的市场风险。由于国家产业政策的引导和市场需求的变化，推动了房地产开发模式的升级。房地产市场环境由于房地产开发运作模式向精装修成品房转变带来了更多、更大的风险。作为市场终端的建筑装修装饰工程企业在精装修商品住宅建设工程运作的过程中，与社会的联系越来越广、资金的运作链范围更大，形成的矛盾和纠纷就更多，潜在的危机也就更多、更大。而在实际运作中由于房地产企业的垄断地位，工程企业的议价权和话语权却越来越小，在整个市场中的弱势地位越来越明显，形成了巨大的市场风险。

进入新时期以来，我国房地产市场发生了供需两侧的深刻变化。一方面，由于城镇化水平提升空间缩小、新增人口持续下降、老年人口比例快速上升，再加上疫情的强烈冲击和国家产业政策调整的作用，整个社会对住房的刚性需求日趋下降。另一方面新建住宅销售迟缓、闲置房总量巨大、在建住宅规模依然宏大，造成房地产开发商资金链条普遍紧张、合同履约能力急剧下降。近年来，大量房地产企业由于资金链断裂陷入银行断贷、债务违约、诉讼陡增的泥潭，部分房地产企业家甚至跑路失联，给社会留下了大量的“烂尾楼盘”，凸显了目前房地产市场因供需不平衡产生的恶果。

在供给远远大于需求的市场环境下，房地产市场必然会出现市场疲软而使房地产开发企业面临严重的资金短缺。开发建设工程资金长期不能充足到位，房地产商就会利用强势地位要求工程企业垫资施工，其中对建筑装修装饰工程企业的要求就更为普遍。直接或变相的带资、垫资施工，不仅增加了企业在工程项目中的运营成本，也使项目运作处于极大的风险中，成为被房地产商绑架待宰的“唐僧肉”，在经营的各方面、各环节稍有不慎，就会陷入市场经营的困境，给企业带来极大的灾难，甚至是灭顶之祸。

（3）行业市场运作中存在的风险

我国市场中的诚信体系建设水平仍然不高，特别是在建筑装修装饰工程企业所处的产业集群市场中，由于建设方普遍资金实力不强、工程建设自有资金不足、资信水平较差，市场风险普遍较大。由于建设工程市场规则扭曲、混乱和缺失，加上竞争激烈但手段单一，违约、违法、违规成本极低，造成各方市场主体的普遍失信违规。特别是建设方（甲方）“契约精神”和“法治观念”的水平普遍偏低，市场中恶意压价，恶性竞争，任意违约、毁约，克扣工程款，分包商恶意讨薪、蓄意破坏及材料商以次充好、欺行霸市、坑蒙拐骗、蛮不讲理等现象都时有发生，给工程设计施工企业的市场运作带来极大风险和不确定、不稳定性，严重制约和损害了建筑工程类企业的发展。

建设方（甲方）以各种条件诱导装修装饰工程企业垫资施工，最后导致工程企业破产的案例层出不穷。当前建筑工程市场环境，特别是建筑装修装饰工程市场环境，由于行业市场管理模式传统、手段落后、主体不清、奖罚失度、良莠不齐和客观存在的各方市场主体地位本身存在不平等的外部环境，加上工程运作的长期性、复杂性和多变性特点，造成建筑装修装饰工程企业在市场运作的各个时期、各个环节都由于法制不力、秩序混乱，始终存在极大的风险的状况依然未变。面对险恶的外部环境，企业必须以极为谨慎、缜密的作风，对整个产业集群的整体市场的风险水平进行准确的评估、判断，并建立规避、化解市场风险和危机的体制和机制，采取谨慎、稳妥、安全的市场发展策略，这样才能在险恶的环境中获得生存与发展的机会和空间。

3.企业自身在市场运作中形成的风险

伴随着国家全面建成小康社会综合国力的日益增强，建筑装修装饰行业在这一时期得到了快速发展。绝大多数坚持以装修装饰工程服务为主业的企业，都增强了企业经营实力，拥有了较强的工程服务和履约能力，甚至产生了一批登陆资本市场、资金雄厚、有较高市场知名度和美誉度的大型企业。但进入新时期后，绝大多数建筑装修装饰工程企业的发展出现了停滞，有些甚至出现大幅度倒退。除去市场外部环境影响外，企业内部由于经营管理决策失误造成的风险也是重要原因。

（1）“盲目乐观”和“野蛮扩张”战略带来的风险

在企业形成市场风险的诸多因素中，企业决策者的固步自封和盲目扩张两种极端的企业发展思想是决定性的因素。很多企业经历较长时期的顺利发展后，取得经营实力较快增长，经济效益和社会效益提高的成果。相当多的建筑装修装饰工程企业的“掌门人”产生了“小富即安”的懒惰思想，忽略了建筑装修装饰行业是一个受国家宏观经济政策、房地产开发市场、社会经济、文化、科技时刻影响，逆水行舟、不进则退的行业，从而失去改革、进取的动力使企业产生停滞，甚至衰退。也有部分企业，特别是一些有实力的大型企业，在取得较为辉煌的成就后，不依据企业自身拥有的资本、技术、资源等客观条件，盲目地跨行业、跨地区，甚至跨国界地扩张而导致经营亏损或失败，降低、损坏企业对经营活动的掌控能力，从发展战略层面上就为经营中产生风险埋下了伏笔。

发展永远是企业经营活动的硬道理，但走什么样的发展道路却是企业经营决策中的重中之重。不同规模、制式、素质的企业，走不同的发展道路，企业经营的风险大小也不尽相同。如何保证企业稳健、安全、可持续地发展，就是企业发展战略决策的核心。市场规模的大小是随着经济发展、社会需求变化而不断扩大、变动的变量，而社会需求品质日益提高和科学技术的发展，又会使市场结构发生变化、优化，从而进行专业化细分，形成众多的细分专业化市场，这是市场经济发展的必然趋势和客观目标。

企业在广阔的市场中，面对需求不同的专业化市场，不可能满足全部市场需求，需要进行对比、筛选。如何选择目标市场，除了具备市场态势感知与判断能力外，还要根据企业的自身条件做到量力而行、稳健扩张、量入为出、量材经营，把有限的资源投入适合的专业市场中，有效避免由于企业发展战略决策失误使企业在日常生产经营活动中陷入困境和危难，产生巨大的风险。特别是在我国经济发展的新阶段，企业必须在特定市场中，依据自身的资源状态选择其中一个或数个专业化细分市场作为企业经营的目标市场，集中有限资源对选定的目标市场进行开拓才是正确的经营决策。

（2）企业发展策略的失误带来的风险

随着国家经济发展和建设水平的不断提高，建筑装修装饰工程的专业化技术标准也会不断提高，这是市场专业细分化带来的必然的结果。如何在目标市场上精耕细作，是企业经营发展策略的主要内容。在市场专业细分化的大背景下，什么都能干，但又什么都干不精、干不好、干不专的企业很难取得扎实发展的基础，最终会由于缺乏市场核心竞争力而被市场淘汰。所以企业在确定目标市场后，就要制定完备的发展战略，有计划、有步骤、分阶段地规划企业市场拓展的目标、任务、行动方案和实施措施，指导企业在发展过程中具体的资金投入、人才聚集、科技研发、市场开拓等体制机制的建设，把企业做专、做精。企业发展策略制定的预见性、针对性、科学性、可操作性，与企业在市场经营中所遭遇的风险大小高度正相关。

企业发展策略制定的核心是提高在已经战略决策确定的目标市场中的核心竞争力，这是企业发展的基础。具有市场核心竞争力的企业是掌握专业细分市场中的专业知识、专有技术、专业技能，在专业市场具有一定经济、技术话语权，包括议价权、裁决权、处置权等，在专业市场中占有制高点的企业。企业只有在专业细分市场中不断向主导技术高端发力，攻关创新，在专业施工技术上取得稳固的优势，才能减少、规避和化解专业工程市场经营中的风险，具有在特定专业市场中的持久发展的能力。所以，以专业技术研发、创新、应用为主要内容的企业技术发展策略是取得核心竞争力的根基，要通过资金、人力资源、科研力量的投入，在专业细分市场中建立拥有自主知识产权、占据高端的专业技术体系，这是规避风险，迈向低风险高端专业市场的物质基础。

很多企业至今仍不明确在国家现代化强国建设历程中专业化发展的战略意义。要认

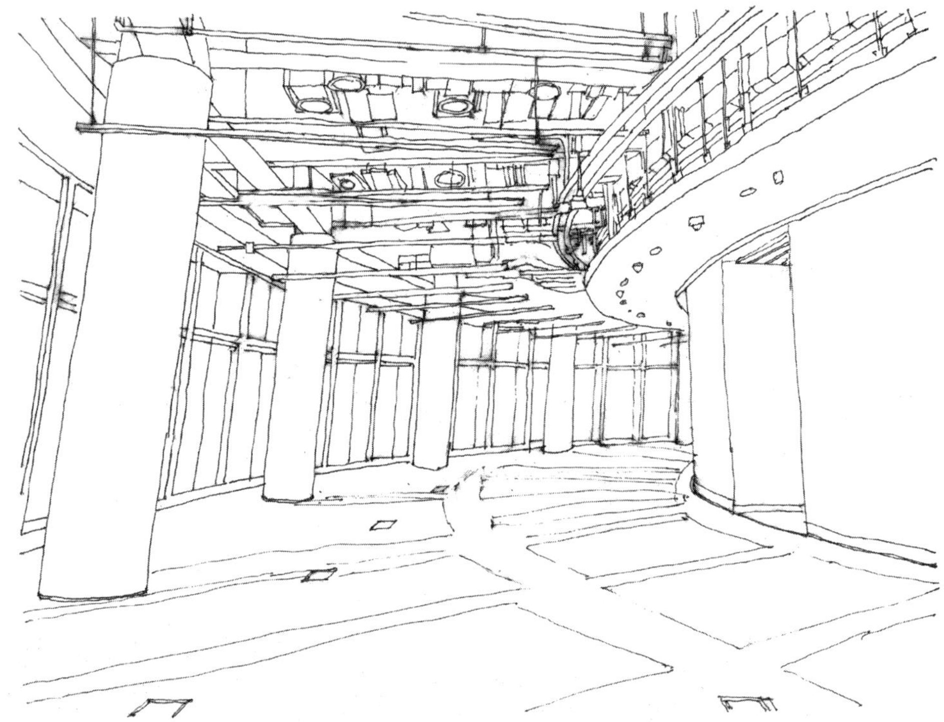

图7-4 丽泽SOHO室内装修-1

此项目是北京侨信装饰工程有限公司承建的，由著名建筑设计师扎哈设计的丽泽SOHO高档写字楼轻奢式现代办公风格的装修内景。开放式的裸顶，不同半径的曲线连续，有规律、有变化地连接，构成流畅、螺旋曲面的统一体，展现了施工的高水平

图7-5 丽泽SOHO室内装修-2

真研究针对专业市场的配套策略，采取有效的管理、技术策略去整合社会上的各类优质资源，通过企业内部的管理、技术创新和高端专业工程业绩的积累等取得市场领先优势，成功摆脱“同质化”恶性竞争的残酷红海，跨入以专业服务能力、专业技术优势等为主要竞争手段和特点的蓝海竞争，使企业永久性解决并摆脱长期处于恶劣经营环境，市场风险大的局面。企业要针对新的专业市场，制定一整套营销策略，指导企业逐步提高在专业市场中的知名度，除保持专业技术领先外，还应在提高管理参与度、品牌知名度、企业美誉度等方面制定发展规划和实施的具体措施。

(3) 企业运行机制缺失带来的风险

任何一个行业在市场运作中都会因为有不确定性因素而使企业面临经营风险，需要有完整的现代化企业管理机制去规避、化解风险。在市场快速、平稳发展时，这一机制的重要性并不突出。但在市场环境越来越有风险时，这一避险机制就尤为重要。这一机制的重点包括企业内部的专业市场调研、工程信息的搜集、项目风险评估和预判、运行制度与法律安全保障、运作中的调整与控制等。如果企业内部的机制不健全，就会由于制度的缺失而形成风险规避与化解时的漏洞，给企业的经营活动造成切实的风险，使企业的生存与发展遇到阻碍和困难。

由于建筑装修装饰行业在较长阶段处于较良好的市场环境之中，造成很多企业对市场风险的认知处于盲目乐观、不重视的状态。在内部运行上就缺乏相应的风险抵御、防范、控制机制，给企业的日常经营留下了经营风险。在这方面，建筑装修装饰工程企业普遍都有切身的血与泪的教训。有些企业防范意识不足、风险管控制度缺失、规避措施不力，几个工程项目运作下来，由于建设方不履行合同，造成企业难以承受的巨额垫资、拖欠工程款，使企业陷入流动资金链断裂、巨大债务缠身的绝境，甚至破产的案例也有很多。所以在市场环境险恶、诚信普遍缺失的外部条件下，必须立即健全和完善保障企业安全的重要体制机制。

(4) 企业项目运作中存在的经营风险

建筑装修装饰工程企业的主要经营内容是建筑装修装饰专业工程项目的设计和施工。具有单一产品生产制造，涉及材料、技术、资金运作面广，项目运作周期较长等显著特点，必然会在运行中存在大量的不确定因素和经营风险。需要在项目运作全过程建立相应的预测、计划、协调、平衡策略才能化解各种风险，保证工程项目的顺利实施。如果企业没有比较完备、科学的项目运作规章制度和执行力强、具有项目实施过程中的组织管理能力的项目经营班子，就很难在工程运作过程中顺利迈过沟沟坎坎，实现企业项目实施的社会、经济、质量、技术目标。

建筑装修装饰工程项目从立项、设计、施工到验收投入使用，是一个相当长的过程。在此期间，市场各方主体的思想观念、预期目标、经营实力、产品与技术发展、市场价格、制度政策、社会理念等都可能发生重大变化，对项目的实施过程都会产生极大影响，从而产生大量的困难、矛盾、纠纷，导致项目受到各种阻力、困扰。企业生存与发展的基础是工程项目，为此，企业必须建立相应的运行体制和机制，在项目经理、管理班子的构成和责权利的分配，资金、材料、人力等各生产要素的闭环管理等方面进行规范化、制度化、高效化升级，以提高项目控制、管理水平，这样才能克服不断出现的困难和矛盾，保证项目持续推进，最终实现企业工程合同的全面履行和企业运营项目的社会及经济利益目标。

（二）建筑装修装饰工程企业经营风险的规避和管控

建筑装修装饰工程企业规避和管控经营风险即需要强化行业市场秩序的整顿和环境的净化，优化经营发展的外部生态环境；只有通过企业内部提高企业家的格局和战略决策能力、健全和完善企业市场运作的体制和机制、着力培养一支具有市场经济风险意识和掌控企业及工程项目管理能力的人才队伍，提升企业内部能力建设水平才能真正落实。具体分析主要包括以下几个方面。

1.加强对经济发展走势的研判，明确企业的发展目标

企业的发展要减少风险和挫折，保持稳健经营就必须提高企业决策者对宏观市场态势的感知和判断能力，在发展方向与目标上，全面顺应国家、社会的经济、科技、文化等的发展方向和宏观、中观经济发展战略与政策的调整，把企业的发展融入国家强盛、民族复兴的伟大历史进程之中。

（1）明确企业的存在价值，融合到时代的洪流之中

从国家经济发展总体上分析，企业是国民经济的细胞，必须与整个国民经济的遗传基因密码完全吻合才能生存与发展，否则就会变成社会的赘疣或毒瘤被遗弃、消灭、清除。行业内的企业家要深刻认识到我国经济已经进入建设具有中国特色社会主义现代化强国的新历史阶段，发展的目标已经从单纯追求规模扩大和总量增长转化为追求质量和效益的提高；发展的重点是以高端制造业和高端服务业，推动技术换代、转型升级，这是今后相当长一段时间内的时代洪流。这一转变已经完全涵盖了整个产业集群和建筑装修装饰行业，将对未来建筑装修装饰行业的发展产生根本性的影响。

在新的历史发展阶段，宏观经济发展赋予建筑装修装饰行业的历史责任已经不同于全面建设小康社会时期。在国家由富变强的过程中，建筑装修装饰行业在社会和经济发展中的地位和作用、发展的范围和重点、科学与技术的发展方向和追求的目标、资源的禀赋和投入的结构等都发生了由低级向高级，由粗放到集约，由大量新建向提质升级改造，由传统技术向信息化、智能化、现代化技术融合转化的深刻变化。只有认识到时代发展对建筑装修装饰工程企业赋予的新任务、新要求，才能克服“小富即安”和“盲目扩张”等严重偏离时代要求的错误观念，正确界定行业整体在历史发展的新阶段中，企业生存的社会价值；在新的市场环境中，科学、准确地确立企业发展的总体目标，为企业可持续发展奠定坚实的思想理论基础。

（2）深刻领会行业的发展趋势，掌控企业的经营方向

随着我国经济的全面转型升级，城市建设中整个产业集群的发展也将发生巨大的变化。除极少数的特大城市外，绝大多数的中小城市，都面临着城市建设的基本饱和，房地产业、建筑业供大于求的现状，已经由规模扩张向质量提高转化、由城市核心区域向周边城镇转移、由大规模城市住宅建设向城市现代化功能配套与升级转换、由大拆大建向修复城市生态环境转变，这将引起整个产业集群和全产业链的深刻变化，必然也会强烈影响建筑装修装饰行业市场的未来发展。社会需求带动行业的变化是长期、深刻、不可逆的，具体显现在企业上，就是经营业务中承接项目的客户需求、工程内容、施工范围、技术应用、期待目标等多个方面都在发生着巨大而深刻的变化，特别是普遍需求、技术范围、适应手段等需要所有从业者对行业市场重新感受、认识。

党的十九大之后，随着发展理念的转变，我国城市建设也进入新的历史时期，在城市生态恢复、功能升级、智能化与数字化改造等新的发展方向上，建筑装修装饰工程企业如何适应市场向高端化、智能化、数字化转换等的发展新趋势，成为建筑类企业经营、技术管理策略决策的重点。在新的城市发展理论指导下，建筑装修装饰工程企业只有及时调整企业在发展方向、经营管理、科技研发、技术工艺创新等方向上的策略，把握并实现企业经营方向与城市建设、城区改造、生态修复、功能提升、智能化升级、大数据信息化管理等新内容、新要求、新技术标准全面衔接、互相吻合，才能为企业在新历史时期的健康、可持续发展铺就一条康庄大道。

（3）深刻认识行业市场的深刻变化，科学确立企业的经营目标

随着我国国民经济的持续发展和综合国力不断提高，建筑装修装饰行业工程市场的业务范围相比传统的室内外装修装饰市场会不断扩展，将不断派生出大量新的专业细分市场；参与各专业工程市场竞争的主体还会不断增加，“切蛋糕”的在不断增多；随着技术的不断进步，专业技术标准也会越来越高。特别是大量最新科技成果应用到建设领域之后，对建筑及装修装饰工程市场的设计、施工的技术含量要求不断提高，整个产业链中大量新产品、新装备、新技术的普遍应用，全面提升了工程的科技水平，也不断细分整个市场。细分化市场的快速发展、专业技术领域的扩张，对建筑装修装饰行业内工程企业人力资源、技术储备、创新能力等都提出了新的要求。

在市场的需求端发生巨大变化时，供给端必须产生相应的改变予以应对。要求企业坚持专业化、精细化、科学化地发展目标市场，着力于提升细分化、专业化、差异化的市场服务能力应对整体市场变化。发挥出建筑装修装饰工程企业进入建筑升级改造市场早、配套技术服务能力齐备、专业形象好的市场先天优势，把企业做专、做精、做强、做长远。对于市场的新需求、新技术、新标准，企业必须认真分析研究企业内部资源的秉性、数量、质量等客观条件，在此基础上结合专业细分市场的新需求、新技术发展等要求，确定企业的经营目标和专业技术的发展策略，重点是占领专业领域的高端市场。

位于北京的中央音乐学院是中国音乐界的最高学府，其歌剧音乐厅是国内最高的艺术殿堂，在国际上有极高的知名度。由北京侨信装饰工程有限公司承建的中央音乐学院歌剧音乐厅是全球声乐专业要求最高的音乐建筑，在国际权威人士的指导和企业的努力下，圆满完成了建设任务，得到国内、国际的一致好评。图中是中央音乐学院歌剧音乐厅的前厅。气势恢宏、通透明快，配以流畅的曲线，尽显音乐的幽深与情怀

图7-6　中央音乐学院歌剧音乐厅前厅

图中是中央音乐学院歌剧音乐厅大厅内景。为了获取优良的声学效果，大量采用了环保的GRG预制材料并进行了声学处理，空间采取了流动的曲线设计，线条流畅、构图活泼、层次丰富，不仅达到预期的声学效果，也赋予空间灵动的情趣和震撼感，达到专业功能与美学功能的完美统一

图7-7　中央音乐学院歌剧音乐厅大厅内景

近几年由于建筑装修装饰工程企业不注重新知识、新技术的导入，丢失了很多属于行业的专业市场，需要引起高度重视并采取措施尽快予以弥补。

要特别注重新细分化出来市场专业技术的关键点、核心技术、技术细节，有针对性地对市场开拓、资金投入、科技研发、专利申请、成果推广、技术引入、人员培养等制定出规划和落实措施，顺应市场的提质升级，指引和推动企业健康、可持续发展。

2. 健全和完善企业市场运作的体制机制

从建筑装修装饰工程企业发展实践中分析，经营思想和市场觉悟的提高，最终要落实到企业日常经营活动中与规范体系、制度、程序、标准等的建设上，形成现代化、科学化、自律化的经营管理模式，这是保障企业有效规避风险，安全有序发展的组织、制度基础。所以，反复强调企业要苦练内功，一项重要的内容就是健全和完善企业内部市场运行的体制和机制。

（1）建立市场运作安全的保障机制

市场中的经营风险是客观存在的，要有效地规避、化解风险，就要在组织上建立起市场风险的评估、判断、防范及化解的体系，对市场风险进行有组织、有手段、有预案的防止和控制。现代化企业管理的一个重要理念是预防为主，防范风险于未然，除了杜绝经营决策的随意性、主观性外，还要通过制度体系的完善和专业机构的保障来预防风险的产生、发展。要准确、客观地甄别建设方（甲方）资信水平和工程项目的真实运行状态，及时将可能发生的危机、风险等有效化解和转化，从而保证企业经营目标的实现。当前建筑装修装饰工程企业在建立市场运作安全保障机制方面普遍存在薄弱环节，是体制、机制建设的主要缺口，急需完善。

建筑装修装饰工程企业针对目标经营市场建立的安全保障机制是一个系统性的完备组织与制度体系。其中对专业市场、项目的信息搜集、风险预测、评估和判断是基础，同建设方或总承包单位签订规避风险的规范合同文本、制定出风险预警和化解预案是关键，重点职能部门的设立和专业人员的配置是重点。对市场经营中风险的防范是一项专业性极强的前瞻性智力劳动，除需要相关专业的法律、商务、金融、技术知识储备外，相应的专业工程运作中的市场数据、情报、信息采集，专业化评估，法务事务处理等组织机构的建设和运作处置的制度、程序及在整个企业管理体系中地位及作用的确定，是风险管理体制机制建设的重点工作任务。

（2）建立工程项目运作的监控机制

工程项目的运作是施工企业生存与发展的根基，工程项目运行中出现的任何风险，都是企业经营中最现实、对生存与发展品质影响极大的风险，也是企业风险防范的重点。要保证工程项目的顺利实施，就要建立完备的项目运作安全保障机制，从项目运行状况和相关数据的搜集、传递体系，到数据分析、判断和异常状态处置等工作体系建立与完善，确保工程项目始终在企业的掌控之中。一个完整的企业工程项目监控机制，既包括对项目运作前期的评估、策划、组织设计等进行完善，平衡好项目运行中责、权、利关系；又要通过利用信息化远程控制和手机终端信息传播等对项目实施控制，掌握项目运行的实施状态，实现对工程项目全过程的实时监控。

建筑装修装饰工程企业建立现代化的项目实施现场的监控机制，主要是要实现两个方面的目标。一个是要按照合同约定和企业目标制定的项目实施计划、步骤等对项目管理班子进行监督、指导，保证项目按既定的工期、质量、成本顺利实施。另一个是对施工现场投入的资金、劳动力、机具、材料等各类生产要素进行实时的质量、数量管控。要能够及时发现经营运行数据和现场状态等出现的异常变化，针对出现的偏差、错误、堵点、难点等，对现场各生产要素实施实时的指挥、调度、协调，不断优化各类要素投入，在施工现场及时发现问题、解决问题，在企业的层面上保障工程项目的顺利实施。

建立企业工程项目监控机制的关键是要建立一个能够担负责任的项目经理管理机构，配备好适应专业工程运作要求的各类专业人才，形成强有力的现场领导指挥班子。其中，项目经理的选用是项目管理班子质量保障的重中之重。项目经理是项目现场的实际控制人和最高领导人，除应具备较强的责任心、事业心和敬业的品质外，其管理、专业技术和社会交往协调能力及经验、科学文化常识水平、分析总结能力等也是必备的基本素质。要加强对施工现场一线管理人员的专业培训，以提高其管理职能岗位的履职能力，保证企业经营目标的实现。

要全面提高项目管理班子的责任感和警惕性，能够及时、准确地分析、判断出工程现场出现的异常状况。要认真总结每一项工程实施中的经验教训，快速积累实战经验，提高对周边环境的敏感度。特别是要以与建设方、总承包方、分包方、材料供应方的沟通观察、判断能力作为重要的考核内容。现场项目经理应在公司的指导下，依据现场的实际状况，采取正确的经济、技术、社交等手段，率领项目班子推动项目的顺利推进，及时在施工现场科学合理地解决各种矛盾、冲突、纠纷，化解危机和风险，保证项目各项目标的实现。

（3）建立企业内部人才培养机制

市场运作中风险的发现、避险、化解最终都是由专业人才操作实现的，所以，防控风险的基础是企业内部专业人才队伍的培养和生成。从现代建筑装修装饰工程企业整体抗风险人才队伍构成来分析，应该是一个多层次、多学科、多级别的人才队伍体系，其中包括决策者、智囊团、各层级管理、科研、技术创新、一线操作能工巧匠等人才组成的队伍。企业只有拥有这样一批人才，并能在企业决策、策略执行、市场运作等领域发挥好他们的专业作用，才能使企业在专业市场发展中具有战略定力、发展韧性、应变能力和核心竞争力，企业才具有生存和发展的内在活力。

由于社会在不断进步，知识在更新、技术在发展，要保持人才队伍的先进性，就要以现代化的新知识、新技术、新技能对企业内部员工进行不间断的培训、灌输、教育，提高全员的风险意识和专业的识别、化解、疏导能力；要调整和优化企业内部的专业人才队伍结构，除提高工程设计施工技术、科技创新等专业人才的层级外，适当增加企业内部法务、商务、金融、经贸等领域的人才比重；要重点培养一批懂专业技术、能管理、有较强风险意识和风险化解能力的复合型专业管理人才队伍。要形成企业内部培养、社会招聘、院校合作、科研项目联合研发等人力资源优化升级的配套制度体系。

（4）建立企业摆脱风险的机制

在不同专业技术门槛等级的细分市场，企业面临市场风险的大小很大程度上取决于企业市场地位的强弱。特别是在高新技术支撑下的专业细分市场中，企业话语权的强弱程度，决定了企业的议价权、裁决权和处置权的大小。要使企业在经营中处于强势地位，就必须在专业服务能力上具有核心市场竞争能力，即要有高质量完成专业工程中独特技术要求的专业技术服务能力和水平。而不同技术门槛等级的专业市场，市场内的运行态势由于市场竞争手段、规则、激烈程度不同，面临风险的大小也就不同。一般地讲，越迈向中、高端的工程市场，市场风险就越小，在顶级的高端市场，外部环境中存在较大破坏力的风险就较少。所以，企业规避风险的终极之路，是要让企业迈进专业市场中的高端细分市场，并能持续保持领先地位。

如何把企业引入没有巨大经营风险的专业高端市场是经营者决策的首要工作任务。

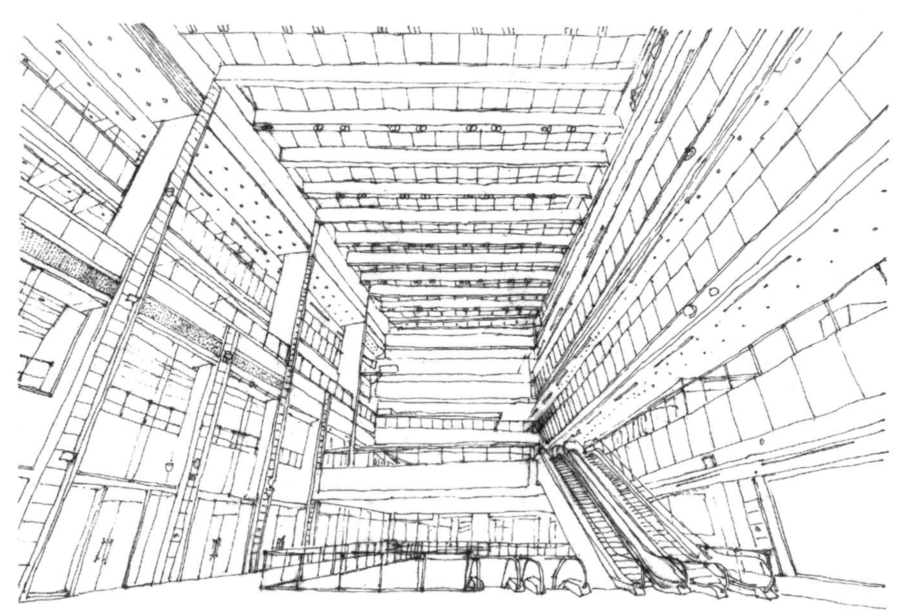

北京王府中环购物中心位于称为“金街”的王府井，是北京商业环境提质升级的节点式建设工程，是北京地区首个国际化时尚高端生活中心，由北京侨信装饰工程有限公司承接室内高端商业环境的装修装饰工程。本图是该中心三个中庭之一，空间通透、大气稳重，给人以和谐、轻松、愉悦的购物环境

图7–8　王府中环中庭内景图

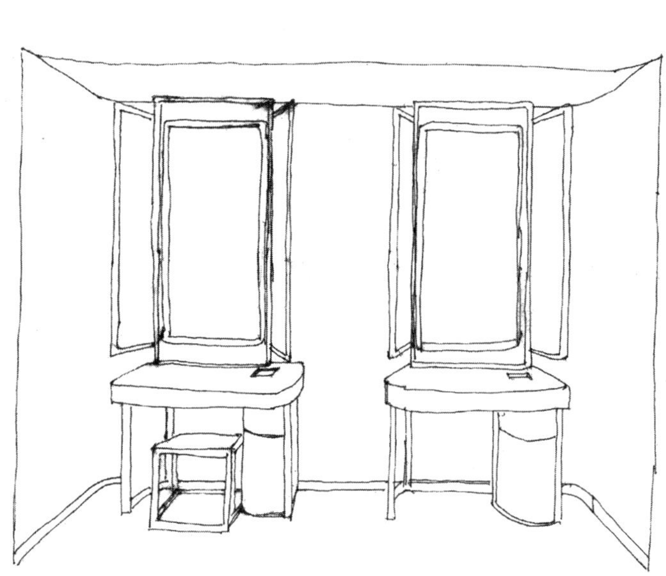

北京王府中环购物中心以国际一线品牌的专卖店、旗舰店为主，配套设施与国际先进水平比肩，设有休息室、化妆间、哺乳间、淋浴间等设施。本图是其化妆间的内景

图7-9 王府中环化妆间内景图

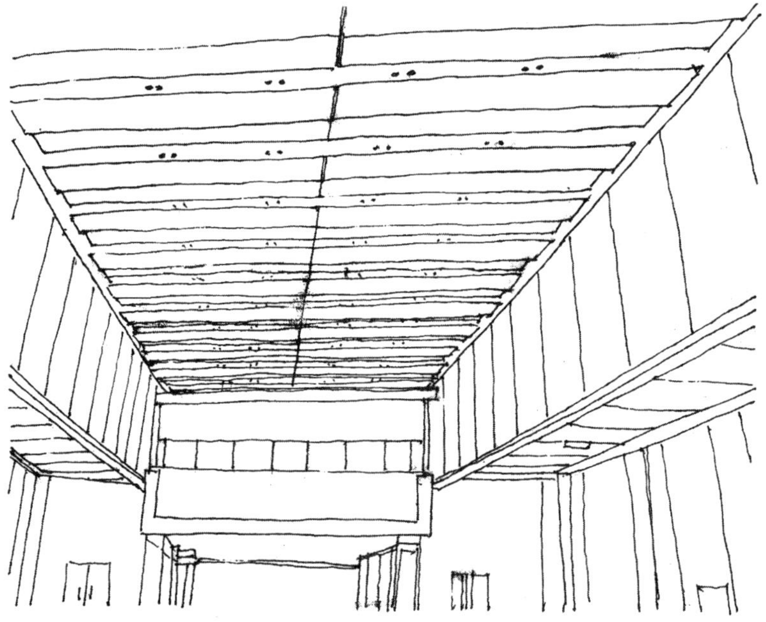

该工程应用了大量的先进设备、设施，如3层连桥使用了自动控制的移动顶棚，吊顶可移动开启和闭合，满足多用途展示、服装发布、高端产品展示、演艺活动等功能。本图是移动顶棚的应用图，是顶棚功能的创新。顶棚开启后，可使用隐蔽在顶棚内的舞台特效灯光、音响、吊钩等设备

图7-10 王府中环3层连桥移动顶棚应用图

需要建立相应的机制，其中最核心的是对专业市场的高端领域和行业制高点的占据。这就要求企业坚持长期投入各种资源，特别是智力、财力、技术信息资源，建立起在专业市场中长效的细分专业管理、技术创新机制；拥有更多具有自主知识产权的技术成果，形成在专业工程市场中对高端需求的设计、施工、工程配套服务能力；要积极参与行业市场管理的高端运作，积极主动地提高企业在专业市场中的话语权；要抓住专业市场中高、精、尖工程的市场机会，高品质实施工程；争取占领市场中规范、标准编制的强势地位，形成在单一专业市场中的优势品牌效应；要加大在专业市场的企业宣传推广力度，增强企业在专业市场的美誉度，这是企业在专业工程市场中长盛不衰、持续处于领先地位的基本策略支撑。

(5) 建立企业与产业链各环节的合作机制

建筑装修装饰工程企业同社会、产业集群内部的企业存在紧密的联系。特别是在工程项目的实施过程中，同市场各方发生的关系是直接的交易关系，存在着利益冲突与发生矛盾的可能性。施工企业与分包商、劳务分包、材料供应商等彼此之间相互感知的程度、信任度的水平、交往的深度等，是能否避免风险转化成对抗、和平解决矛盾的重要基础。因此，要建立一个相互信任的合作联盟，相互支持、共同进步、携手发展，这是建筑装修装饰工程企业抵御市场风险的重要保障。着眼于全产业链的闭环联盟建设，着力于企业供应链、价值链的完善，也是企业建立安全机制建设、有效规避和化解风险的重要内容。

建筑装修装饰工程企业要建设一个牢固的市场同盟团队，自身运作就要始终坚持遵纪守法、合规经营、平等待客、诚信守约、公平交易，并以同等的标准去接触、甄别、筛选、确认合作伙伴和合格的市场主体，形成长期合作的基础。要加强市场中相关联各方的合格甲方建设者网络建设，汇聚一批对企业信任度、忠诚度较高的有实力的业主群体；深入参与业主团体的专业活动，在经济、技术、社交等方面加强对需求的了解和认知；要加强与业内工程企业的沟通与交流，形成一批能相互支持、抱团取暖的兄弟企业；要建设拥有一支产品质量优、工程配套能力强的供应商、专业分包商队伍，建立优质资源供应体系；要与社会宣传、市场中介、法规监管等机构建立联系和友谊，树立起企业在专业市场的正面形象，等等，都是企业提升抗风险能力的重要工作内容。

建筑装修装饰工程企业想要做到有效的经营风险管控，除要加强对国家发展态势的研究，做到高瞻远瞩、运筹帷幄、迎合大势外，也要着眼于提高企业内部，苦练内功，增强企业的经营、技术的硬实力和口碑、信誉的软实力，更要扎根于工程项目运作，在持续保持高度警惕性的基础上，不断进行管理、技术工艺创新，提升企业工程服务优质化能力，这是建筑装修装饰工程企业生存与发展运作的三个基本层次。要在三个层次上同时发力，企业就能够抗衡风险，持续健康发展。

第三节　建筑装修装饰工程企业管理职能及组织架构

建筑装修装饰工程企业要集成与整合各种资源，不断为社会、业主提供合格的工程作品与服务，就必须拥有完整的组织管理体系，对企业内部进行有效的管理，才能保证各种生产要素的合理配置和经营活动的顺利运作，以实现企业存在的社会价值。

一、建筑装修装饰工程企业的管理职能

企业内部管理是通过各种具体职能发挥作用实现的。管理职能是企业建立管理体系最重要的基础，也是管理体系中要表现出的最重要内容。

（一）建筑装修装饰工程企业管理职能的概念及本质

1. 建筑装修装饰工程企业管理职能的概念

（1）建筑装修装饰工程企业管理职能的含义

职能本身具有职责、能力、效能的含义。企业管理职能就是企业为了自身的生存和发展，将企业内部管理目标、任务、条件等通过制度、措施、流程等形式进行分解，以落实权力、责任、收益为基础具体落实到部门、岗位、个人，保证企业经营目标的顺利实现。建筑装修装饰工程企业由于具体经营管理目标的复杂性，决定企业管理职能是一个由多种职能构成的体系。

（2）建筑装修装饰工程企业管理职能的特点

建筑装修装饰工程企业的管理职能具有完整性、配套性和强制性的特点。完整性是指建筑装修装饰工程企业的管理职能贯穿于企业生产经营的全过程，涵盖企业生产经营全领域，可以说管理职能是无处不在、无时不有。配套性是指建筑装修装饰工程企业各类管理职能相互支持、相互配合、相互作用，构成一个有机的整体，处于相互协调的运转状态。强制性是指建筑装修装饰工程企业管理职能要通过制度化、规范化、职业化等手段，通过对管理者、被管理者行为的约束力来实现。

（3）建筑装修装饰工程企业管理职能的主要分类

建筑装修装饰工程企业的管理职能按照生产要素的分类，可以分为对人、财、物、技术、信息等方面的管理职能。在企业为社会提供产品与服务的过程中，各种生产要素交织在一起联动发挥作用，共同实现企业的经营目标。建筑装修装饰工程企业的管理职能又可以具体分为组织类、协调类和执行类。组织类管理职能的职责是吸纳社会资源，协调类管理职能的职责是整合社会资源，执行类管理职能的职责是运作社会资源。

2. 建筑装修装饰工程企业管理职能的本质

（1）建筑装修装饰工程企业管理职能的本质

建筑装修装饰工程企业管理职能的本质是企业运用有效的管理手段，科学地配置企

业拥有的社会资源，不断提高各生产要素的运作水平和利用效率，持续增强企业市场竞争能力，提升企业生存与发展的品质。由于建筑装修装饰工程企业生存与发展的基本载体是建筑装修装饰工程项目，所以建筑装修装饰工程企业管理职能，是以提高工程项目管理的质量水平和创利能力为目标，进行制度设计、完善运转体系、提升执行力的专业活动。

(2) 建筑装修装饰工程企业管理职能的经济意义

建筑装修装饰工程企业通过发挥管理职能的作用，提升了社会生产要素的利用效率，增强了包括社会工程资源在内的各种资源的创利能力，不仅提高了工程项目的经营效益，也能提升企业的价值链，增加了社会财富总量。社会对工程资源的分配，也直接由企业向社会提供财富的能力为依据进行分配，建筑装修装饰工程企业管理职能发挥作用的水平，不仅决定了企业的管理水平、经营实力、创利能力、经营规模等经济数据、指标，也通过社会经济统计影响到社会的经济总量的规模和增长速度、质量。

(3) 建筑装修装饰工程企业管理职能的社会意义

建筑装修装饰行业是向社会提供基本设施的重要行业，对社会发展和人民福祉的提高具有重要意义。建筑装修装饰工程企业管理职能的完善与升级不仅对建筑装修装饰企业内部人际关系的和谐、关联企业间的协调、行业管理升级等具有重要作用，也对全社会提高对生产要素的管理水平，保持社会协调、平稳、安定，提高社会发展质量具有重要的作用。

（二）建筑装修装饰工程企业的具体管理职能

建筑装修装饰工程企业在日常运作的管理职能，表现在很多方面。具体分析完整的企业管理职能体系，主要包括以下几个方面的管理职能。

1. 安全管理职能

(1) 安全管理的含义

安全就是要保障人的生命、财产安全和社会的财产、利益安全，是管理人性化的具体体现，也是管理的首要任务。建筑装修装饰工程企业运营和工程项目的实施过程，存在着安全风险和隐患，如果不能得到有效地控制，就有转化为实际事故、灾害的可能性，所以要通过落实相应的管理职能加以控制。安全管理就是依据国家法律、规范、标准和企业的制度、措施、纪律等要求对企业运营全过程人、财、物的安全进行监督、控制、改进和完善，其中最重要的是人的生命、健康安全。

(2) 安全管理的基本内容

建筑装修装饰工程企业安全管理职能的基本内容包括规章制度的建立与完善、人员安全培训及安全措施实施三个主要部分。安全管理规章制度是企业进行安全管理的依据，其制定必须符合人的生命第一的重要原则和国家有关安全的法律、法规、技术标准、规范、工法要求，结合企业的经营、生产、施工的技术特点并在企业运营与工程实践中不断完善、健全。人员安全培训是以国家安全法规及企业安全管理规章制度为教材，对企业全员及被管理的劳务队伍、供应商等进行宣传、教育，使其掌握企业安全管理规章制度的要求并对其行为进行约束、规范。安全措施实施是在企业运营与工程项目实施中，按照企业安全管理规章制度的要求对能源设备、运营及施工机具、场地与安全保护设施等进行安全性能检验、测试、维护、保养；对存在安全隐患的场地、环境、机具进行查找、修复、改进；对安全事故进行整改、补救、总结。

2. 质量管理职能

（1）质量管理的含义

质量是企业向社会提供产品与服务的品质与技术、文化、艺术价值量或价值水平。质量能反映出企业的经营能力、技术装备水平、员工素质水平和管理能力，是考评企业管理水平最重要的指标之一。建筑装修装饰工程项目的质量水平是在工程实施过程中逐步形成的，整个项目的质量水平受多种因素的影响与制约，必须对各种因素进行持续的控制才能保证工程项目的质量。建筑装修装饰工程企业的质量管理职能是企业为实现质量目标，通过制定相应的政策、标准、规范及制度、措施、工艺纪律等，对企业运营及项目施工过程的质量形成进行监督、控制、改进和完善。

（2）质量管理的基本内容

当前，国际社会对企业质量管理制定了成熟的标准，即ISO 9000系列质量管理与控制标准。企业加强质量管理就是要贯彻执行ISO 9000系列标准，并得到有资质的认证机构的认证，表明企业的质量管理达到了相应的标准要求。建筑装修装饰行业自1994年开始在行业内推动ISO系列国际质量管理标准的贯标认证工作，到目前企业是否获得ISO系列国际质量管理认证已经成为企业在工程市场中承接工程的重要条件之一。在大型工程、国家工程、标志性工程等重点工程中质量、环境、安全管理标准的认证已经成为必要条件之一，对推动行业内企业的质量管理标准化发挥了重要作用。

企业获得质量管理标准认证并不能证明企业的质量管理职能就能全面满足要求。首先，对企业质量管理标准化的第三方认证只是对企业管理层质量管理的认证，并不能表明企业在工程现场的质量管理达到标准化。企业在贯标认证之后，还要继续以自身的核心价值观和质量观，完善自身的质量管理体系，重点是向工程项目部管理延伸。其次，建筑装修装饰工程企业要结合建筑装修装饰工程项目的特点、技术特征、技术难点等进一步细化企业对工程项目的质量管理目标及考核标准，切实在材料、部品、部件、构件等的采购、验收、施工、维护环节发挥好管理职能的作用，严把质量控制关，从提升施工现场质量管理水平入手形成完整的质量管理体系。

3. 技术与信息管理职能

（1）技术与信息管理的含义

在信息化与工业化融合的时代，技术与信息已经成为影响和制约企业发展的重要因素，必须加强管理才能使企业不断得到新技术的支撑，提高企业利用社会资源的水平和效率，推动企业技术升级换代。建筑装修装饰工程企业的技术与信息管理职能就是要依据国家宏观经济政策、行业产业化要求和企业科技发展目标，通过制定、执行相应的制度、措施、方法对企业的科学技术发展进行协调、控制、维护和完善。

（2）技术与信息管理的基本内容

建筑装修装饰工程企业科技与信息管理的基本内容就是要以企业的核心价值观为指导，利用计算机及网络应用技术，搭建、运转、维护好企业内外部技术交流的信息平台；科学地组织好企业掌控的技术资源，进行科技创新项目的技术攻关；搜集各种科技情报，推广应用新技术、新产品；以企业的技术能力与标准加强对合作企业的技术指导；编制企业内部的标准、规范、工法及工艺纪律；组织企业技术专利的审核及申报；审核并监督企业、项目创新技术方案的执行等。要通过科技管理职能的发挥提高企业管理创新、技术创新能力，增强企业市场竞争力。

4. 人力资源管理职能

（1）人力资源管理的含义

人是最积极的生产要素，人力资源水平直接决定了企业经营能力和发展品质，对人的管理又称为人事管理。在市场经济条件下，企业人力资源的形成是通过市场机制的作用逐步聚集而成。建筑装修装饰工程企业人力资源管理职能就是要根据人力资源聚集的政策、措施，通过在人力资源市场的运作，不断吸收符合企业发展要求的各种、各层次人才，并通过培训、薪酬、奖惩等手段不断增强企业人员的归属感、荣誉感，不断提高人力资源的质量，为企业发展提供坚实的人力资源保障。

（2）人力资源管理的基本内容

人力资源管理职能的主要任务就是以企业核心价值观体系和企业文化建设为依据，根据企业发展需要编制并实施企业人力资源的引进计划；组织实施对人力资源的审核、分配、培训、考评；执行企业的薪酬、奖励、处罚制度；组织实施企业内部的各专业、各级别培训计划等。建筑装修装饰工程企业人力资源的需求可分为企业及工程项目管理人员、技术与工程设计人员及劳务人员三个主要层次，都是企业发展过程中的必备人力资源。在市场经济条件下人力资源管理要分别制定出各层次、各专业人才的引进、培训、使用、奖评等环节的实施计划与落实方案并认真组织力量执行，才能保障企业需要的各层次、各专业人力资源的聚集与使用。

5. 运营管理职能

（1）运营管理的含义

在市场经济条件下企业的业务活动是通过市场竞争，以合同的形式进行运营的，市场竞争能力及手段、合同的履约能力决定了企业生存与发展的品质。建筑装修装饰工程企业运营管理的职能就是要依据国家相关的法律、规范、标准和企业的制度、措施、流程等要求，对企业的业务运营活动进行审核、监督、控制与协调，保证企业经营活动的安全、顺利、成功。运营管理是建筑装修装饰工程企业最重要的管理任务，存在着较大的风险和不确定性，必须严格按照相应的制度、流程由专业管理人员具体实施。

（2）运营管理的基本内容

建筑装修装饰工程企业运营管理职能的基本任务就是要以企业的核心价值观体系为准则，特别是企业的经营理念、发展战略及市场行为规范为依据，加强和完善对招标投标和合同两个方面的管理。

招标投标管理包括对工程项目的风险评估、合同的审核和投标过程管理三个主要过程。项目评估主要是对项目的真实性、业主的资信状况、工程的技术特点及施工风险、项目的影响力及企业实施能力等进行论证、评价和判断。合同的审核主要是对工程的总造价、分项工程及子项工程报价、施工组织计划等进行测算、审核及修正，提高投标文件的科学性、准确性和合理性。投标过程管理就是要对商务标、经济标、技术标书进行审核并按招标文件要求进行整理、密封，并参与投标现场的监督。

招标投标管理的目的是提高企业的中标率，每一次投标的结果就有中标与不中标两种结果。中标的就转化成为企业承建的工程项目，进入企业的合同管理程序。对于不中标的项目，要进行未中标的原因分析，具体从标书规范程度、报价水平、现场述标状况、专业能力表述和人际关系等方面找出差距与失误并落实到具体责任人。要通过不断的未中标分析与总结，提高企业的招标投标管理水平和中标率，扩大企业的市场占有率。

合同管理是对合同实施的全过程进行监督、控制和协调。建筑装修装饰工程项目是由具体的项目部组织实施的，项目经理是第一责任人，具体对工期、质量和造价进行控制并承担主要经济责任。这对企业全面履行合同就造成了不确定性，必须对项目部实施控制、监督以保证全面实现企业对工程的承诺。企业的合同管理就是要依据合同的约定，与工程项目部签订责任书并监督其执行状况，重点做好对资金流、施工进度的控制，对项目部出现的困难及问题要及时进行协调、解决，保证合同的正常履行。

6. 资本管理职能

（1）资本管理的含义

资本是最重要的生产要素，也是企业经营的血液，直接决定了企业的经营实力。资本管理就是合法、科学地运作资本，确保企业资本的安全，并使企业资本不断增值。建筑装修装饰工程企业资本管理职能就是要按照国家资本管理的法规、制度及企业的制度、流程、纪律等对企业的资本进行运营，并对运营过程实施监督、控制与协调。

（2）资本管理的基本内容

建筑装修装饰工程企业资本管理职能的主要任务，包括资金日常管理与资本投资管理两个主要方面。

资金日常管理就是根据国家会计准则，对企业经营过程的资金往来进行会计处理，包括账目处理、资金流转的监督、控制和协调，是由取得专业技术岗位资格的会计进行。账目处理是按照国家会计原则，对企业各时间的资金往来状况进行账面反映，分别记入设定的科目并保持借贷平衡。账目处理最后在年末形成财务报表，形成企业年度财务成果，反映企业年度的营业收入、成本、税收、利润及利润分配等资金状况。

对资金的监控，就是要根据企业业务活动及发展的要求，对企业资金在时间、专业、地点上进行合理的监督与控制。要保证企业正常经营活动的资金需求并依据相关制度的规定，及时发现企业资本流转中的违法、违规、违纪行为，并予以纠正，以保证资金运作的合法、安全。

企业的投资管理是专业性、技术性程度较高的资本运作，企业一般是由专职部门、专业人员进行。对于已经在资本市场上市的企业，投资管理是企业运营中重要的管理职能。企业投资可分为企业增强经营实力的投资和增强资本增值能力的投资。企业增强专业经营实力型投资是企业将资本投入到与建筑装修装饰业务相关联的领域，以完善企业的经营链条，增强企业的市场竞争力，这部分资本投入主要表现为企业固定资产投资。增强资本增值能力的投资主要是企业为了提高自有资本的创利能力，将资本投入创利能力更强或创利潜在能力更大的领域，这部分资本投入主要表现为债权、股权。

7. 档案管理职能

(1) 档案管理的含义

档案是企业发展历程的记录，是企业最宝贵的文件资料，对各项管理活动及业务发展具有可追溯性。档案管理是企业应有的管理职能之一，对考评企业的管理能力与水平具有重要意义。建筑装修装饰工程企业的档案管理职能，就是企业依据国家法律、规范、标准及企业制度、措施、纪律的要求，对企业档案进行收集、整理、保管和利用。

(2) 档案管理的基本内容

建筑装修装饰工程企业档案管理职能就是要对企业经营、管理、工程设计与施工、竣工验收等相关资料进行收集、整理、保管和利用。由于建筑装修装饰工程企业内部的组织构成与业务活动的区别，企业档案工作是一个由企业档案管理职能部门、各事业部、各工程项目部构成的工作体系相互配合实施的。企业档案主要由管理资料、人事资料、工程资料三个部分构成。管理资料归档的主要是企业重要会议的记录、决议等文字资料及相应的文件、影像资料等。人事资料归档的主要是对企业人员简历、就职过程、考评及升迁过程、培训经历及职称、注册状态等决议、文件及相应的证书等。工程资料归档的主要是工程中标通知书、工程合同、变更与洽商资料、质量验收报告、结算报告、备案的工程竣工图纸等文字资料及图纸、影像资料等。

8. 物资管理职能

(1) 物资管理的含义

企业在生产经营过程中必然要消耗原材料等生产性物质资料，物资的品质及数量对企业生产经营活动具有重要影响。建筑装修装饰工程企业的物资管理职能就是依据国家法律、规范、标准及企业制度、流程、纪律的要求，对企业管理及工程施工过程中的物资进行采购、保管、分配、调节。

（2）物资管理的基本内容

建筑装修装饰工程企业物资管理职能的主要任务就是企业管理中机具、材料及工程中应用材料、部品、部件、构件的采购、保管及分配使用，其中物资采购是物资管理的重点。物资采购管理就是企业要搭建一个标准化、开放型的物资采购平台并通过掌握客户终端和大批量采购的优势，提高交易中的议价能力，采购到质优价廉、保证供应的生产经营厂商的产品与技术。同时要合理保管好物资，防止损坏和丢失；科学分配物资，及时调剂存量，为企业、工程项目实施提供强有力的物资保证。

9. 行政管理职能

（1）行政管理的含义

行政管理是企业对内部机关事务进行的管理活动，是围绕内部机关正常运转的服务系统。行政管理系统是一个复杂的体系，其他职能部门不管的职能都要放在行政部门负责，主要包括企业的文化建设、后勤保障、对外交接等具体职能。建筑装修装饰工程企业的行政管理职能是应用系统工程思想和方法，通过制定企业行政管理方面制度、标准、程序并严格执行，以减少人力、物力、财力和时间的支出和浪费，提高行政管理的效能和效率。

（2）行政管理的基本内容

建筑装修装饰工程企业行政管理职能的任务主要包括几个方面。首先是企业的文化建设，包括企业报纸、刊物的编辑、印刷；企业文化、体育、庆典等活动的组织等，有些企业还把党务、团务、工会、妇联等工作放在行政管理部门统一管理。其次是后勤保障，包括企业食堂、医务室、警卫室的运行管理、办公场区的防疫、卫生清洁；领导的交通服务及内部运输车辆管理，节假日职工的福利发放等；有些企业还把物业管理、办公区设备、设施的保养、维护、修理也放在行政职能部门。最后是对外交接工作，主要包括报纸、刊物、往来信函、资料的发送、接收；来访领导、业主、客户的接待及食、宿、行安排；处理企业与物业、安保、电力、通信等机构的关系等，有些企业还把同行政主管部门的资质、许可证等申报工作放在行政职能部门统一管理。

（三）建筑装修装饰工程企业的基本制度

建筑装修装饰工程企业的发展战略、经营理念、运作模式等都是以规章制度的形式体现的。现以某建筑装修装饰工程企业的基本规章制度为例进行分析。

1. 岗位任职资格标准制度

本岗位任职资格标准的确定，是为了保证从事该工作岗位的人员应是能够胜任该岗位工作所必需的能力，并通过适当的教育和培训，提高管理、操作的技能和经验，满足持续发展的要求。

（1）公司总经理：大学本科以上学历，中级以上专业技术职称，具有从事管理工作十年以上经验，本企业连续工龄10年以上。

（2）公司副总经理：相当于大学专科以上学历，中级（含中级）以上专业技术职称，具有从事管理工作10年以上经验，本企业连续工龄8年以上。

（3）总工程师、副总工程师：大学本科以上学历，中级以上专业技术职称，具有从事施工技术管理工作10年以上经验，总工程师本企业连续工龄6年以上；副总工程师本企业连续工龄4年以上。

（4）各职能部门经理（主任）：相当于大学专科以上学历，助理级（含助理级）以上专业技术职称，具有从事管理工作5年以上经验，本企业连续工龄3年以上。

（5）项目经理部经理：相当于大学专科以上学历，助理级以上专业技术职称，具有从事施工管理工作5年以上经验并经过全国项目经理培训合格，取得注册建造师执业资格。

（6）项目经理部副经理、技术负责人：大学专科以上学历，助理级以上专业技术职称，具有从事工程技术管理工作5年以上经验。

（7）施工员：中专以上学历，员级（含员级）以上专业技术职称，或具有从事本职工作10年以上工作经验，须持施工员上岗证。

（8）质检、安全员：中专以上学历，员级（含员级）以上专业技术职称，或具有从事本职工作10年以上工作经验，须持质检、安全员上岗证。

（9）预决算员：中专以上学历，员级（含员级）以上专业技术职称，或具有从事本职工作3年以上工作经验。须持有造价员资格证。

（10）材料员：高中以上学历，员级（含员级）以上职称，或具有从事本职工作3年以上工作经验，须持材料员上岗证。

（11）资料员：中专以上学历，员级以上专业技术职称，或具有从事本职工作3年以上工作经验。

（12）特种作业人员：须持相关部门颁发的操作证，具有从事本职工作一年以上工作经验。

注：本岗位任职资格标准是对一般和普通而言，对个别人员虽未达到上述某项任职资格标准，但由于工作表现突出、工作经验丰富，企业可通过考评、培训和一定程序确认其能力。

2. 员工招聘录用管理制度

（1）目的

为明确招聘录用流程，指导招聘录用行为，规范招聘录用管理，适应公司战略发展对人才的需求，便于高效、有序地引进适合公司发展所需人才，特制订本制度。

（2）范围

本制度适用于全体员工。

（3）原则

招聘录用新员工必须根据公司生产经营发展需要，本着“控制总量，提高质量，优化队伍结构，强化专业素质”的原则，在征求各部门和公司意见的基础上由公司行政人事部统一按规定程序负责组织实施。

公司招聘录用新员工应以用人所长、追求业绩、鼓励进步为宗旨，以面向社会，公开招聘、全面考核、择优录用为原则，从学识、品德、能力、经验、体格、符合岗位要求等方面进行全面审核。招聘工作以面试、笔试、实际操作等形式进行，以面试为主。

（4）组织机构

行政人事部是招聘录用管理的主要职能部门，主要负责策划招聘策略，审核、实施与监控招聘计划，组织实施招聘活动，评定招聘人的综合素质等工作。用人部门主要负责拟订与协助实施本部门招聘计划，评定应聘人的专业素质等工作。

（5）招聘面试程序

人才需求分析是根据公司总体发展战略和部门实际情况确定其人员规划期限，了解公司及部门现有人力资源状况、人才结构和职能定位，做出一定规划期限内的人才需求分析。在公司和部门人才需求分析的基础上，部门填写《部门招聘信息采集表》，行政人事部将各部门招聘信息汇总报总经理审阅。通过公司网站、刊登报纸、网络招聘、专场招聘会等招聘渠道向社会发布招聘信息。

初步筛选是及时留意招聘信息反馈，以部门急需人才和高端人才为主。行政人事部对应聘人员资料进行整理、分类并交给各用人部门经理。用人部门经理根据资料对应聘人员进行初步筛选，确定面试人选并将应聘人员资料送交行政人事部，由行政人事部通知面试人员。

初试一般由行政人事部负责人主持，也可委托用人部门经理或主管人员主持，由考官综合考察应聘人员的专业知识与技能、分析能力、团队协调能力等方面。用人部门也可以通过面试、笔试、实际操作相结合的方式对应聘人员进行综合考察。笔试题目由用人部门根据录用岗位的不同情况自行制订。考官应根据初试的实际情况客观填写《应聘表》交至行政人事部。

复试由用人部门的分管领导主持，用人部门、行政人事部负责应聘人员的引导工作。复试主要采用面谈方式，主要侧重于专业知识与技能、个人潜能等方面的考察。分管领导应根据复试的实际情况客观填写《应聘表》交至行政人事部。

最终面试由总经理主持，用人部门、行政人事部负责应聘人员的引导工作。总经理根据初试、复试的实际情况，充分考核应聘人员的综合能力最终确定合适人员。

（6）录用资格审批

接到录用通知后，新员工应在约定时间到行政人事部办理入职手续。如因故不能按期前来者，应与行政人事部联系，另行确定报到日期。

报到时新员工应向行政人事部提供如下入职资料原件及复印件：身份证、户口本（首页和本人页）、近期大、小一寸免冠彩色照片各六张及电子版、公司指定医院提供的《健康体检表》（3个月内有效）、《失业证》或与原单位解除劳动关系证明（30日内有效）、个人档案存放证明、结婚证、计划生育证明（本地户口人员提供）、流动人员婚育证明（外地户口人员提供）等计生材料、学历、学位证书（非应届毕业生需提供学历、学位鉴定证明）、职称证、执业资格证、岗位证等证件（留存档案室保管）、居住证（外地户口员工提供）、报到证（应届毕业生提供）、银行存折、账号、学历、学位鉴定证明、居住证等入职资料需及时办理，其他入职材料需在一周内交齐。对提供入职资料不全者，不予办理或暂缓办理入职手续。

对于个人的职称证、执业资格证、岗位证等证件，新员工应如实填报并交公司档案室。对因注册等无法立即提交的应与行政人事部协商，在合理的期限内办理完善相关迁入手续。新员工必须保证所填写的各项资料和证件属实，公司保留审查员工所提供个人资料的权利。如有虚假不实，新员工将立即被终止试用或解除劳动合同并自行承担一切后果。

（7）入职手续

新员工通过录用审批后，公司行政人事部与其签订劳动合同。根据公司现行工资制度的相关规定，新员工享受所在岗位的相应待遇。公司或部门向员工宣传《员工须知》，员工阅读领会后须签名确认。由行政人事部负责新员工入职培训（公司基本情况、规章制度、薪酬福利等），用人部门负责新员工岗前培训（岗位职责、工作技能、工作内容等）。

3. 计算机及网络管理制度

（1）总则

为加强公司计算机网络的运行、使用和管理，促进公司信息网络的健康发展，使计算机网络处于完好畅通状态，保证信息无障碍传递，特制定本制度。行政人事部为计算机网络管理的主管部门，负责提供本公司局域网的需求，建设布局、维护和资源利用以及安全保密制度和体系建设方案等。

（2）管理

硬件使用管理包括行政人事部计算机管理员统一为各部门的每一用户的主机箱都贴上编号，并制订详细的用户档案。每一位计算机用户均需使用公司统一设定的用户名，密码由计算机用户自行设定。计算机使用过程中要保持干净、清洁、通风，保证计算机在良好的环境下运行，不得在高温高湿下长时间使用计算机。公司由专人负责管理计算机设备的日常，确保硬件设备正常运行所需的环境，定期检查计算机设备的运行情况。行政人事部计算机管理员须根据部门员工的相应工作范围授予相应权限（包括硬件、软件、网络的使用）。

当部门人员发生变动、不同部门之间工作人员调动或借用，需调配或增减计算机时，由各部（室）经理申请，经行政人事部审核报总经理批准后，交行政人事部处理并及时备案。下班后，所有用户必须及时关闭主机和显示器电源。在计算机运行正常时，严禁以直接切断电源的方式关闭主机和显示器。严禁用户私自拆卸、更改、安装计算机配件。如需拆卸、更改或安装应向行政人事部提出书面申请，经批准后，由行政人事部指定专人进行操作。对未经许可私自拆卸、更改或安装计算机配件的作违规处理。

未经部门经理和行政人事部同意用户不得随意搬动计算机，严禁以计算机发热等其他理由随意打开主机机箱。未经部门经理和行政人事部批准严禁用户私自取走、外借计算机任何部件。计算机设备出现故障或异常情况时应立即关闭电源开关，拔掉电源插头，及时通知计算机管理人员处理。计算机需要修理时需先填报修理申请表，经部门经理和行政人事部审批后由行政人事部指定专人进行处理。

公司手提电脑需经部门经理和行政人事部共同批准后方可外借。严禁员工利用公司一切计算机资源，包括网络、外部设备如打印机、扫描仪等干私活或处理与公司工作无关的事情。一旦发现严肃查处。用户在使用计算机时应严格遵守公司规章制度和有关计算机的管理制度。如有故意违反本规定或因管理不善被人盗用密码，造成泄密或致使数据库被非法更改，将依据国家有关法规和法律追究其责任。

软件使用管理包括公司购置的正版软件一律由行政人事部指定专人负责保存、管理。用户不准在计算机上安装游戏软件、音像软件，不准玩游戏、看影碟。不准使用来历不明的软件，如要使用必须经行政人事部网络管理员进行病毒检查，证实安全后才能使用。行政人事部网络管理员将根据各部门和用户岗位的实际需要为其安装相应的软件，未经申请同意不得私自安装。所有程序软件和有关数据信息未经公司领导批准不得任意打印和拷贝，不得任意外借。

对于需保存的信息，除在硬盘保存外还应进行光碟备份（刻录），以免电脑损坏时所有的资料丢失。重要的部门或个人文档必要时需加密；对公司或个人的资料，未经允许，任何人不得进行改动。要定期进行杀毒、垃圾清理和系统优化，严防病毒感染。如操作过程中发现病毒应立即停止操作，及时通知计算机管理人员进行处理。

（3）计算机网络管理

行政人事部在公司的整体工作安排下负责公司计算机网络的规划、建设和管理工作并指定专人负责公司计算机网络的维护、保养并提供技术支持。网络设备含公司所购置的服务器、交换机、HUB以及所有交换设备延伸至计算机网络桌面终端的系统和设备。网络设备是公司计算机网络的重要组成部分，任何人不得损坏、破坏网络设备，发现网络运行不正常应及时报行政人事部处理。行政人事部在各部门的配合下保证网络正常、安全运行，及时排除网络故障。凡需要安装计算机网络终端设备进入计算机网络的用户应提出申请，经部门经理同意，报行政人事部安排进行联网。

计算机用户要按照规定的使用权限使用计算机和网络资源，不得向互联网发布违反国家法律、法规和公司需要保密的信息；不得以个人身份发布违反公司的内部工作信息；未经授权不得侵入计算机网络中心系统和他人计算机系统；不得试图解密网络及他人计算机的加密文件。

上网时禁止浏览色情、反动的网页。浏览信息时不要随便下载网页的信息，特别是不要随便打开不明来历的邮件及附件，以免网上病毒入侵。各部门及个人在未经允许下不得打开其他部门或个人的邮件，更不得打开来历不明的邮件及附件。计算机用户不得擅自改动网络系统设施、IP地址、网关、DNS、用户名等设置。

（4）处罚

违反本规定的当事者将视情节进行处罚，轻者批评教育并扣发当月奖金，重者处罚5000～10000元，在部门或公司内公开检讨直至开除公职，蓄意恶性破坏者移交公安机关处理。

4. 保密工作管理规定

（1）范围

本规定涉及全公司各部门、各分支机构，与保密工作有关的主要职责的员工。

（2）职责

公司行政人事部门负责公司文件等各项保密工作并进行全过程管理和控制。各部门负责本部门有关的保密工作，部门经理（含）以上人员对本公司、本部门保密工作负全部责任。公司内全体员工有责任和义务保守公司秘密。

（3）涉密范围的界定

重点涉密人员是指全体涉密人员中直接办理、保管、传递和接触使用国家秘密和企业重要商业秘密、内部事项的人员。重点涉密人员范围包括公司领导班子成员；公司行政人事部、财务部、档案室等成员；直接办理公司秘密事项的主要负责人和办理公司重要内部事项的主要责任人；直接办理、保管、传递和接触使用重要商业秘密的主要责任人。

（4）内容

上级党政机关和有关部门颁发的秘密级文件、资料；公司党委、党政联席会、董事会等重要会议的会议记录和载有机密事项的工作笔记本；公司的客户档案、员工的个人档案材料及未经公布的个人历年奖惩记录和职务升降记录以及工资改革方案、人员任免情况；公司生产、开发、经营情况报告（报表）及公司经营活动中涉及法律事务方面所形成的技术资料、文件材料和与其他单位签订的合同、协定和协议书等；公司财务报表、会计凭证、统计数据、现有资金及分配、周转和公司资产分配、运作情况；公司应标前未经公布的招标投标文件、图表和规划、设计、施工图；公司主要活动、领导参加重要会议、会见友人以及外事活动和公司设计、策划、广告的图文声像资料；尚未公开的事项；有关反映企业领导党纪党风问题的来信、来访以及各类检举揭发材料、信件；工程预决算资料、经营信息及各类统计资料；各级干部载入秘密事项的会议记录和工作记录簿；公司收发文件登记本、文件清退单、印信、证件和党员、职工的花名册；其他属于保密范畴的内容。

（5）保密事宜的处理

属于保密工作范畴的文件、档案、资料等由部门经理以上人员确定其保密等级、保密范围、保密期限及保密措施。由部门经理填写“保密文件处理单”随同保密文件一并交给行政人事部专门人员，专门人员根据审批意见，独立进行保密事宜的处理，对复制、复印等处理情况应登录在“保密文件处理单”上，以备查阅和追溯。属于保密工作范畴的，需要复印、复制、查阅、发送的档案资料，根据标明的密级由行政人力部及分管领导批准，绝密文件、档案和资料等需由董事长批准。涉密工作必须在具有保密措施的条件下进行，没有保密措施或条件时，不允许进行涉密工作。因故意或过失造成泄密给公司造成不良影响和损失的，遵照《员工须知》执行。

（6）奖励和惩处

对遵守保密规定，保守、保护国家和公司秘密做出显著成绩的单位和个人给予奖励。对违反保密规定，因过失或故意泄露国家和公司秘密的给予批评教育，情节严重的给予行政处分，触犯法律的依法追究刑事责任。

（7）保密原则

不该说的秘密不说、不该问的秘密不问、不该看的秘密不看、不该带的秘密不带、不在私人书信中涉及秘密、不用普通邮件传递秘密、不在非保密本上记录秘密、不在非保密场所阅办谈论秘密、不私自复制和销毁秘密、不带秘密载体浏览或探亲访友。

5. 分包及供应商安全管理制度

（1）适用范围

本制度适用于公司承接的各项施工工程。

（2）职责

工程管理部负责对分包单位进行安全生产监督、管理。工程部门、分包单位负责对所属项目的分包单位、供应商进行监督、管理。行政人事部负责对公司供应商进行监督、管理。

（3）实施规则

为保证在生产过程中的安全管理活动正常，对选用劳务和分包单位实施控制和管理，保证安全保证体系运行正常。项目经理是项目的主要负责人，分管分包的综合办是主要责任部门，分包队伍的选择应在公司颁布的合格分包方名录中优先挑选，由于专业需要在名录外挑选时，要对分包单位进行评价，报公司主管部门批准录用。

评价条件包括营业执照、企业资质，分包方业绩，分包人员的技术、质量、安全管理能力，承担本项目的生产能力。给分包方发放《现场安全文明施工管理规定》《施工现场安全文明施工处罚规定》，并要求分包方签订《安全生产与文明施工协议书》。同分包方签订分包合同的原则是各项条款必须符合工程承包的规定，在签订分包合同的同时签订安全生产、文明施工、消防治安、廉政等协议，在合同中明确分包方进场人员的资质要求，以及分包方所提供具体的设备要求。

项目经理部对工程分包的管理包括确认分包方进场管理人员和作业人员的资格和有关证件；对分包进场物资、工具设备、设施进行验收；对分包方编制的专项施组和方案（包括安全技术措施）进行确认；项目经理对分包进行安全总交底，双方签字；施工员（技术员）负责分部分项安全技术教育，安全员负责安全操作规程教育，综合办负责文明施工教育。对分包单位做好合同履约过程中的监督、管理和业绩考评并及时记录，交各负责人签字。

供应单位管理制度是为了保证施工现场安全管理的实现，加强对源头的控制，使施工现场采购的各类安全防护用品，安全设施符合要求。项目经理是安全的主要负责人，负责采购计划的审批；材料员负责编制安全防护用品采购计划报项目经理部，安全员配合验收。项目经理部或项目经理部上一级采购的安全防护设施及用品按公司颁布的合格供应商名录优先采购，不在名单之列的要对供应商进行评价，报公司主管部门批准。供应商的评价条件是生产技术、生产管理和质量保证能力；营业执照、生产许可证；市场信誉和履约能力。

（4）进场验收

自行采购验收要对照规格、型号、数量，目测外观，检查质量保证书，合格证及检测报告；核查供应商是否在合格供应商名录中。租赁设备材料机械验收：按合同或协议书的规格、型号、等级，质量保证书，合格证或检验报告、复印件，目测外观。调拨进场验收：调拨单复印件，质保书、合格证或检验报告复印件；必要时抽样送检。分包方自带或自购材料的验收：项目安全员、材料员（机管员）会同分包方安全员、材料员（机管员）进行共同验收；分包方必须提供质量保证书、合格证或检验报告。对进场的物资验证后进行标识，防止误用，验收结果应及时记录，由验收人签字。

6. 专项施工方案审查及专家审查论证制度

（1）适用范围

本制度适用于装修工程的新建、改建、扩建和拆除等活动。

（2）职责

项目经理部负责编制专项施工方案；工程管理部负责组织审查及专家审查论证；公司总工程师、技术负责人参与审查并对结果负连带责任。

（3）实施规则

需要编制专项施工方案的范围包括《建设工程安全生产管理条例》第26条中与装修装饰工程有关的所指的7项分部分项工程，并应当在施工前单独编制安全专项施工方案。包括高度超过24米的落地式钢管脚手架；附着式升降脚手架包括整体提升与分片式提升、悬挑式脚手架、门型脚手架、挂脚手架、吊篮脚手架、卸料平台；建筑幕墙的安装施工；采用新技术、新工艺、新材料可能影响建设工程质量安全的工程；已经行政许可尚无技术标准的施工等。需要专家审查论证的专项方案范围是30米及以上高空作业的工程。

工程项目经理部应当在施工组织设计中编制安全技术措施和施工现场临时用电方案，对达到一定规模、危险性较大的分部、分项工程编制专项施工方案并附具安全验算结果，经公司技术负责人、总监理工程师签字后实施，由专职安全生产管理人员进行现场监督。

（4）专家论证审查

建筑施工企业应当组织不少于5人的专家组，对已编制的安全专项施工方案进行论证审查。安全专项施工方案专家组必须提出书面论证审查报告，施工企业应根据论证审查报告进行完善，施工企业技术负责人、总监理工程师签字后方可实施。专家组书面论证审查报告应作为安全专项施工方案的附件，在实施过程中施工企业应严格按照安全专项方案组织施工。未经审查、批准或需要但未经专家论证的专项施工方案不得实施。

7. 安全生产管理机构设置及职能制度

（1）总则

为确保公司安全生产各项工作落实到人并建立相适用的责任制度，特设置安全生产管理机构并赋予相应职能。

（2）适用范围

安全生产组织管理制度适用于公司本部、各部门、分公司、办事处、施工现场项目经理部。

（3）安全生产机构设置及职能

公司设立安全生产委员会作为公司安全生产管理的最高机构，设置组长1名由董事长担任；副组长1名由分管安全生产的副总担任；小组成员若干名由公司直属部门经理组成。

作为公司安全生产的最高行政管理机构，职能是对公司安全生产决策和策划；依法贯彻国家有关安全生产的法律、法规、技术标准、规范和方针、政策，出台有关安全生产规章制度的机构；建立、健全本单位安全生产责任制；依法设立安全生产机构，配备专职安全生产人员；组织制定安全生产规章制度和操作规程；保证安全生产投入的有效实施；督促安全生产工作，及时消除生产安全事故隐患；组织制定并实施生产安全事故应急救援预案；及时如实报告生产安全事故，妥善做好事故结案处理及善后等工作；定期召开安全生产会议，研究解决安全生产重大问题；依法制定生产安全事故应急救援预案；认真做好事故的处理工作，及时公开事故的处理结果；认真完成安全生产业务资料管理工作，完成上级交办的工作，接受行业管理、国家监督和群众监督。

（4）工程管理部的职能

工程管理部作为公司安全生产管理的实施机构，履行安全生产管理委员会的各项决议。公司所属生产部门、分公司、办事处设立安全生产管理小组，作为本权责范围内安全生产管理的机构。安全生产管理小组设置小组长1名，由部门经理、分公司负责人、办事处负责人担任；小组成员若干名由项目经理部经理、专职安全员组成。

安全生产管理小组职能是组织制定本公司安全生产规章制度和操作规程；保证安全生产投入的有效实施；督促安全生产工作，及时消除生产安全事故隐患；组织制定并实施生产安全事故应急救援预案；及时如实报告生产安全事故，妥善做好事故结案处理及善后等工作；定期召开安全生产会议，研究解决安全生产重大问题；依法制定生产安全事故应急救援预案；认真做好事故的处理工作，及时公开事故的处理结果；认真完成安全生产业务资料管理工作，完成上级交办的工作，接受行业管理、国家监督和群众监督。

（5）项目安全部

施工项目经理部设立安全部作为项目现场安全生产管理的机构，设置部长1名由专职安全员担任；成员若干名由专职安全员、保卫员组成。施工项目规模较小时，不再设立安全部，由1～2名专职安全员负责。

项目安全部负责对分包商的安全资质进行审核，建立合格分包商名录；在签订工程分包合同时必须同时签订安全生产、文明施工协议；负责对施工生产中不服从总包单位安全管理情节严重的、安全业绩差的分包商提出清退处理意见；对安全材料供应商进行分析、评价和审核，建立合格供应商名录；按照企业对劳动保护用品的有关标准和规定，负责对安全设施、材料、劳动保护用品供应商的资质进行评价和审核；根据公司劳动保护用品的发放标准和规定负责劳动保护用品的采购、保管与发放；负责实施对分包商工程保证金的扣除和反馈工作，在对分包商、供应商实施有关安全责任违约处理时配合采取经济措施；经常性地深入基层指导施工、技术人员执行安全技术标准和施工组织设计中的安全技术措施，对施工过程中的不安全因素提出整改意见和措施；负责企业施工机械设备的安全管理，督促办理受压容器、施工机械、交通车辆进行年检（领证、换证）；加强安全生产检查，督促各级安全责任制的落实；负责主持生产安全事故的调查、分析统计、报告和处理，参与重大伤亡事故的调查、分析；协同有关部门制定防止事故重复发生的措施，并督促实施。

8. 项目经理部安全生产管理制度

（1）适用范围

本制度适用于公司承接的各项工程范围内的现场管理。

（2）职责

项目经理部负责实施，反馈；工程管理部负责编制、督促、检查、考核。

（3）人员配置

项目经理应对工程项目进行有效管理，履行安全生产职责，执行安全生产管理规定和规范，在确保安全生产的前提下保证工程质量和保证工期，提高经济效益。项目经理在组建项目管理班子的同时，应当按照“管生产必须管安全”的原则，建立相应的工程项目安全管理机构、明确安全生产责任人、配备足够的专（兼）职安全员。工程项目安全管理机构为安全生产领导小组，由项目经理、技术负责人、分项工程施工员、安全员等人员组成，具体负责工程项目施工安全、文明施工、施工现场防火管理工作。项目经理是安全生产第一责任人，安全员对该工程项目的安全生产行使监督检查权，工程项目安全员接受公司工程管理部和项目经理部双重领导。

（4）安全制度落实

安全生产责任制要落实到人，安全责任状中要有明确的安全指标和奖惩办法。落实安全生产教育制度，做好新进场工人、变换工种人员的“三级安全教育”，并填写“三级安全教育登记表”。特种作业人员必须经指定的培训部门进行专业安全技术培训，考试合格后持证上岗并按规定的期限复审，特种作业人员的名册要登记齐全。施工组织设计应有针对性的安全技术措施，按规定经技术负责人审查批准后组织实施，经审查批准的安全技术措施由技术负责人向项目经理部管理人员进行技术交底。

落实分部、分项工程安全技术交底制度，工程项目技术负责人或施工员应当根据施工组织设计和安全技术措施中的要求，针对分部分项工程的特点向施工操作人员进行安全技术交底，接受交底人员应当在交底书上签字；落实设备、设施的安全技术验收管理制度。凡调进施工现场的机械设备、机具必须完好，安全装置齐全可靠，新购买的机械合格证齐全。安全网、外脚手架、特殊架子（悬挑架、吊架），施工用电设施、装置等在安装搭设前必须编制单项安全技术方案并按规定审批后执行。

安装搭设完毕应由项目经理组织有关管理人员和设备搭设安装人员，操作人员参加的验收组进行验收，验收合格后验收组负责人必须在验收表上签署“经验收合格可以使用”的结论，否则应当进行整改，直至合格为止。这类设备拆除时也必须编制单项安全技术方案。建立和落实安全生产检查制度，工程项目要建立现场安全值日制度，开展日常安全巡查，组织定期安全检查。现场安全值日由项目安全领导小组成员轮流担任，负责处理每日现场中存在的安全隐患并做好记录。项目经理每半月应组织安全领导小组成员对本工程进行一次安全生产检查并做好检查评分记录。检查要以住房和城乡建设部颁布的《建筑施工安全检查标准》JGJ 59—2011和有关安全技术规范为依据，查出的问题和隐患必须按照“三定”要求整改。

落实班组“三上岗，一讲评”制度。班组长在操作前须对班组成员进行上岗交底、上岗检查、上岗记录的“三上岗”安全活动并每周进行一次安全“讲评”活动，对班组的安全活动要有考核措施。建立和执行违章作业、违章指挥、违反劳动纪律的“三违”人员登记制度并对“三违”人员按公司规定进行处罚。建立和落实工伤事故管理制度，按规定向公司报送伤亡事故月报表，发生工伤事故后工程项目经理应当按规定程序和要求报告，按国家规定的调查分析规则进行调查并按“四不放过”的原则进行处理。

落实“五牌一图”和安全标志牌管理制度，编制《安全标志布置总平面图》。施工现场主要出入口处应固定设置工程概况牌、管理人员名单及监督电话牌、消防保卫牌、安全生产牌、文明施工牌和施工现场平面布置图。施工现场主要部位、作业点、危险区、主要通道口都必须挂安全宣传标语或符合国家标准的安全标志牌。工程项目聘用的临时人员都必须签订劳务合同，对身份证件和家庭住址、联系方式进行复印、登记并进行安全教育后方准安排上岗操作。禁止招用童工和安排未成年工从事繁重体力劳动强度的作业和有毒、有害作业。

9. 物资采购管理制度

（1）目的

规范公司物资采购、领取及保管，既节约开支、减少浪费又保证正常工作开展，规范所有固定资产、易消耗品的采购、所购物品使用和库存行为，对物资状况持续分析以达到有效使用和最小投入。

（2）范围

公司本部对于固定资产、低值易耗品的采购都必须遵循本程序。工程项目经理部的采购管理制度另行规定。

（3）采购费用控制管理

行政人事部是公司本部采购工作的归口管理部门，负责审批及监控各部门申购及使用情况，负责物品采购、验收、发放和管理等工作。

（4）采购原则

采购低值易耗品应节约资金、防止浪费。办公用品的购置各部门要在每月25日提出书面申请，经使用部门经理审核同意后由行政人事部负责统一采购、验收、领发手续齐全。

严格执行询议价程序。物品采购必须有三家以上供应商提供报价，在权衡、价格、交货时间、售后服务、资信、客户群等因素的基础上进行综合评估，并与供应商进一步议定最终价格。采购物品如超过10000元时必须签订购销合同，经合同审核小组审查通过后方可签约。

采购合同会签必须经过有关部门参与，调研汇总各方面意见，经总经理批准方可生效。

职责分离是采购人员与货物、服务的验收人员需分开，采购货物质量、数量、交货等应由行政人事部根据合同要求及有关标准与供应商协商完成。

一致性原则是采购的物品或服务必须与采购单所列要求规格、型号、数量相一致，在市场条件下不能满足采购部门要求或成本过高的情况下，及时反馈信息供申请部门更改采购单作参考。

廉洁制度要求所有采购人员必须做到自觉维护企业利益，努力提高采购质量，降低采购成本。加强学习，提高认识，增强法治观念。廉洁自律，不能向供应商伸手。严格按采购制度和程序办事，自觉接受监督。工作认真仔细，不出差错，不因自身工作失误给公司造成损失。努力学习业务，广泛掌握与采购业务相关的新设备及市场信息。

（5）供应商的选择

供应商必须证照齐全，具有相关的资质。对于经常使用的商品或服务，行政人事部应较全面地了解掌握供应商的管理状况、质量控制、运输、售后服务等方面的情况，建立供应商档案，做好记录。在选择供应商时必须进行询议价程序和综合评估，供应商为中间商时应调查其信誉、技术服务能力、资信和以往的服务对象，供应商的报价不能作为唯一决定的因素。为确保供应渠道的畅通，防止意外情况的发生，应有三家或三家以上供应商作为后备供应商或在其间进行交互采购。

（6）付款程序

核对发票内容是否和合同一致并核查发票真假性（通过网上查询和财务人员的检验）。必须经过财务人员验证是真发票之后才可以付款，尽可能使用支票的形式来支付。核对收货单或采购清单，确保数量、型号、品牌、质量等级等一致，特殊物品应随带合格证、保修书、说明书等。

（7）违约处理

货物出现延期时，行政人事部应该及时通知请购部门。货物出现质量问题时，由使用部门提出意见，报部门经理，交行政人事部处理。行政人事部接到意见后，将情况上报行政人事部经理并按投诉作紧急处理，联系供应商将情况反映，要求供应商换货或退货。行政人事部与供应商协商不成或造成损失的，由财务部核算损失，行政人事部负责追索，追索不成由法院裁决。

10. 人事档案管理制度

（1）目的

为了提高员工人事档案管理水平，有效地保护和利用档案，更好地为各项工作服务，根据《中华人民共和国档案法》和人事档案管理的有关规定，结合公司的实际情况，特制定本制度。

（2）范围

本制度适用于公司全体员工。

（3）档案的管理内容

第一类履历材料干部履行表、个人简历表，更改姓名的材料；第二类自传及属于自传性质的材料；第三类鉴定（含自我鉴定），调动、任免的考核材料，后备干部的考察材料，民主评议的综合材料，离任经济责任审计报告；第四类国家教委认可的学历、学位及学习成绩，专业技术职务评定的考核、审批材料，创造发明、科研成果、著作及有重大影响的论文目标；培训结业内容、考试成绩以及“培训证书”复印件等材料；第五类政审材料包括入党入团、应征入伍等各类政审材料及更改民族、年龄、国籍、参加工作时间的组织审查意见，上级批复以及所依据的证明材料；第六类参加及退出中国共产党、民主党派及共青团的材料：入党入团志愿书、申请书、转正报告，取消预备党员及党员资格的材料，退团材料，中国共产党党员登记表，加入民主党派的有关材料；第七类奖励材料包括科技、业务及政治等方面的奖励材料；第八类处分材料包括处分决定、查证核实报告、上级批复及个人提供的有关材料，法院刑事审判工作中形成的判决书等材料；第九类录用、任免、聘用（含劳动合同书）、复员退伍、转业工资、保险福利待遇、出国、退（离）休、退职、各种代表会代表登记表等材料；第十类其他可供组织参考的材料体检表、评残材料、员工逝世后的有关材料、非正常死亡的调查报告及相关材料。

（4）档案的整理

整理员工人事档案必须做到档案材料鉴别认真、分类准确、材料齐全、编排有序、目录清楚、装订整齐，达到每卷档案完整、真实、条理、精练、实用的要求。每卷档案材料应根据材料内容的内在联系和材料之间的衔接或材料的形成时间排序，并在每份材料的右上角上编写类别号和顺序号，在其右下角编写页码。档案材料目录是查阅档案内容的索引，要认真进行编写，具体要求如下：

题目与材料相符，太长的可简化，但要反映材料的主要内容，无题目的可自行拟题目。材料形成时间一般采用材料形成的最后落款时间。档案材料页码按图书编页法进行编页，凡有文字页面均为一页，已印有页码的材料应如数填写。

（5）档案的收集、保管和销毁

行政人事部对员工进行考察、考核、培训、奖惩等所形成的材料等要及时收集，整理立卷，保持档案的完整。立卷归档的材料必须认真鉴别，保证材料的真实、准确、文字清楚、手续齐备。材料须经审查盖章或本人签字的应在盖章、签字后及时归档。按规定需要销毁档案材料时，必须认真履行登记手续并经分管领导、总经理批准后，方可销毁。严禁任何人私自保存他人档案或利用档案材料营私舞弊，对违反《中华人民共和国档案法》《中华人民共和国保守国家秘密法》的，应视情节轻重予以严肃处理。

（6）档案的查阅和利用

查阅人事档案应填写审批表，按规定程序逐级审批方可查阅。在查阅时必须保证两人以上，且至少有一人是中共党员。人事档案除特殊情况外一般不借出查阅。如必须借出查阅时，应事先提交报告说明理由，经分管领导、总经理批准，并严格履行登记手续，任何个人不得查阅或借用本人及亲属（包括父母、配偶、子女及兄弟姐妹等）的档案。查阅档案必须严格遵守保密制度，严禁涂改、抽取、撤换档案。查阅者不得泄露或擅自向外公布档案内容，因工作需要从档案中取证的需请示领导批准后才可复制办理。外单位人员查阅公司员工档案需持介绍信、身份证原件并由档案管理员核实，填写审批表，经公司领导批准后方可查阅。

（7）档案的转递

员工调动、辞职、解除劳动合同或被开除、辞退等工作交接并办理所有相关手续后，如无特殊情况，档案室应将其人事档案封存好，将其转入新的接收单位，对转出的档案必须填写人事档案转递通知单并密封包装，转出的档案材料应齐全，不得扣留或分批转出。接收单位收到档案经核对无误后应在回执单上签名盖章，并将回执单立即退回。

11. 仓库管理制度

（1）目的

为确保用于工程施工的所有材料的验料、入库、保管、出库符合规定的要求，明确仓库管理员的职责和工作程序，防止材料的损毁、流失和未预期使用，特制定本制度。

（2）适用范围

适用于公司所有材料仓库（包括项目经理部临时仓库）。

（3）职责

项目经理部是仓库管理工作的归口部门，项目经理部材料员和库管员对材料的使用情况，特别是对材料使用过程中的浪费现象负有监督责任。工程管理部和项目经理部是仓库管理工作的配合部门，对材料的采购、验货、保管负有监督责任。项目经理部应对仓库的防火、防盗进行监督、指导、检查，并负有连带责任。

（4）工作程序

货物验收的依据是采购物资的购销合同及合同条款中规定的采购物资质量标准（如国标、部标、行业标准、规范、规程等）。常规物资的进货检验（包括数量清点、品种、规格、型号、等级、外观、合格证、质量证明书、产品说明书的验证等）由库管员负责。验货结束后应填写《进货检验记录表》并由材料采购员签字确认。对采购物资有理化性能复验要求或功能性能必须在进货检验期间完成时，由物资检验人员委托具有相应资质的部门进行，试验报告由库管员收集并与《进货检验记录》一并保存备查，同时交项目经理部资料员一份。

当所采购物资检验技术复杂、材料设备部不能独立完成时，可要求工程管理部或项目经理派专业人员协助完成检验工作。经检验发现的不合格物资由库管员按《不合格品控制程序》的要求，由仓库管理员填写《不合格品评审记录表》，报送材设部进行评审并提出处理意见，根据具体情况作相应处理，如拒收、返修、降级、改作他用或让步接受，并做好文字记录和标识。

使用过程中或工程交付使用后发现的不合格品，由不合格品所在部门负责人填写《不合格品评审记录表》，报送材设部进行评审并提出处理意见，根据具体情况作相应处理，如退货、索赔、返修、降级、改作他用或让步接受，并做好文字记录。

入库和保管是经检验确认为合格的物资，由库管员办理物资签收手续，物资入库时库管员应填写仓库物资台账，注明物资入库时间、品种、规格、数量等。库管员应对入库物资按照其用途、性能、性状进行分类存放，材料应按《标识和可追溯性控制程序》进行标识，并悬挂醒目的标识牌，防止未预期使用。

仓库物资要按分区堆放整齐，对易损易破碎的物品要按规定的层数、方式进行堆放；易燃易爆物资必须按照有关规定存放在专用库内；对环境（如温度、湿度等）有特殊要求的物资，必须按照产品存放要求进行存放；对于无法存放于室内，但露天存放又会使其质量和性能发生变化以至于丧失其固有质量特性的物资，必须采取有效措施，使贮存条件满足规定的要求。比如，钢材的存放必须采取防雨、防锈蚀措施，水泥的存放必须采取防雨、防潮措施等。

出库在任何情况下都必须办理领料手续后，方可出库放行，特殊情况下需按紧急放行程序办理。如因生产急需，所采购物资来不及检验入库而发货时应按规定的要求办理紧急放行手续，填写《紧急放行申请表》。领料单必须签审齐全，领料单由领用人填写后，由项目经理或材料部负责人审核签字方为有效（在项目经理部临时仓库领料由项目经理签审，在公司材料部仓库领料由材料部负责人签审）。签署不全、代签、涂改、字迹不清均无效，凡属无效领料单，库管员有权拒绝发货。

材料出库后库管员必须及时将物资出库情况反映到物资台账上，并妥善保管好出库凭证备查。班组或个人领用工具时仓库材料员应建立《工具卡》，将所领用的工具的名称、型号（规格）、数量、领用时间登记在册并由领用人签字。班组或个人结算工程款或工资时，应将所领用的工（器）具退还给仓库，由库管员在《工具卡》上签字确认。如果没办理此手续，财务有权拒付。

物资部仓库和项目经理部临时仓库，每月月底必须盘账、盘库，次月5号前必须将《物资收发存月报表》连同入库、出库有关单据上报物资部和公司财务部。

（5）仓库防火与安全

仓库平面位置必须有利于仓库的防火、防盗，位置过于偏僻不利于防盗，离火源太近不利于防火等。仓库电气线路的敷设方式、线路和设备选型必须符合规定，安全保护装置、防雷、接地系统必须齐全有效。仓库内必须按照有关规定配备数量和质量都符合规定的防火器材，库管员应能熟练使用这些器材。应在仓库显著位置悬挂安全警示标语牌和标志。应对仓库门窗安装必要的防盗装置，如铁栅栏等。

（6）奖惩制度

库管员是仓库物资出库放行的把关者，手续不全、领料程序不符合规定的情况下库管员有权拒绝放行。仓库物资如因管理不善而出现损毁、流失，库管员负有不可推卸的责任，因此而造成的损失应由库管员按有关规定赔偿，由此造成工程停工或其他损失时公司保留使用法律手段的权力。对于班组或个人领用的工（器）具，如因保管不善而丢失、离职或辞职时未归还、非正常损毁，则由领用人或班组全额赔偿，从其工资或工程承包款中扣除。仓库管理员对出库材料的使用情况，特别是材料的浪费现象负有监督责任，对于工地存在的材料浪费现象，每一位职工都有监督权、举报权。凡经举报人举报的浪费现象经调查属实后，公司将对举报人进行奖励，出于对举报人的保护不得公开举报人姓名。

12. 特种作业人员持证上岗制度

（1）适用范围

本制度适用于本公司各相关部门、分公司、办事处、项目经理部特种作业人员。

（2）职责

工程管理部负责持证人员的日常登记、检查。行政人事部负责人员的培训、考核、证件管理。项目经理部负责检查、监督持证人员上岗。

（3）操作细则

特种作业人员包括建筑电工、建筑电焊工、建筑架子工、高处作业吊篮安装拆卸工及经省级以上建设行政主管部门认定的其他特种作业。

特种作业人员具备的条件是年龄满18岁、身体健康、无妨碍从事相应工种作业的疾病和生理缺陷；初中以上文化程度，具备相应工种的安全技术知识，参加国家规定的安全技术理论和实际操作考核并成绩合格；符合相应工种作业特点需要的其他条件。

建筑施工特种作业人员的考核包括理论知识考试和实际操作考核两部分，考核由省建设厅委托省建筑安全协会组织专家现场监考。理论知识考试采取统一命题、闭卷考试的方式进行，实际操作考核采取实际操作（或模拟操作）、口试等方式进行。两部分考试合格方为合格，理论考核不合格的不得参加实际操作考核。

（4）证件管理

特种作业资格证书采用住房和城乡建设部规定的统一样式，实行统一编号管理，从事建筑施工特种作业人员必须经考核合格，取得建筑施工特种作业人员操作资格证书，方可上岗作业。首次取得《建筑施工特种作业操作资格证》的人员实习操作不得少于3个月。实习操作期间，项目经理部应当指定专人指导和监督作业，指导人员应当从取得相应特种作业资格证书、从事相关工作3年以上、无不良记录的熟练工中选择。实习操作期满经用人单位考核合格方可独立作业。

资格证书有效期为两年，有效期满需要延期的，建筑施工特种作业人员应当于期满前3个月内向原考核发证机关申请办理延期复核手续，延期复核合格的，资格证书有效期延期两年。建筑施工特种作业人员申请延期复核，应当提交下列材料：

建筑施工特种作业人员延期复核申请表、身份证（原件和复印件）、体检合格证明、年度安全教育培训证明或者继续教育证明、考核发证机关规定的其他资料。建筑施工特种作业人员在资格证书有效期内，有下列情形之一的延期复核结果为不合格：超过相关工种规定年龄要求的；身体健康状况不再适应相应特种作业岗位的；对生产安全事故负有责任的；两年内违章操作记录达3次（含3次）以上的；未按规定参加年度安全教育培训或者继续教育的；考核发证机关规定的其他情形。

建筑施工特种作业人员应当参加年度安全教育培训或者继续教育，每年不得少于24小时。建筑施工特种作业人员变更工作单位，新工作单位应及时办理变更手续。

（5）人事管理

公司人事部门要建立特种作业人员档案和名册，并按住房和城乡建设部规定每年对他们进行一次有针对性的专业培训。各工程项目聘用和安排特种作业人员上岗前，要审查《特种作业人员操作证》的有效性并按规定复印操作证正本作为安全管理资料备查，严禁无证和持无效证件的人员从事特种作业工作。

13. 化学危险品管理制度

为了加强对危险化学品的管理，按照质量管理及环境保护与职业健康安全管理的要求，特制定本制度。

（1）化学危险品范围

本规定所称的化学危险品主要指柴油、润滑油脂、松节油、天那水、油漆、液化石油气、压缩氧气、乙炔气等。

（2）化学危险品的采购

化学危险品的采购应向具有经营许可证的供应商购买，采购化学危险品时应向供应商索取相关的安全数据资料，化学危险品入仓验收时，要对其外观质量及容器的有效使用期进行验证。

（3）化学危险品储存

柴油、润滑油脂、松节水、天那水、油漆等应分类分别存放严禁混放，应存放在阴凉通风的地方，避免日光暴晒。应远离火种，防止引起燃烧、爆炸。应防止渗漏避免遇火引起燃烧、爆炸。易燃、易爆和有毒物品应在施工现场指定的场地或仓库中堆放并挂出标志牌，相互之间应有足够的安全距离；场地必须布置在拟建或已建工程的下风方向，设有足够的消防（防毒）工具、水源和设施（含废弃物处理设施）。装载化学危险物品的容器，包装要完整无损，如发现破损、渗漏必须立即进行安全处理，防止环境污染。

（4）化学危险品运输和使用

收发、储存、运输和使用爆炸物品必须由懂得爆炸物品常识的人进行，并要有专门的技术人员负责组织和指导安全操作、装卸爆炸物品，要轻拿轻放。运输爆炸物品要包装严密、放置稳固，并须有必要的防止泄露措施。运输、储存和使用气瓶时应当放置稳固，防止冲撞、敲击和强烈震动。气瓶不要在阳光下暴晒，在有明火的地点不要排除瓶内气体。气瓶或容器内的气体没有放尽或瓶内具有爆炸危险的混合气体时，不应当修理气门或进行点火、焊接、切割工作。防止油类落在氧气瓶上，带有油类的物品不要接触氧气瓶及其零件。作业现场和材料堆置场内的易燃、可燃杂物应该及时进行清理，做到下班工完场清并按环保和职业健康安全要求分类处理或保管。

（5）废弃的化学危险品处理

废弃的化学危险品容器不得随意丢弃，按照《固体废弃物管理规定》归类收集后交由有处理资质的公司处理。

二、建筑装修装饰工程企业的组织架构

建筑装修装饰工程企业管理职能是通过一定的组织形式实施的。组织形式与管理职能有着内在的联系，必须相互匹配才能使企业处于平衡、稳定的状态。构建科学的组织架构也是企业管理的基础性任务。

（一）建筑装修装饰工程企业组织架构的概念及本质

1. 建筑装修装饰工程企业组织架构的概念及特点

（1）组织架构的含义

任何一个社会组织都存在着领导与被领导、管理与被管理的关系，每个人都既是管理者，又是被管理者。领导者、管理者与被领导者、被管理者关系的实现，要通过一定的组织形式来完成，就要有分工、有层次、有等级，就要有一定的组织结构。这种组织结构被固定化、制度化、程序化就是组织架构。组织架构具体体现了企业的管理层次、管理程序和管理职能，其形成的机制具有相对的稳定性，是实现企业有效管理的组织保障。

（2）建筑装修装饰工程企业组织架构的概念

建筑装修装饰工程企业的组织架构就是企业为实现内部的管理职能，根据市场的要求、企业的发展目标和掌控的资源状况，以一定的组织形式分配管理的权力、权限，确立管理层次、专业分布结构和管理责任，建立起企业责、权、利相互协调的组织机构框架。建筑装修装饰工程企业的组织架构是企业责、权、利分配在组织体系中的具体体现，也是实现企业、部门、个人责、权、利的组织、制度保障。

（3）建筑装修装饰工程企业组织架构的特点

建筑装修装饰工程企业组织架构的最大特点就是以工程项目为核心，为工程项目提供保障与支持，加强工程项目的实际管控能力。工程项目的专业分布、工程规模、技术特点等都直接决定了企业的组织架构的形式与架构的运作水平。建立企业组织架构的根本目的是保证工程项目的顺利实施，并不断提高企业承接工程项目的创利能力，为提高市场竞争力提供组织保障。

2. 建筑装修装饰工程企业组织架构的本质及分类

（1）建筑装修装饰工程企业组织架构的本质

建筑装修装饰工程企业组织架构的本质是企业内部经营管理权的划分。权力的划分

是任何组织在运作中的首要工作内容，权力划分得是否科学、合理直接决定了组织的运行质量。建筑装修装饰工程企业在为社会、业主提供工程作品的过程中需要有管理、指挥、领导，也就需要对权力体系进行分解，从层次、职能上进行分割、下放，形成对企业运作过程的有效监督、控制、协调、指导与服务。权力集中、下放得是否科学、合理与市场要求的对接程度直接决定了企业的运行质量和发展能力。

（2）建筑装修装饰工程企业组织架构的适用条件

企业组织架构与企业生产经营规模、技术特点相适应才能充分发挥出管理的最佳效应，提高工作效率，否则就会造成管理混乱或机构臃肿、人浮于事。建筑装修装饰工程企业建立组织架构，必须要与企业承接工程项目的规模、专业分布结构相适应才能充分调动全体员工的积极性、主动性、创造性，发挥出人的主观能动性并形成内生增长动力。企业要随着市场占有规模的扩大和市场需求的变化，及时调整组织架构，为企业发展提供组织保障。

（3）建筑装修装饰工程企业组织架构的分类

建筑装修装饰工程企业根据自身的条件和经营规模，建立了各自的组织架构，形式多种多样，各自的特点表现都很鲜明。但根据我国现行的建筑装修装饰市场管理的要求和企业内部经营管理权限划分的层次、分布的状况等对建筑装修装饰工程企业组织架构的形式进行分类，可以分为直线式组织架构和集团式组织架构两大类。

（二）建筑装修装饰工程企业的组织架构

1. 直线式组织架构

（1）直线式组织架构的含义

直线式组织架构就是企业的决策层直接指挥、协调职能管理部门的单层式组织架构。直线式组织架构的一般形式如图 7-11 所示。

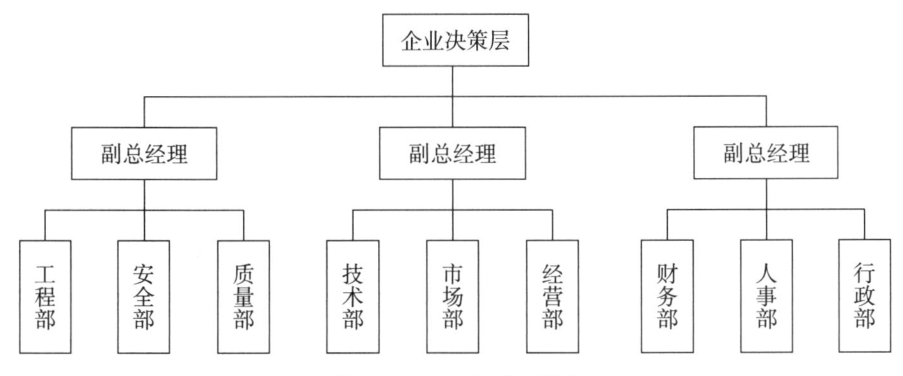

图7–11 直线式组织架构图

（2）直线式组织架构的特点

直线式组织架构由于是直接管理，管理层次少，对工程的指挥、协调能力较强，信息反馈的时间短、速度快。但直线式组织架构的辐射能力较弱，对其他专业、跨地区、包括多种工程内容的工程活动，组织保障作用就差。特别是由于领导层人员数量少、集中度高，一旦发生事故，企业的应对能力差。同时，由于直线式组织架构决策层的构成相对薄弱，易于造成决策的失误。

（3）直线式组织架构的适用条件

直线式组织架构由于序列清晰、构建简捷，适用于新成立、专业性强、在特定区域内从事建筑装修装饰工程活动的企业，如为大工程配套的专业分包企业、低资质等级中、小型企业。我国建筑装修装饰行业的任何一家工程企业都是由直线式组织架构起步，逐渐发展起来的。所以，直线式组织架构是建筑装修装饰工程企业的基础组织形式。

2. 集团式组织架构

（1）集团式组织架构的概念

集团式组织架构是以专业化、区域性分支机构为纽带构建的由多个直线式组织架构叠加的组织架构。建筑装修装饰工程企业集团式组织架构的一般形式如图7-12所示。

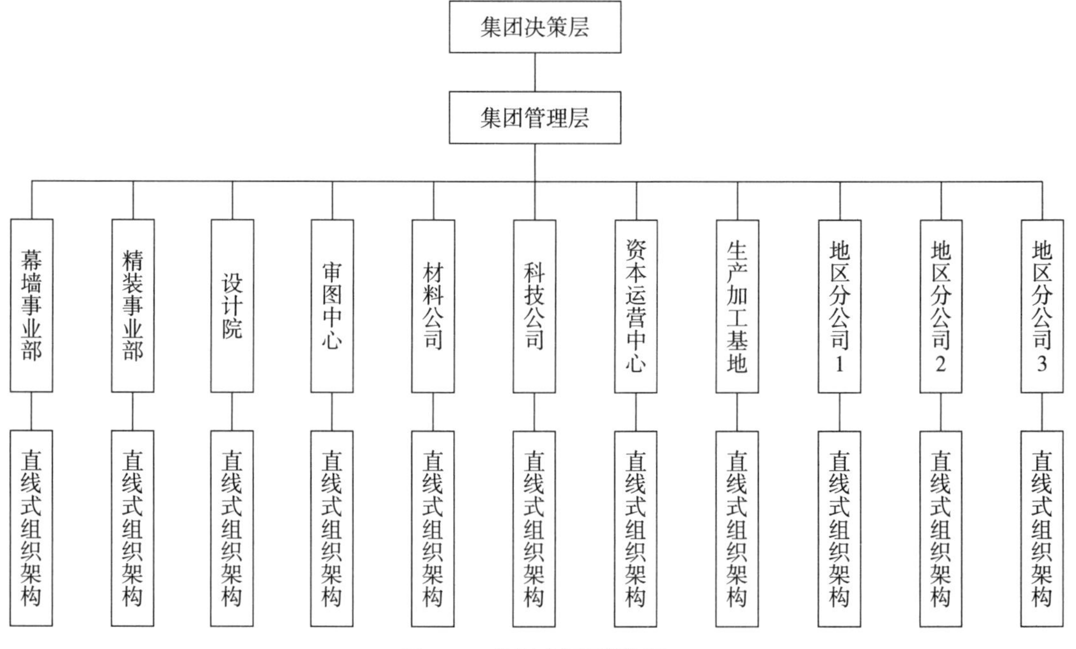

图7-12 集团式组织架构图

（2）集团式组织架构的特点

集团式组织架构实质上是多个直线式组织架构的有机组合，但又不是简单的组合。其主要特点：首先是企业的最高决策层和管理层是独立的。决策者可以有更多的时间、精力去从战略层面上思考企业的发展；管理层是从落实发展战略的角度，对专业、地域分公司进行管理的，管理的专业化、职业化水平要求高。其次是这种组织架构分工与统一相结合，既有利于在多专业、多地域开展业务活动，又有利于企业对生产要素的统一调配，便于集中力量实现重大突破。最后是这种组织架构更利于复合型高端人才的培养。

（3）集团式组织架构的适用条件

集团式组织架构是一个以扩大企业规模为目标的组织架构体系，具有可复制、可扩张的组织体系，适用于经营规模相对较大、专业与地域分布较广的企业。

3. 企业组织架构的发展

随着企业的发展，集团式组织架构也要不断完善、不断健全，其条件主要有以下几个方面。

（1）企业组织架构扩张要与掌控的资源相匹配

集团式组织架构是一个管理成本很高的组织架构，企业需要投入较大的人力、物力、财力才能维持运转，所以集团式组织架构的扩张要以企业拥有的各种生产要素数量与质量来决定扩张的速度和形式。根据企业承接工程的规模、专业及地域的分布、企业人力资源状况、专业及地域的市场潜力等准确、稳妥地扩张企业的组织架构。

（2）企业组织架构的扩张要与企业模式的优化相适应

随着企业经营规模的扩大，企业的商业模式的调整与优化，企业内部责、权、利的划分很难清晰、准确，所以需以组织架构的调整和优化，进一步明确集团内部的责、权、利。普遍的做法是将能够独立出来的职能部门，单独成立集团下属的子公司，具有法人地位直接对接市场，在市场竞争中发展、壮大。独立的全资子公司在实现集团内部职能时，也以市场化标准对其进行考核，提高其应对市场的活力与能力。

（3）优化后的集团式组织架构

经过优化的集团式组织架构，除经营中心直接管理各事业部、分公司外，其他集团下属机构都以独立的企业参与集团的运营，提高了运营效率，降低了运营成本。建筑装修装饰工程企业集团优化组织架构的一般形式如图7-13所示。

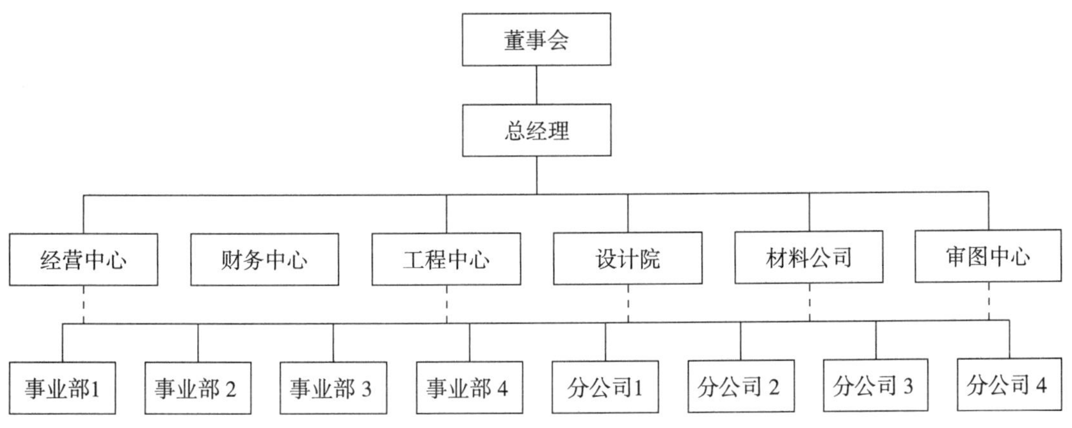

图7-13 优化后的集团式组织架构图

（三）建筑装修装饰工程企业领导集体的构成

建筑装修装饰工程企业的社会与经济职能、责任的实现，需要企业领导集体的正确决策与指挥。企业领导集体的决策、指挥能力与水平直接决定着企业的发展能力与状态，研究和分析建筑装修装饰工程企业领导集体的构成，责任和要求是实现建筑装修装饰工程企业管理的重要内容。

1. 董事长

（1）董事长的地位和作用

董事长（或董事会主席）是企业的最高领导人，是企业领导集体的核心，一般担任企业的法人代表。从在企业的地位看，董事长是企业的主要投资人，而且是控股人，对企业经营管理承担民事和刑事责任，对企业内部事务具有最终的裁定权。从在企业中的作用来看，董事长是企业发展的领导者，要全面协调企业内部及企业与外部的关系，决定企业内部各种权利的分配与授予，是企业的最高指挥者。

（2）董事长的能力要求

建筑装修装饰工程企业的董事长应该具有清晰的企业社会责任和义务，具有凝聚共识为企业正确确定企业核心价值观体系的能力；具有掌控市场动态和工程资源并为企业创造利润的能力；具有规划企业发展并组织企业内部资源进行部署实施计划的能力；具有科学地协调好相关群体利益关系，并为企业构建适用商业模式的能力；具有策划创新，调动和优化企业内部资源并为企业发展激发动力与能量的能力。

（3）董事长的基本职责

建筑装修装饰工程企业的董事长主要职责是不断学习、修炼自我、增强战略意识和思维，提高自身的能力与水平；研究行业和企业的发展状态，科学地预测未来市场的发展变化趋势；谋划并主持制定企业发展的长期战略规划，中期规划和年度计划；策划并组织企业的商业模式创新，股权结构与经营结构的调整与优化；科学组织和运用企业掌握的各类资源，提高企业可持续发展能力；按照企业章程组织召开董事会。

2. 总经理

（1）总经理的地位和作用

建筑装修装饰工程企业的总经理（或总裁）是企业最高的行政长官和职业管理团队的领头人，对企业经营管理承担民事和刑事责任。总经理一般由董事会成员担任，由董事会聘任，行使由董事会按企业章程规定授予的权力，对董事会负责。总经理作为职业经理人，实际运用企业掌控的人力、财力、物力资源，为企业投资的保值、增值实施各种管理措施，是资本运作和升值的操控者。总经理的能力与水平直接决定着企业的可持续发展能力。

（2）总经理的能力要求

建筑装修装饰工程企业的总经理应该具有建筑装饰工程企业综合管理的丰富经验，掌握建筑装修装饰工程运作的全部知识和运作能力；能够掌握和控制企业内部生产要素并能创造利润；具有组织实施董事会决议，指挥企业实施董事会确定的发展目标的能力；

果断、准确地处理突发事件，维护企业合法权益的能力；具有弘扬企业核心价值观体系，增强企业软实力的能力等。

（3）总经理的基本职责

建筑装修装饰工程企业总经理的主要职责就是按照董事会的授权主持企业的日常生产经营活动；根据董事会的决议调整和优化企业商业模式和经营策略；指导、监督、协调各副总经理的工作并使其各司其职，形成合力；主持编制企业生产经营的年度目标及月度计划；协调处理企业重大事件，重点工程，维护企业重要的社会资源等。

3. 总工程师

（1）总工程师的地位和作用

建筑装修装饰工程企业的总工程师是企业的科技总负责人，对企业的科技发展承担主要责任。总工程师按照总经理的授权对企业的科技工作进行日常管理，是企业科技发展的领头人。科技是企业最重要的资源，也是企业可持续发展的核心物质基础。所以，总工程师是企业高层领导的核心人物之一。总工程师的能力和水平是企业形成技术核心竞争力的关键。

（2）总工程师的能力要求

建筑装修装饰工程企业总工程师是企业工程技术人员的领头人，除思想道德品质外还应该具有领导企业科技发展的能力；具有建筑装修装饰工程技术的专业理论知识和实际操控能力；掌握建筑装修装饰工程施工、技术要求并掌握建筑装修装饰工程施工技术发展趋势；具有编制和审核企业工法、工艺及标准、规范的能力；具有策划和组织企业科技创新的能力；具有处理质量、安全技术事故的能力；具有总结工程中经验和变革并上升到理论，指导、培育工程技术人员队伍的能力等。

（3）总工程师的基本职责

建筑装修装饰工程企业总工程师的主要职责是主持企业科技日常管理工作，使企业的科技可持续发展。总工程师要研究国家、行业、地方的技术政策与法规；探索、整理、分析、研究科技情报；主持编制企业的技术发展规划，年度计划和约束性技术文件；审核并确定企业科技创新的课题并组织相应力量进行技术攻关；组织企业技术专利的申报；对工程技术人员整体进行指导、培训；组织和参与社会技术交流、合作。

4. 总设计师

（1）总设计师的地位和作用

建筑装修装饰工程企业总设计师（或设计总监）是企业设计总负责人，一般还兼任企业设计所（院、部）的负责人，对企业设计发展承担主要责任。总设计师按照总经理的授权对企业设计工作进行日常管理，是企业设计发展的领头人。建筑装修装饰工程项目的设计能力与水平，是企业市场核心竞争力的重要表现，体现了企业的实力水平。所以，总设计师是企业高层领导的核心人物之一。总设计师的能力和水平，是企业在设计领域形成核心竞争力的关键。

（2）总设计师的能力要求

建筑装修装饰工程企业总设计师是工程设计的领导，是企业设计师队伍的领头人，除思想道德品质外还应该具有领导企业设计发展的能力；具有装修装饰工程设计的专业理论知识和丰富的工程设计经验；具有能够协调各专业工程设计人员共同进行装修装饰工程设计的能力；具有研究国家，地方建筑装修装饰政策，策略及文化，艺术发展趋势的能力；具有指导和培训企业设计师队伍的能力和参与同其他文化部门的交流、合作的能力等。

（3）总设计师的基本职责

建筑装修装饰工程企业总设计师的主要职责是主持企业的设计日常管理工作，不断提高企业提供设计服务的能力和水平，使企业的设计可持续发展。总设计师要研究国家、地方的文化，艺术发展政策并提出企业设计发展战略、战役、战术目标与措施；审核、确定企业承接的工程设计文件，参与企业重点工程的设计工作；组织管理并实施企业设计师队伍的培训、考核、认定；组织并实施与社会设计机构、其他文化部门、艺术部门的交流、合作等。

5. 总会计师

（1）总会计师的地位和作用

建筑装修装饰工程企业总会计师是企业资金运作的总负责人，对企业的财务工作承担主要责任。总会计师按照董事会的决议和总经理的授权对企业掌握的全部资金进行日常管理，保证企业资金的安全和运转顺畅。资金是企业最重要的生产要素，是企业经营实力的基础，所以，总会计师是企业高层领导的核心人物之一。总会计师的能力和水平。是企业可持续发展的重要保障条件。

（2）总会计师的能力要求

建筑装修装饰工程企业总会计师是资金的实际掌控者，除具有良好的思想道德品质外，还应该具有领导企业财务工作的能力；具有管理企业财务工作的专业理论知识和丰富的财务工作经验；掌握国家会计法规、准则和装修装饰工程资金运转的基本规律；具有研究国家经济、技术政策、方针并提出企业资金计划的能力；具有培训、指导会计队伍的能力。

（3）总会计师的基本职责

建筑装修装饰工程企业总会计师的主要职责是主持企业财务部门的日常管理工作，保证企业资金使用的合法性、安全性和增值性，保障企业可持续发展的资金支持。总会计师要研究国家宏观经济政策和行业发展状况提出企业资金使用的年度计划和月度计划；监督、核算、控制企业的资金运转；审核企业的财务报告和各类表格报表；组织管理并实施企业会计人员的培训、考核、认定等。

6. 总经济师

（1）总经济师的地位和作用

建筑装修装饰工程企业总经济师是企业经营活动的总负责人，对企业生产经营活动承担主要责任。总经济师按照董事会的决议和总经理的授权，对企业生产经营结构的调整和优化进行策划和部署实施，保证企业生产经营活动的经济效益和社会效益，提供企业的可持续发展能力。经营结构、生产力布局、要素的投入，经营理念、方针、政策等是企业的基本经济活动的指导与保证。所以，总经济师是企业高层领导核心人物之一。总经济师的能力与水平是企业经营实力增长和可持续发展的关键。

（2）总经济师的能力要求

建筑装修装饰企业总经济师是企业生产经营活动的实际掌控者，除思想道德品质外还应该具有对企业生产经营工作进行领导的能力；具有生产经营活动的专业理论知识和丰富的建筑装修装饰工程运作经验；掌握国家，行业的经济法规、政策、规划等；掌握地区行业、专业市场的发展变化趋势并能根据掌握的资源数量及质量提出发展的目标及主要措施。

（3）总经济师的基本职责

建筑装修装饰工程企业总经济师的主要职责是协助总经理抓好企业的日常生产经营管理工作，保证企业生产经营活动循规、合法、有效，提高企业自我发展能力；提出调整和优化企业经营结构、专业结构、地区结构和创新结构的方案并具体组织落实；协助总经理提出企业经营策略、发展战略和经营方针改革与完善的政策、制度、措施并组织落实；对企业日常生产经营的合法性、安全性和创利能力进行监督、协调、指导等。

三、经典案例分析

建筑装修装饰行业具有巨大的市场，给每个建筑装修装饰工程企业都提供了发展的空间。但每个企业在这一空间中的发展水平却差异极大，有的快速发展，有的却很平庸。究其原因在于企业的发展战略不同，其发展能力与水平就有极大的不同，所以企业发展战略的制定是企业经营管理的核心。

（一）案例简要描述

本案例是一个典型的专业化发展经验。企业抓住了建筑装饰工程市场的一个专业细分市场，在专业工程市场深耕细作，取得了专业的竞争优势，把企业带上了可持续发展的健康之路。

1. 案例介绍

北京北方天宇建筑装饰有限责任公司是一个成立于1996年12月的建筑装饰工程企业，2002年取得国家建筑装修装饰工程承包一级资质。经过20多年的发展，现已成为年工程产值数亿元，连续10年跻身于行业百强的大型骨干建筑装饰工程企业。自1999年起，该公司就将企业发展时率先提出“创导医疗建筑装饰新概念”，后定位于“推动中国医疗建筑向更高品质发展”。专注医院装修装饰工程，在全国20余省市承接了近300项大中型医院门诊、急诊楼、住院楼、医技楼的装修装饰工程，成为在医疗卫生领域最具知名度的建筑装修装饰工程企业。企业的发展具有以下特点。

（1）专：医院建筑是具有特殊专业功能的建筑，是救死扶伤、治病救人、身心保健的场所，因此技术的专业化要求极高。该公司在对医疗流程、各功能用房，医院的医疗特色、总体规划、经营发展，国家相关医疗政策、缓解医患矛盾、医改模式等层面上进行了深入的专业研究，并将研究成果同建筑装修装饰相结合，取得了在医院装修装饰工程方面领先的专业优势。

（2）高：该企业紧盯的是我国医院建设与先进发达国家的差距，着重把国际上先进的医院设计理念、医疗装备、装修装饰材料、器具等引入我国医院装修装饰工程设计、选材和施工，形成了高起点的竞争优势。在全国提升我国医院建设水平的同时，树立了企业高品质的市场形象。图7-14是该公司施工的广州大学第五附属医院手术室洁净工程。

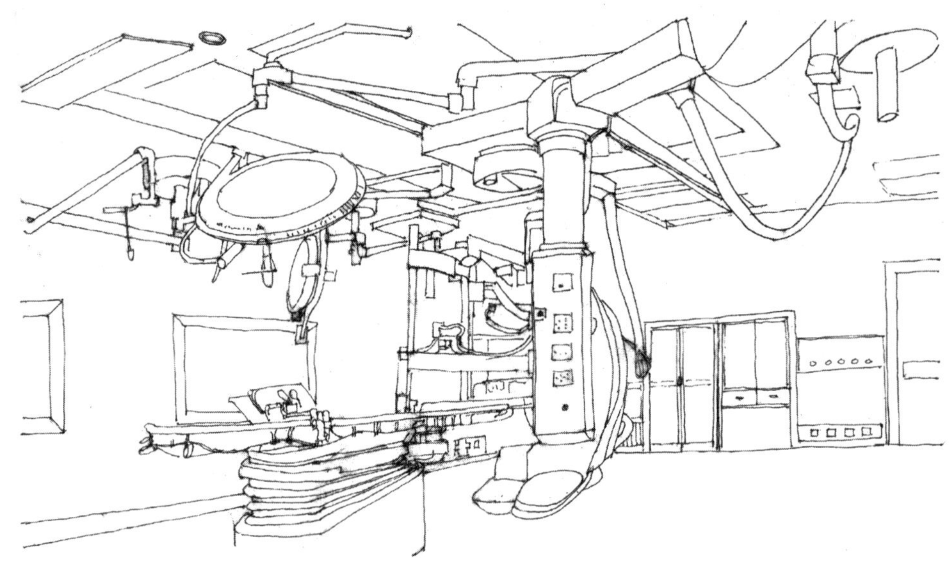

图7-14 广州大学第五附属医院手术室洁净工程

（3）全：该公司为了全面提升对医院建设的配合能力，先后成立了北京天康洁净工程建设发展有限公司，专注于国内医院手术室的建设和北京天润医疗装备有限公司，拥有《干工况运转洁净手术室风处理方法及系统》《用于洁净手术室的TPU柔性静压箱》等数十项国家专利，为业主提供系统化、全方位的配套服务。

2. 企业的市场地位

经过近20年的发展，该公司在医院装修装饰工程专业市场已经取得了全面的领先优势，成为推动中国医疗建筑向更高品质发展的推动者。现该公司已经更名为北京北方天宇医疗建筑科技有限公司，在上海、天津、成都设有3家分公司。

（1）行业话语权

该公司是《国家医院建筑装饰标准图集》的编制单位，主编了核心部分——固定设施图集。同时参与了《绿色医院建设评价标准》《医用洁净室应用规范》《医院负压隔离房洁净环境控制要求》等技术标准、规范的编制。为满足疫情防控工作需要，公司受北京市医业中心委托，主编了《北京市市属医院重症监护病房建设指南》。该公司董事长兼任《中国卫生工程》杂志副理事长，在该杂志及《健康报》上发表了10余篇医院装修装饰的专业技术文章。2022年为提升医院建设水平，北方天宇公司率先提出医院“四维设计”概念，在传统三维设计基础上增加“时间维度”，对医院建筑进行全方位设计。

（2）行业荣誉

北方天宇公司是卫生部授予国内两家单位《中国卫生工程突出贡献奖》获奖企业之一；连续多年获得《全国医院基建十佳供应商》称号；连续10年获得《中国建筑装饰百强企业》称号；有50余项工程获得地方、国家优质工程奖，其中包括鲁班奖1项、中国建筑工程装饰奖15项；现任中国建筑装饰协会常务理事单位。

（二）经验分析

本案例建筑装饰工程企业发展的成功，是多方面因素科学组合的结果，是把企业掌控的资源与国家、社会发展形成的市场机遇高品质衔接后形成的专业优势。

1. 精准的市场定位是企业发展战略的核心

医疗卫生事业是惠民生的重点工程，在小康社会建设中具有重要的地位。即使全面建成小康社会，人们对医疗卫生事业发展的需求仍会日益增强，是一个可持续发展的专业细分市场。企业把发展目标定位于医疗机构的建筑装修装饰，其优势主要体现在以下几个方面。

（1）市场稳定性强

人的生命周期内，疾病是一种自然现象，治病也就是人类一项重要的社会活动，其历史同人类文明同在。在现代社会发展中，人们越来越关注健康，有病就到医院医治，已经成为生活中的常态。所以，社会需求相当稳定，医院建设及装修装饰是一个永不会枯竭的市场。企业只要好好做，就不会没有市场。

（2）发展空间大

随着社会的进步和经济的发展，人们不仅对自身健康的关注度越来越高，对就医的环境要求也越来越高。医疗流程更合理、就医过程更高效、医疗环境更温馨舒适，为医疗机构建筑装修装饰需求不断增长提供了社会基础。我国医疗机构的数量及质量同发达国家还有相当大的差距，提升的空间大，市场将会快速发展。企业选择这样的专业细分市场，外部的发展推动力强，发展品质便于掌控。

（3）社会关注度高

在我国“看病贵、看病难”的现实已经连续多年成为社会的焦点问题，优质医疗资源配置、医患矛盾等成为社会高度关注的话题。要从根本上解决问题，就要大力发展国家医疗卫生事业，建设数量更多、标准更高的医疗卫生机构，提高对人民医疗保障的社会供给，切实解决好社会的关切。这就提高了企业的历史、社会责任感，形成良好的外部市场环境和企业的内生动力。图7-15是医院装修装饰后的效果图。

图7–15　医院候诊区装修效果图

（4）国家投资力度大

近几年来国家在医疗卫生事业上的投资逐年增加，在国家GDP中的占比不断提升，形成了我国医疗机构建设的新一轮高潮。国家投资的工程项目，规范化程度高，工程的运作较为科学，发生违法、违规、违标的现象较少，属于优质的工程资源。企业如把此类工程作为发展的重点，就会形成较为稳定的成本水平和利润空间，有利于企业的可持续发展。

2. 科学的发展战略是企业发展的根基

企业实现发展目标的战略，为企业发展谋划出原则、方针和策略，形成企业发展的指导和基础。本案企业的发展战略的成功之处，主要体现在以下几个方面。

（1）坚持不挂靠的经营原则

该公司只做医疗机构的建筑装修装饰工程，其他工程一概不做，而且所有承接的工程都由公司直接组织实施，不搞挂靠、合作，也不搞项目承包制。凭借公司在市场中的地位，有很多想合作的单位和个人，但公司不被眼前的利益诱惑，专于医疗机构工程，形成了专业工程业绩的积累和专业品牌知名度，为企业的长远发展奠定了重要的市场地位。

（2）坚持样板工程引路的经营策略

该公司坚持干一项工程、树一块样板、立一块口碑、拓一方市场的经营方针，不断深度开发专业市场。2003年公司完成全国最大的儿童医院门诊楼——北京儿童医院门诊楼工程后，该工程成为儿科类医院的典范，以后又先后完成了四川大学妇儿医院、上海复旦大学儿科医院、南京儿童医院、青岛新世纪妇儿医院等十余家儿童医院装修装饰工程，形成在儿科类医院装修装饰工程的领路者。图7-16是该公司装修儿童医院的效果图。

图7-16　北京市儿童医院大堂装修效果图

（3）深度参与的经营方针

该公司深入研究中国卫生事业的发展战略方向和相关政策安排，了解和掌握医院建设的基本规律和发展方向。并在医院建筑装修装饰工程实践中探索技术与产品创新，深度参与医院建设标准、规范的编制，组织召开一系列医院建设的研讨、论坛，在绿色医院建设、节能手术室装修等领域形成了领先的理论与实践优势。在儿童医院、口腔医院、妇产医院、精神卫生中心、核医学工程、干部保健中心领域树立标杆和典范，并将相应的成果与业内分享。图7-17西安秦皇医院大厅装修图，体现了现代医疗环境的

图7-17 西安秦皇医院大厅装修图

高标准。

（4）深交朋友的销售策略

该公司董事长出身于医生世家，家庭成员中的绝大多数都是医生，具有浓厚的医院医疗气息。在这种社会背景下成长，会对医疗卫生事业有着天然的了解，形成思想上的共鸣和准则的高度认同，使企业具有深厚的社会思想基础。把这种文化资源优势同建筑装修装饰结合在一起，就能不断结交新朋友，加深彼此的了解，形成牢固的业主网络群体，为企业发展奠定坚实的市场基础。

第八章　建筑装修装饰工程管理

第一节　建筑装修装饰工程

建筑装修装饰工程是建筑装修装饰行业最基本的社会实践活动，是对建筑物的维护、改造和完善。由于受国家经济发展水平和管理职能划分的制约，飞机、船舶、火车、汽车等固定资产投资中的装修装饰尚未纳入建设行政主管部门管理。这里所说的建筑装修装饰工程，是建筑物所有者或经营者对建筑物这一固定资产进行的投资，通过建筑装修装饰工程转化为实物作品，为社会和建筑物所有者创造新财富的社会工程活动。

一、建筑装修装饰工程的概念及特点

建筑装修装饰工程活动作为人类社会的一种基本的工程活动，在形成、实施过程中，具有特有的属性和内容。研究建筑装修装饰工程管理，首先要厘清建筑装修装饰工程的概念及特点。

（一）建筑装修装饰工程的概念及分类

1. 建筑装修装饰工程的概念

（1）建筑装修装饰工程的概念

建筑装修装饰工程是建筑物、构筑物的所有者或经营者为了提高建筑物或构筑物的价值，完善使用功能，美化内外环境，投资装修装饰并选择和确定专业设计、施工专业工程承建商，实际完成工程投资并得到社会认同的社会活动或社会事件。

（2）建筑装修装饰工程的本质

建筑装修装饰工程的本质是一项具体、现实的对固定资产进行投资的社会事件，是由建筑物、构筑物所有者或经营者与设计、施工承建商之间就建筑物装修装饰工程（即固定资产投资的数额与形式）达成意思表示一致并予以实施的一起事件或称为过程。这一事件或过程的本身并不涉及其他的市场主体，只是由于在事件的进行过程中会产生一系列社会性的经济、技术交易活动，其质量水平将影响社会公共安全、公共利益和其他利益关系，有产生社会矛盾和公众安全事故的可能性，所以才需要进行管理。

2. 建筑装修装饰工程的属性

建筑装修装饰工程作为一项将固定资产投资转化为实物形态的社会事件具有以下的基本属性。

（1）现实性

只有建筑装修装饰欲望、计划，没有现实投资的建筑物的所有者或经营者，只能是

建筑装修装饰潜在的市场主体，其需求也是潜在的需求，不能被称为建筑装修装饰工程。装修装饰工程一定是建筑物的所有者或经营者用于投资装修装饰的资金已经到位并已经开始选择和确定承建商的社会活动，是社会上现实存在的一起社会投资固定资产事件。

（2）特定性

建筑物的所有者或经营者与设计、施工承包商共同指向的是某一特定的建筑物，而且建筑物的所有权或使用权是唯一的、排他的所有权或使用权。因此，双方仅是就特定建筑物装修装饰的目标、方式达成了意思表示一致，是对特定建筑物进行装修装饰工程活动。当建筑物的所有者或经营者选择承建商进行招标时，所有符合条件的工程企业都是承包商。在确定承包商后，中标的承包商就成为特定建筑物装修装饰工程的承建商。

（3）社会性

在特定建筑物装修装饰活动中，为了保证双方利益的实现，建筑物的所有者或经营者还有可能聘请工程监理、咨询机构等维护自身的权益。承建商要同大量的材料、部品生产经营企业及劳务企业进行经济、技术、人员的交流，都与社会发生了联系，需要维系稳定的社会关系。因此，建筑装修装饰工程是一项具有广泛社会性的工程服务事件。

（4）增值性

建筑装修装饰工程的成果完善了建筑物的使用功能，提高了文化、艺术含量，建筑物的所有者或经营者用于固定资产的投资得到回报。这种回报创造的价值要大于固定资产投资的价值，就是固定资产的增值。不同的承建商由于设计、施工的能力与水平不同，为建筑物所有者或经营者带来的增值空间就不同。设计水平越高、文化与艺术含量越大、工程质量越精细、节能环保技术应用越先进，给建筑物所有者或经营者带来的增值空间就越大。

3. 建筑装修装饰工程的种类

建筑装修装饰工程按照建筑物当前状态划分，可以分为新建工程和改造工程两大类。

（1）新建工程

新建工程是指正在建设中建筑物的装修装饰工程，是正在形成的固定资产。由于新建工程实行总承包制，总承包企业必须自主完成结构施工，因此装修装饰工程属于总承包下的专项分包工程，建筑装修装饰工程专业承包商一般只完成建筑物内外的装修装饰工程，不涉及消防、智能化、钢结构等其他专项工程。新建工程包括新建工程和重建工程两种，对于建筑装修装饰专业工程企业其运作与管理的形式、内容基本相同。

（2）改造工程

改造工程是指对既有建筑物（又称为存量建筑）的改造性装修装饰工程，是对固定资产实行的再投资。既有建筑物在寿命周期内会由于改变其使用功能；减少资源、能源消耗；扩大其体量、增加使用功能；原装修装饰工程老化等原因进行改、扩建改造。由于工程对象是已经投入使用的特定既有建筑，因此改造工程是一个独立的项目，具有相应资质的建筑装修装饰工程企业可以独立承包成为整个项目的承建商。随着社会经济、技术、文化、艺术等事业的发展和存量建筑规模的不断扩大，改造性工程的数量会不断增加。

改造装修装饰性工程由于既有建筑的体量、改造的理由、工程的技术条件与内容的不同存在着极大的差异。其中增加建筑体量、改变使用功能的装修装饰工程内容最多、工作量最大、涉及的专项工程种类多，是有较大难度的工程项目。这种项目的承建商需要有较完备的资质类别条件和较丰富的多专业施工经验，才能独立承接项目完成施工。在工程项目的实际运行中，有时可以根据工程的具体内容要求组成多企业参与的联合体，以扩大资质范围，使更多的专业工程企业参与招、投标过程和工程施工过程。

（二）建筑装修装饰工程运作的特点

1. 建筑装修装饰工程交易的特点

建筑物所有者或经营者（即甲方）同设计、施工承建商（即乙方）就工程的运作过程上看，同一般商品交换一样，要通过反复的要约过程，最后承诺并达成一致。但建筑装修装饰工程的交易运作又不同于一般商品交易，对比一般商品交易具有以下几个方面的特殊性。

（1）从标的物的产生时间上看，是先有交易后有标的物

同一般商品交换不同，在甲、乙双方达成一致、签订工程合同时，合同的标的物——建筑装修装饰工程作品还没有产生。标的物是在双方交易完成后由乙方开始进行标的物的生产制造过程，经过一个阶段的设计、施工后，甲方才能获得交易的标的物。这一特点非常重要，是甲方选择承建商时必须要谨慎考察的重要因素。

（2）交易是个长时间的过程

同一般商品交易钱、货当场结清不同，建筑装修装饰工程交易中的甲、乙双方，要在整个工程的实施阶段始终保持着交易关系，直到工程竣工验收、工程款结清为止。最小的住宅装修装饰工程的工期也要一个月的时间，在这期间社会的经济、政治、技术形势都有可能发生变化，直接影响到交易的时间跨度、交易成本。因此，也成为甲方选择乙方的一个重要因素。

（3）交易过程不发生所有权的转移

同一般商品交易结束，商品的所有权就转移到交易对方不同，建筑装修装饰工程的交易，建筑装修装饰工程作品的所有权始终归甲方所有。因此，乙方始终是在用甲方固定资产投资的资金，为甲方提供服务，在整个交易过程中乙方始终不拥有构成工程作品的物质元素中任何元素的所有权。建筑装修装饰工程交易的这一特点，也是甲方确定承建商的重要因素。

（4）质量具有不可逆性

同一般商品交易中，商品发现质量问题可以退换不同，建筑装修装饰工程的质量后

果由于建筑物的唯一性和财产所有权的归属，只由甲方承担。在甲方认定的设计和施工方案实施后，因装修装饰风格、品位、质量原因，造成工程的返工、误工等现状带来的一切经济损失，责任全部由甲方承担，乙方不承担任何经济赔偿责任。

（5）交易的单一性

同一般商品规格、型号成批量生产、销售不同，建筑装修装饰工程交易只是一个特定的建筑物，与其他建筑物的建筑装修装饰活动不具有同质性、连续性。因此，建筑装修装饰工程企业必须持续寻找建筑装修装饰工程投资方并能够持续承接到工程，企业才能持续经营。所以，建筑装修装饰工程企业经营规模在年度之间具有较大的波动性。

通过以上分析可以看出，建筑装修装饰工程交易是信誉的交易、长期的交易、单方所有制责任的交易。

2. 甲方选择和确定承建商的主要因素

由于建筑装修装饰工程交易具有与一般商品交换不同的特点，所以，甲方在投资装修装饰时最关键的环节就是确定好承建商。甲方在选择和确定承建商时重点考察和评判承包商以下几个方面的状况。

（1）资信水平

资信水平主要反映在承包商的资质等级、金融机构的认证等级、行业信用评价等级、工商行政管理机构评价等级、第三方管理认证、社会对企业评价等级及承包商与甲方的人际关系等内容。企业资信评价的范围越广、评价等级越高，企业中标的概率就越大。因此，不断完善企业资信评价范围、提高评价等级是企业一项重要的基础性工作。

（2）经营实力

经营实力主要反映在承包商的注册资本金、财务状况、创利能力、专业技术人员的数量与结构、注册建造师的数量与结构、在行业中的排序等级及连续施工能力等内容。企业经营实力越雄厚，对甲方投资的保障程度就越高，企业中标的概率就越大。因此，持续增强企业经营实力是工程企业业务活动主要目标，也是企业发展中的一项重要基础性工作。

（3）相关业绩

相关业绩主要反映在承包商近期完成或正在施工中的，与本工程施工内容、技术难度、工程造价相类似工程作品及工程项目的数量、社会评价等级、体量及地域分布等内容。相关业绩主要反映企业的专业化水平，专业化水平越高，相关业绩的水平就越高，企业中标的概率就越大。因此，不断提高专业化水平，加快专业工程业绩的积累是企业发展中的一项重要基础性工作。

（4）服务承诺

服务承诺主要反映在承包商对工期、质量等级、连续施工时间、工程后期维修、维护保障等方面做出的保证及在以往工程实施中无经营劣迹的证明等内容。服务承诺主要反映的是企业的配套能力和保障水平，是企业对工程投资的综合承诺，也直接决定了企业中标的概率。严格按照甲方的要求，根据企业条件做出切实的承诺是提高企业中标概率的重要条件。

3. 对建筑装修装饰工程交易的管理

（1）建筑装修装饰工程交易管理的目的

建筑装修装饰工程作为一种社会资源在交易过程中具有风险性，交易中的风险来自甲、乙双方。甲方项目的真实性、资金状况、支付能力、信用水平等对乙方构成潜在的风险。乙方的设计、施工专业能力、工程管理水平及项目人员配备等对甲方构成潜在的风险。为了降低双方的市场交易风险，维护双方的合法权益，需要由专业机构对交易过程进行监督、管理。

（2）建筑装修装饰工程交易管理的机构

公共建筑装修装饰工程交易是在建设行政主管部门设置的工程交易中心或其他有形招标投标市场中，在第三方监督、控制、操作下，按照国家相关法规和招标文件规定进行。住宅装修装饰工程交易中的一部分是在有形的材料、家居、家装市场中，在第三方监督下进行的。另一部分是由甲、乙双方自行交易，未纳入管理范畴。

（3）建筑装修装饰工程交易管理的主要程序

对建筑装修装饰工程交易管理的主要程序，是由甲、乙双方申报资料，由管理机构审核后进行。甲方申报在前，主要包括项目批准文件、招标文件及工程概算等，经审核后公布工程信息，接受乙方申报。乙方的申报主要包括工程报名和投标文件。在交易过程中，甲方是唯一的，乙方要求具有竞争性，数量不能少于三家。建筑装修装饰工程交易的基本形式就是按照招标投标法的要求，履行招、投标程序，确定中标承建商。

（三）典型工程案例解析

建筑装修装饰工程的社会、经济、文化意义，可以从具体的工程案例中找到其对投资者与消费者、建筑装修装饰工程企业、国家与社会的贡献与回报。

1. 工程过程的简要描述

（1）投资者背景资料

广东省某餐饮企业，经营面积1200平方米，员工单班22人，没有坐落在最繁华的市中心，但周边人口密度较高，餐厅前有一较大的停车场。装修装饰改造前日销售额平均为3.5万元，日接待人数400人左右，净利润平均为500元。由于已经开业10年，经营当地菜系，在社会上小有名气。为了提高企业的经营能力，老板找到在当地专业做餐饮改造较有名气的建筑装修装饰工程企业对经营场地进行改造性装修装饰，总投资为600万元。

（2）工程内容的简单描述

建筑装修装饰工程企业在本案中结合该投资者的具体情况进行整体设计，主要做出

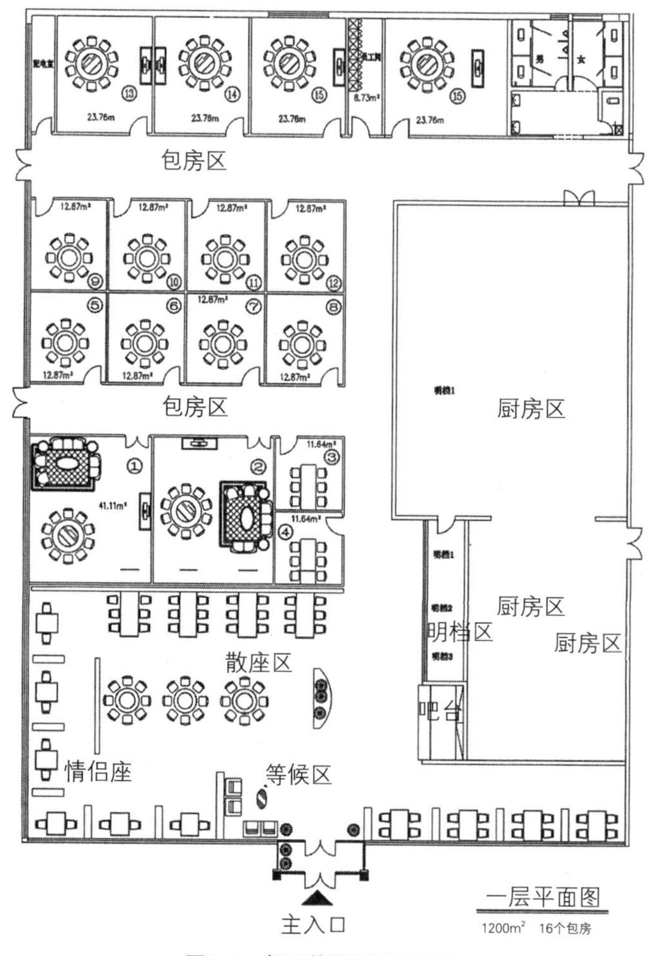

图8-1 餐厅装修平面布置图

以下的调整。在室内首先是后厨改造，更新了所有的灶具，调整了灶位布局，在没有增加后厨面积的前提下，使后厨的工位由原来的7个增加到14个，包括新增了3个明档工位；就餐区设计选择了更具地方特色、更体现人性的整体风格，简洁、明快而又很有品位；同时调整了雅间，共设大、中、小雅间16个；公共就餐区也调整了大、中、小桌的比例，增加了情侣座，使就餐区同时就餐接待能力由原来的70人提高到110人。室外部分重新以厚重的石材修饰了外立面，增加了有特色的霓虹灯招牌与广告，整理了停车场并安装了智能化安保管理体系。其室内功能区域基本划分设计如图8-1。

（3）经营状况的描述

餐厅改造工程竣工交付使用3个月后，该餐饮企业的经营情况如下：工作人员单班40人，日营业额在8万元左右，日净利润在3万元左右，日就餐人数在800人左右。

2. 投资者回报分析

（1）装修装饰改造投资回报分析

由于装修改造后的日接待能力大幅度提高，由400人增加到800人，人数翻了一倍，营业额由日均3.5万元增加到8万元，营业额大幅度超过盈亏平衡点，所以在没有改变菜系、调整营业时间的状态下，利润额大幅度增长，由原来的日均500元增长到日均3万元，利润额增长了60倍。日均利润的净增加额为29500元，204天即可收回装修装饰改造的600万元全部投资。

（2）提高经营能力分析

装修装饰改造后，不仅企业的固定资产总值由原来的2400万元增加到3000万元，企业的单平方米建筑日营业收入也由30元提高到67元，提高幅度为120%；人均日营业收入由795元提高1000元，提高幅度超过25%；单平方米建筑日创利能力由0.42元提高到25元，提高幅度达到60倍；人均日创利能力由11元提高到375元，提高幅度达到36倍；企业的经营利润率由1.4%左右提高到35%，增长幅度近30倍，全面提升了企业的经营实力。

（3）企业发展能力分析

由于企业创利能力的大幅度提高，增强了企业自我积累、自我发展的能力。企业以成功的经验开始了市场扩张，几乎每年都有新店开张，企业不仅资产总额不断大幅度提高，建筑经营能力、资金利用能力等也得到增强，在短短的几年内就发展成为在当地餐饮业最具品牌知名度的大型餐饮企业集团之一，现在年营业额达到数十亿元的水平，年纳税额达到数千万元。

3. 对社会的回报分析

（1）关于增加社会工作岗位的分析

600万元的装修装饰投资不仅在工程实施过程中能够新增9000个工日的劳动力需求，而且在工程竣工投入使用后，能够长期、稳定地提供36个新就业岗位。同时可以拉动其他消费领域的增长，间接增加社会的就业岗位。随着企业的快速发展，企业向社会提供的就业岗位还会有更大幅度的增长。

（2）关于拉动社会消费的分析

经过装修装饰改造后，来就餐的消费者增长了一倍，人均消费额也由87元提高到100元，增长了近12%，得到消费者的认可程度明显提高。企业营业额的大幅度提升表明企业的社会服务能力提高，也体现出企业满足消费者需求的能力提高，对拉动社会消费增长的作用加强。随着企业品牌知名度的上升，拉动社会消费的能力将会越来越强。

（3）对国家的贡献分析

企业无论是营业额的增长还是利润额的提高，都直接促使国家税收的增长，都是提高国家综合实力的基础。特别是利润额的大幅度增长，国家税收的增长幅度更大，是社会拥有的净财富量增长的基础。同时，由于增加了国家收入，财政支出也会随之增长，从而增加了就业岗位，减轻了国家的就业负担和社会保险负担，也促进了社会的安定、平稳。

4. 对建筑装修装饰工程企业的回报

（1）对业主网络建设的回报分析

由于本案例是一个极为成功的经典案例，建筑装修装饰工程企业由此赢得了业主的高度信任，以后业主再投资的餐厅，全部交由该公司设计、施工并不断取得成功，从而进一步加深了双方的信任度和战略合作关系。餐饮企业投资装修装饰选对了工程企业，在餐饮界不仅成为美谈，也为其他餐饮企业树立了榜样和典范，使得企业能够低成本地进行业主网络建设，使业主网络的扩大具有可持续发展的特征和基础。

（2）对企业工程业绩积累的分析

本案不仅为建筑装修装饰工程企业获取了600万元的工程产值，更为重要的是，业主以后新开店装修装饰的工程都由该企业设计、施工，使企业的专业业绩能够保持可持续的增长状态。特别是在设计师及专业工程领域的品牌知名度不断提升后，企业的专业工程业绩的积累速度加快，形成了在专业工程领域的竞争优势，在专业工程市场中所占的份额不断提高。目前该企业专业餐饮门店装修装饰改造工程年工程产值已达数亿元水平，而且还在持续增长。

（3）对产业链建设的回报分析

业主投资装修装饰的600万元中约60%是各种设备、材料、部品的采购费用，成为各生产经营企业的销售收入，对这些企业的生存与发展具有重要的意义。在工程企业市场资源可持续利用的状态下，材料、部品生产经营企业就会加强同工程企业的合作，对产业链的建设和价值链的完善具有重要的推动作用。产业链中价值链的完善给建筑装修装饰工程企业带来新的创利点和创利空间，有利于企业的自我积累和自我发展，提高企业的核心竞争力。

5. 总结

（1）建筑装修装饰工程的社会价值高

建筑装修装饰工程是一项社会意义重大的工程活动，对推动社会发展具有重要的作用，是全社会共同受益的工程活动。通过建筑装修装饰工程美化了城市环境、提高了消费者的消费需求、提升了社会稳定水平、拉动了社会的进步，使国家、企业、消费者都能得到实惠，是对社会发展具有强大正能量的社会活动。投资建筑装修装饰工程项目，投资者不仅能够得到很高的经济回报，对提高投资者的社会认知度和美誉度也有重要作用。

（2）建筑装修装饰的经济价值高

建筑装修装饰工程不仅能给投资带来巨大的经济价值，增加了企业的资本总量，更能提高企业的资产创利能力，对企业可持续发展的经济意义更大。对广大社会成员不仅能增加社会就业岗位，使从业者有稳定的经济收入并提高家庭的生活水平，对其他社会成员也具有满足消费、提高生活质量的经济意义。国家在建筑装修装饰工程中的经济收入更高，不仅能够持续取得营业性税收和收益性税收，同时能够在其他领域中获取到经济价值。

（3）建筑装修装饰工程的专业性高

任何一项成功的建筑装修装饰工程都是业主正确选择了工程企业的结果。业主作为投资者是非专业人士，要使自己的投资产生最大限度的经济、社会价值，就必须委托一家具有将自身投资转化成最大经济、社会利益能力的建筑装修装饰工程企业。能够为业主或投资者带来巨大经济、社会效益的建筑装修装饰工程企业，一定是在某一特定领域中具有丰富专业经验和业绩的企业，在专业设计、施工、设备选型、材料应用等方面具有优势和特色，能够满足业主或投资者的经济、文化、艺术等诉求的企业。

（4）建筑装修装饰工程具有文化、艺术价值

任何一项建筑装修装饰工程作品，都是特定文化、艺术价值体现的载体，反映业主或投资者及设计师的文化修养和艺术鉴赏水平。建筑装修装饰工程的文化、艺术含量及与人民群众的融合水平在很大程度上决定了投资者的经济、社会回报水平。对特定文化、艺术的理解和认识，具有将特定文化、艺术转化成建筑装修装饰工程作品的能力，是提高建筑装修装饰投资回报水平的重要基础，也是社会对建筑装修装饰工程最重要的期盼。

二、建筑装修装饰工程包含的主要内容

建筑装修装饰工程按照建筑物使用功能、施工技术和管理特点，可以分为公共建筑装修装饰、住宅装修装饰及建筑幕墙三大类工程，各自包含的具体工程内容不同。

（一）公共建筑装修装饰工程

公共建筑装修装饰工程按照施工作业区域的不同，可以分为室内与室外两部分。

1. 室内建筑装修装饰工程

室内建筑装修装饰工程是对建筑物内部环境的再造，其包括的主要分项工程内容有以下几个方面。

（1）拆除工程

拆除工程是根据建筑装修装饰工程设计图纸，对原有的结构、设备、设施、表面材料等进行拆除、清理，是旧建筑物改造工程中的重要分项工程。拆除工程在旧建筑装修装饰改造中的量大、安全性要求高，应该由有专业拆除资质的工程企业完成。拆除工程中包括拆除的建筑垃圾的收集、运输、消纳，其过程也必须合法、守规地进行。

（2）水、电工程

水、电工程是根据建筑装修装饰工程设计图纸，对建筑物内部的强弱电路、给排水管线等进行铺设，对照明、供暖、卫浴等设施进行安装施工。在大型建筑物的新建改造工程中还有增设中水处理设施、太阳能发电设施等工程施工的可能性，也是一项专业性、安全性要求极高的施工内容。建筑装修装饰工程进行的水、电施工一般仅限于建筑物室内部分。

（3）消防工程

消防工程是根据已经消防部门审核批准的建筑装修装饰设计图纸，对建筑物内部自动消防报警、自动灭火系统进行管线敷设和设施安装施工。由于消防工程是专项工程，需要由具备专项工程施工资质条件的工程承包商施工。消防工程中使用的材料、器械必须经过消防部门检验合格后方能使用，检测报告等资料需报消防部门备案。

（4）室内装饰工程

室内装饰工程是根据建筑装修装饰工程设计图纸，对建筑物内部的墙、顶、地面进

行施工。室内装饰工程是建筑装修装饰工程的主要施工内容，包括隔断工程、吊顶工程、抹灰工程、厨卫工程、粘贴工程、裱糊工程、细部工程及暖通、新风、清洁等设备终端设施的安装、室内门、窗安装等分项工程。室内装饰工程决定了建筑室内空间的风格、品位和功能，是建筑装修装饰工程企业主要承担的作业内容。

（5）智能化工程

智能化工程是根据建筑装修装饰工程图纸，对室内门禁、背景音乐、监控安防、智能化管理等设备、设施进行安装、调试的施工。由于智能化工程是专项工程，需要由具备专业资质条件的工程承包商施工。

（6）设备安装工程

设备安装工程是根据建筑装修装饰工程设计图纸，对室内垂直运输、水平运输等电梯设备；自动化旋转门、平开门等功能构件；建筑物内部厨具、灶具及相关设备等进行安装、调试施工。由于设备安装是专项工程，在大型公共建筑装修装饰工程中需要由具备专业资质条件的工程承包商施工。图8-2是人民大会堂全国人大常委会会议厅，神圣、辉煌。

2. 室外建筑装修装饰工程（不含建筑幕墙）

室外建筑装修装饰工程是对建筑物外部环境的再造，其包括的主要分项工程内容有以下几个方面。

图8–2 全国人大常委会会议厅

（1）扩建工程

扩建工程是根据已经建设规划部门审核批准的建筑物外装饰工程设计图纸，对建筑物进行增加楼层，新建裙楼、附属建筑、连廊等建筑主体结构的施工。由于结构施工需要房屋建设总承包资质，因此扩建工程要由有房屋建设总承包资质的承建商施工。

（2）修旧工程

修旧工程是根据建筑物外装饰工程设计图纸，对古建筑、保护性建筑进行加固、维护并恢复原貌的工程施工。如北京前门的大栅栏、上海黄浦江外滩等地域内建筑物装修装饰。修旧工程要求修旧如旧，工程的技术难度大，专业性强，要由有工程经验的承建商施工。

（3）外立面装饰工程

外立面装饰工程是根据建筑物外立面装饰工程设计图纸，对建筑物外立面进行材料的粘贴或涂刷施工。外立面装修装饰工程是室外建筑装修装饰工程的主要内容。旧建筑物的装修装饰改造，一般要首先剔除原有装修装饰材料后再进行装修装饰施工。

（4）钢结构工程

钢结构工程是根据建筑装修装饰工程设计图纸，对建筑物入口加建钢结构雨篷、天井加钢结构盖板等工程施工。由于钢结构是专项工程，要由有专业资质的承建商施工。

（5）外立面照明工程

外立面照明工程是根据建筑装修装饰工程设计图纸，将设置的各类照明设施进行安装、调试。

（6）室外智能化工程

室外智能化工程是根据建筑装修装饰工程设计图纸对室外停车场、安防等系统的设备、设施进行安装、调试。

（7）脚手架工程

脚手架工程是为建筑外立面施工便利、安全设立的辅助设施工程。由于脚手架质量直接关系到施工人员的生命安全，脚手架应该由具有专业资质的承包商搭建，并必须符合规范的要求。

（二）住宅装修装饰工程

住宅装修装饰工程内容从总体名称上看，与公共建筑室内装修装饰工程基本一致。但住宅装修装饰工程的实际内容，由于功能要求不同，与公共建筑室内装修装饰工程有很大区别。住宅装修装饰工程从施工技术特点上划分为装修、装饰、安装三大部分。

1. 住宅装修装饰工程中的装修工程内容

由于住宅建筑都是定制产品，提供给每一家庭的住宅，不可能完全适应家庭起居、生活的需要。人们在购买住宅之后，有可能对室内空间布局做出调整、改动，家庭住宅装修工程的重要分项工程有以下几个方面。

（1）拆改工程

住宅装修装饰中的拆除工程一般是对非承重墙进行拆除、调整，如厨房与餐厅之间的隔断墙拆除；洗衣间、工人间的隔断墙等进行调整；套内房间门的位置进行调整；通信、电视、宽带线路的调整等，是住宅室内装修拆改工程的主要内容。

（2）防水工程

防水工程是在集群式住宅楼内住宅内部卫生间、厨房的防水工程，是住宅装修工程的重要内容之一。根据相关施工规范的要求，安装有喷淋洗浴设施的卫生间墙面防水高度，不得低于1.8米；厨房、卫生间与室内其他空间相连接部位的防水也有相应的标准。

（3）门窗工程

住宅装修中的门窗工程一般是为了改变套内阳台状态，如封闭阳台，在顶部阳台搭建金属结构的阳光房等。

2. 住宅装修装饰工程中的装饰工程内容

由于住宅是家庭生活的基本领域，为了生活方便，美化环境，最大限度地利用套内面积与空间，家庭住宅装饰工程的主要分项工程有以下几个。

（1）固定家具

固定家具主要包括厨房的灶台、吊柜；卫生间中的吊柜、储藏柜；起居室中的固定衣柜、影视家具；卧室中的固定柜橱；车库中的固定家具等以及在墙壁上设立的龛、龛等。家庭装饰中的固定家具，一般要求最大限度地利用空间尺度，因此需要现场测量、专门设计、制作。

（2）墙面工程

墙面工程主要包括厨房、卫生间墙面粘贴块材；客厅墙面涂刷、石材铺贴或干挂、壁纸及壁布裱糊、背景造型墙设计制作；卧室、起居室墙面装饰以及住宅内部其他空间的墙面粉饰工程。一般情况下墙面工程施工分为抹灰找平的基层处理和饰面工程两个阶段。

（3）吊顶工程

吊顶工程主要包括厨房防火材料吊顶；卫生间防水、防潮材料吊顶；其他空间为封闭管线、美化环境所做的各种吊顶、灯池、灯座、造型花饰线等顶部美化处理。

（4）地面工程

地面工程主要包括各空间地面材料的铺设，如厨房、卫生间地面块料的铺贴；客厅石材、块材的铺贴；卧室、起居室、工作室或书房木地板铺装；儿童房、健身房塑胶地面铺装等。

（5）细部工程

细部工程主要包括门窗套、隔墙哑口、窗帘盒、散热器、窗台护栏、遮阳篷等及跃层及复式住宅的楼梯、踏步、扶手等设计、制作与安装。

（6）配饰工程

配饰工程主要包括与室内装饰风格协调的窗帘、布艺、家用电器的设计、选材、选型、购买、制作与安装。

3. 住宅装修装饰工程中的安装工程内容

现代城市住宅的使用功能，必须通过相应的设备、设施的使用才能实现。在住宅装修装饰工程中，就要安装这些设施。家庭住宅安装工程主要有以下几个分项工程。

（1）厨房设备

厨房设备安装主要包括抽油烟机、灶台、灶具、冰箱、烤炉等安装、调试。

（2）卫浴设备

卫浴设备安装主要包括喷淋、浴缸、桑拿房、坐便器、洗手盆、净身器等安装、调试。

（3）照明设施

照明设施安装主要包括各种灯具、控制开关的安装、调试。

（4）其他设施

其他设施安装主要包括空调、排风、影视、音响、洗衣、浴室浴霸供暖、加湿、空气净化等设备的安装、调试。图8-3是一户现代住宅装修后的效果图，温馨、舒适。

图8-3　家庭卧室装修效果图

（三）建筑幕墙工程

建筑幕墙是一种新型建筑外围护结构，已经有30多年的应用历史。建筑幕墙由龙骨系统和饰面系统两部分构成，龙骨系统固定在建筑物的外立面基层，负责固定饰面单元，传导饰面受力；饰面是可由多种材质构成并已在工厂内加工完成的饰面单元，是预制的半成品。建筑幕墙由于采用工厂化加工、现场安装的主导工艺，工程精确度高、施工工期短，更能体现现代建筑技术发展水平，观感效果优异、并可以增加节能、环保、发电等新的功能，因此在建筑物外装修装饰中被广泛应用。

1. 建筑幕墙的分类

建筑幕墙按不同标准划分，可以划分为不同种类。

（1）按饰面材质划分

建筑幕墙按饰面材质划分，可以划分为玻璃幕墙、石材幕墙、铝塑幕墙、陶瓷板幕墙、木质幕墙、金属幕墙6大类。

玻璃幕墙是最早的幕墙，是以各种安全玻璃为饰面材料建设的幕墙，其优点就是采光性能好。

石材幕墙是以各种石材为饰面的建筑幕墙，其优点是材质坚实、安全性能好。

铝板幕墙是以铝塑复合板为饰面的建筑幕墙，其优点是材质轻，自洁性能好。

陶瓷板幕墙是以陶瓷类板材为饰面的建筑幕墙，其优点是重量适中，稳定性好。

木质幕墙是以改性木质板材为饰面的建筑幕墙，其优点是材质轻、装饰效果好。

其他金属幕墙是以铜、不锈钢等为饰面的建筑幕墙，其优点是现代工业感强、装饰效果独特。

（2）按构造划分

建筑幕墙按饰面与龙骨连接的构造划分，可以分为明框式幕墙、半隐框式幕墙、隐框式幕墙、点式幕墙4大类。

明框式幕墙是将饰面材料固定安装在金属框内，金属框与龙骨相连，并露出表面的建筑幕墙，其特点是安全性能好。

半隐框式建筑幕墙是将部分龙骨隐蔽在饰面材料之后的建筑幕墙，分为显横隐竖和隐横显竖两种形式，其特点是安全性能好，装饰效果刚劲。

隐框式幕墙是将饰面材料固定安装在连接件上，由连接件与龙骨相连的建筑幕墙，其特点是饰面完整，装饰效果好。

点式幕墙是将饰面材料的四角用金属连接件连接，并固定在钢结构、玻璃肋或柔性龙骨系统上的建筑幕墙，其特点是简洁、明快。

（3）按功能划分

建筑幕墙按功能划分，可以分为装饰性幕墙、呼吸式幕墙、光电式幕墙等。

装饰性幕墙就是利用饰面材料的材质，通过幕墙施工技术，为人们及社会提供一个安全、美观、现代的建筑外装饰环境。

呼吸式幕墙是在实现幕墙装饰效果的同时，具有室内外空气转换的功能，能大幅度降低建筑物使用中的能耗水平。

光电式幕墙是能够利用太阳能发电的建筑幕墙，通过幕墙结构内吸收太阳能发电系统及电力调配系统，能够为建筑物提供电能，从而减少社会的电能消耗，增强自我能源供应的建筑幕墙。

2. 建筑幕墙工程的施工内容

无论是何种建筑幕墙其施工过程都分为龙骨架设、饰材加工生产及现场安装三个施工过程。

（1）龙骨工程

建筑幕墙的龙骨工程是以建筑物外表面为基层，以金属型材构成材料，根据建筑幕墙工程设计图纸，采用埋、锚、焊等技术手段，形成相对独立的支撑体系。由于龙骨系统直接关系到整个建筑幕墙的质量、安全，因此必须符合国家相关规范、标准的要求。

（2）饰面生产加工工程

由于建筑幕墙长期置于自然环境下，对建筑物的保温、隔热、节能等起到决定性作用，对建筑幕墙的气密性、水密性、声密性、抗风压等有国家强制性规范要求。建筑幕墙在建筑物的外表面，直接影响到公共安全，其安全性、牢固性、稳定性要求也由国家规范、标准实现强制性控制。因此，为了确保质量、安全，建筑幕墙饰面材料构成单元的制造，必须在专用的生产加工车间内，环境达到相关标准的条件下生产制造。

建筑幕墙单元生产是根据建筑幕墙工程设计图纸，对建筑幕墙的饰面单元进行加工、制造，包括型材、饰面的机械加工、组装、打胶、养护等环节。为了提高饰面单元的牢固性、稳定性，在加工生产中需要使用专用设备、器材和经检测合格的硅硐结构胶等加工手段及辅助材料；为了确保加工生产饰面单元的质量，饰面单元生产车间的面积、机械加工的程序等必须符合国家相关规范的要求，并经质量监督等相关部门检验合格。

（3）单元安装工程

将符合工程设计图纸及相关规范要求的饰面单元，采用锚、栓、紧固件、连接件等技术手段，将饰面单元与龙骨牢固地连接在一起，并按照规范要求进行防腐、防雷、防水等技术处理。图8-4是幕墙的工程效果图，现代时尚，营造出工业化韵味。

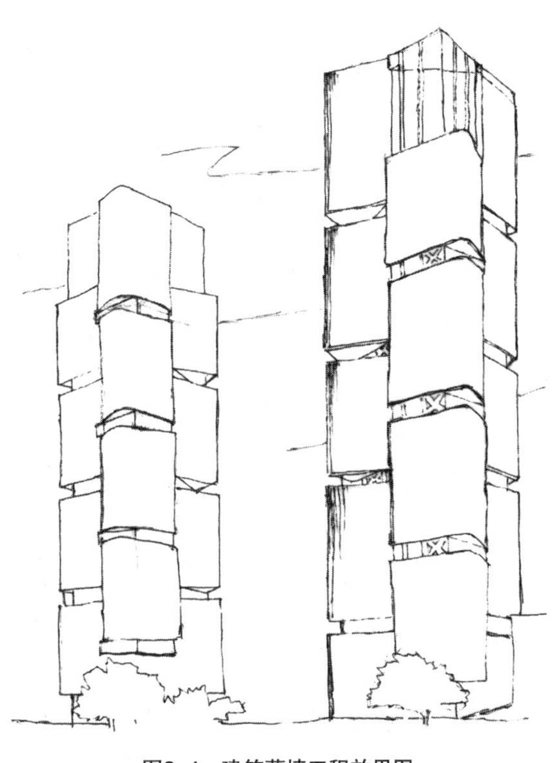

图8–4　建筑幕墙工程效果图

3. 建筑幕墙工程的特点

建筑幕墙是建筑技术体系中的一项创新技术，是建筑技术发展中具有里程碑意义的技术创新。总结建筑幕墙工程的经济、技术特点，主要表现在以下几个方面。

（1）建筑幕墙工程适应了城市中高层、超高层建筑物结构的需要

由于土地资源的制约，要解决人类对建筑需求不断增长与土地资源越来越少的矛盾，城市中的建筑就会越来越高。高层、超高层建筑的荷载，成为建筑设计师们首先要解决的问题。不同材质的建筑幕墙荷载只是其他外围护结构荷载的30%～60%。由于可以有效降低建筑物整体荷载，建筑幕墙越来越受到建筑设计师的偏爱，应用的项目就会越来越多。

（2）建筑幕墙工程体现了建筑技术创新

建筑幕墙工程的技术特点是工厂加工、现场组装、装配式施工，这就大幅度提高了幕墙饰面的精度与质量；利用机械化手段在工厂加工生产，提高了劳动生产率，也提高了原材料的利用水平节约了物资，有利于循环经济的发展；成品装配式施工，提高施工现场的文明化程度，体现了减少污染、缩短工期、提高安全性等优势。建筑幕墙技术对整个建筑装修装饰行业技术创新与发展起到了极为重要的引领与示范作用。

（3）可与结构工程同时施工

由于建筑幕墙采用独立的龙骨体系，半成品安装式施工，所以建筑幕墙可以同结构主体工程施工基本同步。使用建筑幕墙技术，建筑结构封顶后，外围护结构也基本同时竣工。这就大幅度缩短了整个建筑物的建设周期，可以为投资者或经营者提前带来经营回报。

（4）具有较大的发展空间

建筑幕墙是实现建筑节能减排的有效措施之一。随着国家推动低碳经济的发展战略，新结构、新材料、新功能建筑幕墙的社会需求必然会增长。利用建筑幕墙实现节能减排，太阳能利用、风能等再生能源替代高碳能源的技术研发等，将使建筑幕墙技术获得很大的发展空间。所以，从社会长远的、可持续发展的角度出发，建筑幕墙的应用空间还将不断扩大。

第二节 建筑装修装饰工程实施过程及其管理

任何一项建筑装修装饰工程的实施过程，都包括设计、施工组织设计、施工过程、材料采购和工程维护5个环节。

一、建筑装修装饰工程设计阶段管理

建筑装修装饰工程设计是一项高智力创造性劳动过程，高品质的设计，是建设精品工程的前提。加强设计阶段管理，提高设计水平，就是建筑装修装饰工程管理的首要环节。

（一）建筑装修装饰工程设计的概念及作用

1. 建筑装修装饰工程设计的概念及本质

（1）建筑装修装饰工程设计的概念

建筑装修装饰工程设计是实施工程的第一个阶段，是专业工程技术人员即设计师对建筑装修装饰工程的过程和结果进行的策划、预测、设想、计划等活动，是工程实施的重

要环节。建筑装修装饰工程设计是对建筑装修装饰工程质量水平、节能环保水平、文化与艺术含量具有决定性作用的阶段。因此，设计也被称为建筑装修装饰工程的“龙头”。

（2）建筑装修装饰工程设计的本质

建筑装修装饰工程设计的本质是设计人员依据建筑装修装饰工程业主的文化修养、审美情趣、鉴赏水平等对建筑室内空间环境进行再创造的过程，反映出装修装饰投资者的投资能力、艺术品位和文化水平。在整个设计过程中，设计师始终发挥的是以专业美学原则为指导，有矩而不拘于一格创新的参谋、文化艺术修养提升的引领者，各种装饰元素交融与组合的完善、空间环境渲染的策划者的作用，在工程设计中处于辅助地位，是工程业主把理想变成现实的实现者之一。

（3）建筑装修装饰工程的设计单位

建筑装修装饰工程设计要由具有建筑装修装饰专项工程设计资质的企业，在预算造价确定的资质条件范围内承接。一般的建筑装修装饰工程企业都具有建筑装修装饰专项工程设计资质，可以在资质等级规定的预算造价范围内承接建筑装修装饰工程的设计。建筑装修装饰工程设计，需要建筑装修装饰工程业主进行招、投标或者邀请设计的过程，向设计单位发放设计任务委托书，并同设计单位签订工程设计合同，支付设计费后进行设计。

2. 建筑装修装饰工程设计的作用

（1）建筑装修装饰工程设计的经济作用

建筑装修装饰工程是设计人员创造性劳动成果的结晶，具有重要经济意义和价值。通过对建筑物风格、品位的提升与再造，不仅提高了建筑物的价值，而且实际价值提高的规模要大于投资的规模，使投资者获取更大的经济收益。建筑装修装饰工程设计对材料质地、规格、等级，采用部品、部件的档次，工程施工工艺精度等设计，对建筑装修装饰投资效果的全面实现具有决定性作用，影响到建筑装修装饰工程业主的投资结构、投资计划和投资支出的具体安排。

（2）建筑装修装饰工程设计的技术作用

建筑装修装饰工程设计图纸是建筑装修装饰工程施工的主要技术依据。新技术、新材料、新工艺的推广应用首先要在设计中给予体现、要求才能在施工中予以应用。设计图纸中构造的复杂程度直接决定了施工技术的复杂程度与难度；设计图纸的精细化程度直接影响到材料部件、构件加工的技术手段和精度水平；设计图纸中对各种材料、部品、构件的技术创新要求直接决定了材料生产创新和工程项目的工艺创新水平。

（二）建筑装修装饰工程设计的程序与基本方法

1. 建筑装修装饰设计的程序

按照建筑装修装饰设计的程序，建筑装修装饰工程设计分为概念设计、深化设计、施工图设计3个阶段或3大类。

（1）概念设计

概念设计是建筑装修装饰工程设计的第一阶段，是建筑装修装饰工程设计师根据业主对建筑物使用功能、文化内涵及艺术诉求，为建筑装修装饰工程确定风格、情调的设计。概念设计需要的是原创作品，是设计师智力劳动的创新成果，具有极强的创造性。概念设计又称为方案设计，一般只向业主提供数张工程竣工后效果设计的图纸。概念设计一般由有丰富的专业理论和设计经验，有把业主诉求转化成现实效果的专业技能、善于与业主沟通并能准确理解掌握业主意图的资深设计师完成。概念设计必须征得业主的认同才可进行下一步深化设计，因此概念设计阶段是设计师与业主反复交流、不断修改的过程。

（2）深化设计

深化设计是建筑装修装饰工程设计的第二阶段，是建筑装修装饰工程设计人员将业主已经认同的概念设计落实到各功能空间的设计，包括空间布局、流程设计、空间环境再造、材料设计、主要工艺设计并确定基本构造等具体内容。深化设计要为业主提供主要空间足够数量的装修装饰效果图，供业主对固定资产数量、形式等进行思考决策。深化设计由于涉及材料的选择与搭配、功能空间的合理分配与人流、物流、垃圾流等流线的设计，是专业技术性要求极强的设计，也需要有较丰富专业工程设计经验的设计师完成。深化设计也需要征得业主的认可才可以进行下一步施工图设计。

（3）施工图设计

施工图设计是建筑装修装饰工程设计的最后阶段，是将建筑装修装饰工程深化设计转化成为指导施工的权威性技术文件，是将深化设计进一步细化的过程。施工图设计要明确标明材料、构造、做法等指导施工人员现场具体操作的剖面图、节点图，是施工图设计阶段的主要设计内容，图8-5是卫生间装修中钢架台盆安装的剖面示意图。由于施工图设计是指导施工操作的技术依据，所以水、电、通信、视频、宽带等线路、暖通空调及消防管道、相应设备、设施的位

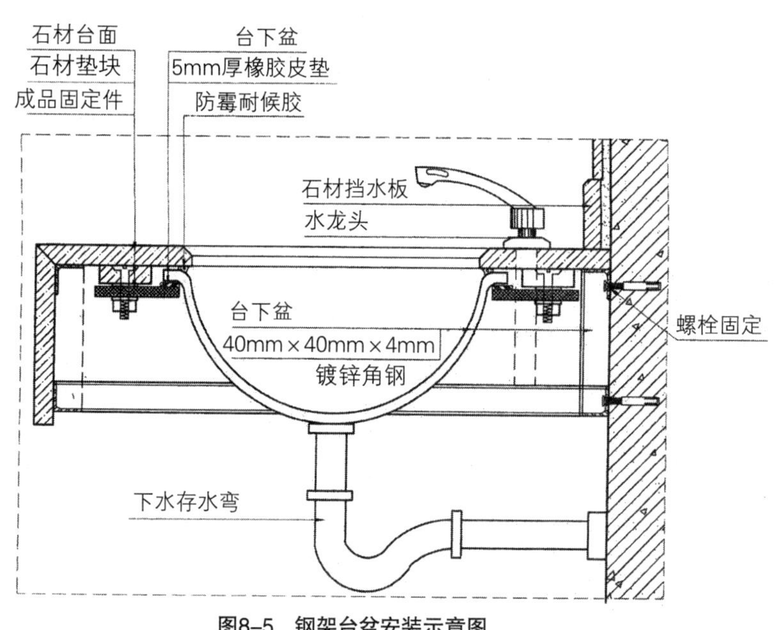

图8-5　钢架台盆安装示意图

置与安装施工图等也要分册下发到各专业施工单位。工程竣工后工程承建商向地方建设档案管理部门报送备案的施工技术文件，是已经实现的全套施工设计图纸。

2. 建筑装修装饰设计的基本方法

建筑装修装饰工程设计的基本手段有手工绘制和计算机辅助设计两种基本方法。

（1）手绘设计

手绘设计是设计师使用画笔，手绘制作的建筑装修装饰工程效果设计。手绘设计的工具可以用钢笔、签字笔、铅笔、毛笔或蜡笔，分为素描和彩图两种，一般用于工程的概念设计阶段。由于手绘设计是设计师依据业主的文化、艺术诉求，通过空间的透视关系，利用画笔来反映装修装饰后的效果。因此，需要有较强的美术能力才能准确表达空间的尺度关系和装修装饰后的效果，是一种原创性的设计过程。手绘设计图的空间比例关系、效果反映的真实程度的不同直接反映了设计师的专业能力和水平。

（2）计算机辅助设计

计算机辅助设计是设计师使用专业的设计软件，在计算机上对建筑装修装饰工程进行设计。随着计算机应用技术和网络技术的发展，计算机辅助设计已经成为建筑装修装饰工程的主要设计方法，用于工程设计的各个阶段，但主要用于深化设计和施工图设计。计算机辅助设计具有设计速度快、设计周期短、修改便捷、对设计人员专业素质要求相对较低的技术优势，又有设计成本低、与业主配合方便的经济优势，是设计技术发展中具有重要意义的变革。计算机设计的主要缺陷，就是设计受到软件水平的制约，规范性较强，创造力明显不足。同时，由于使用的设计软件基本相同，造成建筑装修装饰工程设计作品雷同的现象存在比较普遍。

3. 建筑装修装饰工程设计的基本要求

建筑装修装饰工程设计是工程实施的第一步，也是仁者见仁、智者见智的创造性劳动过程。但建筑装修装饰工程设计必须满足以下的基本要求，才能称为合格的工程设计作品。

（1）必须满足业主的要求

建筑装修装饰工程设计过程是业主与设计师的沟通、交流的过程，也就是业主与设计师进行谈判与合作的过程。任何建筑装修装饰工程项目的设计，都不会是为艺术的设计，必须反映业主的艺术价值观和审美情趣。由于业主与设计师的设计理念与价值取向的不同，建筑装修装饰工程的设计过程实际上是业主与设计师的博弈过程，关键是看谁更为强势，谁能最终以自己的意志说服对方。从满足业主要求的角度看，任何建筑装修装饰工程设计作品都是双方相互妥协、让步的结果。

（2）必须满足节能减排的要求

建筑装修装饰工程设计绝不能是高档材料与部品的简单堆砌，设计师必须考虑工程作品投入后的经济支付负担。在当前节能减排作为社会主导思想和建筑物改造重点的大背景下，建筑装修装饰工程设计必须充分考量工程中施工及竣工后使用的节地、节能、节水、节材，要最大限度地控制二氧化碳、废气、废水等污染物的排放，控制好业主的投资。从节能环保的角度看，建筑装修装饰工程作品都应该是简约化的产物，是在最经济的条件下满足业主的文化、艺术诉求。

（3）必须具有创新性

建筑装修装饰工程设计绝不能克隆、复制，坚决抵制雷同，要有新意、亮点。北京奥运会场馆建设期间，有一处文化设施的装修装饰工程，业主找了多家甲级设计资质的建筑装修装饰工程企业做了概念设计，感觉都雷同且没有新意，最后在文化创意产业园找到了一位专做舞美的画家设计出了业主满意的方案。业主问业内专家原因，专家告其所有建筑装修装饰工程企业的设计师，尽管来自不同的院校，但都是按照统一的教育大纲、学同一本教材培养出来的，避免雷同的创新能力就必然有限。

（4）必须要有可操作性

建筑装修装饰工程设计最终要转化成为可以使用的工程作品，必须做到艺术与技术的统一，即在现有的技术装备及施工技术条件下能否完成构造的建设和工程竣工之后能否正常使用、维护、检修，是建筑装修装饰工程设计的先决条件。建筑装修装饰工程设计不仅要有艺术性，同时必须具有科学性、合理性，要符合建筑装修装饰工程的施工规律和相应标准、规范的要求，具有可加工性。同时，工程作品要让使用者能够便捷、轻松地操作和维护、维修、这在深化设计阶段就必须进行充分的调整、论证后进行设计。

（5）必须要有规范性

建筑装修装饰设计的根本目的是要指导、规范工程的选材和施工，设计图纸必须使用通用、统一、规范的图形、线条、标识和文字，进行标注才能让施工过程的技术人员完全理解和掌握。特别是在施工图设计中，节点图、剖面图等精细部位的设计图，必须严格按照相关国家、行业标准、规范进行设计与绘制，才能真正达到正确指导施工的目的。

（6）设计深度与精度要符合要求

建筑装修装饰工程设计只有具有一定的深度与精度，才能有效地指导、规范选材与施工。特别是在施工图中，设计深度与精度直接决定了工程的内在及观感质量。如不同孔数的合页，孔多的一面是放在门上还是框上，就要在图纸上标清，否则门的安装就不规范；下水地漏在单块地砖上的位置，也需要在施工图中标明，才能保证工程的最终品质。关于不同建筑空间装修装饰工程的设计深度，有相应的标准、规范，设计师要熟练掌握并在实际工作中予以执行。

二、建筑装修装饰工程的施工组织设计

建筑装修装饰工程是各种资源投入的过程，需要在投入前期进行谋划和安排，才能

保证建筑装修装饰投资的安全性。因此，对施工组织实施过程进行有预见性的设计，是建筑装修装饰工程实施的重要环节。

（一）施工组织设计的概念及作用

1. 施工组织设计的概念及本质

（1）施工组织设计的概念

建筑装修装饰工程施工组织设计是建筑装修装饰工程企业依据国家相关规范、标准及业主招标文件确定的经济、技术要求，结合工程的技术特点及难点，对工程的整个施工过程进行的预想和安排。施工组织设计是企业对工程实施过程进行管理的方案设计。

（2）施工组织设计的本质

建筑装修装饰工程进行施工组织设计，其实质是对各类生产要素在工程项目中的使用数量、配置结构、时点分布等进行的设计与安排，展示出企业施工技术与管理能力，在投标文件中被称为“技术标”。编制施工组织设计的目的是向业主展示企业的管理能力和技术实力，要在保证工程项目顺利实现业主目标的前提下，减少浪费，提高各类生产要素的利用效率。

2. 建筑装修装饰工程组织设计的作用

（1）建筑装修装饰施工组织设计的经济作用

建筑装修装饰工程企业编制的施工组织设计是投标文件的重要组成部分，对整个工程的质量、工期、效益水平的控制具有重要作用。施工组织方案设计不仅直接影响到企业对工程项目的报价，决定了企业的成本水平、创利空间，也影响到企业能否中标。施工组织设计的科学性、精准性程度对企业的工程业务发展及提高经济效益具有重要的影响作用。

（2）建筑装修装饰施工组织设计的技术作用

施工组织设计不仅阐明了工程主要技术性能指标，而且规定了各种施工机具、材料与部品、技术工人的进场作业时间、顺序、数量、质量等技术指标，是指导工程实施的重要技术文件。工程实施过程中建设方、监理方对企业项目经理部的监督主要依据企业编制的施工组织设计。建筑装修装饰工程的施工组织设计是形成工程作品的生产制造过程的设计，也是对建筑装修装饰工程质量、环保水平具有决定性作用的技术文件。不同的施工组织设计，劳动力、材料与部品的投入方式、质量以及工程应用的标准不同，工程的技术含量就不同。施工组织设计是反映企业技术能力的重要资料，决定了项目施工过程中技术管理的控制、检测、监督能力与水平。

（二）施工组织设计的主要内容及编制程序

1. 施工组织设计的内容

（1）工程的特点、重点、难点的技术分析

工程技术要点分析的主要内容就是对工程的地理位置、周边环境、场地条件、工程体量、建筑特点、主要技术指标、业主诉求、质量标准等进行研究分析，判断出工程施工组织过程中的特点、重点、难点。企业针对特点、重点、难点提出相应的技术保障措施是施工组织设计整体针对性、适用性、专业性质量水平优劣的关键环节。

（2）项目经理班子的构成

项目经理班子构成的主要内容是针对工程的特点和业主的要求，拟选派到施工现场进行管理的项目经理执业资格等级、技术职称、从业年限、相似业绩等状况及项目经理班子的构成。项目经理班子中技术负责人、施工员、安全员、计划员、材料员等人员的基本情况，包括岗位资格认证、技术职称、从业经历等具体内容。项目经理人选的质量水平是整个施工组织设计的关键点，其对业主的适应性和满意程度对企业能否承接到工程影响极大。

（3）工程施工过程中的控制措施

控制措施的主要内容是根据相关规范、标准和设计图纸、预定工期、预算造价的要求，对工程实施过程中的各分项工程、子项工程的质量控制方法及达到的质量标准；安全生产及用电、用水、消防保护；整体工程中各分项工程、子项工程的开工、竣工时间安排等进行编制、排列、计算。其中进度控制中各分项工程的时间安排要以横道图或网络图的形式进行汇总表述。

（4）生产要素计划安排

计划安排的主要内容是根据施工进度安排和质量、成本控制要求，结合施工过程的场地、运输、材料品种、供应周期等特点，制定出各类施工机具、各工种施工操作人员、各类材料等要素的来源、募集、采购、运输、进场、仓储、使用、撤场等的计划安排和保障措施，以及施工过程的场地布置和生产生活物资供应及流程的计划。

（5）应急预案

应急预案是根据相关规范、标准、制度对工程施工期间的气候条件、社会环境及可能发生的危及工程施工、生产作业人员身体健康等事件、事故处理，制定的组织机构、处置权限及程序、主要方法及措施。如冬季与雨季、社会流行传染病期间、地震与台风等灾难性自然现象发生等特殊条件下的技术措施。在社会特定的时间中应急预案编制得是否科学、安全、适用，将成为企业在招、投标过程中能否中标承建工程的关键因素之一。

（6）协调配合

协调配合是根据工程的特点、要求，制定出与总承包方、建设监理方、业主及社会管理各方的沟通、协调、处置的相应措施。如例会制度、工程变更洽商的人员、时间、期限、地点等的确定。

（7）创优计划

创优计划是业主方提出创优目标时，施工方要根据优质建筑装修装饰工程评价规范的要求，结合工程实施过程中影响项目评优的具体分项工程、子项工程，制定出达到优质工程评价规范要求的具体管理措施、实施过程的技术保障、控制与监督方法等。

2. 施工组织设计的编制程序

（1）编制施工组织设计的依据

编制建筑装修装饰工程的施工组织设计，要以国家、行业相关的技术规范、标准和业主的招标文件的相关指标要求为依据，根据工程设计图纸、确定的工期、造价，由有建筑装修装饰专项工程施工资质的企业，在资质等级规定的范围内编制。

（2）编制施工组织设计的程序

编制施工组织设计首先要认真研究招标文件，并进行工程现场的踏勘，掌握业主要求和工程的技术特点、重点、难点。在此基础上由项目经理组织项目工程师、技术人员及项目管理班子其他有关人员，编制出方案设计初稿。方案初稿要经过企业技术与市场运营管理职能部门的审核，企业技术负责人批准后，加盖公章后封存，并按规定的时间、地点交付到项目招标投标组织单位。

（3）施工组织设计的标准化

施工组织设计中大量的内容是在工程中普遍应用的标准、规范，其质量标准、检测手段、控制措施具有普遍性、通用性，可以在各个工程中反复使用，可以进行标准化处理以减轻编制的工作量。但有关工程的个性化技术要求，如工程技术特点的分析、特定社会条件、自然灾害的应对等，绝对不能使用标准化的文本、资料，必须要制定出个性化、有针对性的具体措施。

三、建筑装修装饰工程的施工过程

建筑装修装饰工程的施工过程是作品的形成过程，也是社会经济、文化、艺术价值的形成过程，是建筑装修装饰工程企业基本的业务过程，直接反映出企业的管理水平和技术能力。

（一）建筑装修装饰施工过程的含义及特点

1. 建筑装修装饰施工过程的含义及本质

（1）建筑装修装饰施工过程的含义

建筑装修装饰施工过程的含义就是建筑装修装饰工程企业按照合同的约定，组织人、财、物、技术等生产要素进行现场加工、制作、安装等，最终形成工程作品的过程。

（2）建筑装修装饰施工过程的本质

建筑装修装饰施工过程的本质就是建筑装修装饰工程企业全面履行合同，对固定资产再投资的生产过程，是工程项目管理部按照合同的约定将各种材料、部品、部件、构件等组合成建筑装修装饰工程作品的过程，也是工程企业全面履行对业主承诺的具体行动过程。

2. 建筑装修装饰工程施工过程的特点

（1）多元化、多样化

建筑装修装饰工程施工过程涉及的材料、部品种类多，质量、性能、价格多样化；施工操作人员工种多、差异性大；工程的专业分项工程、子项工程项目多，对施工过程需要很强的协调、调度、指挥能力，采取多样化的管理措施、手段加以管理才能实现施工过程管理的多元化目标。

（2）不确定因素多

建筑装修装饰工程施工过程，受到材料、部品质量波动及现场施工人员体力、心理因素变动的影响，工程质量的形成过程具有较多的不确定因素。施工过程需要随时进行全面的监督、检查，及时发现不确定性因素的作用并进行控制、约束和纠正才能保证施工过程的顺利、平稳进行。

（3）生产周期长

建筑装修装饰施工过程要集成与整合多种生产材料，各种要素的使用过程要有工艺时间才能保证品质、牢固安全，各种材料的使用有严格的顺序需要工艺等待时间，整个生产过程需要有时间作为保障。工程施工过程中甲方还会随时进行修改、变动造成工程的返工，也会增加工期。建筑装修装饰施工工期一般都会因多种原因造成延误。

（二）建筑装修装饰施工过程各阶段的管理

1. 施工队伍进场

（1）场地整理

场地整理是施工作业人员根据施工组织设计中场区平面布置图及相应规范、标准的要求对施工区域进行围挡，清理作业面、设立物资运输通道和消防通道，接通施工作业面水、电供应等。

（2）建立导向标志

根据相关施工规范、标准的要求在工程施工现场的入口处建立工程简介、相关制度及各方名称等标牌，设定各方工区、工段的引导标志等。

（3）建设临时设施

根据相关施工规范的要求建立施工临时生活区域，搭建临时生活设施，包括居住、食堂、浴室、卫生间等以及生产指挥系统的办公设施，包括办公、会议、生产指挥调度等设施。

（4）技术交底

根据工程施工设计图纸要求对各分项工程、子项工程进行技术细化，转化成为下发给专业分包商、劳务分包商的技术指令，传达到施工作业层的相关技术员，由专业分包商、劳务分包商的技术人员具体布置到施工作业人员。技术交底资料作为工程技术档案的重要组成部分，在工程竣工后要同其他技术资料一同入档保存。

2. 建筑装修装饰工程的主要施工过程

按照施工顺序，建筑装修装饰工程的施工过程可以分为测量与放线，顶部施工、墙面施工和地面施工四个主要过程。

(1) 测量与放线

测量与放线不仅是施工过程中的必不可少的阶段，也是建筑装修装饰工程深化设计和施工图设计的重要技术依据。测量、放线应该由有操作经验的工程技术人员实施，一般分为作业面放线和完成面放线两次。作业面测量放线是指导隐蔽工程施工的标记；完成面测量放线是指导表面装饰工程的标记。测量放线应标出水平基准线、标高线、定位线、定位点等主要坐标。标出测量线、点的基层应平整并保证坐标清晰，相对牢固、稳定、不易消失。为确保测量放线的准确性，应组织对测量放线的复核工作，以另一批工程技术人员使用相同的测绘设备进行精确度复核。

(2) 顶部施工

顶部施工主要包括吊顶工程、电器设备出口、照明设备等的安装工程。按照建筑装修装饰施工基本原则，顶部工程应首先施工，最先完成装饰面安装后，墙部工程和地面工程才能进行装饰面的安装施工。顶部工程中的隐蔽工程完工后，要组织项目部内部的自检，在自检合格的基础上组织业主、监理单位、总包单位及设计单位对质量进行验收，质量验收合格后方能进行饰面的施工。

(3) 墙面施工

墙面施工主要包括墙体、柱体的铺贴工程、裱糊工程、涂刷工程和干挂工程以及门、窗、墙体饰面等的安装工程等。墙面工程对人的观感效果的作用最为直接、强烈，也是施工过程管控的重点。墙面工程中的隐蔽工程完工后，项目部要组织内部的自检，在自检合格的基础上组织业主、监理方、总包方、设计方对工程质量进行验收，质量验收合格后方能进行饰面的施工。

(4) 地面工程

地面施工主要包括地面防水、地面材料的铺装工程等。地面工程对人体的触觉效果的作用最大，要求牢固、安全为主，也是施工过程的管控重点。地面工程中的隐蔽工程完工后，项目部要组织内部的自检，在自检合格的基础上组织业主、监理方、总包方、设计方对工程质量进行验收，质量验收合格后方能进行饰面施工。

3. 建筑装修装饰工程组织实施过程中的管理内容

(1) 流程或程序管理

流程管理是对施工现场测量、放线到各分项工程、子项工程的施工程序、操作方法、工艺过程和工艺纪律进行的监督和管理，是工程组织实施过程的主要管理内容。其中测量、放线决定了工程的精准度，直接影响施工过程的质量管理、材料管理等环节是流程管理的重点。流程管理的依据是现行的相关标准、规范和设计图纸等技术文件对流程或程序实施管理的过程，具体工作就是安排好施工机具、材料与部品、操作工人的进场计划、作业面安排、工人调配、工作量统计等。

（2）质量通病的管理

质量通病是由于材料性能、构成特点等造成的工程施工中经常发生的质量缺陷，如吊顶开裂、石材返碱等。经过长期工程实践经验的积累与总结，目前已经形成了防止和控制质量通病形成的专业工艺技术与诀窍，是预防质量通病的技术保障。在施工现场管理中工程技术人员要对易形成质量通病的工序、节点、材料加工等进行重点管控，严格执行工艺纪律、操作规程等技术规范，防止质量通病的形成。

（3）成品保护

为了防止已完工的装饰面受到损坏，在工程竣工验收前要对已完工的装饰面进行成品保护。成品保护是由成品保护制度、措施、方法等组成的管理体系，是施工现场管理体系重要的组成部分。成品保护一般采用敷膜、遮挡、围栏等具体措施和方法，在整个施工过程中要保证完好、有效。工程竣工验收后，工程施工企业要将成品保护全部清理后交付业主。

（4）现场控制协调

现场控制是项目部的相关人员每日要巡视、检查各作业面，按照施工的技术规范组织自检、互检，及时纠正施工现场的不规范行为，保证施工的顺利进行。要及时解决和处理各分项工程、子项工程，各作业面产生的矛盾和纠纷协调进度。要定期召开现场办公会议，按工期计划对各分项工程、子项工程的人员数量、构成及质量、技术、进度等进行部署和管理。要根据工程进度和已完成工作量，按期及时向业主结算工程款并及时发放工资。

（5）撰写施工日志

施工日志是项目部撰写的最重要的文件资料。施工日志记录了施工现场当日各工区、工段、专业作业面的人工配备状况；各分项工程、子项工程的施工进展情况；机具、设备的投入及运转状态；材料、设备、设施的进场数量、检验结果及使用数量；工程的质量、安全、进度的完成情况；与各方商谈、协调的记录；突发事件的处理记录等，是考察工程项目部管理水平的重要依据。施工日志作为施工过程的记录资料，工程竣工验收后要存入企业的技术档案馆（室）长久保存。

（6）洽商和索赔

对于设计变更、甲供材料延误、自然灾害等非施工方原因造成的工程返工、工期延误、费用支出增加等状况的发生，建筑装修装饰企业可以提出索赔要求。工程项目部要及时同业主代表、监理方监理工程师进行沟通、协商，提出解决意见和建议并征得业主方、监理方的同意与认可，形成意见一致的文字资料由各方签字，作为工程竣工结算时追加工程造价的重要凭证和依据，是项目部的一项重要工作内容。洽商与索赔的文字资料必须符合相关法律、规范、制度的要求，其合法性、完整性直接决定了工程造价的变更。

（7）竣工验收

工程竣工并通过自检程序后，项目部要及时向业主、监理提出竣工验收的申请。建筑装修装饰工程的竣工验收一般由业主组织，监理单位、设计单位、施工单位及总承包单位共同进行。各单位工程验收专家根据建筑装修装饰工程质量验收规范的要求，逐一对各分项工程进行检验并提出合格与不合格的意见。对于不合格分项、子项工程，专家应提出不合格的缘由和返工、改进的意见和建议，企业在整改后再组织验收。验收报告作为工程施工中的重要资料，除交建设质量检验监督管理机构备案，还应连同工程竣工图纸交业主存留并在企业归档。

（8）工程款清算

工程款的清算与回收是项目部的一项最为重要的工作内容。工程款的清算是在竣工验收之后由项目部汇总索赔事项及金额，依据工程合同确定的工程结算方式向业主提出结算申请并报送结算清单。业主在收到结算清单后要交审计部门或财务部门进行审计、核对，经审计、核对后结清应付的工程价款。

在现行的审计、核算机制下工程承建商要全部收回工程价款是一件非常困难的工作，需要做好充分的准备。在现行审计制度下政府投资在很多地区实行二次审计，每次审计的审计单位的收入都是以核减价款多少为依据。所以，相应的资料准备不充分，工程价款就不可能足额结清。另外，审计、核算的时间很长，很多工程的审计时间长达2～3年，承建商也必须做好相应的准备。

四、建筑装修装饰工程的材料采购

材料是构成建筑装修装饰工程的物质基础，材料采购成本又是工程成本的主要构成，工程材料采购的管理水平，直接决定了工程的质量、环保水平和项目的创利能力。

（一）工程采购的含义及原则

1. 建筑装修装饰工程采购的含义及本质

（1）建筑装修装饰工程采购的含义

建筑装修装饰工程企业的工程采购就是利用企业搭建的供应商网络平台，为具体的工程项目进行材料、部品等的购买交易，保证施工过程的材料、部品、构件等需要及工程的顺利实施。

（2）建筑装修装饰工程采购的本质

建筑装修装饰工程项目是业主投资建设的性质，决定了建筑装修装饰工程采购是建筑装修装饰投资中转移社会价值的最重要组成部分。建筑装修装饰工程采购方既可以是建筑装修装饰工程企业，也可以是投资建筑装修装饰工程的业主。在实际工程采购中遵循的是谁采购、谁负责，即谁采购的材料就要对材料的质量、供货期、工程配合程度承担经济、技术责任。

2. 材料采购的基本原则

（1）公开、公正、公平的原则

采购材料的信息公开向合格供应商发布；要公正地对待每一个供应商；评判材料、部品的标准要统一。

（2）优质适用的原则

要优先采购质量可靠、性能优良、施工简捷、满足设计要求的材料、部品生产经营厂商的产品。

（3）低价中标的原则

在同等质量、供货期、供应量的条件下优先采购市场价格最低的材料厂商产品。

（二）建筑装修装饰工程采购的程序和实施

1. 材料采购的基本程序

（1）提、递交资料与样品

材料供应商应向采购方递交样品、样板、样件等实物及企业资料、生产许可证、产品检测报告、相关认证证明及供应保障承诺等资料供采购方进行资料、样品比对的初步甄选。

（2）实地考察

对于大宗材料的采购，采购方在初步甄选的基础上预选出合格备选厂商后，组织物资管理部门及工程项目部的专业技术人员进行现场考察。考察的主要内容是供应商的生产能力、技术水平、品质保障能力及工程配合支持能力等关系工程中材料供应的关键因素。要在实地考察的基础上确定投标厂商，发出招标通知提出采购的要约。

（3）材料采购招、投标

施工现场使用的大宗材料采购，按照招、投标法的要求必须要经过招、投标程序。物资管理部门或项目经理部组织采购的招、投标过程，通过材料供应厂商的竞争，进行优选后确定中标厂商。

（4）签订材料供应合同

材料供应合同应明确材料的名称、质量等级、规格型号、数量、价格、批次、批量、到货日期等实质性条文的内容。材料供应合同及供应商的企业资料、生产许可证、产品检测报告、相关认证资料等是工程实施中的重要技术资料，工程竣工后要归档管理。材料供应商提供的所有资料都应加盖供应厂商的印章并注明工程项目名称及相关责任人。

2. 建筑装修装饰工程采购的实施过程

（1）编制材料采购计划

建筑装修装饰工程项目经理部要根据施工进度、材料及部品的采购周期、部件及构件的生产加工周期等因素编制材料采购计划，报企业物资管理职能部门审核并开始组织采购招标。

（2）材料采购评标

工程材料采购要由企业物资管理部门组织技术管理部门、项目工程师及项目部的相关人员，对供应厂商的投标文件和样品、样板等进行质量、价格、性价比及工程配合服务能力等评价和判断，确定供应商并签订工程采购合同。

（3）按合同约定组织进货

物资管理部门及工程项目部在签订材料供应合同后，要按照合同的约定组织材料进入现场，保障施工的顺利进行。

（三）材料的现场管理

1. 材料现场管理的含义及作用

（1）材料现场管理的含义

工程采购的材料、部品是一次进货，但要分期、分批地投入施工中使用，必然存在项目部对材料在现场的保管、分配、发放、运输等环节，需要科学划分仓储场地、制定完善的保管、领用制度，并在项目施工的全过程严格执行才能为施工过程提供可靠的物资保证。项目部材料管理员是材料现场管理的责任人，对材料的质量、性能负有终身责任，其思想道德水准和专业能力决定了材料现场管理的水平。

（2）材料现场管理的作用

建筑装修装饰工程总造价的55%左右是通过材料现场管理实现价值转移，是构成建筑装修装饰工程、造价最主要的部分。材料现场管理水平，不仅直接决定了工程的质量水平，也直接决定了项目的创利水平，是工程项目管理部的最重要职责之一。通过健全和完善材料库账目、加强现场材料的管控、定期检查账、物水平等，不断提高材料现场管理水平，减少浪费、损坏，提高材料的利用效率是企业提高创利能力的基础。

2. 材料现场管理的程序

（1）进场验收

材料供应到现场时要及时通知甲方和监理单位，由项目部材料管理员逐一核对材料的质量、数量、规格、花色、品种，检查产品合格证、使用说明等资料，并做材料的进场检验记录，由建设方认可。进场的材料数量、质量、品种、规格要计入项目部材料账户，同时记入项目部的施工日志。

（2）材料复试及测试

对于有复试要求的材料，当工程使用数量达到复试要求时应进行现场抽样复试，复试合格后方能在工程中投放使用。有测试要求的材料要进行现场抽样测试，测试合格后方能在工程中投放使用。复试报告、测试报告是工程实施中的重要技术资料，工程竣工后要归档管理。复试、测试单位必须具有国家认定的相应资质，并对报告承担法律责任。

（3）仓储管理

材料、部品进场后要根据其性能特点、保管条件要求等分类进入预设的库房并按照材料的保管要求妥善保管，防止破损、受潮、变质、虫蛀、腐蚀等损耗。要根据材料领用制度规定的程序、办法，以“先进先出”的原则认真履行相关手续，科学地将材料投放到工程施工现场使用。

（四）部件、构件的工厂化加工

1. 工厂化加工的含义及作用

（1）工厂化加工的含义

工厂化加工是指建筑装修装饰工程企业将工程应用的材料在现场外的生产基地进行加工，生产出部品、部件、构件等成品、半成品后运抵现场进行安装的施工方式转变。工厂化加工中在现场外加工工程中应用的材料是基础，也是工厂化加工的本质。工厂化加工是对比现场加工制造提出的一个新概念，展示了建筑装修装饰工程企业技术能力和工程服务能力的提高。

（2）工厂化加工的作用与意义

建筑装修装饰工程企业一般将材料经过精细化、机械化、标准化加工后，再在现场中使用。由于是在生产基地的工厂中，以机械设备进行生产加工，半成品、成品的规格标准统一，能够提高工程质量精度，提高工程的观感质量。由于是半成品、成品的安装，饰面的平整度、标准化的表现就强烈，反映出施工技术含量的提升，体现了装修装饰施工技术的发展。

工厂化加工能够减轻工程施工现场的劳动强度，是提高施工现场的文明化水平的主要方法。由于运抵现场的是半成品、成品，主要施工技术手段是组装、装配、安装，便于使用机械进行运输、吊装等作业，劳动强度会大幅度降低。由于施工技术由湿作业改为干作业，施工现场的水、油等用量减少，作业面的卫生、安全状况会得到改善，对环境的破坏和污染的水平降低。劳动强度的下降和作业现场环境的改善能够提高施工现场作业人员的安全感、敬业感、责任感，不仅有利于改变行业形象，增强新劳动力募集的能力，也有利于提高现场操作人员的标准化、专业化、规范化水平。

工厂化加工能够减少资源消耗，有利于资源的循环利用。由于把在施工现场零散的加工转为在工厂中的集中生产，各种原材料加工过程中的废料、弃料等都可以进行归类收集，作为其他企业的原材料在生产中得到利用。如木制品加工中的锯末、料头等，就可以作为木制板生产企业的原材料。工厂化加工不仅能够提高资源的利用效率，为循环经济建立提供了基础，同时也减轻了为消纳废弃的工程垃圾对环境造成的负担。

正是由于工厂化加工具有的科学性、先进性，建筑装修装饰施工过程中的材料供应形式发生了重大的变革，即在施工现场的材料供应中，成品、半成品的比重在不断攀升。施工中成品、半成品的装配式施工内容的增加带动了施工主导工艺的变革，推动了建筑装修装饰工程项目管理的升级换代。由于工厂化加工后部品、部件、构件在工程中大量应用大幅度缩短了工期，降低了成本，提高了质量。所以，工厂化加工已经成为建筑装修装饰工程物资供应的主导形式。

2. 工厂化加工的条件

（1）对设计提出新的要求并予以实施

工厂化加工需要精准的设计图纸作为加工的依据，对设计质量的要求要高于现场制作时。现场制作时由于是手工操作，工程设计的图纸只要标出基本的尺寸、样式，施工现场的制作人员就可以按照图纸进行制作，在现场进行改动、调整、配合，实现工程目标。在工厂化加工条件下现场只是安装部品、部件、构件，各部品、部件、构件间的配合要非常精准才能进行安装，设计图纸的精度必须精准。另外，工程设计图纸要包括指导机械化设备进行加工的内容，对加工件的构造、加工工艺等也需要进行设计，才能规范、准确、全面地指导生产加工。在工厂化加工条件下的建筑装修装饰工程设计，要由建筑设计向工业设计方向转化，大幅度提高精度与深度，这是工厂化加工提出的要求。

（2）对项目经理的要求

在工厂化加工中向施工现场提供成品、半成品条件下，项目经理要控制好两个现场，一个是施工现场，一个是生产加工现场，才能把工程顺利实施完成，这也提高了对项目经理管理的标准。项目经理作为工程项目的第一责任人，对工期、质量、成本全面负责，要全面履行合同就要根据合同的要求，及时做好部品、部件、构件的生产加工安排，并保证质量、工期的要求，同时要进行加工、运输、安装、成品保护全过程的计划、组织与实施。

在工厂化加工，现场安装作业条件下，项目经理必须是一个既懂施工管理，又懂生产管理的复合型人才，才能确保合同的全面履行。这就需要对项目经理进行再教育，特别是在机械加工原理、企业或合作商的机械装备状态等方面提高专业知识与能力水平，并有利用既有装备组织生产加工的能力。同时要能够熟练利用现代化通信技术、网络技术、视频技术等手段，以先进装备武装项目经理及项目经理班子，加强对全过程的监控力度，及时发现并纠正生产加工中出现的误差也是在工厂化加工条件下的新要求。

（3）对加工手段的要求

工厂化加工后的部品、部件、构件的精度高，才能在施工现场准确地安装在基础或预设的龙骨结构上，加工、包装、运输等环节都极为关键。部、构件的加工精度与质量水平，是由生产加工的装备水平决定的，保证精度、质量要求的加工机械装备状态，以及操作人员对生产流程和纪律的执行状态，是工厂化加工的物质基础。要以工业生产的要求，对机械装备的状态进行检查、维护、保养，并对生产加工人员进行上岗前的培训，才能保证加工质量。生产加工好的部、构件必须进行成品保护并进行包装。然后以安全的方式运送到现场，运输过程中的保护也极为重要，要防止运输过程中的损坏，一般要设置专门的保护装置。

3. 工厂化加工的实施

（1）企业自建生产加工基地

通过企业投资建设装修装饰工程中主要应用材料的生产加工基地，生产配合工程项目施工的部品、部件、构件，是大型建筑装修装饰工程企业进行工厂化加工的普遍方式。工程企业自建的生产加工基地，一般是由工程中大量应用的木器、家具等木制作开始，逐步向石材加工、金属加工等其他领域延伸，逐步提高企业承接工程项目的工厂化加工水平。当生产加工基地形成规模后，有些建筑装修装饰工程企业将生产加工基地独立出来，成为一个专业的装修部品生产企业，除保证本企业工程项目自用外，还面向市场、拓展营销渠道，实现企业多元化经营的目标。

由于生产加工基地建设的投资额度大、设备引进的种类多、技术性能差异大、选型和配套的专业性要求高，具有一定的投资风险。特别是建筑装修装饰工程企业，管理层擅长的是工程管理，对工业生产管理缺乏知识和经验。所以，一般是由人才的引进为先导建设生产加工基地。装修装饰工程企业生产基地的建设，要以慎重、务实的态度，结合企业自身的工程状况和对未来发展的判断，切实把握好选址、规划、设备选型、建筑施工、设备调试等各环节，生产基地建设才能较快地实现加工能力。

（2）整合社会资源建立加工合作平台

利用社会闲置的生产能力，通过市场、资金、技术、生产设备等资源整合成为工程配套的加工生产能力，也是一种实现工厂化的重要途径。市场经济条件下，相关联行业也会长期处于分化、整合之中，会产生闲置的社会生产能力等待整合与利用。建筑装修装饰工程企业可以利用掌握客户终端的优势，以资金入股、技术转让与合作、市场销售、设备专用等多种形式实现跨行业的合作，低成本实现工厂化加工能力，提高工程项目的成品、半成品的比重。

整合社会闲置生产能力的方式投资少、见效快，但也存在着一定的风险。由于是跨行业的合作，行业思维方式有所不同、企业间的核心价值观体系存在着差异、管理方式和标准也存在差异，这种方式对工程项目的质量、工期等保障程度存在不确定、不稳定性。建筑装修装饰工程企业要以公正、平等、合作的心态，逐步通过对整合企业的磨合，减少不确定性因素，以标准化、程序化增强稳定性，提高对工程项目的保障水平。

五、建筑装修装饰工程的维护

对建筑装修装饰工程作品的维护，不仅是对企业承建并完成的工程作品负责，也是对业主、社会的责任。建筑装修装饰工程企业要树立品牌就必须重视工程维护，提高业主的信任度和满意度。

（一）建筑装修装饰工程维护的含义及意义

1. 建筑装修装饰工程维护的含义

（1）建筑装修装饰工程维护的含义

建筑装修装饰工程竣工后，要交由业主使用。由于业主是非专业人士，对各种设备、设施的使用和构件、部品的维护等缺乏专业知识和技能，需要给予专业指导，使其正确地使用、维护和保养。同时，建筑装修装饰工程在使用过程中，施工过程中的质量缺陷也会显现出来，需要进行修缮、调整，及时消除隐患，这就是建筑装修装饰工程维护。

（2）建筑装修装饰工程维护的本质

建筑装修装饰工程维护是建筑装修装饰工程的重要组成部分，是建筑装修装饰工程企业的重要职责。我国相关法规规定，在正常使用条件下，建筑装修装饰工程的最低保修期限为两年，防水工程的最低保证期限为5年，从法律上对工程承建企业的责任加以明确。在质量保证期以内出现质量事故、质量缺陷、质量瑕疵等，承建企业都必须及时处理，予以修整、修补和完善，以免造成损失，承担赔偿责任。

2. 建筑装修装饰工程维护的意义

建筑装修装饰工程维护是建筑装修装饰工程企业的一项重要业务内容，其管理质量水平，具有很强的社会、经济意义，主要表现在以下两个具体方面。

（1）对全面结清工程款具有重要的作用

按照我国现行建设制度的规定，工程总造价中一定比例的工程款作为质量保证金抵扣在业主手中，要等待质量保证期后退回给施工企业。企业对业主的后期服务水平，特别是对质量缺陷处理的及时、合理、完善程度，直接决定了质量保证金回收的比例与数量。

（2）对企业的业主网络建设具有重要的促进作用

工程维护属于售后服务的范畴，对企业社会口碑的形成具有重要的作用。企业工程维护做得越好，业主对企业的信任度就越高，与企业再次合作的概率也会越高。由于建筑装修装饰工程的复杂性、不确定性，工程在使用中出现偶然质量缺陷是任何施工企业都不可避免的。不同的工程维护方式反映的是企业经营理念的不同，其社会影响作用也就会不同。因此，工程竣工后的维护，也是承建商一项重要的业务内容。

（二）建筑装修装饰工程维护的主要内容

建筑装修装饰工程的维护，主要包括编制《用户手册》、现场维护两部分内容。

1.《用户手册》的编制

（1）《用户手册》的概念

《用户手册》是承建商在建筑装修装饰工程竣工后，向建筑物的所有者或经营使用者交付的使用说明书，是指导经营使用者正确使用、维护建筑装修装饰工程作品的技术资料。《用户手册》的本质是要划分建筑装修装饰工程作品的使用责任，为业主使用工程作品时明确义务、做出指导、分清责任。

（2）《用户手册》的内容

《用户手册》的主要内容包括工程应用主要材料的性能、成分、维护、保养、修缮的技巧及注意事项；各子项工程的构造、维护、保养的技术要求及注意事项；各分项工程的构造、特点、维护、保养、置换的技术要求及注意事项等。由于是提供给业主的技术资料，要求内容浅显易懂、简洁明了、突出重点。

2. 现场维护

（1）现场使用指导

在工程竣工验收后，由承建商的专业技术人员，在现场指导经营使用者的相关人员，正确操作、维护、保养设备、设施，保证设备、设施的正常运转和建筑物的正常使用。

（2）现场调试

在工程竣工后，由承建商的工程技术人员，对工程中安装的设备进行调试，以满足经营使用者的相关要求。现场调试时经营使用者的相关人员应参与调试过程，以掌握操作要领，保护设备安全。

（3）现场维护

在工程竣工后，由承建商的工程技术人员与使用者的工程技术人员，共同对处于磨合期的设备、设施进行维护、保养。

（4）现场维修

在工程竣工后，由承建商的专业工人对出现质量事故或部分损坏的工程进行修理、修补、修复。对于非承建商原因造成的损坏，经营使用者应向承建商支付工程的修理费用。

六、建筑装修装饰工程项目的风险管控

建筑装修装饰工程项目是建筑装修装饰工程施工企业的主要经营业务内容，工程项目质量关系企业生存与发展，是其经营管理的重中之重。由于建筑装修装饰工程项目的运作过程有一个较长的时间周期，各种生产要素也都存在着发生巨大变化的不确定因素，因此也必然存在着经营风险。企业要在市场中生存和发展，一项最基础的工作就是搞好工程项目的管理，其中的关键就是对承接的工程项目的风险进行有效管控。

（一）建筑装修装饰工程项目的风险来源分析

在社会化大生产存在商品与服务交易的大背景下，由于社会的复杂性、多样化，市场中必然客观存在经营风险。特别是在市场生态恶劣、经营秩序混乱的环境下，企业在承接工程项目时存在的经营风险更是无处不在、无时不有，需要企业时刻警惕、处处提防，才能保证项目顺利实施，实现企业预设的经营目标。认真分析企业工程项目运行中的风险来源，主要有以下几个方面。

1.来自建设方（甲方）的风险

建设方和施工方是建筑装修装饰工程市场中的两个基本主体。从市场经济关系上分

析，应该是平等的合同关系，双方的共同指向应该是按合同约定的质量、工期等完成工程设计施工。但社会关系的实质是建设方为投资方，掌握资金运作的主动权，双方存在着雇佣关系而客观上存在着不平等。改革开放40多年来，建设方的市场经济思维和等价交换意识在逐步建立，但由于客观市场环境存在着“契约意识”薄弱、“法治环境”混乱等现象，导致由建设方（甲方）造成的各类风险是建筑装修装饰工程企业面临的主要市场风险。仔细分析建设方（甲方）给工程企业造成的风险，主要包括以下几个方面。

（1）合同签订前的风险

改革开放，特别是在全面建设小康社会的发展阶段，我国进行了人类历史上空前的大规模建设，建筑业的发展出现了跨越式的增长。在国家综合国力虽然持续增长但仍然较弱的社会大背景下，建设项目自有资金的水平普遍不足，建设方（业主）就希望吸纳更多的银行信贷资金以外的资本投入建设项目中，所以，在工程合同招标投标阶段，就会设计出相应的条件，转嫁其资金困难和缺口，形成工程企业在经营中的潜在风险。主要的类型有以下几种。

①“最低价中标”的经营风险。建设方利用装修装饰工程市场中施工企业之间激烈竞争的大环境，通过招标文件、经济标计算分数规则、设置拦标价等技术手段，单纯以报价筛选施工企业，向低报价施工单位倾斜，造成最低价中标的实际结果。如果是在同类技术标和成本构成的前提下，最低价中标有其科学之处。但目前的最低价中标往往是在技术落后、造价构成缺失项目、费用构成不合理等不公正的状态下实施的，存在着劣质企业淘汰优质企业的现象，在工程合同签订的前期就埋下了危机的种子。

②“垫资施工”的经营风险。垫资施工是建设方千方百计地裹挟施工企业利用自有资金参与项目建设施工的最重要的手段，是我国很多建设方所追求的目标和进行工程资源分配的重要条件。其中，主要是房地产开发商，特别是民营的房地产开发商为转嫁资金风险，补充开发建设资金链缺口，给施工企业埋下了重大经营安全隐患。在银行资金严格控制进入房地产行业，而建筑装修装饰工程市场激烈竞争的形势下，垫资施工也是建设方以优势市场地位诱导施工企业踏入陷阱的最常使用的手段。在合同中设立的垫资施工陷阱主要有以下几种。

a.第一种是明确标明施工企业的垫资额度的方式。即在合同中明确施工企业必须自带资金施工，在完成一定额度的工程进度后方开始按确定的比例结算工程进度款。建设方的解释是要对施工企业的经营实力、资金状况和持续施工能力进行考察和检验，实际是要求施工企业自带规定额度以上的自有流动资金进行施工。一旦工程达到了规定进度后，建设方是否进行工程款结算，在工程中建设方能否有持续的新资金投入，主动权就完全掌握在建设方，对施工企业具有极强的不确定性和不安全性。

b.第二种是变相标明施工企业垫资施工的方式。这种方式一般有两种具体形式。第一种是在合同中标明建设方不支付施工的进场费，由施工企业自有资金完成施工现场的进场费用。如临时建筑设施、机具等费用，在工程正式开工后按进度结算进度款。另一种是在结算工程款时，不足额结算工程进度款，而是按建设方确定的比例结算，而结算的额度不足以支付施工现场的全部实际支出。如果项目要持续施工，就要求施工企业投入自有资金才能保持继续施工。无论哪种具体表现形式，其本质都是要施工企业使用自有流动资金才能保证项目持续进行，给施工企业带来极大的风险。

“垫资施工”之所以成为施工企业最大的风险，主要原因是“垫资施工”其本身就在法理上说不通。施工承包合同是专业指向工程建设项目的服务合同，施工企业为建设者提供的仅仅是工程的施工服务。在整个工程建设周期内，并没有发生任何所有权的转移，整个项目的所有权始终属于工程建设者（甲方），施工方仅仅是在为建设者提供服务。垫资施工却要求施工方以自身拥有所有权的资金为建设者买单，却没有转移任何项目所有权，是对施工企业资金所有权的剥夺，有“空手套白狼”的寓意。因此，这是一种违宪、违法行为。

我国建筑业市场上的乱象，如进城务工人员讨要薪酬、材料供应商讨要货款等现象，往往是由于建设方要求的垫资施工和拖欠工程款造成的。尤其是民营房地产开发商的建设项目，在当前市场环境下，垫资施工已经成为一条推进项目、转嫁资金危机的违法潜规则，是很多施工企业资金链紧张、深陷债务纠纷、出现生存危机的主要原因，一旦垫资数量超出企业的承受能力，企业破产倒闭就是自然发展的必然结果。

③“甲指甲供”的经营风险。“甲指甲供”是以合同的形式规定建筑装修装饰工程中主要材料、部品、部件、构件和设备、设施等由建设方（甲方）采购或在建设方（甲方）指定品牌、档次、价格、供应商的条件下由施工企业采购的材料采购形式。其实质都是剥夺了建筑装修装饰工程企业在建设工程项目中主要材料、部品、部件、构件、设备、设施的采购权，即失去了对工程用材的选择权、议价权和裁决权。更为重要的是承包施工的企业在工程项目中失去了对材料供应统一的调度权，使工程运作中质量、工期等的整体协调受到干扰和破坏。

“甲指甲供”给建筑装修装饰工程企业带来的风险主要体现在以下两个方面。一是由于建设方（甲方）选择的一般都是某一知名品牌中质量档次最低的产品，其质量与该品牌的高端产品质量差异巨大，在工程大范围应用后会因为功能、款式、观感等质量欠佳产生极大的偏差导致发生纠纷和矛盾。二是这种建设方非专业性的集体采购，一般都会利用市场中建设方的买方优势地位，也是以最低价中标的形式采购，除质量差异外，在供货时间、批次批量、成品保护等方面也极有可能出现问题，从而影响工程的工期进度、成本控制和最终质量，形成施工企业在履行合同时的现实风险。

（2）合同执行中的风险

建筑装修装饰工程建设合同的执行过程需要各种要素持续投入，且施工周期较长，存在大量的变数。在这个过程中，建设方、总承包方、监理方、设计方与施工方在工程合同中规定的权利与义务会因为各种内外部因素的变化而发生变更。其中因建设方（甲方）的变化而发生合同违约，会使合同执行过程中产生人工、材料、资本、工期等一系列异常波动，从而给建筑装修装饰工程企业带来直接的风险，是工程企业在项目经营中最主要的风险。建设方（甲方）在工程合同执行中带来的违约风险主要有以下几种。

①建设方（甲方）内部发生了重大变化。在工程合同执行期间，建设方内部及建设项目负责人等组织、经营、资金分配发生调整变化，导致其对建设工程项目的功能、造价、设计、用材等产生认知差异，于是采取一系列的调整修改。工程项目的实施也会产生巨大变化，给合同的继续执行带来重大障碍和困难，成为工程企业面临的重大风险。特别是在政府投资建设的公共设施建设项目中，由于领导（决策者）、建设方（甲方）主要负责人或建设项目主要负责人有重大人事调整，对工程项目的认知水平、审美情趣、文化修养等与前任有所不同，项目可能发生相应的改变；认识差异越大，产生重大变化的风险就越大。对于其他建设者，也会由于内部的变化影响工程项目的实施，最终形成施工企业的风险。

②建设方（甲方）外部环境发生重大变化。在市场经济条件下，建设方（甲方）在建设工程合同执行期间，也会由于改制、重组、合并等单位隶属关系的变化而产生对在建工程项目的规模、性质、作用等的新的认知，导致发生重大变化，对工程项目实施带来极大的不确定性，等待审定、修改期间，将产生巨大费用支出，对工程企业形成重大、现实的经营风险。由此产生的重大设计、技术措施变更，会带来造价的极大波动、工期的延误、技术的变更等，对承接项目的工程企业造成重大风险。

③社会环境发生重大变化。在建设合同执行期间，社会的外部环境在不断变化；除国家宏观、中观经济政策的变化会对工程项目产生冲击外，当发生各种自然灾难，如洪涝、地震、瘟疫等不可抗的突发事件，也会使工程施工的外部社会环境发生巨大变化，对项目的正常生产经营产生巨大的风险。特别是建设方（甲方）对社会环境巨大变化的认知水平和采取的具体应对措施，具有差异性，对工程企业在建设项目的各种投入造成的影响力和风险也有差别，特别是建设方一些过激性应对措施对工程企业，特别是承建的劳务企业可能是致命的打击。

④市场环境发生重大变化。由于国际、国内政治的影响和社会局势的动荡，微观市场环境会由于资源、产能、国际贸易、运输等多种因素的作用而使整个材料供应产业链处于阻隔、断裂状态，造成市场供求出现严重不平衡，致使工程应用的材料、产品等出现紧缺，导致某些材料、产品的价格上涨，对工程合同的顺利执行造成极大的风险。在市场环境产生波动时，不同的建设方（甲方）对市场环境变化的认知和应对措施不同，特别是针对工程项目具体用材、选材、技术等的变更措施不同，对工程企业承担的工期、质量、技术等风险也不同。

（3）合同执行后的风险

建筑装修装饰工程竣工验收，投入使用后，工程企业的风险并没有结束。在我国现有建设法规规定下，建筑装修装饰工程企业在随后的业务活动中，仍然面临着以下重大风险。

①工程款结算的风险。工程款结算是建设方以货币形式向工程企业支付工程项目的全部造价，是建筑装修装饰工程企业营业收入的主要组成部分，也是工程企业生存与发展的主要支撑。我国工程款结算的程序繁杂、参与的当事方多、结算的时间较长、可变因素多。工程款结算的顺利与否，直接决定了工程企业的生存与发展品质，也是工程企业要直接面对的具体风险。建筑装修装饰工程企业在工程款结算时面临的风险主要有以下几种。

第一是工程结算款结算依据存在的风险。工程结算款与工程预算相比有较大的差距，这一差距主要体现在工程施工过程中设计、材料、施工技术措施等的变更。施工过程中的各类技术变更越多，结算中存在的矛盾与问题就越多，建设方与施工方之间可能存在的纠纷就越大，所以结算中的风险就越大。如果施工企业提交的结算依据中有技术变更资料但程序、完整程度等存在不足，即使是在项目实施过程中实际发生的事实，建设方仍然会予以否定、抵赖，造成施工企业由于缺乏合法性而形成实际损失。

第二是工程结算款结算程序存在的风险。我国工程款结算的程序十分繁杂，要经过相当多的环节结算审查、审核过程，所以结算时间长、非专业关卡多，也成为工程企业结算工程款中的实际风险。有些工程项目已经竣工投入使用多年，工程结算款仍在审核程序中，有些建设方还会刻意拖延工程款的结算，致使很多工程项目数年仍未结算，使工程企业大量的自有流动性资金被占压，并形成了大量的债务负担，给企业带来巨大的社会压力、资金压力和经营风险。

第三是工程结算款的结算标的存在的风险。建设方要千方百计地减少在工程项目中现金的投入，在工程结算时，会想方设法找出各种理由，把结算的货币资金转换成其他物品抵充工程结算款。其中房地产开发商一般会以积压在手中的商品房充作工程款抵押给施工企业，其他的建设方也会以手中现有的各种商品、购物券、消费券等形式抵充工程款。其实质是建筑装修装饰工程企业以自有的流动资金购买了企业并不需要的建设方的商品和服务，使企业自有流动资金大量损失。

②质量保证金的风险。我国工程款结算制度规定工程款的5%作为建筑装修装饰工程的质量保证金交给建设方，工程竣工两年后扣除保质期的各项费用支出后，给付施工企业。在现实中，无论施工企业的工程质量如何，建设方都会找到各种理由和借口，尽量在两年内把质量保证金的额度消耗干净，施工企业最后能够拿回质量保证金的比例很小，这也是工程企业在工程款结算后的一笔重要损失。

2.来自总承包方和监理方的风险

工程建设总承包商和监理公司是工程建设中的重要市场主体，参与工程建设的全过程。在我国建筑法规中，工程总承包商负责工程主体结构的建设，其他专业工程由专业分包商负责建设，但要服从总承包商的管理。所以在建筑装修装饰工程实施过程中，总承包商有管理的义务和权利。工程监理企业是工程建设的第三方监督、管理机构，是受建设方委托对建设工程进行监督、管理，具有很大的裁决权和管理权。总承包方及监理方都是建筑装修装饰工程项目实施过程中重要参与者，也是建筑装修装饰工程项目实施中风险的重要来源。

按照我国现在工程建设市场的普遍规则，承担建设工程总承包的企业，普遍也会带资、垫资承接工程，尤其是房地产住宅开发建设项目，总承包商的垫资数额一般都十分巨大。因此，尽管总承包企业都是资金实力比较雄厚的大型企业，但都面临着流动性资金的强大压力，特别是工程项目运作的流动资金十分紧缺。为了尽可能地转移企业自身的资金压力，会促使总承包方在管理费比例、临建设施使用、垂直运输设备使用、现场水电等资源用费领域向装修装饰施工企业收取更多的费用转嫁困难。由于装修装饰工程是最后的施工内容，随着施工现场条件的变化，会形成诸多困难和风险。

监理方给建筑装修装饰工程企业带来的风险，主要来源于监理企业对装修装饰工程技术的非专业性。我国工程监理企业中的监理工程师，其专业主要为工业与民用建筑，其技术专长是工程的结构施工和主要技术设备的安装。对于建筑装修装饰工程这类多学科相结合，具有综合性、艺术性，用材及技术具特殊性的专业工程设计，并对施工有特定要求的工程项目并不十分了解和掌握，很难以装修装饰专业技术的角度审视、评判装修装饰工程。特别是有独特功能和观感效果的专项工程，监理工程师很难给予正确的评价和判断，会对施工企业的专业技术方案提出非专业的判定，给施工的顺利实施造成障碍。

（二）建筑装修装饰工程项目风险的管控

建筑装修装饰工程企业对所承接工程项目的风险管控是企业最重要的基础性工作，需要建立完整的体制机制才能实现。俗话说“害人之心不可有，防人之心不可无”，企业应时刻提高对市场风险的警惕性、敏感性和认知水平。同时管控风险也是一项系统性、专业性极强的技术工作，需要调动和运用企业掌握和控制的各类资源，经过系统的整合和专业的预测、判断、协调、管理才能有效地进行管控。建筑装修装饰工程企业对项目风险的管控，主要包括以下几个方面。

1.工程项目承接前的管控

工程承包合同是建筑装修装饰工程企业与建设方（甲方）确定工程建设项目中双方雇佣服务关系的最主要的法律文件。工程合同签订后，就明确了双方的权利与义务，双方都要严格履行合同，执行合同的相关条款。在我国现行建设管理制度下，一般只有建设方（甲方）有权提出变更、修改合同条款，并与建筑装修装饰工程企业进行协商，以达成新的协议。建筑装修装饰工程企业除不可抗力外，一般无权提出变更合同的要求。所以，在工程企业承接工程、签订合同之前，施工企业必须全面掌握该工程相关的主要信息，做到心中有数，并做好充足的思想、物质准备，将风险隐患消除在合同正式签订之前。

虽然建筑装修装饰工程企业发展的源泉在于承接工程项目，从这个意义上讲是多多益善。但社会上总有黑心业主、不良商人和不法分子，在违法、违规、违纪成本极低的建筑业市场环境中，给处于焦躁状态、急于寻找工程机会的施工企业设置各种骗局和陷阱，必须要时刻提高警惕，防止落入别人的圈套。建筑装修装饰工程企业要防范工程项目中的各种陷阱，规避工程项目运作中可能带来的风险，保证企业的安全，在工程承接合同签订前就应做好以下几个方面的工作。

（1）对工程项目的分析判断

对工程项目的真实性及相关信息进行搜集、研究、判断是工程承接合同签订前的一项重要的工作。在当前市场环境下，建筑装修装饰工程企业重点需做好以下几个方面的工作。

①对工程项目的真实性进行证实。当前装修装饰工程市场竞争激烈，信息比较混乱，有大量虚假信息充斥市场，引诱施工企业上当受骗。因此，企业必须搞清楚工程项目的实际情况并对其真实性进行分析、判断。要通过各种可靠渠道，甚至实地观察、走访，切实收集到工程地点、规模，工程具体的施工技术范围、建设方（甲方）属性、建设标准等具体信息及相关数据资料，作为企业决策层对工程项目真实性及是否参与后续运作进行研判的依据。

②对工程项目的施工内容进行研判。在企业确定发展的目标专业细分市场后，就会有选择地承接工程项目。要对工程项目的具体施工内容、主要专业技术范围、标准要求、使用功能领域等相关信息进行采集。如企业是否具有工程要求的资源禀赋、技术能力和技术储备，将工程项目与企业确定的目标市场进行类比，分析其与企业目标市场的交集与吻合程度。如果对企业发展和开拓目标市场有利就应继续参与，如果技术能力不足或与目标市场发展联系不紧密的，就应直接考虑予以放弃，免于带来后续风险。

③对工程项目建设方（甲方）的分析和判断。不同的建设方由于项目资金的匹配程度、工程规模、自身实力与信用水平不同，给企业造成的风险也有不同，必须对建设方的资信水平和偿付能力进行分析和判断。特别是对第一次提供服务的业主（客户），尤其是对民营的中小型房地产开发商，必须了解和掌握其经营实力、诚信水平、建设资金状况、资金来源、资金性质、社会评价等主要信息资料，结合掌握的情报资料分析、研究，判定其支付能力和诚信水平。对于比较成熟的业主，也应就本项目的具体情况进行调查研究，做出正确的判定，并以此作为是否继续参与该工程项目建设后续运作的主要依据。

（2）对招标文件的分析研究

招标文件的实质是建设方对工程建设项目参与者的要约，表达了建设方对工程项目建设中的具体条件要求和项目实施过程中的具体原则、标准要求、运行规则等基本内容，是最后签订工程合同的主要依据，反映了建设方主要的、基本的诉求。参与投标的工程企业必须充分满足招标文件的所有要求和条件，才能拥有参与工程项目投标的资格。所以，企业必须仔细分析研究建设方的招标文件，并根据招标文件的内容做判断，是否参与该工程项目的投标。

招标文件是施工企业最主要的分析研究蓝本，也是判定能否参与项目的主要依据。对招标文件的研究，应该在工程项目实地考察、访问，实量、实测并结合建设方提供的设计图纸和相关资料的基础上，同企业内部工程管理、经济核算、技术管理等专业人员共同进行。其中，重点对技术条件和相应经济条件进行研究分析，并就此提出企业的应对与解决方案，为企业领导的决策提供参考，并为工程合同谈判提供帮助，以便施工企业在后续的合同谈判中占据有利的主动地位，减少合同具体条款中的风险隐患。

①对技术条件的研究、分析和应对。任何一个建筑装修装饰工程项目都需要相应的施工技术予以支持，才能保证合同的真正履行。特别是在当前科技不断发展，高科技新产品应用层出不穷，人们对细分专业功能要求不断提高的大背景下；装修装饰工程的科技含量不断提高，材料、部品、部件、构件的更新换代和技术升级要求日益提高。不能准确分析出工程项目实施中的技术特点、重点、难点、痛点，根据企业成熟的技术储备找出施工中相应的技术措施，并结合企业的现有专用技术创新等提出予以解决的完整技术方案就盲目承接工程，将给企业在履行合同时埋下重大的技术隐患。俗话说“没有金刚钻，别揽瓷器活”，在当代科技突飞猛进、城市建设和建筑物改造升级、装修装饰工程业务技术范围不断扩展的大社会环境下，没有相应的新技术储备就贸然承接工程，将会带来质量、安全等技术性损失。

②对相应的经济条件进行研究、分析和应对。招标文件中表述的工程项目经济运作的规定，是日后签订工程项目施工合同的重要依据，建筑装修装饰工程企业对相应的规则、义务必须予以认定。这种认定就是承诺，其中可能会带来各种经营风险和经济损失。因此，对招标文件中相关的经济要求条款内容进行分析研究是重点。要本着量力而行、稳中求进、安全第一的宗旨，确定企业的经营目标和可承担的风险。重点对带资、垫资施工的自有资金投入和工程款结算方式等进行研判。

在行业市场专业技术门槛低、细分化市场尚不清晰、供大于求的市场环境中，买方市场的特征极为突出。垫资施工在当前建筑装修装饰工程市场招标中往往是必要的条件之一，施工企业必须接受。垫资施工有直接垫资和间接垫资两种形式。直接垫资施工是建设方明确规定施工企业带资额度；间接垫资施工是不要求施工垫资的额度，但规定到达一定的工程进度后才开始工程进度款的结算、支付，实际上是要求施工企业使用自有资金施工到规定规模后，建设方才开始投入开发建设资金的一种带资、垫资施工形式。

在当前状态下，施工企业如果完全抵制垫资施工，将很难承接到工程项目。因此，考虑到为展现企业的经营实力、专业资源整合能力以及表明对本工程项目的热诚和与客户合作共赢的态度，在企业自有流动性允许的情况下，对与企业发展目标市场联系性强、企业自有技术储备能够满足施工技术要求、对企业在专业工程市场高端业绩积累具有影响意义的工程项目，可以部分带资、垫资的形式承接部分工程。但在运作时应掌握两个基本原则，即量力而行和稳健安全的原则。

量力而行的原则就是工程项目的垫资额度要在企业自有流动资金的可支付能力范围内。一般来讲，某一工程项目的垫资额度上限，不应超过企业自有流动资金总额的20%。特别是对第一次服务的建设方，更要根据可靠的情报资料进行严格的测算，务必保持垫资总量始终控制在自己可控的范围内。对于不同经营规模、自有资金实力、工程配套能力的装修装饰工程企业，这一比例可以适当地进行调整，但浮动幅度不宜超过5%。建筑装修装饰工程企业随时都要有较充足的自有流动资金储备，以便应对工程项目、经济、社会环境突发重大变化。保证企业资金的安全运转是十分必要的。

稳健安全、谨慎投资的原则就是工程项目的垫资总额度不能超过工程项目预算造价的30%，这也是保持企业经营安全的一项重要措施。始终控制企业投入自有流动资金在工程总造价中的比例，是稳健经营、谨慎行动的重点，并将企业自有流动资金的使用方向主要集中在劳务费等人力成本的发放上，以减轻企业劳务纠纷、名誉损失、社会危机方面风险，这是企业带资、垫资施工的一项重要原则。当然，不同技术类型、不同技术含量、不同工料比的工程项目，这一额度也可进行适当调整，但对于建设方始终要有足够的警惕和制定好预设的应对措施，提防可能的陷阱。

建筑装修装饰工程企业在分析、预测垫资施工风险时，除坚持以上原则外，还应重点审查建设方第一次工程款结算节点的风险性。第一次工程结算款结算节点是建设方承诺拨放工程款的时间或总工程量完成比例；时间越长，工程总量完成比例越高，企业垫资的规模就越大，风险性也就越高。企业在考核垫资成本时，既要计算自有流动资金的投入量，也要核算利息、手续费等损失，切实把垫资的成本与代价计算清楚。所以第一次工程结算款的时间越靠后、完成比例越高，企业的风险就越大，如果超过总预算价的10%，并预判建设方可能会在后期拒付或少付工程款，施工企业的垫资风险就更高了，这也应该成为施工企业取舍项目的重要依据。具体如何判断，还应与工程项目的总造价相联系，一般的判断依据是工程总价越高，垫资施工的比例应越低，如果是相反，就应考虑及时做出决断退出谈判，以免企业在风险中越陷越深。

（3）合同签订时的坚守

签订工程承接合同是规避项目经营风险的重要关隘，也是建设方与施工方相互不断要约与承诺后取得意思表达一致的谈判过程，更是建筑装修装饰工程企业保证工程项目运作安全和实现企业经营目标的重要机会。在建筑装修装饰行业发展的初期，国家建设行政主管部门就颁布了《建筑装修装饰工程合同示范文本》，对合同的基本条款进行了规范，维护了建设方与施工方的合法权益。但随着整个行业发展规模扩大和市场专业化细分，当前使用规范文本签订的工程项目承接合同已经越来越少了，但其维护双方合法权益的基本原则必须坚守。

合同的本质要求是建设方与施工方相互平等，即双方的责任、义务与权利对等、平衡。因此在工程合同谈判、协商的全过程，必须坚持平等的原则，执行谁违约、谁赔偿的追责原则，并应在施工合同正式文本中予以表明和规范。在市场地位客观存在不平等、市场诚信水平不高的社会大环境中，明确建设方违约后应负的赔偿责任，经济赔偿的方式、方法及追责的规定等，是施工企业在工程合同签订时必须坚守的合理要求，是维护自身合法权益的重要依据，也是规避日后风险的坚强合同屏障。

2.项目实施中的风险管控

工程施工合同签订之后，项目就进入了具体实施阶段。在项目实施之前，建筑装修装饰工程企业首先要组织企业内部管理、技术人员，编制该项目的施工组织设计，为项目实施制定纲领性指导文件。施工组织设计应由拟定的该项目负责人主持，主要内容是针对该项目的具体实施措施，包括施工技术分析，施工中工期、质量、成本、安全、环境控制及劳动力、材料、机具等各类生产要素的投入、控制与协调，对特殊施工内容的具体安排落实等。施工组织设计编制时，既要依据本工程项目的实地踏勘、测量数据资料、建设方的招标文件、企业评估研判结果等，又应参考前期已竣工验收同类工程的施工组织经验教训，尽量达到精准判断、精细策划的目的。施工组织设计编制完成后，应交企业技术负责人审批，除企业存档外，还应下发至项目经理部并转交呈送建设方、监理方和总承包方，作为项目运作过程中考核与评价的重要依据。

工程项目实施主要依据施工组织设计展开，但施工组织设计是预先制定的行动方案，不可能对施工现场状况预测得十分精准和面面俱到。而施工现场情况千变万化，给施工过程造成很多意想不到的新情况、新变化，需要在现场实时予以解决。所以，要想保证项目顺利实施，有效地进行施工现场风险管控，企业除在项目部严格执行项目运作管理的规章制度外，还必须做好以下几项工作，才能有效地规避、化解各种风险，保障合同正常履行。

(1)组建有管控风险能力的项目管理班子

项目管理班子是工程项目施工现场的管理团队，是直接的组织者、协调者和处置者。任何一项工程，不同管理团队的管理结果，能够建设成不同质量、不同效益、不同口碑的工程项目。所以，要高品质履行好工程合同对施工企业的义务与责任要求，防范、抵御、化解随时可能产生的各类风险，除在企业层面上制定较为完善和健全的项目运作规章制度外，重点应该注重以下几项工作的建立和完善。

①要任命一位有能力的项目经理。项目经理是施工现场的主要决策人和管理负责人，是整个项目管理团队中的灵魂人物。选好项目经理，重点是考核拟选人员的业务能力、

抗风险意识和危机化解能力三个方面。

业务能力是项目经理的基本要求，是指项目经理具有组织、指挥项目顺利施工的能力。业务能力一般集中表现在敬业精神、专业技术知识与技能、社会组织协调能力三个方面。作为一名合格的项目经理，首先要爱岗敬业，忠实履行企业赋予的统领职责，积极主动完成企业设定的经营目标；要具备专业工程项目管理的知识、经验，能够科学组织人、财、物等的有序投入；要能积极协调同建设方、监理方、总承包商、专业分包商和材料供应商的关系，确保企业制定的成本、工期、质量、环境目标的实现。

抗风险意识是指项目经理要有全局意识，具备及时发现施工现场出现各类异常的能力。项目经理要时刻保持高度的风险警惕性、敏感性，善于观察施工现场的各类细节发生的变化，特别是在与建设方、监理方、总包商、专业分包商和经销供应商的交往、沟通中能够及时发现异常变化的蛛丝马迹，并能够独立进行分析、判断，形成初步的意见和建议并将情况及时、准确、完整地向公司汇报，为公司及项目部采取有效的抗风险措施提供重要的情报参考。

危机化解能力是指项目经理要有较强的社会交往能力和一般风险的处置能力。要善于同工程项目参与各方进行交流、交往，保持良好的社会关系，要有较强的法制意识和道德观念，以勇敢、公正，有担当的态度及时处理好企业项目经理班子与项目参与各方之间、项目参与各方之间的一般歧义纠纷、矛盾，维持好施工现场的社会环境。项目经理的风险化解能力一般是在工程实践中不断磨炼、积累形成的，需要有一线实践的经历。企业在选定项目经理时，切忌仅看学历、资历而选中纸上谈兵的书呆子，要切实考核其同类工程、同类环境中的施工组织能力。

②要组建一个强有力的项目管理班子。为了履行好合同确定的义务和责任，就要在施工现场组织起专业、高效的管理班子，配备齐全技术员、施工员、劳务管理员、材料员、安全员、质量员、资料员、核算员等专业人员，并明确各个岗位的职责、权力和利益，共同辅佐项目经理实施对施工现场的管理。要依据工程项目的造价、规模、施工难度、技术含量等确定管理班子人员的数量和专业人员构成结构。配备的人员要有责任心和合作意识，要精干，切忌人浮于事、相互推诿，要团结、高效，各司其职。

项目经理班子成员要有完成职能岗位的专业能力并尽心尽责，深入施工现场一线进行巡查、检查，全过程对技术措施、质量控制、安全生产、文明施工等进行现场指导、检查、纠偏，防止事故发生。要及时发现施工现场违规、违纪、违章的行为，要查明原因，立即予以纠正，将相关情况记录在施工日志中并将情况上报项目经理。项目经理要及时就出现的问题与有关方面进行通报、协商，把质量、安全、环境等风险消除在萌芽状态。

（2）规范项目管理中的施工日志

施工日志是对整个工程项目按工作日做的总结，是工程项目管理中一项最重要的基础性工作内容。在整个施工过程中项目经理与项目部会进行各种管理活动，针对各种突发情况实施管理的处理结果，以及各种生产要素的投入和整合，如果单凭人脑的记忆，必然会产生遗忘、错乱和混淆等，造成整个施工过程记忆的失真。为了提高施工过程的可追溯性、完整性和真实性，规范化每个工作日的施工日志，是每个项目管理部必须做好的一项重要日常工作。按照施工日志的作用，施工日志除对当地当日的气温、湿度等施工气象条件进行描述，还应包括以下基本内容。

①项目部当日主要工作内容汇总。项目部当日主要工作汇总应包括（但不限于）以下基本内容。

- 项目部接受公司发来的指令、指示、信函、电话协商等基本内容汇总；
- 项目部接受甲方、监理方、总包方等发来的通告、通知、商函等基本内容汇总；
- 公司总部、甲方、监理方、总包方、分包方、材料供应商等来访公司项目部的人员行踪记录；
- 项目经理对施工现场所做的各项管理指示汇总；
- 项目经理参加各类会议、会商、活动的记录；
- 项目部组织的各类新闻发布、技术性培训等专业会议，与有关方协商、协调活动的记录；
- 项目部专职专业技术人员巡查现场发现的问题、处理结果；
- 项目部内部人事安排、岗位调动、职能调整等结果的记录。

以上工作的原始文件、资料应统一编号后交资料员归档管理。

②项目部当日使用劳动力汇总。项目部当日用工状况应包括（但不限于）以下基本内容。

- 使用劳务队伍的数量，各劳务队伍的工长及人数以及项目投入劳动力总数统计数据；
- 各专业工种人数，主要集中使用的工段、工区、工作点及子项工程名称；
- 当日用工的健康状况及相关防疫措施（方法、人数）统计汇总及劳动力变动原因的简要说明。

以上工作的原始文件、资料应统一编号后交劳务员归档管理，以便日后确定工程质量、安全等事故的责任人。

③材料运转使用状况汇总。项目部当日材料运转使用状态应包括（但不限于）以下基本内容。

- 当日验收入库的各种材料、部品、部件、构件及设备、设施的数量、型号、规格、花色及质量等级，存储方式、存储地点等的汇总；
- 对未能验收入库的材料、产品的说明及处理方法与结果；
- 新购进机具及易损配件的入库验收及领用的记录；

- 重要、贵重材料、部品、部件、构件的领用记录（包括领用单位、子项工程名称、数量、领用人等）；
- 当前库存状况及近期的进料意向。

以上工作的原始文件、材料验收入库的产品合格证、质量验收报告、性能检测报告、安全认证及复试结论等资料应统一编号，并按材料与产品的种类分类归档后交材料员保存。

④作业面进度汇总。作业面进度汇总应包括（但不限于）以下基本内容。

- 各工段、工区作业面各子项工程的工艺进度汇总；
- 各分项工程中的子项工程完成的比重统计与简明分析、标注；
- 各子项工程完工后的质量验收结果及存在问题的整改情况记录；
- 各分项工程中子项工程进度与设计工期的偏差及纠正方法。

作业面进度汇总应制成生产作业日报表交项目生产负责人审阅后报项目经理，作为调整生产作业进度的重要依据。

工程项目的施工日志是一项非常细致的文字性工作，需要在工程实践中逐渐提高工作完成质量。要认真观察和总结每日的工作内容并认真记录，只有充分发挥项目部内部信息网络建设成果的作用，才能体现出施工日志的完整性和在工程项目管理中的突出作用。一项工程的施工日志应由项目部资料员主要负责，其他人员协助、配合完成，力求完整、连续、准确。工程竣工后应一日不落地最后装订成册，成为施工档案中具有纲领性作用的文件资料，为日后的工程款结算、各类纠纷、矛盾的解决和项目经验教训的总结、提炼提供第一手的证明资料。因此，要对项目资料员的写作能力进行专业培训和实战考核，提高其文字组织能力和应用文写作水平。

（3）完善和健全合同执行中的变更

变更一般是建设方（甲方）在合同执行过程中提出修改、调整、重订已签订并执行的合同条款，是主动违约的一种行为。合同变更的主要原因有原先的设计、材料与部品有缺陷，建设方对工程项目有了新的要求，材料与设备有了新的发展成果应用等。无论建设方根据何种理由提出变更，都是合理、合法的，都应由建设方和施工方经过协商后予以落实。所以，在工程项目实施过程中，设计变更、材料与产品应用变更、施工工艺技术变更等大量存在，也是施工企业在项目现场必须直接面对并需要实时解决的常规性事件。

一个不可否认的事实，任何由建设方提出的变更，都会给施工企业带来现实的经济损失，只不过是变更的时机和在整个项目中占比的多少，给施工企业造成的经济损失有多有少。但施工方的各种现实损失是必然客观存在的，建设方（甲方）必须给予赔偿。具体补偿的额度一般是由施工企业对变更项目经过成本测算后提出，由建设方与施工方经协商后共同确认，并将达成的协议以书面的形式记录，形成新的具有法律效力的文件，成为工程款结算时增加工程款的主要依据，是施工方手中掌握的重要法律文件。

“变更协议”或“变更报告”等目前仍没有统一的规范样本与格式，但其法律地位的确认，主要是以各方的签字认同为依据。所以，变更要具有法律效力，一般应由建设方（甲方）、监理方、施工方三方签字后方为有效，如果有关手续不完善、不健全，都会成为建设方（甲方）否认、抵赖、不予支付的理由，给施工企业造成巨大的经济损失和资金风险。所以规范、完善工程项目的变更制度，健全变更的程序，准确计算并确定补偿额度、完善变更文件的法律地位，是施工企业项目管理中的一项重要的工作内容。

项目管理中切忌根据口头协议就先变更，后补充完善手续，这给企业带来的风险可能是无限的。项目部必须在完成各方代表签字、相关文件产生法律效力之后方能开始变更后的施工。如果是施工方率先发现设计中的缺陷、漏洞和错误，应该友善地向建设方、监理方提出，在指出错误的同时应提出改进的建议和具体措施，并将此形成书面材料报有关方由各方确认后实施。一方面体现企业的专业水准和能力，另一方面也表明企业承接工程的诚意，提高企业在项目实施中的话语权，也是提前规避风险的一种有效的策略。

程序规范、手续健全的变更资料，应进行统一编号后归档保存。由于变更文件是在工程款结算时，针对增加的工程造价最直接、最有法律效力的资料，所以必须妥善保管。一般的变更协议应交资料员归档管理；重要的变更协议也可以交项目经理单独保管；重大的变更协议应上报企业，分别由法务、商务、财务核算等职能部门保管留存，提高其安全性。有关各类变更事件的相关内容，应在施工日志中予以记载。

（4）强化施工中的技术交底

技术交底是项目部向施工作业人员下发的对于子项工程施工的强制性技术指令，是施工操作人员必须遵守的技术规则，也是项目部职能人员巡视施工现场、检查施工质量的主要依据。作为施工现场技术管理的重要技术文件，其编制应由项目技术负责人，依据企业的施工工艺技术要求，对每个工区各分项工程中的子项工程施工进行规范，以避免出现质量、安全事故的风险。施工中的技术交底一般下达到劳务队伍的技术负责人，对于新工艺、新技术要组织全体操作人员进行面对面的技术交底。

技术交底是企业工程项目管理中技术管理层面最重要、最基本的管理内容，是主动进行子项工程施工过程技术规范的基本方式，也是在操作层面培育“工匠精神”与技术传承的主要形式，体现了企业的技术实力和专业技能水平。技术交底由项目技术负责人主持编制，编制依据国家、行业、地方及企业现行的技术规范、标准、规程、工法等，参与者为该专业学科或专业的工程技术人员。一个规范的技术交底应该包括（但不限于）以下主要内容。

①子项工程交底的基本规定，应主要包括（但不限于）以下内容。

- 子项工程的名称，施工的工段、工区及分项工程的作业面；

- 子项工程施工在分项工程中的实施阶段、施工的外部条件、施工环境等工艺要求；
- 施工人员的专业工种、级别、施工经验及专业资质要求；
- 子项工程应用的材料、部品、部件及构件的质量要求及使用工具、机具的相关规定等。

②施工技术过程的标准与要求，应主要包括（但不限于）以下内容。

- 施工过程中各工序的名称、先后次序安排的工艺流程；
- 各工序中施工的技术过程，操作中对材料配比、操作顺序、作业方法等技术动作的具体要求；
- 各技术动作中细分出的各技术细节，人机、人具、料机配合等的操作规范和要求；
- 技术动作、技术细节的自我检查及纠偏的方法。

③子项工程验收的要求。应主要包括（但不限于）以下内容。

- 工程自检验收使用机具的性能、规格等要求；
- 检验的方法及部位、点位的要求；
- 检验的技术参数及判定标准等。

④施工现场复原的要求。应包括（但不限于）以下内容。

- 工程施工废弃物的分类、收纳与处理；
- 施工剩余物料的回收与再利用；
- 施工现场复原的标准等。

为了体现企业在专业技术上的优势地位和创新能力，对常规材料、传统施工工艺、一般分项工程中子项工程的技术交底，可以在企业相应的已有技术资料中直接下载主体部分，进行针对本工程项目的修改、补充、校正后下发给施工劳务队。对于创新的材料、部品、部件、构件等的应用，应在充分的“实验”“试用”的基础上掌握相关技术指标和规范标准的方法，并形成最后的施工技术措施和质量检验方法，再以技术交底的形式传达给现场的操作人员。对于工序、技术动作和动作细节等的创新，要经过反复多次的试验、检测和数据分析、比对，形成比较成熟的技术动作和规范的过程后再下发给一线操作推广执行。

作为企业技术传承与创新的血脉，所有的技术交底应进行统一编号，交技术员保存、管理，作为日常现场巡察、检验的依据，并作为劳务考核、工资结算的重要参考。工程竣工验收后，全部技术交底应进行整理并装订成册，作为企业最为宝贵的技术资料，交档案室作为技术档案存档管理。对于经过工程实践的成熟技术创新成果，可以整理成专项技术创新成果，向相关机构申请专利、工法等自主知识产权，成为企业可持续发展的重要基础。技术交底的编制是一项专业技术性要求极高的文字编写工作，不仅需要有较为丰富的施工技术经验，也需要较高的文字组织能力，要在大量的工程实战中逐步培养相关专业人才，打造企业技术管理的骨干队伍。

（5）严格现场的材料管理

材料管理是项目部质量管理和成本控制的主要管理内容，也是保证项目施工质量的主要物质基础。同时，材料费用是项目工程造价的构成主体，占比大，可控的空间巨大，防止材料的浪费是控制成本的关键。所以，在整个工程项目实施过程中，严格现场材料采购、入场、领用、保管、运输等制度，防止损坏、浪费、丢失等，不仅是施工企业在项目管理中的重要职责和任务目标，也是减少在施工现场发生材料质量、批次时间等方面的矛盾和纠纷，是保证工程顺利实施的重要基础条件。

建筑装修装饰工程企业一般都制定了比较完善的物资管理制度，规范了企业物资进入与发出等的程序、标准、手续等制度，项目部必须严格按照公司物资管理制度的规定，完善施工现场各种材料、部品、部件、构件的进场验收、清点、登记等手续，审核抽样检测、试验等验证，查验产品质量合格证、安全认证、性能检测报告、生产许可证等必备资料。由于施工现场情况的复杂性，项目管理要加强各种主要材料的专业采购、运输、仓储、领用的管理，落实企业各项材料管理制度。同时要根据合同约定、工程特点、材料性质等特殊性，重点抓好以下工作。

①提高材料采购的技巧。工程企业材料采购的技巧很多，在项目部采购材料、部品、部件、构件时，应特别注意以下几点。

第一是要同材料、部品、部件、构件的生产厂家直接洽谈，尽量避开流通中的经销商及中介机构。工程用材，特别是大型工程使用的同类材料量大、型号单一，从厂家直接采购，不仅能够以集团式集中采购减少中间差价，降低采购成本，也有利于保证进场材料质量，方便考察生产厂家的信用水平和工程配合能力等，为进一步完善企业的供应链、强化产业链联盟提供基础。

第二是要减少采购次数。要仔细测算好整个工程某种材料、部品、部件、构件的总使用量，按使用总量实施一次采购。这样能够以采购量大而提高议价权，降低采购单价和总成本。在供货方式上可以采取多批次的方式按约定分批供货，但最好以现金一次结算，货到即付的付款方式，以增加相互的安全感、信任感。应该强调的是，企业取得建设方支付的第一笔工程结算款后，第一时间就应对重点物资（对工程项目有重大影响的）以上述的方式进行采购。

第三是在市场价格波动较大的背景下，采购要有先后顺序，要分出轻重。对于货源紧张价格上涨趋势稳定，且对工程质量、工期等影响大的材料、部品、部件、构件要优先采购，集中存储。对于价格波动较大的物资不宜大量采购和储存。要认真掌握材料市场行情变化，并比对各供货企业的报价，认真研究市场波动变化的周期规律，由有经验的专业采购人员进行适时采购，批次、批量应与工程进度相吻合。

第四是深化与甲方指定材料供应商的合作。甲方指定的材料供应商一般都是生产企业，而且是材料价值较高行业内的生产制造企业。深化与这类生产企业的合作，就是根据企业的施工工艺和深化设计的要求，可以同这类企业主动提出自己的需求，共同探讨利用材料的边角余料，进一步加工工程需要的小规格材料，如封边料、压缝料、小造型料等，既能提高原材料的利用率，又能提高生产企业的经济效益，也能解决施工企业特殊材料的需求问题，使两个企业实现双赢，并能以此加深合作关系。

②加强对甲方供材料的监管。经验证明，大量工程质量问题的成因，主要是由于建设方（甲方）直接采购的材料不合格造成的。这在甲方为房地产开发商的住宅精装修成品房的装修装饰工程项目中尤为突出，极易引发装修装饰工程企业与小业主在交房时的冲突。按照目前建筑装修装饰工程运作的规则，甲供的材料一般也是由供货的厂商组织施工的。装修装饰工程施工仅收取一定比例或数额的管理费，有些建设方（甲方）甚至不支付管理费，需要装修装饰公司义务提供管理。这就会造成工程质量验收中的纠纷，带来施工企业在项目中现实的风险。

追其形成的原因，主要是甲方开发商与生产经营企业之间的关系造成的。重点是两个方面。一方面开发商在选择产品的具体品牌、规格、型号时，选用的往往是高端品牌的最低档次产品，其实也是大众化产品，只不过是借材料、部品、部件、构件生产经营商的品牌号召力提供其开发建设楼盘的竞争力。另一方面开发商利用其市场优势地位把价格压得太低，往往已经损伤了生产供应商的根本利益，所以易于发生以次充好、供货中断、手续不全、资料缺失等现象。如果再发生建设方欠款、结账迟缓等纠纷，甲供材料的质量情况都会更为糟糕。

为避免质量事故的发生和厘清装修装饰工程企业的质量责任，不论项目部收没收取管理费，也不管管理费的多少，都应加强对甲供材料的监管，因为整个工程的质量责任由施工的工程企业承担。必须强化对进入现场的甲供材料的监督、检查、管理，严防不合格的产品进入施工现场，要按法定的程序与规范完善验收、入库手续，并将质量缺陷、瑕疵、损耗以及施工中影响质量的不规范操作等及时以书面形式通知甲方，并经甲方签字确认后归档管理。要以证据资料的形式完整记录甲供材料、部品、部件、构件在整个施工过程的质量情况，避免给企业造成不必要的损失。

3.项目收尾工作的风险管控

项目收尾工作是在工程竣工之后，经施工方和建设方（甲方）、总包方、监理方、设计方组织的工程质量联合验收合格投入使用后，施工企业撤出施工现场，同建设方进行工程款结算等工作环节的阶段。工程项目的施工组织工作只是企业的业务工作过程，而收尾工作则是企业的经济核算财务工作，是实现企业目标利益的重要阶段，是企业收回成本投入，获取合法收益和利润的关键环节，也是风险最大、最多，最需要谨慎、认真对待的工作内容。在此阶段，应重点做好以下规避风险的工作。

（1）提高对收尾工作的风险认知水平。决定施工企业的生存与发展质量的关键在于工程款的结算和获取，是关系企业生死存亡的大事。不仅项目部要高度重视，企业的管理层和决策层也必须高度重视，花费大力气把这件事办好。特别是经过一个施工周期的接触、合作，对建设方的了解和掌握已经很深，必须根据对建设方专业能力、诚信水平、经济实力等的认知，认真研究好工程款结算的原则、谈判的策略和预定的目标，充分考虑可能出现的风险和困难，做好应对的预案，使整个收尾工作做到心中有数。

（2）认真做好工程结算资料的准备工作。工程结算的凭据除合同外，还有在施工期间形成的大量的变更确认、通知、函件等影响工程造价的证据资料。要由项目经理牵头，项目管理部及相关职能部门配合，以施工日志为纲领，尽可能地全面收集、整理整个施工期间的各种相关资料，并完善其相应手续，提升资料的合法、合规性。资料整理后，要请企业的法务、商务专业人士进行审检，确保所有资料的法律效力，以免建设方在结算资料上找出破绽，并以此抵赖、拖延工程款的结算。

为了顺利进行工程收尾工作，在工程款结算前，施工企业应向政府建设行政主管机构有关部门和建设方提交工程项目的整套竣工图纸和所使用材料、设备、设施的质量合格、使用安全的证明资料和保修单。对于一些专业功能性较强的工程，应编制专用的使用、保养、维护说明书，避免业主因为使用不当造成损害而形成损失。对于易于发生损坏、危及建筑物安全的防水、用气、用电等注意事项，要制定明确的使用规则，防止出现重大事故。要体现企业的技术专业性和社会责任感，为工程收尾和工程款结算创造良好的氛围和环境。

（3）驰紧有度、掌握好技巧。项目收尾工作是一项高度复杂的社会经济利益交涉过程，必须坚持原则性和灵活性相结合，既要坚守本企业的利益底线，也要有一定的换位思考，才能取得圆满的各方妥协结果。由于经历了一段时间的合作，相互之间都有一定的了解和认知，不到对方蛮不讲理，把企业逼入绝境时，一般不要以法律手段解决，致使双方在市场名誉上都蒙受损伤。要尽量心平气和地通过平等协商，晓之以理，重凭证、讲信用、遵法律法规来解决，这也是尽快结束收尾的重要原则。千万不可意气用事，轻易把企业拖入漫长的诉讼程序，给企业带来实实在在的风险。

（4）坚守底线，规避陷阱。项目收尾工作的底线是必须以货币资金的形式收回企业在项目中投入的各种资源成本，确保工程项目的运作不会造成企业经营资金的亏损，实现工程结算款额与企业成本支出额的平衡。所以在结算过程中，既要有灵活的一面，又要有据理力争、绝不妥协的底线、红线，这是企业在工程款结算时必须坚守的最低诉求。如果是稍有市场经济意识和契约精神的建设方，都应能接受施工企业的这一底线，并作为工程款结算的一个参考数据。

在项目收尾阶段，建设方会设立很多陷阱诱骗施工企业，最主要的形式就是以各种方法抵扣对施工企业的资金支付，必须要提高警惕予以规避。在没有自我刚性需求时，不要接受建设方以房产、商品、债务、消费券、期票等抵扣、支付工程款的要求。从经验上分析，开发商用以抵扣的商品房一般都是不易销售的尾房；建设方用以抵扣的商品，大多是不能售卖的残次品；对于房地产开发商的期票，往往都是空头支票，到时就是根本不能兑付的废纸。所以，不到万不得已的非常时刻，企业万万不能接受抵扣工程款资金支付的要求。

关于在工程项目中规避、化解风险，各建筑装修装饰工程企业都已积累了一定的经验并形成了较为成熟的应对措施。在当前的市场环境中，承接不到工程项目的施工企业会由于无法造血而慢慢死去，但如果不慎承接到“爆雷”的工程，企业可能会立即死去。所以，企业要不断总结经验教训，完善自身的应对制度体系，以保证企业的安全与发展。

七、经典案例分析

建筑装修装饰工程施工是通过一系列的工艺技术，将材料、部品等加工、组合、安装等成形。不同的工艺技术，其质量、工期、成本水平有极大差异。技术创新和进步，是建筑装修装饰工程实施的关键，也是以工程施工技术升级换代推动企业提质增效、行业转型升级的主要物质基础。

（一）经典案例技术分析

1. 技术创新的动因分析

在室内装修装饰中，异型吊顶是一项技术复杂程度最高的工程分项目之一，特别是阶梯形异型藻井吊顶，是施工最困难、耗费材料最多、耗用工时最多，质量最难保证的工程分项目。由于传统的异型吊顶要有极为复杂的龙骨系统，所以一般使用木龙骨，而木龙骨的防火性能虽然能够使用阻燃材料进行处理，但仍达不到不燃级别。传统的手工制作，全部在现场完成，不仅技术要求高，而且极费人工，工程质量很难保证，这就构成建筑装饰工程中的技术难点。

如何能使室内异型吊顶工程在确保质量、安全的前提下，简化施工工艺，提高施工现场效率，减少施工现场用工，成为本项技术创新的主要动因。北京一家新技术有限公司将其作为技术攻关的主要内容，经过数年的研发，成功研发了异型石膏板集成化吊顶施工工艺。该工艺以成品化、工厂化理念为指导，通过石膏造型预制件施工现场外成品化加工，施工现场装配式安装，破解了异型吊顶的技术难题，成为改变建筑装修装饰施工方式的新工艺。

2. 主要技术创新内容

异型石膏板集成化吊顶工艺，是以防火板式轻钢龙骨异型吊顶基础结构施工工艺、专用连接件、MGRG（玻璃纤维混合增强石膏）配方工艺、MGRG造型预制件安装结构施工工艺为基础，设置新概念的边界线结构（异型吊顶和平面吊顶的分界线），优化吊顶施工方法，形成工厂预先加工石膏造型预制件（简称：MGRG预制件），现场进行安装、装配的预制装配式轻钢龙骨石膏板吊顶施工的全新工艺，其技术创新具体表现在以下两个方面。

（1）专利连接件

连接件的发明是异型石膏板集成化吊顶工艺的核心技术创新，也是取得发明专利最多的技术创新。连接件的使用，改变了传统工艺的施工方式，把异型石膏板吊顶从粘贴、钉固等方式转化为用金属连接件固定，不仅简化了工艺，节省了大量的现场人工消耗，也提高了石膏板与基础结构的连接质量。工程中常用的连接件如图8-6所示。

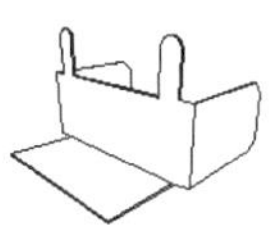
水平连接件

板龙骨吊件

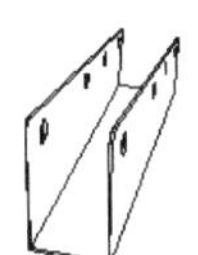
板直线连接件

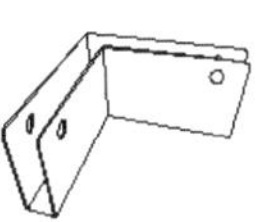
板直角连接件

凹槽专用连接件

图8-6 主要连接件示意图

（2）MGRG造型预制件

造型预制件的发明是异型石膏板集成化吊顶工艺的重要技术创新，也取得大量的发明专利。造型预制件将复杂的造型集成为可在现场外加工生产的建筑构件，进一步简化了施工现场的操作作业。造型预制件的材质进行了创新发明，使用玻璃纤维混合增强石膏，提高了预制构件的强度和性能，更便于装配式施工。工程中常用的造型预制件如图8-7所示。

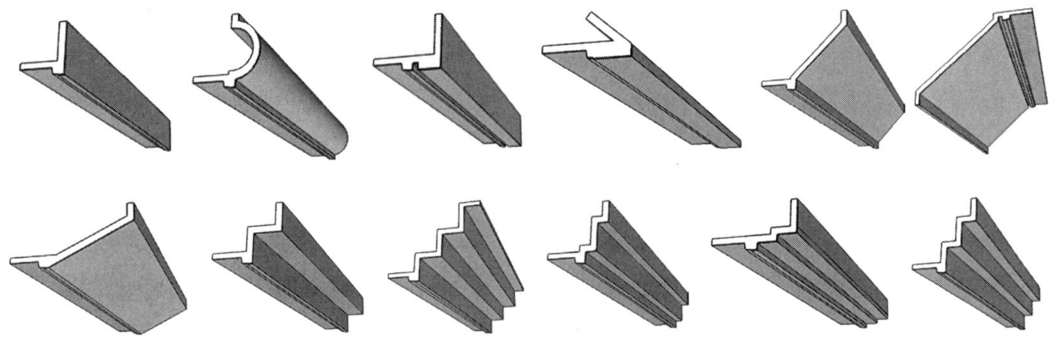

图8-7 主要预制件造型示意图

（二）异型石膏板集成化吊顶施工工艺流程

1. 施工图设计深化

按吊顶新工艺标准绘制吊顶深化施工图是异型石膏板集成化吊顶工艺实施的第一步，也是工艺实施的重要基础。深化施工图不仅要确定吊顶工艺各节点的做法，同时提交增强型MGO板、专用连接件清单，MGRG造型预制件、轻钢龙骨、石膏板及配件清单。

2. 放线，备料

现场放线、核尺是施工中的重要环节，要由专业技术人员完成。同时要组织MGRG预制件，增强型MGO板、轻钢龙骨、石膏板及配件订货及预制加工，为工程实施做好物资准备。

3. 异型吊顶施工

异型石膏板集成化吊顶的施工具体分为三个阶段。其中第一阶段是轻钢龙骨结构的安装，主要施工内容为设置边界线龙骨，确认异型吊顶位置，基础龙骨结构施工及验收。具体内容如图8-8所示。

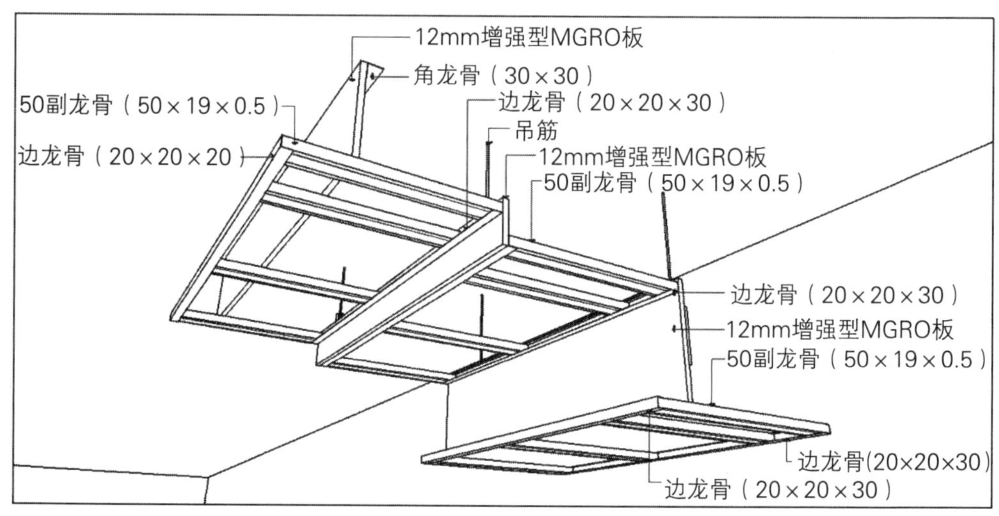

图8-8 异型吊顶龙骨结构示意图

第二阶段是MGRG造型预制件安装及验收，包括MGRG造型预制件连接、加固、异型吊顶嵌缝、批灰、找平修整。具体流程如图8-9。

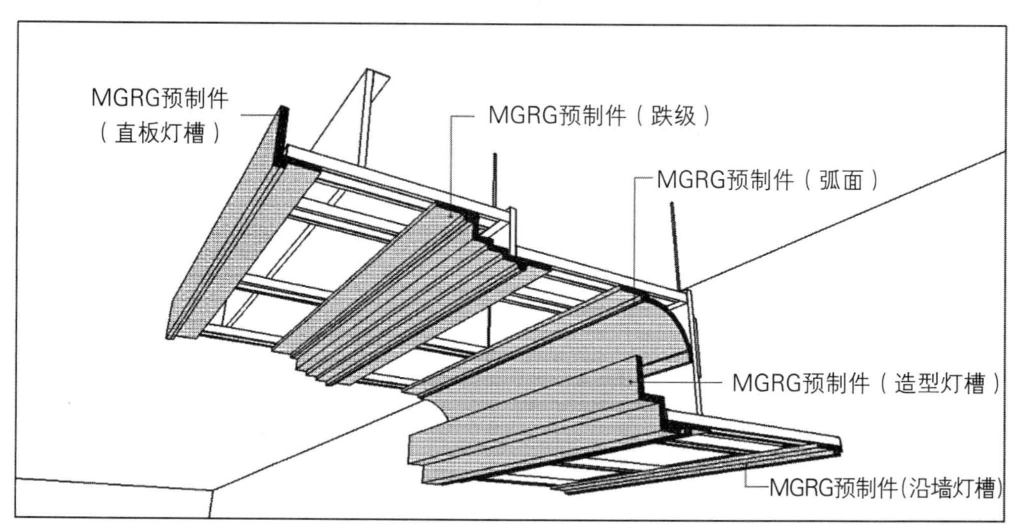

图8-9 异型吊顶预制件安装示意图

4. 平面吊顶施工

第三阶段为平面吊顶基础结构和异型吊顶边界线结构连接，平面吊顶纸面石膏板与异型吊顶预留接口连接、安装，表面嵌缝、批灰、找平修整，涂刷乳胶漆。具体流程如图8-10所示。

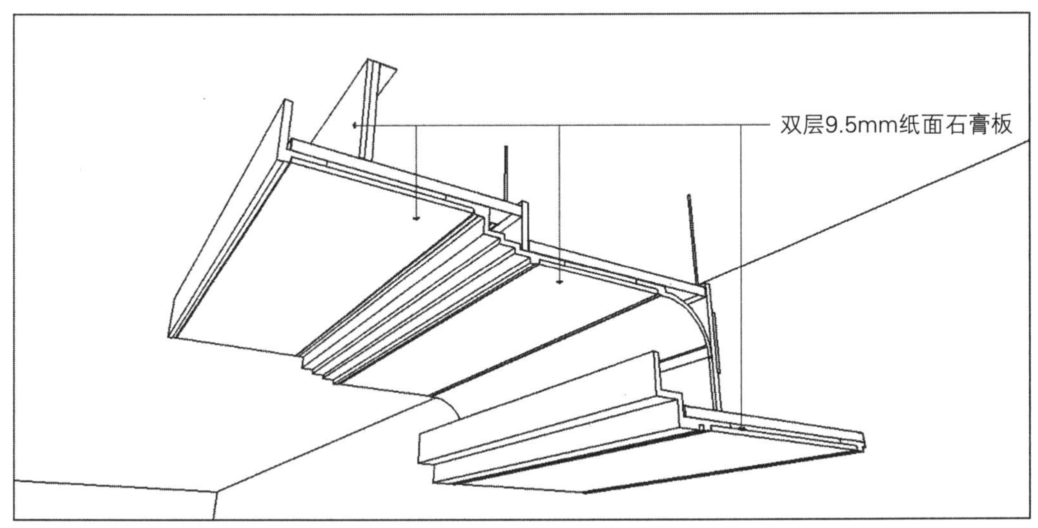

图8-10 异型吊顶完成面结构示意图

（三）技术创新的经济、社会效益分析

1. 经济效益分析

对比传统的异型吊顶施工工艺，新工艺把最耗工时的现场制作部分转到了场外工厂加工，大幅度降低了现场工作量在施工过程中只占用了整个顶部的部分空间，暖通、给水排水、消防、强弱电等分项工程可同步施工，为工程项目的实施带来巨大的经济效益。具体分析有以下几个方面。

（1）大量节省了人工消耗

对比传统工艺，异型石膏板集成化吊顶简化了复杂的木龙骨结构施工和异型石膏板现场制作、安装过程，因此不仅能够确保工程的内在质量安全和外部观感质量，同时大量节省了施工现场的用工量。按照平均用工量计算，新工艺对比传统工艺，施工现场用工量减少40%以上。如果把交叉施工中节省的用工量计入实际用工量之中，整个项目的用工量减少20%以上。在人工费高企的社会大背景下，新工艺的应用可以使项目创利能力至少提高5个百分点。

（2）节约了材料消耗

新工艺把传统工艺中的现场制作全部转移到工厂加工，使得施工现场的材料损耗降至零，这就不仅大幅度缩短了工程进度，也节约了大量的材料消耗，减少了施工现场的垃圾量，提高了工程施工现场的文明化程度。

（3）缩短了工期

新工艺采用了成品化集成技术，实现了整个分项工程的装配式施工，大幅度地缩短了施工工期。一般异型吊顶工程的吊顶工期可以在5天之内完成，达到竣工验收的标准，比传统工艺缩短至少3天。如果是复杂程度更高的异型吊顶，新工艺比传统工艺缩减的工期日数就更多。

正是由于新工艺具有明显地降低成本、提高建设方及业主满意度的优势，此项技术创新在业内的推广应用速度很快。由于此项技术创新已经非常成熟，正在进行标准化，成为异型吊顶的标准化常规施工工艺。

2. 社会效益分析

异型石膏板集成化吊顶工艺，全面升级了吊顶材料，不仅提高了工程质量，产生了巨大的经济效益，同时也产生了重大的社会效益。具体分析有以下几个方面。

（1）提高了工程的防火安全能力

在建筑装修装饰工程中，对建筑内顶部的防火等级要求是标准最高的部位。正是由于要求顶部装修材料必须达到防火A级标准，全部使用不燃材料，限制了异型吊顶的设计、使用。新工艺使用的全部材料都满足防火等级A级的要求，可以达到不燃、阻燃的要求，全面提升建筑物的防火安全水平。此项技术的应用，可以简化建筑装修装饰工程在消防机关的审批、备案手续。

（2）扩大了异型吊顶的使用量

异型吊顶是建筑装修装饰工程中对室内顶面进行修饰的主要手段之一，对提高建筑物的美学功能具有重要的作用。由于传统工艺使用的材料达不到消防的要求，致使建筑内大空间的异型吊顶受到限制。新工艺全部使用A级防火材料后，异型吊顶在建筑装修装饰工程中，特别是大体量空间中的使用不再受到限制，有利于全面提升建筑装修装饰工程的观感水平。

（3）增强社会和谐水平

异型石膏板集成化吊顶工艺，带动了建筑装修装饰工程企业施工现场操作人员减少，调整和优化了企业的人员结构，为转变发展方式提供了重要的技术支持。施工现场作业人员减少、劳动强度下降、文明化程度提高，将产生重要的社会影响，转变行业形象、提升行业的社会吸引力。社会、业主对工程质量、安全、艺术性能的认同，也将有利于减少纠纷和误解，促进社会的和谐发展。

第九章　建筑装修装饰行业发展

第一节　建筑装修装饰行业转变发展方式

以科学发展观为指导实现我国经济的可持续发展，是指导我国经济建设的总方针。建筑装修装饰行业也必须转变行业发展方式，才能在新的历史时期全面顺应国家宏观发展目标，实现可持续发展。

一、建筑装修装饰行业为什么要转变行业发展方式

建筑装修装饰行业现行的发展方式，存在着诸多与宏观经济发展方针不相适应的因素，必须通过转变自身的发展方式，才能全面顺应国家宏观经济发展的战略调整，为行业可持续发展创造良好的社会基础。

（一）行业发展方式的概念及分类

1. 行业发展方式的概念及实质

（1）行业发展方式的概念

行业发展方式是从一个行业的角度，对其在发展中各类生产要素投入与产出的数量与质量进行考量后，评价和判断其发展状态、质量和能力的一种方法。任何一个行业的存在与发展都需要有生产要素持续的投入，包括人力、资金、技术、信息、物资等的投入，投入生产要素的数量、质量及结构决定了投入的总量。任何一个行业能够存在就要向社会提供产品与服务，提供产品与服务的数量、质量及与市场的适应度决定了产出的总量。行业投入与产出总量的比值表明了行业在特定时点上的发展状态。

通过对行业投入各类资源质量、结构与产出的产品数量、档次、质量等结构性要素的考量，我们不仅可以分析、评价和判断行业的发展现状，也能通过对效率、投资及劳动力增长，分析、评价和判断行业整体的运营质量和发展能力。投入资源的可再生性、可持续性，决定了行业发展的可持续性能力，投入不可再生的要素比重越大，表明行业发展的状态及发展前景越差。

（2）行业发展方式的实质

行业发展方式的实质是其反映出行业运行中各种结构的合理性、适应性，包括企业结构、从业者结构、技术结构等。企业结构是行业发展方式的组织表现，其内容包括各规模企业的数量、比例及专业配套能力等；从业者结构是行业发展方式中的人力资源表现，其内容包括各类人才的数量、比例及利用方式等；技术结构是行业发展方式的技术形态表现，其内容包括生产经营过程主要技术的状态、等级及先进技术的应用水平等。

行业发展方式转变的实质，就是调整和优化行业内部的各类主要结构。

2. 行业发展方式的种类

（1）不可持续粗放型发展方式

粗放型发展方式是行业发展主要依赖生产要素持续投入的一种发展方式，又称为外延式发展。由于生产要素的投入最终表现在资本投入的增长，因此粗放型发展方式主要表现为资本的持续投入。在这种发展方式中，资本发挥的作用最突出，所以在粗放式发展中资本的收益最大化。粗放型发展方式需要持续投入大量自然资源，造成资源浪费、环境污染、货币贬值、扩大贫富差距、引发社会不满等社会、经济、环境负担，是不可持续的发展方式。

（2）集约型发展方式

集约型发展方式是行业发展主要依赖生产要素质量的提高，产生内在的驱动性推动发展的一种方式，又称为内涵式发展。这种发展方式是通过调整运行中的结构，提高各种要素的利用效率，特别是调动与提高劳动者的积极性、主动性、创造性，从而提高质量和效益实现行业的发展。这种发展方式资源、环境、社会成本低，对外部的依赖程度低，人的智慧发挥的作用大，是内生动力的一种发展方式，因此是可持续的发展方式。

图9-1 传统建筑的木饰

任何一个行业的发展，都需要从初期的粗放型发展逐步转变到集约型发展，通过调整和优化内部的主要结构，行业才能具有持续增长的动力和活力。以结构优化推动行业内生产要素的优化配置，提高行业发展的质量和效益，使行业从稚嫩走向成熟，这是行业发展的目标，也是实现可持续发展的途径。结构调整与优化的过程就是转变行业发展方式的过程，其动力来源于内外两个方面，其中内部的变革、创新是主要驱动力。

（3）建筑装修装饰行业转变发展方式的实质

建筑装修装饰行业是一个重新焕发青春活力的传统行业，在社会需求高速增长的市场条件下，在很长一段时期内是依靠大量的生产要素的持续投入高速发展的，属于粗放型的发展方式。国家提出建设美丽中国、加强生态建设、提高人民福祉的大社会环境，既给建筑装修装饰行业发展提供了新的发展空间，又对行业发展提出了新的要求，就是要转变行业发展方式，即由粗放型发展转为集约化发展，以全面适应国家宏观经济发展要求。图9-1是传统建筑中的木饰，体现了较高的装修艺术水准和工艺水平。

建筑装修装饰行业转变行业发展方式的实质就是要调整、完善、优化行业内部的企业、从业者、技术、市场等结构，更好地发挥各种生产要素的作用，提高行业的投入、产出效率。在转变行业发展方式的过程中，内生的动力主要表现在管理创新与技术创新，体现的是从业者智力、智慧、能力的提高，所以实现转变行业发展方式的本质，是行业从业者素质的提高。以发挥出人的主观能动性为目标，构建创新型人才发现、培育、使用、奖励的体系，是转变行业、企业发展方式的关键。

（二）建筑装修装饰行业发展方式的现状

1. 从企业结构状况上分析

（1）从企业数量上分析

虽然我国建筑装修装饰工程企业逐年减少，但目前全国建筑装修装饰行业仍有工程企业12万家左右，远高于国民经济其他行业及产业集群中其他相关联行业的企业数量。企业数量多表明行业的离散度高，即行业内企业的规模普遍偏小，企业间很难形成发展共识、很难形成统一行动，行业内技术创新的溢出效果差、市场竞争环境混乱等制约行业可持续发展的因素多。企业离散度高的行业，社会工程资源配置的离散度就高，企业技术创新的动能就不足，科技创新成果应用的市场空间就小，行业内部专业化分工和整体协作水平低，形成合理企业结构的基础就差。

（2）从企业经营规模和发展能力上分析

虽然经过40多年市场竞争的洗礼，目前全国建筑装修装饰行业现有一级资质的工程企业4000家左右（含建筑幕墙），部分一级资质工程企业年工程产值总量超过亿元，最高的已经达到数百亿元的规模，但有一些一级资质工程企业年工程总量不足5000万元。由于进入行业的市场准入要求低，造成绝大多数企业规模小、经营实力弱、抗市场风险能力低、年工程产值波动大、管理规范化水平低。业内企业普遍偏小造成企业的稳定性差，每年退出及进入行业的中、小型企业数量大，行业整体的稳定性就差，对行业整体运行的干扰性大，调整和优化企业结构的难度就大。

由于行业内的企业规模偏小造成企业发展能力普遍偏低。除少数大型骨干企业外，企业的股权结构不合理、治理结构水平低；企业获取社会工程资源的手段原始、效率过低，主要是以价格的竞争为主要竞争形式；技术创新与管理创新能力低，管理模式、技术手段同质性高；企业及项目运作中对资源的浪费严重等现象普遍存在。由于企业发展能力差，发展前景不明确，很难吸引和聚集高端人才形成企业发展过程中的良性循环，造成企业自身发展能力很难得到有效的提升，严重影响了行业企业结构的调整与优化。

（3）从业内企业间关系上分析

虽然经过社会的积极努力，特别是行业协会的积极推动，业内大型骨干企业之间已经开始有了交流、沟通和协作，但机制还很不健全。行业内绝大多数企业由于规模小、能力差，在工程资源市场快速增长时企业间的关系相对紧张，在工程资源市场增长相对停滞时企业间的矛盾就非常容易激化。由于缺乏有效的沟通、交流，彼此间的合作就因为缺乏信任很难实施，很难形成和谐的企业外部发展环境。企业生存的外部环境缺乏诚信、公平的基础，使行业企业结构通过市场机制进行自我调整与优化的难度极大。

2. 从劳动力资源结构状况上分析

（1）从劳动力数量上分析

目前全国建筑装修装饰行业从业者队伍达到2500万人以上，虽然行业劳动生产率水平在不断提高，但仍然是一个劳动力用量长期净增长的行业。劳动力使用量大产生的社会影响作用就强烈，管理的难度就大。特别是在粗放型发展方式下，劳动者对行业发展贡献的表现力不强，劳动者的精神、物质的收益预期与现实的收益就必然存在着落差，从业者队伍总体的满足感、幸福感就差，创新的主动性就低。

（2）从劳动力结构状况上分析

虽然近10多年来，行业每年吸收20万以上的高等院校毕业生，使行业从业者队伍中受过高等系统教育的人数逐年增长，但行业仍然是一个以农业剩余劳动力为主体的行业，是较低级别的劳动密集型行业。从业者队伍中一线操作的农业剩余劳动力占全部从业者队伍的80%左右，管理人员占10%左右，工程技术人员（包括工程设计人员）占10%左右。从劳动力来源、就业岗位结构分析，建筑装修装饰行业是一个低层次的劳动力结构，创新与接受新知识的能力不强，调整和优化行业技术结构的基础就差。

（3）从劳动力资源发展趋势上分析

当前粗放型发展方式下，建筑装修装饰行业技术传统、体力消耗大、工作环境艰苦，对新劳动力的吸引力大幅下降，进入行业的新农业剩余劳动力逐年减少，招募日益困难。由于一线劳动力供不应求，一线劳动力成本逐年加大，已经形成脑体劳动者收入倒挂的现象，而且差距在日益加大。目前进入行业的新大学毕业生月工资为6000元左右，施工一线技术工人的月工资为15000元左右，脑力劳动者收入低，创新的内在动力就差，技术发展就缓慢，单纯通过市场机制调整与优化劳动力结构难度不断加大。

3. 从技术结构状况分析

（1）从当前行业生产技术形态上分析

建筑装修装饰行业的技术表现主要是指施工现场操作过程的技术形态，具体表现为现场操作的材料水平、作业形式、品质形成过程等。虽然经过30多年的发展，施工过程中成品化、半成品化材料、部品的应用比例有了很大的提高，但建筑装修装饰工程现场以手工作业为主的性质没有发生根本性变化，以建筑物基层为作业面的手工劳动仍没有根本性突破，特别是对顶、墙、地的装修过程中，以装修材料手工抹灰、涂刷、粘贴、铺装等施工技术仍然是建筑装修装饰工程中的主导技术。

（2）从技术产出的状况分析

在当前技术状态下建筑装修装饰行业技术的产出有两大类，一类是工程作品；一类是工程垃圾。

在当前的技术状态下，建筑装修装饰工程作品的质量、环保品质都无法得到根本保证。这是因为手工操作受操作工人的身体体力、心理状况变化的限制而很难有效控制，从而造成质量的不稳定。现有技术状态下施工现场要使用大量的化学建筑装修装饰材料，很多材料中含有毒有害物质，会对室内环境造成污染，危及使用者的身心健康。为此，国家制定了强制性国家规范，目的是把有毒有害物质含量控制在一定的水平之内，但不可能从根本上消除有毒有害物质的存在。

在当前的技术状态下，建筑装修装饰工程产生的垃圾量非常大，一般一个家庭装修装饰产生的工程垃圾就在2吨左右，造成了巨大的资源浪费和严重的环境污染。装修装饰工程产生的垃圾中85%左右是可以再利用的资源，如玻璃、木材、陶瓷、金属等，不能有效地再利用这些物资，不仅造成资源的浪费，同时处理这些工程垃圾需要大量的消纳场地，形成巨大的生态破坏和环境污染，与当前社会绿色发展的理念差异极大。

4. 建筑装修装饰转变发展方式的目标

（1）企业结构调整和优化的目标

建筑装修装饰行业企业结构调整与优化的目标就是要形成符合行业可持续发展要求的企业梯次。通过市场的淘汰机制和社会管理机制的作用，调整建筑装修装饰工程企业的数量和梯次，形成以大型建筑装修装饰工程企业为核心，专业配套合理、稳定，具有和谐、协调企业关系的企业结构。在调整和优化企业结构中，要特别注重现有大型骨干企业在技术创新、管理创新方面的引领作用，帮助和扶持大型骨干企业持续做大、做强，通过资本、技术等专业市场的作用，将品牌知名度高的大型骨干企业，以兼并、重组等手段兼并地方品牌企业；通过加强行业市场管理推动专业配套企业发展，淘汰无技术特色的落后企业和落后产能；逐步减少企业数量，形成层次鲜明、数量合理的企业梯次，调整和优化企业结构。

（2）劳动力结构的调整和优化的目标

建筑装修装饰行业劳动力资源调整与优化的目标是全面提高从业者的素质。通过人才的培养、引进、训练和成长，加大工程设计、管理者、科技人才的比重，特别是提高高端设计、科技、管理人才的比重，为行业由单纯的劳动力密集型行业向技术、文化密集型行业转化提供人力资源保障。要通过发挥大型骨干企业和高等院校、科研机构等高端人才聚集单位的作用，以校企合作、院企合作的形式，形成人力资源质量持续提高的体制和机制，以高端、前瞻性知识对行业进行各类专业技术人才加以培养。要以技术创新和对施工操作层的培训、分级、薪酬制度的改革、创新，提高一线工人的知识水平和掌握新技术的能力，为行业的技术升级换代奠定施工力量基础。

（3）技术结构调整与优化的目标

建筑装修装饰行业技术结构调整与优化的目标就是要通过持续的技术创新实现行业技术结构的升级换代。主要表现在两个方面，一方面是技术装备的升级换代，要以现代的计算机应用技术、网络技术、智能技术、机械加工技术、远程控制技术等先进装备武装设计、施工、生产加工。另一方面是通过设计、施工、材料生产等环节的创新推动施工主导工艺的升级换代，要以标准化、工业化、成品化的部品、部件、构件的推广应用实现施工现场的安装式施工，推动施工主导工艺向装配化的变革与升级，使行业技术升级换代为产业化工业技术。

二、建筑装修装饰行业如何转变行业发展方式

建筑装修装饰行业自形成之后，其发展方式就始终自发地发生着变化，这种变化始终是向着行业转变发展方式的目标前进。当前在科学发展观的指导下，就是要加快行业内企业转变发展方式的步伐，以适应国家宏观经济发展战略。

（一）行业发展指导思想的转变

1. 行业发展指导思想的概念及分类

（1）行业发展指导思想的概念

行业发展指导思想是由政府、行业组织、相关机构等对行业发展进行指示、引导的理论、思维、思路构成的体系。行业发展指导思想一般反映在政府的法律、规范、标准、文件及行业组织发布的报告、意见等资料之中。行业发展指导思想的本质是国家、社会对某一行业发展的预期及实现发展目标的预设方案取得共识，并通过文件及主流媒体的宣传、报道、理论探索性文章等形式在行业内传播。行业发展指导思想在相当长的时间内会影响到行业、企业的运作。

行业发展指导思想也可以通过行业评价、考核设定的标准反映出来，标准中设定的考核内容是行业发展指导思想的表现。行业要转变发展方式，首先要转变行业发展的指导思想，具体表现就是规范、标准等考核、检查、评价指标体系的转变。要通过考评指标体系的调整与优化，使企业掌握行业发展的方向，引导企业按照预设的目标、方案发展。

（2）行业发展指导思想的转变的社会基础

任何行业发展指导思想的转变都需要一定的政治、经济、文化基础，才能切实在思想意识中转变对行业存在与发展的认知，才能对行业发展取得思想上的共识。建筑装修装饰行业是一个与社会联系广泛、深入的行业，行业内形成的发展共识要有全面建成小康社会、生态文明建设、弘扬中华文化软实力、实现中华民族伟大复兴等国家级别的理论；还要有开发商适应市场需求，提高项目竞争力及反映业主低碳、环保、健康生活的理念；轻装修、重装饰的装饰文化等社会层面上的基础。只有社会形成推动建筑装修装饰行业转变发展方式的日益巩固的思想基础，行业转变发展方式的进程才能不断加快。

2. 如何转变行业发展指导思想

（1）社会对行业指导思想的转变

社会对行业指导思想的转变主要是对行业的评价标准由注重速度、规模转向注重质量、效益。国家要以产业政策推动行业转变发展方式，在工程企业资质等级标准中要设立考核质量、效益指标；对在提高质量和效益，优化行业结构中有突出贡献的企业，从财政、金融政策上给予支持；以大力支持文化创意、设计创作等产业园区建设等方式加快行业转变发展方式。行业组织和相关机构要以健全行业内的规范、标准体系；搭建业内交流与合作的平台；完善行业价值链建设；建立并完善行业的创新体制和机制；扶助企业做大、做强等措施推动行业转变发展方式。广大投资者和业主要在提高对工程新技术的认可水平；把节能减排、安全健康作为装修装饰工程的本质；重视工程设计、尊重脑力劳动成果；加强知识产权保护等方面进行转变推动行业转变发展方式。

（2）企业家指导思想的转变

行业是由企业组成的，企业家对发展企业指导思想的转变是行业发展方式的基础。作为建筑装修装饰行业的企业家在思想认识上要有三个层次的转变。第一是对当前行业发展的不可持续性要有清醒的认识。当前粗放型的建筑装修装饰行业发展造成的资源浪费与环境污染日益严重，与国家建设资源节约、环境友好型社会的目标存在极大的差异，这种发展方式如果继续下去，行业有被边缘化的可能。第二是对企业内部结构的调整和优化要有明确的思路。要认真分析企业经营结构、创利结构、人才结构等方面存在的缺陷和不足，从而调整和优化企业内部结构入手转变企业的发展方式。第三是要加强对社会合作的认识，以公正、平等的思想，通过商业模式的优化开展与业内企业和其他企业的合作，提高对社会资源集成与整合的能力。

（3）从业者指导思想的转变

作为建筑装修装饰行业的从业者要有三个方面的思想转化。第一是要加强质量、效益意识。从业者质量意识、效益意识的提高是行业提高质量、效益水平的基础，只有在行业各环节、各岗位都能注重效率、厉行节约、创新技术与管理，行业才有转变发展方式的基础。第二是加强节能环保意识，推动低碳生活方式的普及。防止污染、保护环境越来越成为人类的共识，作为建筑装修装饰行业的从业者，在设计、施工、选材、材料生产等环节都要树立绿色发展的理念，以低碳的方式做好自己的本职工作。第三是加强安全防范意识。只有在人身安全、企业安全、社会安全和国家安全得到保证的基础上，才有可能实现质量、效益的提高，个人的职业目标才能得以实现。

（二）以技术创新推动行业转变发展方式

1. 以技术创新转变行业发展方式的意义

（1）技术创新的含义

建筑装修装饰行业是艺术与技术的统一，其生产力发展具体表现在工程设计、施工水平的提高。建筑装修装饰行业的技术创新包括设计的新思路、新见解、新形式，是设计人员智力创新的结果，属于建筑装修装饰行业技术创新的范畴，对建筑装修装饰行业技术发展和技术结构的升级换代具有重要的推动作用。设计创新不仅要提高民族文化自信，鼓励设计原创，强化设计创作，同时要加大与其他文化、艺术门类的沟通、交流，在设计创作中更多地融入其他门类的艺术元素和文化内容，不断提高装修装饰工程设计作品的技术、文化、艺术含量，提高设计的工业化水平是建筑装修装饰行业由单纯的劳动密集型行业转向知识、文化、艺术密集型行业最重要的基础。

建筑装修装饰行业的技术创新主要指的是施工过程中工艺、工法、产品、机具等方面的创新，是提高工程项目质量、效益的基础。技术创新以提高质量、效益为导向，是在施工经验总结的基础上，通过科技人员与现场操作人员合作，经过不断提炼后形成的智力结晶，是行业技术发展与技术结构升级换代的重要基础。鼓励小发明、小创作、小革新、小改革，不断通过机具的革新、产品的更新换代带动工艺、工法的创新，提高劳动生产效率、改善施工环境、推动行业施工技术的绿色发展，对转变行业发展方式具有很强的推动作用。要特别注意对社会既有技术创新成果的再开发，通过集成与整合的应用开发，把最先进、最适用的技术引入行业，带动行业技术的升级换代。

（2）技术创新的作用

无论设计创作还是技术创新，都是生产力发展的重要体现，也是行业转变发展方式的重要支撑。这不仅是技术结构调整和优化的基础，也对企业结构、人才结构、市场结构的调整和优化具有重要的推动作用。以绿色设计及施工中关键、重大技术突破与应用，使拥有节能、环保、高效、优质新技术、新产品的企业大幅提高市场占有率和人才聚集能力，形成可持续发展的强大优势，并以企业持续创新推动企业的快速发展，带动行业内企业结构、人才结构、市场结构等的调整与优化，是行业转变发展方式的主要动力。

2. 技术创新的基本途径和方法

（1）技术创新的基本途径

建筑装修装饰行业技术创新的基本途径是以人才结构的调整、优化和升级为基础，通过健全和完善科技创新的体制和机制，推动技术创新的发展、深化。引进、培养适应行业技术创新要求的高端人才、复合型人才、创新人才，是技术创新的人力资源基础。不仅要在行业内进行培养、交流，同时要与相关行业进行合作交流，如与美术、影视、服装等艺术行业加强高端人才的合作、交流对设计创作能力与水平的提升具有重要的作用；与机械、化工、建材行业高端人才的合作、交流，对施工技术创新的发展与深化具有重要作用。

科技创新体制与机制建设是技术创新最主要的组织保障和实施过程保障，是实现技术创新中最主要的环节。以大型骨干建筑装修装饰工程企业为核心，特别是以企业自身科技研发体制与机制比较健全的企业为核心，汇聚高等院校、科研机构、相关行业企业，形成产、供、研、用相结合的科技创新体制，并以健全、科学的推进机制、评价机制、应用机制等作用保证技术创新持续、稳定、深入地发展。

（2）技术创新的方法

创新是由创新者思想上迸发的火花产生出梦想开始的，并通过一系列的技术手段把这种梦想、设想、构想变成现实的过程。产生思想火花的动能来源于对现存状态的不满足而产生的思索、诱导、启迪、感悟等心灵深处的活动。随波逐流、小富则安、不思进取的人就不可能创新，创新是勇气、智慧、责任感的反映与体现。技术创新需要有一个宽松、包容的外部环境，要鼓励符合社会需要的奇思异想、支持敢为人先的实验、资助有利于技术发展的发明、创作，敢于面对失败、容忍失败，才能发掘出创新型人才。

创新型人才具有极强的预见性、想象力、创造力、叛逆性，对现有技术有批判的精神、对技术发展有非理性的取向。其独立精神及个性化表现强烈，同常规的、既成的、传统的观念、理念有很大的差异，在行业、企业中的人际关系可能不很和谐。企业家要善于发现创新型人才，尊重创新型人才的主张，适时给予支持与协助，使技术创新型人才得以实现其创新，并利用其成果实现企业的技术创新。在行业由劳动密集型行业转向技术、知识、文化、艺术密集型行业的过程中，技术创新人才在行业发展中具有无法替代的作用，创新人才的数量及质量直接决定了行业转变发展方式的过程、时间、成本，这是行业、企业必须接受的客观事实。

创新型人才的培养，要有很好的社会环境。创新型人才的基础是爱知识、爱学习、爱思考习惯的养成，这在基础教育中就应该形成。企业在吸收新员工时就要注重选择个性突出、有想象力、敢于发表不同意见的专业人才；在企业经营过程要建立合理化建议征集、阅读书目推荐、读书心得交流、技术研讨等制度并保持常态化，使创新型人才有展示其才能的机会；发现具有创新精神的年轻人要给任务、压担子，给予其展现创造力的机会，并通过科技创新实践不断增长其才干。

我们所说的人才难得，实质上说的是创新型人才难能可贵，因为他们对转变行业发展方式具有决定性作用。在行业范围内开展相应的技术、设计等内容的竞赛也可以为有创新精神和能力的人才以展示、展现的机会，也有利于创新人才的发现及培养。企业要积极参与行业内的展览、各种有竞争性的活动，主动参加行业内的技术交流、研讨和相关行业的论坛等，使企业内部人员有更多的与外部交流的机会，也是激发企业内部科技人员产生创新灵感的有效方式。行业内很多成功企业的掌舵人，都是具有强烈个性、敢于创新的复合型人才，企业科技创新和整体发展也都是超常规的。

（三）以管理创新推动行业转变发展方式

1. 以管理创新转变行业发展模式的意义

（1）管理创新的含义

管理创新是通过企业决策层的设计，对管理制度、程序、标准等进行变革与再造，以适应行业生产力发展水平要求。企业进行的管理体系中管理体制、机制的变革与再造，是适应生产力发展水平要求的生产关系的调整与优化，是企业内部生成发展动力的主要来源。建筑装修装饰行业的管理创新，是要形成与技术创新水平相适应的制度、程序、标准体系的变革与再造，以体制与机制保证创新的持续发展与推动技术创新升级。建筑装修装饰行业的管理创新主要包括企业层面上的管理创新与项目管理层面上的创新两个方面的内容。

企业层面的管理创新是企业商业模式升级的一种重要形式。企业管理层面的创新，调整和优化的是企业同外部的利益交易结构与企业内部的经营结构，以适应企业内部技术结构的变化、提升、优化和调整、优化企业内部人才结构等，为行业转变发展方式提供组织制度保障。企业层面的管理创新，在企业外部主要反映的是以提高企业生存能力为目标，对业主、合作企业的选择标准和合作利益结构的升级；在企业内部主要反映的是以提高质量、效益为目标对经营结构、政策、方针的调整、优化与升级。

项目管理层面的管理创新以提高项目的质量与创利能力为目标，是企业工程运作模式变革与升级的一种重要形式，是建筑装修装饰行业转变发展方式的主要途径和方法。工程项目管理创新主要表现为以应用新产品、新技术、新工艺带来的管理程序、标准的细化、升级、完善，是生产关系在施工作业层的调整与优化。企业项目管理创新主要反映的是施工主导技术工艺的发展和技术结构的升级带来的项目管理制度变革与再造，也是调整和优化企业技术结构、生产结构、人才结构的重要方式。

（2）管理创新的作用

管理创新的本质是发挥出人的最大效能，目的是提高质量和效率，是社会发展、完善的重要途径。建筑装修装饰企业的管理创新是企业内部生产关系的调整与优化，以消除对生产力发展形成的禁锢和障碍，使生产要素发挥出更大的效能。管理创新对推动和促进企业的技术创新具有强有力的保障作用，与技术创新有相互支持、相互促进的关系。通过管理创新不仅使技术创新的成果能够得到推广、巩固，同时，由于不断形成内生的动力，能够推动和促进企业的内生动力的增强和支持可持续发展的能力。管理创新也是行业转变发展方式的重要动力来源，是产生出内生动力的主要来源。

2. 管理创新的基本途径和方法

（1）管理创新的基本途径

管理创新的基本途径是在企业决策层思想认识统一的基础上，通过制度、流程、标准的变革与再造，调动人的积极性、主动性、创造性，提高人的能量与效率。建筑装修装饰工程企业的管理创新，就是要对阻碍企业内部活力形成的制度、流程、标准等进行变革，使企业内部能够生成持续改革与发展的动力。管理创新就是要向更为人性化、规范化方向发展，最大限度地发挥人的聪明才智和创造力，在凝聚共识的制度保障下提升人的要素在企业发展中的地位，调动人的主观能动性，形成企业内生的发展动力。

（2）管理创新的方法

管理创新是企业家的责任，基本方法就是通过对制度、流程、标准等管理体制与机制的构成进行调整与优化，对人更高效、优质地控制，以达到提高质量与效率的目标。

管理制度的变革与再造就是要把人的要素放在企业发展的首位，坚持人性化的原则，把制度中对人这一最积极、主动要素的冷漠、歧视等内容，转化成对人的尊重、对知识的保护、对创造力的支持，从制度上体现人的价值、尊严，保证人的效能得以最大限度的发挥。

管理流程的变革与再造就是要通过组织架构、管理层次、权力分配、责任落实、利益分配等调整、优化与完善，删繁就简、精干高效、充分调动人的积极性、主动性、创造性，使人与其他生产要素的配置比例得以优化，从而提高工作质量与工作效率。

管理标准的变革与再造就是要通过组织纪律、工作标准、考核办法、奖惩制度等调整与优化不断提高人的素质，使各种生产要素得以科学、合理、高效的配置，保证企业内部工作质量与效率的持续提升。从优化内部人才结构、提升人才数量与品质入手，在企业内部形成发展的动力。

第二节　建筑装修装饰行业的产业化进程

任何一个行业的发展过程都表现为产业化水平的不断提高，在国家由富变强的过程中，实现行业产业化发展，就是行业发展方式升级换代的过程。研究行业的产业化进程就是分析、判断行业未来的发展过程及结果。

一、建筑装修装饰行业产业化概述

建筑装修装饰行业的产业化是何种状态，即行业转型升级发展的目标是什么，这是研究建筑装修装饰行业发展中最重要的课题。行业全面顺应国家发展新格局的集约化发展就是行业推动产业化进程、实现产业化目标的过程。

（一）建筑装修装饰产业化的含义及发展过程

1. 建筑装修装饰行业产业化的含义及构成

（1）产业化的含义

产业化的一般含义是以机器生产替代手工生产，是生产方式的换代升级。但以工业化的机器生产为主导取代以手工劳动为主导的社会生产方式的变革，不仅需要有人才、资本、技术等结构的升级为基础，也会带来社会人才、资本、技术等结构的进一步优化，从而大幅度提高对各类资源的利用效率，更好地满足社会不断增长的物质、文化需求。

所以，产业化不仅是一个技术升级和经济发展的过程，也是社会发展与进步的过程。

（2）建筑装修装饰行业产业化的本质

产业化不是一个僵硬不变的概念，而是一个不断发展、变革、升级的概念。随着人类社会文明进步和科学技术创新、人均占有资本量增长、社会经济组织规模扩大等诸多因素的变化、发展，产业化不仅在内涵上不断升级，外延也在不断扩大，现在已经涵盖了社会的各个领域，包括了文化、艺术等非物质生产领域，成为社会各领域发展的主要途径和目标。在一定程度上分析产业化与现代化、国际化、工业化等概念有极大的相融。

建筑装修装饰行业作为一个既有经济属性，能够满足社会物质需求，又有文化、艺术属性，能够满足社会精神需求的行业，其产业化发展对社会经济、文化、艺术等事业的发展具有重要意义。建筑装修装饰行业产业化是指在社会化大生产条件下，通过不间断的科技创新和管理创新，调整和优化行业内部结构，提升行业生产经营过程集约化的工业化、机械化、自动化水平，提高建筑装修装饰行业资源的利用效率和工程的科技、文化、艺术含量，走上资源消耗少、环境污染低、社会满足程度高的发展道路。

（3）建筑装修装饰行业产业化的构成

分析建筑装修装饰行业产业化的构成是分析和研究产业化水平的重要内容，也是判断产业化发展阶段的重要依据。建筑装修装饰行业产业化构成主要包括技术、组织、资本、人才四个不断发展的因素。

技术能力与水平是考核产业化水平的基本内容。只要有机器进入行业的生产过程，产业化就开始了发展历程。科学技术的发展也具有明显的阶段性特点，人类社会由蒸汽机时代进入了信息网络时代，生产装备的技术水平就进入了自动化、数字化、智能化时代，判断产业化水平也必须以符合当代技术先进水平为依据考核生产装备的技术能力。建筑装修装饰行业的产业化，必须要以技术升级换代为基本内容，在淘汰落后生产力的基础上全面进入工业化、社会化大生产和电子信息化时代。

组织状态是考核产业化水平的重要内容，主要包括企业集中化程度和企业结构两个方面。组织状态是推动产业化进程的重要保障，是集成与整合技术、资本、人才的枢纽和桥梁。企业集中化程度是判断产业化推动能力的基本依据。一般情况下企业集中化程度越高，表明行业内的大型骨干企业实力就越强，社会工程资源的分配就越规范，推动产业化的动力就越充沛。企业结构是判断推动产业化保障水平的重要依据，企业结构越科学、合理，专业化配套能力就越强，对行业产业化进程的保障能力就越强。

资本的总量及结构是考核产业化水平的重要内容，主要包括资本总量、企业资本实力和人均占有资本水平三个方面。行业拥有的资本总量是表现行业整体实力的重要指标。行业资本总量越多、资本市场对行业的支持与参与的力度越大，行业推动产业化的动力就越强劲。企业的资本实力是表现企业发展能力的重要指标，企业资本实力越强、行业内上市的企业越多，企业在科技创新方面的投资能力就越大，聚集人才的能力就越强，推动行业产业化的能力也就越强。人均占有资本水平是判断行业推动产业化能力的重要依据，不同的建筑装修装饰工程企业人均占有资本的水平不同，人均占有资本数量的提高，表明劳动者的技术装备水平升级和劳动收入、生活水平的提高，能够更大限度地调动出人的创造力，更快地推动产业化进程。

人力资源的总量及结构是考核产业化水平的保障内容。行业内专业技术人才总量的提高和结构的优化，表明企业掌握先进技术装备能力和创新与再创新能力的提高，对推动产业化起到重要的保障作用。其中专业技术人员总量的增长是基础，行业内接受过系统高等技术教育的人数越多，表明行业推动产业化的人力资源保障就越强。人才结构的优化是人力资源市场作用的结果，通过竞争机制产生的专业学科带头人越多、越巩固、越细分，表明产业化技术升级换代的能力越强，产业化的进程就越快。

2. 建筑装修装饰行业产业化进程

（1）初级阶段的产业化

建筑装修装饰行业自改革开放后再次焕发出青春和活力时，就开始了产业化的进程。建筑装修装饰行业的产业化最初是在施工现场进行的，以机械化、电气化施工机具替代手工劳动；以计算机辅助设计替代图纸的手工绘制是这一阶段的主要特征。由于此阶段在提高劳动生产率和工程质量水平方面具有了明显的进步与发展，但对资源的依赖程度没有减轻、环境污染水平没有降低，因此称为行业产业化的初级阶段。目前建筑装修装饰行业已经全面完成了初级产业化进程，企业普遍达到了产业化初级阶段的标准。

（2）产业化的发展阶段

社会生产力的变革与发展始终伴随着人类的发展，从这个意义上看，建筑装修装饰行业将永远处于产业化的发展阶段。但从要解决的主要矛盾和要达到的目标上看，行业的产业化发展又具有鲜明的阶段性特征。建筑装修装饰行业的产业化发展的当前阶段，就是要减少对资源的消耗和环境的污染，具体表现就是要以工厂化加工取代现场制作、以标准件取代非标准件、以相关联行业合作推动标准化、以设计的现代化升级带动工业化、装配化施工水平提高、以信息化带动工业化、以工业化推动信息化建设等，使行业全面适应国家“资源节约、环境友好”和“创新”型社会建设的方针、路线。目前建筑装修装饰行业正处在产业化的发展阶段，也是行业转变发展方式的关键时期。

（3）成熟阶段的产业化

对建筑装修装饰行业产业化成熟阶段的表现，现在还只能是预言。根据社会发展趋势和生产力发展方向的判断，建筑装修装饰行业产业化成熟阶段，是以房屋建设的使用功能为导向，以建筑设计为龙头，通过模数化、标准化、精细化设计，提高生产过程的标准化、工业化水平和施工过程的专业化、规范化水平；以网络技术、智能技术、环保技术、安全技术等先进的技术手段装备行业的设计、研发、生产、施工和维护等各领域和全过程，实现高效、节能、环保、安全、优质地为社会提供服务的目标。

（二）实现产业化的基本途径与保障

1. 建筑装修装饰行业实现产业化的基本途径

（1）建筑装修装饰行业实现产业化基本途径的含义

任何行业的产业化过程都是一个长期、艰苦、由个别到普遍、从量变到质变的过程，这个过程中存在着若干的关键点，也是推动行业产业化水平具有里程碑意义的节点。如何通过社会、行业的不懈努力，使行业达到关键点的要求，就是行业实现产业化的基本途径，也就是行业逐步转变发展方式的阶段性成果。建筑装修装饰行业的产业化，也需要在一条基本途径上加以推进，才能有效地利用行业取得的资源、技术成果等推动产业化的动力，并在社会的支持下加快行业的产业化进程。

（2）建筑装修装饰行业实现产业化的基本途径

实现建筑装修装饰行业产业化的基本途径包括产业化推进主体的形成、关键性技术的突破、社会的保障三个关键环节。其基本路线是由现场施工进化到工厂化加工半成品、成品，施工现场安装；再发展到工业化加工，不断提高成品、部品、部件、构件的比重，逐步淘汰施工现场的手工作业；再发展到标准化大工业生产，形成设计精细化、加工机械化、部品标准化、构件成品化、安装专业化、组装多样化、运输现代化、维护社会化的生产方式，实现个性化和大工业生产的统一、艺术性和工业化的融合。

2. 推进建筑装修装饰行业产业化的保障体系

（1）组织保障

推进行业产业化的组织保障是行业内的大型企业，是推动行业产业化的主要责任主体，也是在产业化进程中能够获取最大经济、社会效益的经济单位。大型建筑装修装饰工程企业在推进行业产业化中的组织保障作用主要体现在以下几个方面。

第一是有较高的品牌知名度和市场占有率，能够保障科研成果迅速地转化为对现实的生产方式的变革，保障新技术、新产品、新工艺的快速普及。

第二是有较强的资本实力，不仅企业再投入的能力强，人均占有资本量也高于行业的平均水平，保障了在科技研发方面的持续投入和以工程企业为主体的科技创新体制的建立和完善。

第三是具有较强的话语权，能够有效地集成和整合社会、行业资源，保障推动行业产业化的人才聚集、标准体系完善、科研成果推广应用。

第四是具有科学、可复制、有保护的商业模式，能够持续扩大市场占有率，在产业化进程中起到较强的引导与示范作用，保障行业的产业化进程沿着正确的方向持续推进。

（2）技术保障

推进产业化的技术保障是将社会既有的先进技术应用到建筑装修装饰行业中，这是推动行业产业化进程的最重要物质条件。推动行业产业化需要一系列相互呼应、相互配套的技术创新，包括设计、生产、施工、维护等领域的新技术研发与推广应用。

在设计领域，要以建筑的使用功能为导向，在建筑设计、装修装饰设计和其他专业设计中推动模数化、标准化、精细化技术的研发和应用，为行业的产业化提供基础性保障。

在生产领域，要以先进的技术装备和技术手段推动生产过程的机械化、自动化、智能化和产品的成品化、标准化、工业化、配套化，为行业的产业化提供物质性保障。

在施工领域，要以专业化分工为基础，以先进、高效的运输、组装、安装、吊装的机具、设备为重点，推动施工过程与设计、生产过程的配合现代化、高效化，提高施工的机械化、自动化水平与现场安全水平和文明程度，实现装配化生产。

（3）社会保障

建筑装修装饰行业是整个社会生产与服务体系中的一个环节，推动建筑装修装饰行业产业化就需要有社会的促进和动力。推动建筑装饰行业的产业化社会保障包括宏观及中观两个层次。宏观方面需要有国民经济持续发展的大环境；要有全社会科技创新成果的支持；要有国家电力、运输、通信等事业发展提供的更好支持；需要社会舆论的正确引导等。中观层面建筑装修装饰行业在推动产业化进程中的社会保障力量主要有以下几个方面。

首先是在产业集群内部要有保障与推动的力量。建筑装修装饰同房地产开发商、结构建设的承建商具有天然的、固定的经济、技术联系，房地产开发商及结构承建商的自身能力与水平、对建筑装修装饰的认识水平与操作方式等，对建筑装修装饰产业化的进程及方式具有极为重要的影响作用。房地产开发的产业化水平高，对建筑装修装饰的产业化要求就高，推动建筑装修装饰产业化的力度就越大，建筑装修装饰产业化的速度也就越快。结构建设的产业化水平高，施工的机械化、成品化水平高，工程的模数化、标准化水平就高，对建筑装修装饰的产业化保障作用就强，建筑装修装饰的产业化速度就快。

其次是国家产业政策的保障与推动作用。国家对整个产业集群的产业政策，特别是推动房地产开发、建筑装修装饰行业及建材业健康、有序发展的产业政策，不仅为推动整个产业集群产业化提供了政策依据和法律保障，也是聚集整个产业集群力量，加速产业化进程的理论依据和思想基础，是推动建筑装修装饰行业产业化的重要保障。国家对整个国民经济中生产性行业的产业政策，特别是在战略性新兴产业的确定及推进政策的制定与实施，也会为建筑装修装饰行业的产业化提供社会保障。

最后是行业中介组织的保障作用。在社会化、市场化生产方式中行业中介组织的协调、指导、支持作用对推动行业产业化具有重要的保障作用。特别是行业的协会、商会等专业性较强的社团组织，在行业内的品牌扶持、技术指导、资源分配、成果推广等方面具有很强的作用力，是推动行业产业化进程的重要动力。行业协会、商会的建设水平、服务能力、权威性、规范性、影响力及凝聚力的水平，对推动行业的产业化具有重要的保障作用，行业协会的建设水平直接影响到行业产业化的进程。

二、建筑装修装饰行业如何加快产业化进程

加快建筑装修装饰行业产业化进程就是要推动行业提高组织化程度，生成推动行业产业化的企业担任推动行业产业化责任主体，这是加快产业化进程必走的道路，也是产业化进程中的重要节点。

（一）加快形成产业化进程的推动主体

1. 推动产业化进程主体的含义及实质

（1）推动产业化进程主体的含义

推动行业产业化进程主体指的是有经营实力、有发展战略规划、有技术研发应用推广能力、有高度社会责任意识的大型建筑装修装饰工程企业。这种大型企业是在长期的市场竞争中，通过优胜劣汰的法则，经过不断的市场洗礼后存在并发展起来的企业；是模式先进、经营规范、社会知名度高、发展扎实、创新能力强、规模扩展健康、社会支持水平高、人才聚集能力强的建筑装修装饰工程企业。

（2）推动产业化主体的实质

推动行业产业化是由业内的企业完成的，行业内的大型工程企业承担着推动产业化的责任，是推动行业产业化的主要责任主体。推动产业化主体的实质就是行业内能够承担推动产业化进程责任的企业能力、水平及企业数量的多少，这不仅是推动产业化主体的实质，也是推动行业产业化进程的实质。建筑装修装饰行业的产业化实质上是由业内能够承担产业化责任的企业数量、质量、规模决定的，大型建筑装修装饰工程企业的数量及质量，是推动建筑装修装饰行业产业化进程的基础和关键。

2. 生成产业化推动主体中的社会责任

产业化推进主体大型建筑装修装饰工程企业的建设与发展，不仅需要企业自身的不懈努力，也需要有良好的社会生态环境，这就是社会的责任。企业发展的社会生态环境状况的优劣，直接决定了行业产业化主体的形成。

（1）国家产业政策的指导

在建筑装修装饰行业生成具有产业化推动能力的大型企业中，国家建设行政主管部门具有重要的责任，是大型建筑装修装饰工程企业能够成长为推动行业产业化的重要社会条件之一。国家建设行政主管部门在产业政策中要强化对工程企业科技投入的政策力度；要加大对率先使用节能减排产品与技术、应用新技术、新施工工艺企业的支持力度；对住宅开发建设产业化的推进力度要持续加大；对构建循环经济框架、提高资源利用效果的企业、项目要有扶助政策；对工程资源分配中要有产业化引导的方针、政策等直接决定了市场秩序与市场发展方向，对具有产业化推动能力的大型建筑工程企业的生成具有重要的影响作用。

（2）行业管理责任

如何扶持建筑装修装饰行业内的大型骨干企业持续做大、做强，这是行业管理在推

动产业化进程中的重要责任，也是行业协会、商会的重要工作内容。作为行业管理主体，如何搭建能够使优秀企业脱颖而出、品牌扩张、商业模式优化的一系列平台，使业内的大型企业能够摆脱传统观念、市场行为、资源制约的束缚，得到长期、持续、快速增长，这是行业管理的重要职责，也是为推进产业化做的具体工作。以行业管理沟通政府、房地产开发商、各种材料与部品经销商与业内企业的交流、合作，使大型骨干企业的发展生态环境得到不断优化，这是行业管理的重要内容，也是产业化推进责任主体生成的重要条件。

（3）社会、业主的支持

建筑装修装饰行业是一个服务型行业，其产业化进程是一系列的技术、管理的改革与创新的过程，其成本变化与费用支出的经济责任最终要由业主承担。业主对行业产业化进程的认识水平、对技术创新的接受程度、对工程造价变化的承受能力等都直接决定了建筑装修装饰产业化每一步进程的实现状态。社会物质基础，特别是社会运输、电信等技术条件状况，直接影响到行业产业化能力和水平。社会舆论对装修装饰理念、情趣、价值取向具有重要的影响作用，也成为行业产业化进程中重要的社会思想基础，对业主提高建筑装修装饰产业化的认识水平具有重要的影响作用。

3. 产业化进程推进主体的社会责任

行业内大型建筑装修装饰工程企业作为推进行业产业化的主体，承担着重要责任。推进主体承担社会责任的能力及自觉性，对推动行业产业化进程具有决定性的作用。

（1）经济责任

大型建筑装修装饰工程企业在推进行业产业化中的经济责任主要体现在市场运转的引领与表率作用、企业商业模式的创新作用、市场运作的示范作用三个方面，并以这三个方面推进行业产业化水平的提高。

市场中的引领与表率作用主要是由企业的市场占有率、品牌知名度和工程管理的创优能力三个相互支撑、相互配合的内容构成的。产业化推进主体在工程资源市场中，拥有较高的市场占有率是其推进产业化的市场基础，可以通过对掌握的工程资源的运作推动产业化技术、管理创新的应用。被社会普遍认同的企业品牌知名度，也是企业说服业主接受新材料、新工艺、新技术的重要基础，是推动产业化的重要条件，特别是登陆资本市场的建筑装修装饰工程企业，对业主及社会的说服、引领、指导作用就更为强烈。工程管理中创建优质工程的能力是推动产业化进程的重要物质条件，不仅是提高市场占有率、品牌知名度的基础，对技术、管理创新的应用也具有极强的说服力和示范作用。

产业化推进主体商业模式的创新与引领作用主要是由企业交易结构的合理性、交易壁垒的保护性和商业模式的可复制性三个相互衔接、相互联系的内容构成的。大型建筑装修装饰工程企业商业模式具有的科学性、合理性，使其能够更快、更好地集成与整合各种社会资源，形成以企业为核心的集团推动产业化进程。企业交易结构的壁垒越强、保护性越好，竞争对手的破坏性就越小，企业竞争优势保持的就越长久，有利于推动产业化的稳定发展。商业模式的可复制性越强，企业就能够低成本、低代价地实现工程能力的快速提高和经营领域的大幅度扩展，有利于产业化的推进。

市场运作的示范作用主要是由经营的合法性、市场中的话语权和经营实力的快速扩张三个方面构成的。大型建筑装修装饰企业合法经营、照章纳税，必然得到社会、国家的高度认可，企业的社会说服力就越强，推动产业化的社会基础就越巩固。大型建筑装修装饰工程企业在市场中的话语权越大，其参与市场规则的制定、监督、执行的能力就越强，就越利于推动产业化进程。经营实力的快速扩张，特别是高端人才的聚集，全面提高了企业的社会形象和服务能力。在引入产业投资、实施强强联合的基础上使企业在资本、技术、管理及市场等方面持续取得优势，是推动产业化的重要条件。

（2）技术责任

大型建筑装修装饰工程企业在推进行业产业化中的技术责任主要体现在适用技术的研发与推广、对既有技术的集成与整合、技术升级换代的组织三个方面，并以这三个方面为推动行业的产业化进程提供技术保障。

适用技术的研发与推广是大型建筑装修装饰工程企业作为行业产业化推进主体的基本技术责任。要利用自身技术领先的优势，发挥好以企业为核心的科技创新体制与机制的作用，不断加大在设计、生产、施工中适用产品、部品、机具、设备等的研发投入力度，不断取得阶段性成果并将科技成果迅速应用到工程实践中，使新成果迅速转化为实际生产力，这是推动行业产业化进程的基本物质保障条件。适用新技术研发与推广的数量及水平，也是检验推进产业化主体能力的一个主要方面。

对既有技术的集成与整合是大型建筑装修装饰工程企业作为产业化推进主体的重要技术责任。要发挥以企业为核心的科技创新体制与机制的作用，加大对相关技术情报的搜集、整理、研究工作的力度，把社会科技创新成果中适用于建筑装修装饰设计、施工、生产的新技术引入到行业中来。特别是对网络技术、影视技术、智能化技术、节能减排技术、循环经济技术等先进技术在行业的移植、驯化，使其成为行业中的适用新技术，推动行业技术装备和设计、生产、施工技术手段的全面升级，这是推动行业产业化的重要技术条件，也是评价推进产业化主体能力的最重要内容。

组织技术升级换代是大型建筑装修装饰工程企业作为产业化推进主体最核心的技术责任，也是推动行业产业化的最重要的技术变革。要在持续科技创新和技术引进的基础上，取得核心技术的重大突破，并形成适应行业产业化要求的配套技术。全面实现行业设计、施工、生产技术升级需要大型建筑装修装饰工程企业发挥自身的全面优势，率先通过论证、实验后在工程中予以应用。要在组织技术升级换代中通过对相关经济、技术、质量、安全指标的分析、总结，持续加以完善，不断提高技术配套的稳定性、成熟性，实现行业产业化技术升级换代，是考核推进产业化主体能力的核心内容。

（3）社会责任

大型建筑装修装饰工程企业在推进行业产业化中的社会责任主要体现在行业理论研究、标准的编制、经验的介绍及行业形象的树立四个方面，并从这四个方面推动行业加快产业化进程。

加强行业研究是大型建筑装修装饰工程企业作为产业化推进主体的基础性社会责任。任何一个行业的产业化推进都需要相应的理论研究为基础，以相应的理论成果为指导。建筑装修装饰行业作为一个全面服务于社会固定资产投资的行业，其不仅有复杂的结构和多个专业细分市场，对技术的要求相差很大，同时在工程的实际运作中也存在着很多的差异，不能以某一种固定模式套用到所有工程。对建筑装修装饰行业及各细分专业进行经济、技术的基础性理论研究，探索其运作与发展的客观规律，离不开行业内大型工程企业的参与。从课题的确立、典型事件与案例的理论分析、理论提炼与完善等都要大型工程企业的全程参与。在应用性经济、技术理论研究上，业内大型工程企业不仅承担责任，而且具有很强的必要性和实效性，可以通过相应的理论研究与成果应用，长期保持市场竞争优势和推动产业化的能力。

参与行业内相关标准、规范的编制是大型建筑装修装饰工程企业作为产业化推进主体的基本社会责任。大型建筑装修装饰工程企业都有企业的标准、规范、工法及工艺纪律，体现了企业内部经济、技术管理的要求，也是编制行业标准和国家标准的重要参照资料。大型建筑装修装饰工程企业参与行业标准和国家标准的编制不仅能够体现出企业的话语权、行业地位和先进性，也能使行业标准和国家标准更具科学性、先进性，能够准确反映出行业产业化进程中的经济、技术等发展的现实要求，提高标准的适用性和可操作性，有利于以标准、规范为引导推动行业的产业化。

向行业内传播企业成功的经验，提升全行业的服务能力，是大型建筑装修装饰工程企业作为产业化推进主体的重要社会责任。行业的产业化进程是以全行业工程服务能力普遍提高作为社会基础，大型建筑装修装饰工程企业在优化法人治理结构、协调社会关系、加强资本运作、技术、管理创新成果、工程运作经验等在业内的传播，产生出的溢出效应是全面提升行业工程服务能力的重要途径。大型建筑装修装饰工程企业作为产业化推进主体的经验介绍，为其他企业树立了榜样、选择了方向、确定了目标，对调整和优化行业内的一系列结构具有重要的作用，也是推进产业化进程的重要工作内容。

大型建筑装修装饰工程企业社会形象的塑造是产业化推进主体的重要社会责任。企业核心价值观体系中的社会责任清晰，得到企业内部的高度认同和社会的好评，代表了行业最好的社会形象。其社会活动的设计高度与操作水平，对行业的社会形象影响力极大，特别是业内的上市企业，其经营能力、创利水平、社会责任等具有很强的公开性和透明性，对社会认识行业具有更强的影响作用。作为行业产业化的推进主体，以感恩的心态，高品质地服务社会、回馈社会，对社会认知行业的产业化进程具有重要的引导作用。提高社会对行业产业化进程的认知水平，特别是投资者、消费者对行业产业化的理解水平、关注程度和承受能力，是大型建筑装修装饰工程企业作为产业化推动主体的重要社会责任。

（二）以技术升级换代推动产业化进程

1. 技术升级换代的含义和本质

（1）技术升级换代的含义

技术升级换代是在持久、全面技术创新的基础上不断淘汰旧设备，逐步更换新设备，使行业的设计、生产、施工过程装备更先进、手段更科学，能够大幅度提高各类资源的利用效率，更能全面适应国家宏观经济发展战略要求的配套技术在行业内普遍使用的过程。技术升级换代是通过全行业内众多企业在市场竞争压力、创利动力和创新能力作用下，进行不同层次、领域的不间断技术创新，并将取得的技术创新成果进行叠加、集成、整合、配套后进行推广应用，实现行业全面工业化的过程。

（2）技术升级的主要内容

建筑装修装饰行业的技术升级换代是网络信息技术与智能化工业技术融合，主要包括设计领域要向工业设计升级，设计的模数化、标准化、精细化水平大幅度提高，设计精度要达到毫米甚至是微米的水平；工程配套的生产领域要向大工业生产升级，以成品化、模数化、系列化的部品和系列化、配套化、半成品化部件、构件等支持施工现场的装配化干作业；施工要向工业化、机械化、自动化升级，按照设计图纸以专业化的工具、机器、设备等实施拼接、组装、安装式施工。

（3）技术升级换代的本质

技术升级换代的本质是以集成与整合行业内的系列、持久、全面的技术创新为基础，形成相互支持的配套技术体系使行业的生产方式产生质的飞跃，全面提升行业设计、施工、生产各领域的生产效率、能源利用效率和资源利用效率，实现绿色、可持续发展。行业的技术升级换代，是由行业内的大型建筑装修装饰工程企业为确立市场竞争优势、提高企业创利能力、展现企业创新能力而率先应用，并通过市场表现在行业内推广、普及的过程。技术升级换代是建筑装修装饰行业产业化的重要物质条件和保障，也是行业转变发展方式实现集约化工业生产方式目标的重要物质条件和保障。

2. 技术升级换代在推动产业化中的作用

推动行业产业化的升级换代技术是以适应工业化、社会化、产业化的技术为主要特点，具有较高的标准化、自动化、智能化的水平，不仅对行业的产业化具有重要作用，对社会发展也具有重要的影响。

（1）技术升级换代提高资源利用效率

产业技术升级换代转变了行业的主导生产方式，对人力资源、能源、各类物质资源的利用效率有极大的提高。

产业化技术信息化与工业化融合后的成果，在建筑装修装饰工程项目中的应用将缩短工期、提高效率、降低劳动强度、大幅度减少施工现场作业工人的数量、优化劳动力结构，提高行业的整体劳动生产率。同时也能够大幅度提高现场作业工人的专业化水平，培育出适应产业化要求的产业工人。

由于在生产加工过程使用大工业生产的装备，不仅加工精度高，而且加工速度快，并能依靠大规模、系列化生产提高原材料的利用效率。便于实行废弃料的归类回收制度与措施，为构建循环经济框架和材料的循环利用奠定了基础。大工业生产便于节能减排、环保安全技术的推广应用，大幅度减少建筑物的能源、资源等消耗和废水、二氧化碳等有害物质的排放。

（2）技术升级换代提高工程服务能力

产业技术升级换代全面提升了行业的设计、生产加工、现场施工能力及水平，对实施产业化技术升级的建筑装修装饰工程企业，其社会资源集成、整合、利用的能力大幅度提高，对社会的工程服务能力也就大幅度提升。应用产业升级换代技术后，建筑装修装饰工程企业为高端制造业和服务业提供的服务范围会大幅度扩展。在现代网络、物流技术条件下，地域范围不仅能够涵盖国内的各个省、市、自治区，也可向海外工程市场扩展。

在产业化技术升级换代后，建筑装修装饰工程企业合同的履约能力将大幅度提高，特别是急、难、险、精工程的组织实施更有技术保障。大型工程的施工周期将大幅度缩减，施工精度和安全、质量进一步提高，施工受自然条件的影响程度会进一步降低。图9-2是深圳大运会体育馆效果图，要求以较高的工业化能力才能完成建设任务。

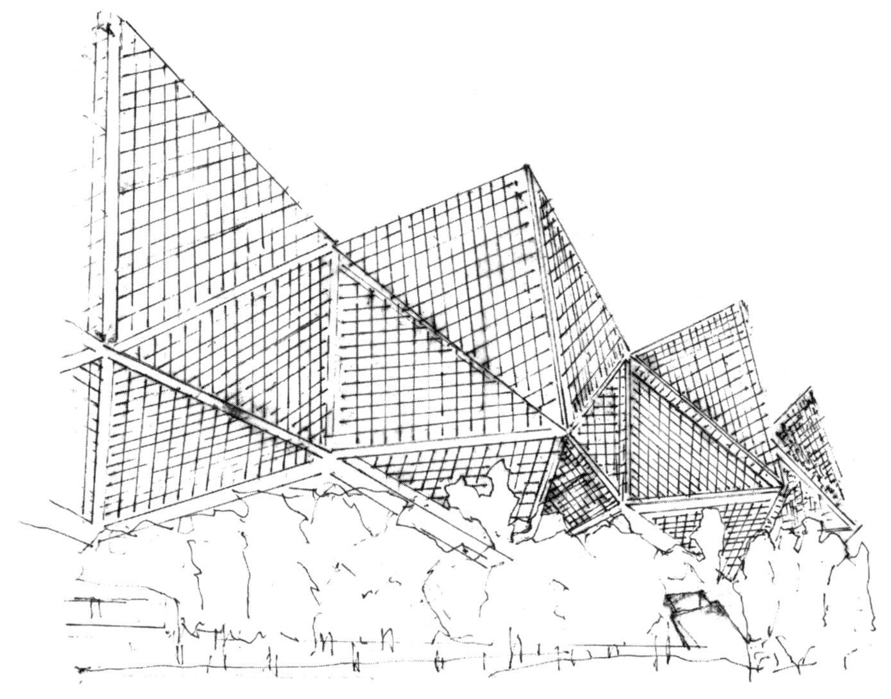

图9–2　深圳大运会体育馆效果图

应用大工业生产技术后，大量传统工艺等反映文化、艺术价值的装饰配件、构件等转为工业化、标准化生产，在建筑装修装饰工程中的应用量就会大幅度增加，更能满足社会、业主对文化、艺术品位的追求。

（3）技术升级换代改变行业社会形象

由于产业化技术装备了从业者队伍，使项目实施过程中工业化、机械化水平大幅提高，改变了建筑装修装饰工程运作和施工工人的形象，不仅会加速施工现场工人的产业化转化，也将彻底扭转社会对建筑装修装饰行业脏、乱、差和对施工操作技术简单、体力消耗大的认识。在设计、生产、施工技术全面升级之后，形成产业化的工程运作模式，更能够体现出大工业化的特点，不仅会使行业获得更大的可持续发展空间，也将改变社会对行业“包工头”“小老板”的认识，提升行业的社会信任度和美誉度。

3. 技术升级换代的途径

（1）在技术升级换代中大型骨干企业的责任

行业产业化技术升级换代的载体是业内的大型骨干企业，是由行业内大型骨干企业率先使自己的技术升级换代成为大工业化技术。大型建筑装修装饰工程企业要持久、牢固地掌握市场优势，技术领先是基本物质条件。如果企业没有坚强的技术壁垒保护，企业完成的工程项目，小企业也能承接，大型建筑装修装饰企业就不可能摆脱市场的恶性竞争，走上良性循环、持续发展的道路。技术升级换代不仅是大型骨干企业的责任，也是企业保持市场竞争优势、提高创利和发展能力的客观需要。

（2）集成与整合技术创新成果的方法

技术升级换代的基本途径是集成与整合行业内及社会中技术创新成果，特别是互联网、物联网等网络信息技术与人工智能技术成果，形成建筑装修装饰行业的新装备、新技术。如何搜集相关科技情报、有效地把既有技术创新成果应用在建筑装修装饰设计、生产、施工中，就是行业内大企业的重要工作内容。要按照搜集情报和深入分析研究创新成果的可行性，进行创新成果引入的论证，在企业科技研发中心进行实验，在企业承接的工程项目中进行试点，并进行试点经验的总结和完善后形成企业的技术规范与工法等指导文件的顺序，制定出企业内进行普及推广的程序后有序地予以实施。

（3）集成与整合技术创新成果的推广应用

技术创新成果的推广应用具有风险性、不确定性，必须做好前期的准备工作，夯实推广应用的基础，才能使技术创新成果切实转化成企业的先进设计、施工手段，提高企业的工程服务能力。技术创新成果的集成、整合、配套必须由专业工程技术人员统筹安排，特别要有复合型的高端技术人才对创新成果进行论证、判断、实验和推广应用。复合型高端人才的培养和使用，对集成与整合既有技术创新成果，并配套成为产业化技术升级换代是关键。在集成与整合既有技术创新成果时，也要遵循稳中求进、稳中求好、稳中求优的原则，在精细的市场研究上推广应用新技术创新成果。

（三）以完善社会产业组合推动产业化进程

1. 产业组合的概念及实质

（1）产业组合的概念

产业组合是指与建筑装修装饰行业相关联的所有行业组成的集体，是一个动态的、发展的组合体。产业组合与产业集群、产业链具有较强的联系，但内涵并不完全相同。产业集群是以在国民经济中的作用归纳行业后形成的一个概念，是以向社会提供的最终产品为纽带进行的归集，是一个静态的概念，主要用于考察产业集群内部的经济、技术关系。产业链是以产品的内在经济、技术联系为纽带进行的归集后形成的一个概念，也是一个相对静态的概念，主要用于分析产业链内部价值链的形成与完善。产业组合不仅包括产业集群、产业链中的行业，同时还包括未纳入到产业集群、产业链中的相关行业。

（2）产业组合的实质

推动建筑装修装饰行业产业化进程的动力不仅来源于产业集群和产业链内部，社会中众多的行业都能为建筑装修装饰行业的产业化提供动力。特别是在宏观经济政策调整、绿色发展理念不断强化、社会化大生产日益细密的大背景下，技术引进、集成、整合过程中，要放眼到产业集群和产业链外部去搜集信息，将适用技术引入行业。产业组合的实质就是动员和组织全社会与行业有关联的所有力量，共同推动行业的产业化进程。

2. 完善产业组合对推动产业化进程的作用

（1）加强了组织保障

产业组合内部企业之间存在着内在的联系，企业之间的发展目标的一致性、协调性，使完善产业组合不仅能够完善产业链、提升价值链，而且能够得到社会更多资本、技术支持，也直接决定了产业化的进程和水平。建筑装修装饰行业的产业化需要从房地产开发商的项目策划、建筑设计的模数化、标准化就要符合产业化的要求，才能为建筑装修装饰推动模数化、标准化、工业化提供基础条件，机械、电子、冶金、林工等行业的支持与配合，也是实现的必要条件。加强和完善产业组合就要加强跨行业的交流、合作与联盟，建立相互信任、相互支持、相互配合的体制和机制，形成整个产业组合共同推进产业化的推动力，为建筑装修装饰行业的产业化提供更有力的组织保障。

（2）加强了技术保障

产业组合内部存在着技术上的内在联系，企业之间的技术衔接存在着连续性是决定生产方式和技术属性的最重要的因素，对产业化进程具有重要的影响作用。建筑装修装饰行业的产业化，需要结构施工阶段的技术支持，保证作业面的施工质量；也需要部品、构件等生产经营企业的技术、产品的支持；特别是在节能减排、安全环保等方面的技术升级和产品更新换代，主要由生产制造企业的技术突破来实现；设计、施工管理的主要装备也要由其他行业提供；特别是在技术升级换代中大量的先进装备更是要由众多相关行业的发展来实现。加强产业组合内企业之间的技术联系，建立建筑装修装饰工程企业为核心的技术研发体系，是推动产业化进程的重要技术保障。

（3）加强了社会保障

产业组合中拥有强大的资本实力、众多的科技人才和大批可以供建筑装修装饰行业引进的先进产品与技术，为行业产业化增添动力。特别是在国家经济调整、优化、升级的转型时期。社会的创新能力不断提高，推动建筑装修装饰行业产业化的动力不断增强。在社会信息化水平不断提高、技术传播、演化速度加快的大背景下，更有力地推动产业化的进程。在全球经济一体化的大趋势下，产业组合还可以跨国式的合作，利用国际上的资本、技术、人才资源推动建筑装修装饰行业的产业化。

3. 完善社会产业组合的途径

（1）发挥资本市场的功能，调整社会产业组合形式

登陆资本市场的企业都是各行业的优秀企业，要利用上市公司信息公开、诚信度高、技术发展能力强的优势，扩大产业组合，加快新技术的引进。特别是已经上市的建筑装修装饰工程企业，要利用好自己的优势地位和超强的发展能力，真正成为推动行业产业化的责任主体，加快自身对社会技术资源的集成与整合，使核心技术取得实质性突破，率先实现企业主导工艺和主要技术的升级换代。要充分发挥资本市场的调节与优化的功能，加快行业内条件成熟的大型建筑装修装饰工程企业的上市步伐，利用资本市场形成更多的产业化推进主体，推动产业组合的发展。

（2）以产品为纽带调整社会产业组合

在信息化与工业化融合的过程中，新装备、新产品层出不穷，智能化、自动化技术发展日新月异，为建筑装修装饰行业的产业化提供了重要的技术条件。行业的大型建筑装修装饰工程企业要加大技术情报和技术引进工作的力度，把新技术、新产品转化为行业的适用技术。要通过新技术、新产品的引进，扩大企业的社会合作范围，提高自身的管理、技术创新能力。要特别注意社会在两化融合过程中其他行业的科技发展动态，前瞻性地介入产品与技术的研发，并通过深层次的合作提高企业推动产业化的能力。

（3）以社会管理职能转变推动社会产业组合优化

社会产业组合的调整和优化需要相应的体制和机制。要打破传统的条块分割，在全社会范围内进行新的产业组合。推动跨行业的合作需要社会管理职能的转换，要进一步减少行政审批，给行业、企业以更大的自主权，鼓励和支持跨行业合作，推动跨行业、跨国籍的创新合作，促进两化融合技术产生更大的溢出效果。要促进行业协会的发展和完善，发挥行业协会在优化产业组合中的作用，以行业协会组织跨行业的合作，推动跨行业的科技攻关、成果应用，加快行业的产业化进程。

随着我国经济持续发展，社会需求不断向高标准提升，建筑装修装饰行业在新历史时期的发展还会有新的变化，但产业化发展的大趋势不会产生根本性变化。随着市场的专业细化，建筑装修装饰行业的产业化将更为细化、多样化。